LEGO®-Modelle beleuchten

Alexander Ehle lebt in Stuttgart und ist seit einigen Jahren aus den LEGO-typischen Dark Ages heraus. Der Einsatz von Elektronik in Verbindung mit LEGO ist einer seiner Schwerpunkte, der sich aufgrund der langjährigen Erfahrung als Elektroniker und der Simulationstechnik elektronischer Schaltungen ergeben hat. Hauptberuflich beschäftigt er sich als Senior Consultant und als Fachbuchautor bei United Planet in Freiburg mit der Portalsoftware Intrexx.

Alexander Ehle

LEGO®-Modelle beleuchten

Belebe deine LEGO-Konstruktionen mit Licht und Lichteffekten

Alexander Ehle
alexander.ehle@brickelectronic.de

Lektorat: Gabriel Neumann
Lektoratsassistenz: Anja Weimer
Copy-Editing: Claudia Lötschert, *www.richtiger-text.de*
Layout und Satz: Birgit Bäuerlein
Herstellung: Stefanie Weidner
Umschlaggestaltung: Helmut Kraus, *www.exclam.de*
Druck und Bindung: mediaprint solutions GmbH, 33100 Paderborn

Bibliografische Information der Deutschen Nationalbibliothek
Die Deutsche Nationalbibliothek verzeichnet diese Publikation in der Deutschen Nationalbibliografie; detaillierte bibliografische Daten sind im Internet über *http://dnb.d-nb.de* abrufbar.

ISBN:
Print 978-3-86490-687-9
PDF 978-3-96088-899-4
ePub 978-3-96088-900-7
mobi 978-3-96088-901-4

1. Auflage 2020

Wieblinger Weg 17
69123 Heidelberg

Hinweis:
Der Umwelt zuliebe verzichten wir auf die Einschweißfolie.

Schreiben Sie uns:
Falls Sie Anregungen, Wünsche und Kommentare haben, lassen Sie es uns wissen:
hallo@dpunkt.de.

5 4 3 2 1 0

H-VW 1962

Vorwort

Dieses Buch ist für Einsteiger und fortgeschrittene LEGO-Fans, die mehr Leben in ein LEGO-Set bekommen wollen. Licht ist ein wichtiger Bestandteil, und in Kombination mit Effekten werden die LEGO-Modelle realitätsnaher. Ein Auslöser zum Schreiben des Buchs war das PFx Brick-Projekt von Michael Gale und Jason Allemann. Die Herausforderung bei der Beleuchtung von LEGO-Modellen ist die Wahl der passenden LED-Lösung, der Durchmesser und die Länge von Kabeln und die verwendete Anschlussvariante in Form von Steckern bzw. Buchsen. Das Buch bietet hier auf Basis von fertigen Leuchtmitteln, aber auch für den Selbstbau von Leuchtmittellösungen Unterstützung. Im Kapitel 10 »Beleuchtungstechniken und Beispiele« werden für unterschiedliche Modellarten Beispiele vermittelt, wie Beleuchtungen eingebaut werden. Hier auch nochmals mein Dank an alle Firmen und Personen, die mit Material und Know-how das Buch unterstützt haben.

Im Internet gibt es ebenfalls viele Beispiele, Anleitungen und Videos die sich inhaltlich hier in ähnlicher Form ggf. wiederfinden. Alle gezeigten Lösungen wurden selbst erarbeitet und fotografisch festgehalten. Zudem gibt es technische Hintergrundinformationen, die man im Internet vermisst. An dieser Stelle gilt ein Dank an alle, die sich mit dem Thema beschäftigen und Lösungen für LEGO-Fans erarbeiten. Auch ihnen widme ich dieses Buch, damit sie ein Nachschlagewerk erhalten und die eigenen Ideen mit weiteren bereichern können.

Bei LEGO-Puristen eckt dieses Buch eventuell an, da zum größten Teil Nicht-LEGO-Lösungen verwendet und LEGO-Elemente modifiziert werden. Dies liegt aber auch an der mangelnden Unterstützung durch LEGO mit entsprechenden Produkten. LEGO hat hier primär Kinder im Fokus, weshalb die Produkte einfach in der Handhabung sein müssen. Für einen AFOL (Adult Fan of LEGO, erwachsener LEGO-Fan) ist das kein Kriterium – hier geht es eher um realitätsnahe Effekte. Aus diesem Grund sollte man Drittanbieter und Drittprodukte nicht ablehnen, wenn es keine Alternativen gibt. Blickt man auf die bisherige Firmenpolitik und die Produkte, ist Elektronik nun mal kein echter Schwerpunktbereich von LEGO. Es ist daher eher unwahrscheinlich, dass Lego hier ausgefeilte Lösungen auf den Markt bringt.

Da es rund um das Thema ständig neue Ideen gibt und auch der Umfang des Buchs nicht ins Unendliche wachsen kann, sind auf meiner Webseite weitere Informationen und vor allem viel Material zum Herunterladen vorhanden.

Nun wünsche ich viel Spaß beim Nachbauen und Beleuchten der eigenen LEGO-Modelle.

Alexander Ehle
brickelectronic.de

Inhaltsverzeichnis

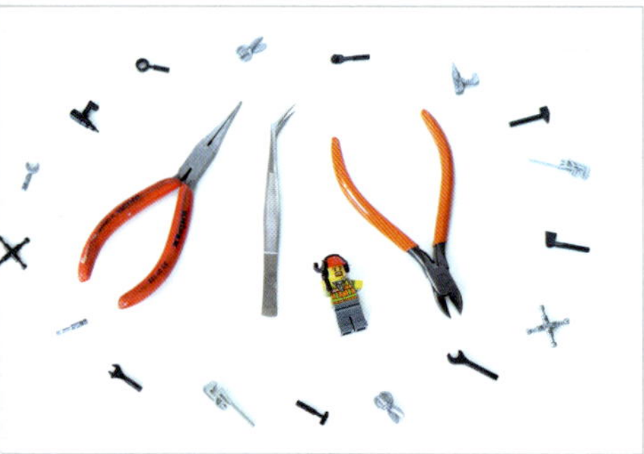

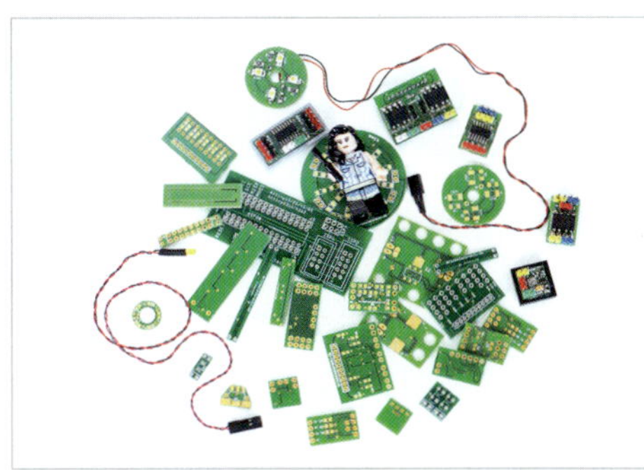

11 Teilereferenz für LED-Einbau 317

Anhang 337

1 Beleuchtungslösungen

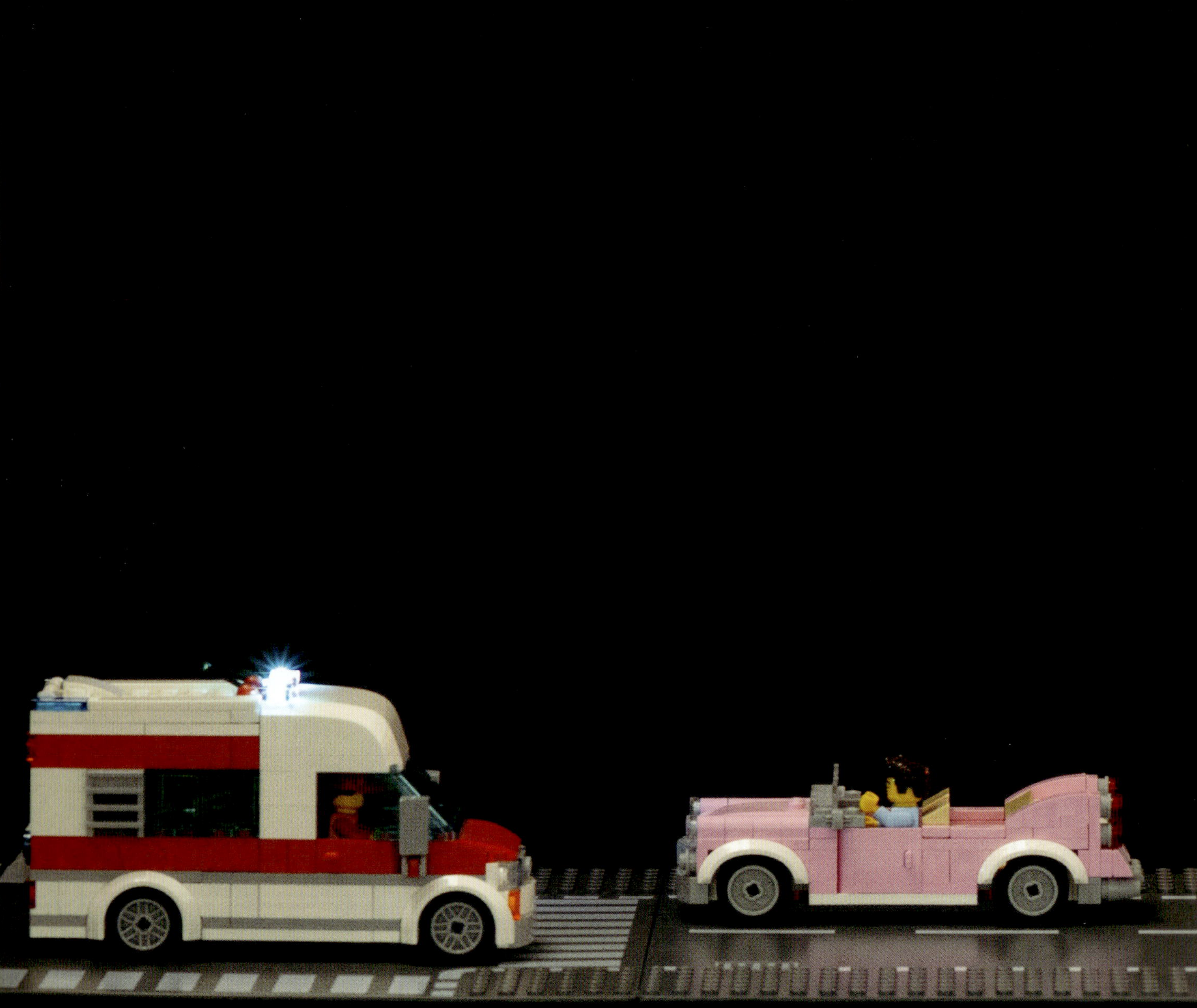

1.1 LEGO-Beleuchtungselemente

Alle aktuellen LEGO-Beleuchtungsvarianten bieten begrenzte Einsatzmöglichkeiten. Die Glasfaser-Lösungen boten noch einen geringfügig flexibleren Einsatz und etwas Effekt. Doch da diese Elemente nicht mehr produziert werden und über den zweiten Markt zu teuer sind, ist deren Einsatz uninteressant und mittlerweile auch veraltet.

Die frühen Technologien wurden für die LEGO-Eisenbahn konzipiert und mit 4,5 V oder 12 V betrieben. Hier freuen wir uns als erwachsene LEGO-Fans, wenn wir diese noch funktionstüchtig halten können.

Für die Bionicle-Serie wurde 2006 ein transparent neon-orangener Leuchtstein (53500/54359) entwickelt, der sich in die Masken/Köpfe einbauen lässt. Allerdings hat dieser Stein keine konventionelle Verbindungstechnik und ist somit ausschließlich für diese Zwecke einsetzbar.

Abb. 1-1 Lichtbausteine 54930

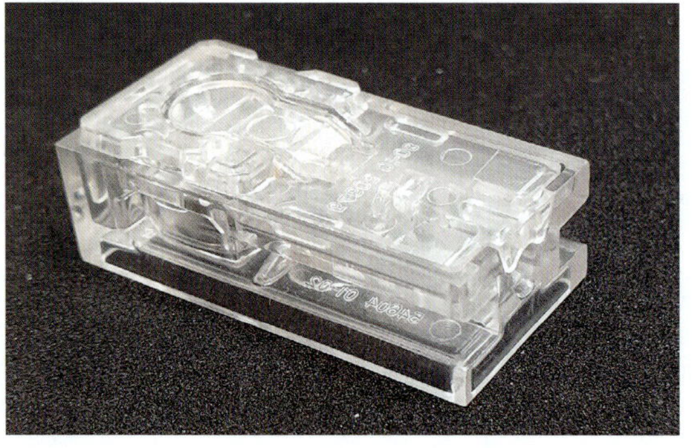

Abb. 1-2 Leuchtstein 54604

1.1.1 Leuchtsteine

LEGO hat seit 2006 unabhängige Leuchtsteine mit Batterien (2 × LR41 1,5 V) und LED in einem Gehäuse im Programm. Häufig sind diese LEGO-Creator-Sets beigefügt. Es gibt ein transparentes (54930c02) und ein transparent-rotes Gehäuse (54930c01). Im transparenten Gehäuse ist eine gelb leuchtende 3-mm-LED verbaut, im roten eine rote LED. Das Gehäuse hat eine Fläche von 2 × 3 und eine Höhe von 4 Platten (1 1/3 Steinhöhe). Über einen Taster mit Technic-Achsen-Verbindung kann das Licht eingeschaltet werden. Jedoch leuchtet die LED nur so lange, wie der Taster gedrückt wird.

Im Jahr 2006 wurde ein Stein mit transparentem Gehäuse produziert (54604), der eine rote LED und eine CR927-3-V-Lithium-Batterie verwendet und über einen Taster an der Oberseite eingeschaltet werden kann. Jedoch leuchtet auch hier die LED nur so lange, wie der Taster gedrückt wird. Am Gehäuse sind rechts und links Nuten, um den Stein zwischen zwei Fließen zu arretieren. Das Gehäuse hat eine Fläche von 2 × 4 und eine Höhe von 3 Platten.

1.1.2 Light & Sound System

Das Mitte der 80er-Jahre eingeführte Beleuchtungssystem arbeitete noch mit kleinen Glühlampen, und die Stromversorgung wurde über Kontakte an den Unterseiten der Platten und Noppen übertragen.

Unter dem Slogan »Light and Sound« wurde 2019 ein neuer Stein eingeführt, der an ebenfalls ältere DUPLO-Lösungen erinnert: ein Wechselblinker mit LEDs und einem Lautsprecher zwischen den beiden Leuchtsegmenten. Das Element wird einfach auf ein Fahrzeugdach gesteckt. Etwas klobig für die City-Reihe, aber eben für Kinderhände konzipiert.

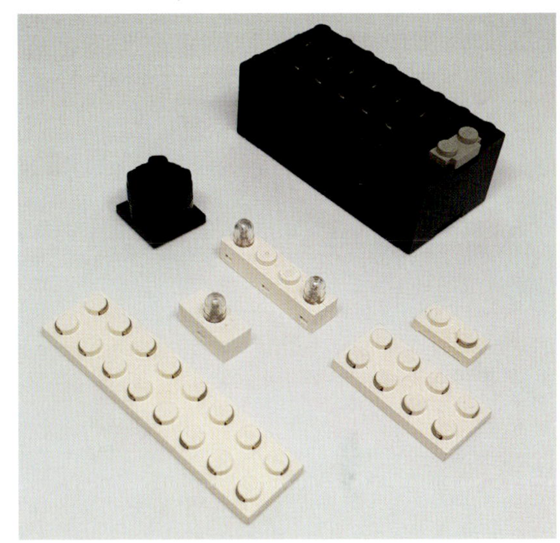

Abb. 1-3 Komponenten des »LEGO Light & Sound«-Systems

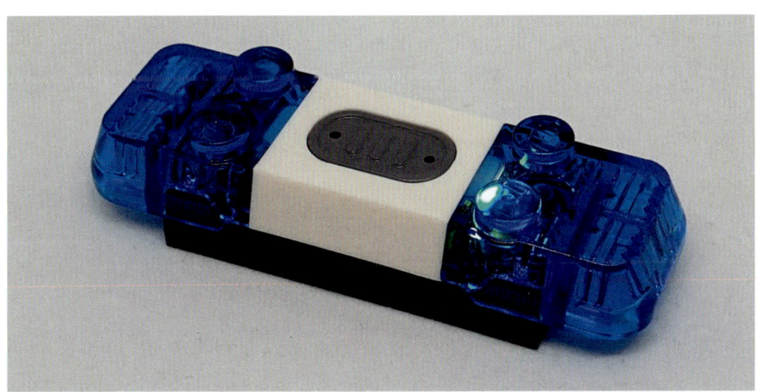

Abb. 1-4 LEGO-Light-& Sound-Blaulicht mit Sirenensignal 2019

1.1.3 Power Functions

Im LEGO-Technic-Bereich gibt es seit 2008 eine 2-fach-LED mit Power-Functions-Anschluss (8870). Die LEDs sind in transparenten Kunststoff-Elementen verbaut, die sich in die 4,8-mm-Technik-Löcher einstecken lassen. Die LEDs leuchten weiß. Die Farbe wird hier u. a. durch Aufstecken von transparent-farbigen LEGO-Elementen erzielt.

Der schwarze 2 × 2-Verteilerbaustein des Power-Functions-LED-Kabels beinhaltet eine Platine mit mehreren Bauteilen: eine Brückengleichrichterschaltung, die mit den Eingängen C1 und C2 verbunden wird und die beiden Dioden ansteuert. Da C1 und C2 je nach Polarität der Stromversorgung 9 V oder 0 V liefern, müssen die Dioden sicherstellen, dass entweder von C1 oder C2 die 9 V an die Anoden der LEDs geliefert werden. RIDENT zwischen C1 und 0 V dient der Identifikation bei Anschluss der LEDs am WeDo-Hub 1.0. RV1 und RV2 sind die strombegrenzenden Widerstände für die LEDs. Parallel zur jeweiligen LED sind Kondensatoren zur Glättung des Signals geschaltet.

Abb. 1-5 Power Functions 8870

C1 und C2 liefert ein pulsweitenmoduliertes (PWM) Rechtecksignal zur Steuerung der Motorgeschwindigkeit. Betreiben wir parallel die LEDs, ist dies ungünstig, da es zu einem Flackern führen würde. Daher puffern die Kondensatoren mit ihrer gespeicherten Energie das Pausensignal ab. Bedeutet jedoch auch, dass die LEDs aus sind, wenn der Motor steht.

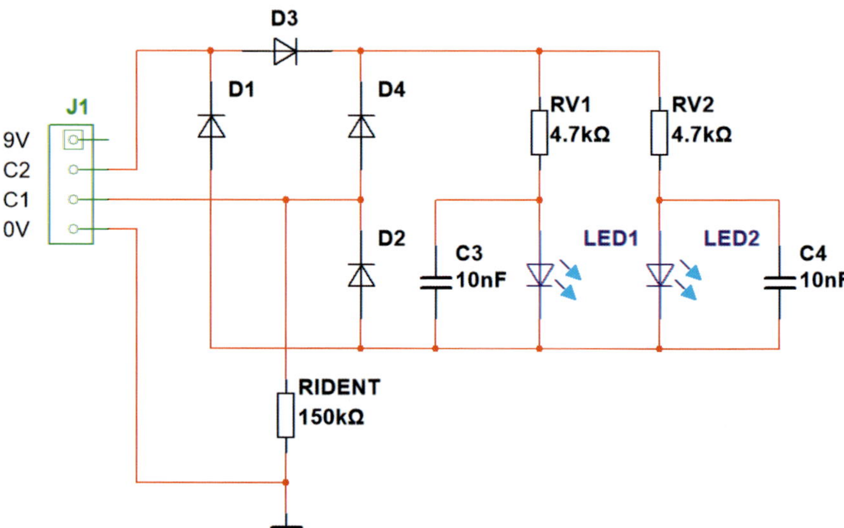

Abb. 1-6 Schaltung im Verteilerbaustein des 8870

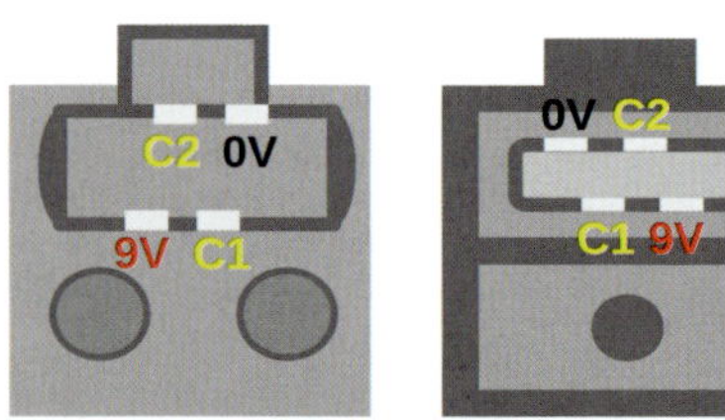

Abb. 1-7 Power-Functions-Steckerbelegung (links = Oberseite, rechts = Unterseite)

Die Belegung der 4 Anschlüsse eines Power-Functions-Steckverbinders ist wie folgt dargestellt. C1 und C2 sind die Steuerleitungen und können bei reinen Stromversorgungsaspekten ignoriert werden. Die Steuerleitungen können jeweils 9 V oder 0 V führen. Bei Motoren kann hier auch ein Rechtecksignal mit unterschiedlicher Tastrate zur Regelung der Geschwindigkeit ausgegeben werden.

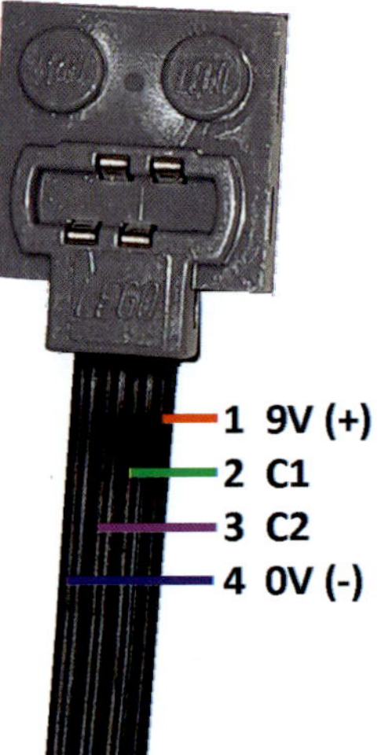

Abb. 1-8 Power-Functions-Kabelbelegung

1.1.4 Powered Up, Control+ und Spike Prime

Die von LEGO eingeführte Nachfolger-Technologie für » Power Functions« wurde Anfang 2019 mit »Powered Up« und den neuen Eisenbahn-Sets und dem Batmobil gestartet. Der Hauptunterschied liegt zunächst im Verbindungssystem, das die Stecker-/Buchsen-Form von WeDo 2.0 aus dem LEGO Education Universum verwendet. Bereits 2017 erschien das Boost-System – ebenfalls basierend auf demselben Verbindungssystem. Aktuell wird Boost unter »Powered Up« gelistet. Doch auch im Education-Bereich legt LEGO mit »Spike Prime«, voraussichtlich Anfang 2020, nach. Zusätzlich ergänzt »Control+« die LEGO-Technic-Linie mit einem größeren Hub und vier Anschlüssen. Auch hier basiert alles auf dem Verbindungssystem von WeDo 2.0. Die höchste Ausbaustufe scheint aber der Spike-Prime-Hub zu sein. Warum allerdings so viele verschiedene Hub-Varianten produziert werden, ist unverständlich. Vor allem, da das neue Verbindungssystem nicht mehr stapelbar ist und vor allem für LEDs nur noch ein Element pro Buchse verbunden werden kann.

Das neu patentierte Verbindungssystem soll es Nachahmern erschweren, kompatible Produkte anzubieten. Primär hat man die Produzenten aus dem asiatischen Raum im Fokus. Leider trifft es auch Dritthersteller mit eigenen Lösungen, die mit Original-LEGO-Produkten zusammenarbeiten und insbesondere die Ansprüche von AFOL erfüllen. Hier sollte LEGO versuchen, für solche echten Fan-Lösungen einen kooperativen Weg zu gehen.

Interessant ist, dass sich der Aufbau der Elektronik vor den LEDs des neuen LED-Elements (88005) nicht verändert hat.

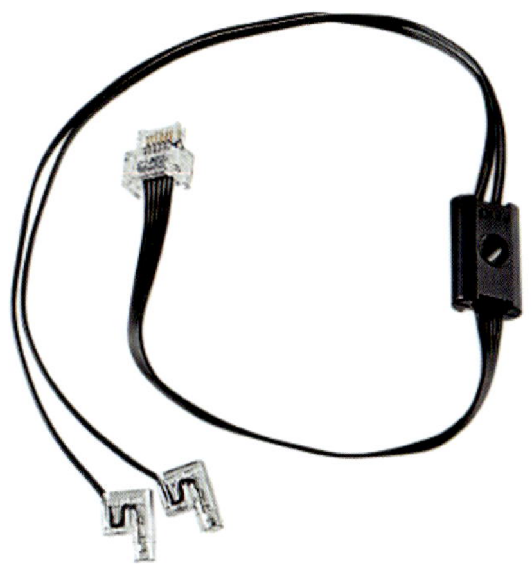

Abb. 1-9 Powered-Up-LED-Element 88005

Der schwarze Anschlussblock besitzt ein 4,8-mm-Loch zur Befestigung an LEGO-Konstruktionen (Technic-Pins, Achsen, Noppe). Darin ist eine zur neuen Technologie passende Ansteuerungselektronik für die LEDs enthalten. Diese unterscheidet sich nur minimal vom Power-Functions-Aufbau. Lediglich die Widerstandwerte haben sich geändert. So besitzen nun die Vorwiderstände für die LEDs 510 Ohm, der Identifikations-Widerstand 2,2 kOhm zwischen M2 (Pin 2) und 0 V (Pin 3) (siehe Abb. 1-10).

Das Stecker-System ist wie bereits erwähnt für die Produktlinien WeDo 2.0, Boost., Powered Up, Spike Prime und Control+ identisch. Der 6-polige Stecker mit 6 Anschlüssen ähnelt einem RJ12. Für Eigenkonstruktionen müsste es ein Verlängerungskabel mit Buchse und Stecker geben. Leider gibt es derzeit für keine der Produktlinien ein entsprechendes Element von LEGO, weshalb hier entsprechende Eigenbauten nahezu unmöglich sind. Ein Adapter von einer Batteriebox zu einem Hub ergibt sowieso keinen Sinn, da diese ja keine Steuerelektronik wie der Hub von LEGO besitzt. Zum Redaktionsschluss des Buchs gibt es nur die Möglichkeit, ein LED-Element zu opfern, um an einen Stecker mit Kabel zu gelangen.

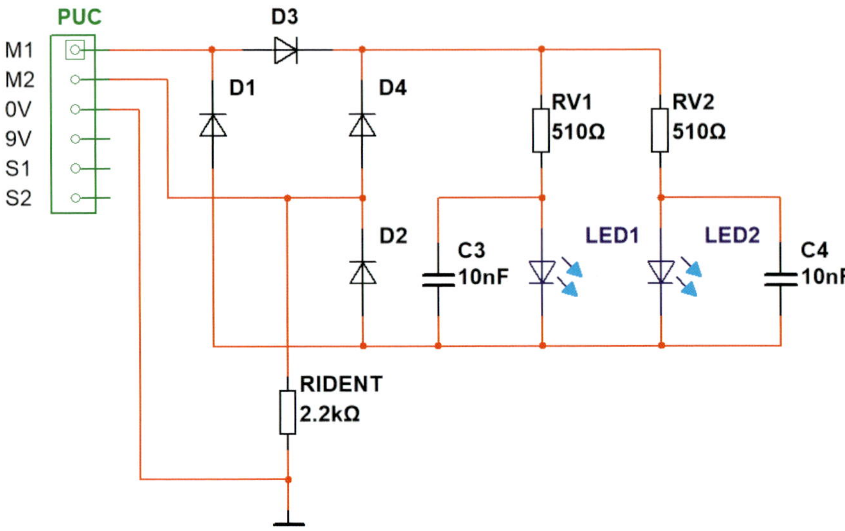

Abb. 1-10 Schaltung im Verteilerbaustein des 88005

Die Anschlussbelegung von Powered Up wurde vom Ursprungsprodukt WeDo 2.0 übernommen. M1 und M2 sind zur Ansteuerung von Motoren, S1 und S2 zur Kommunikation.

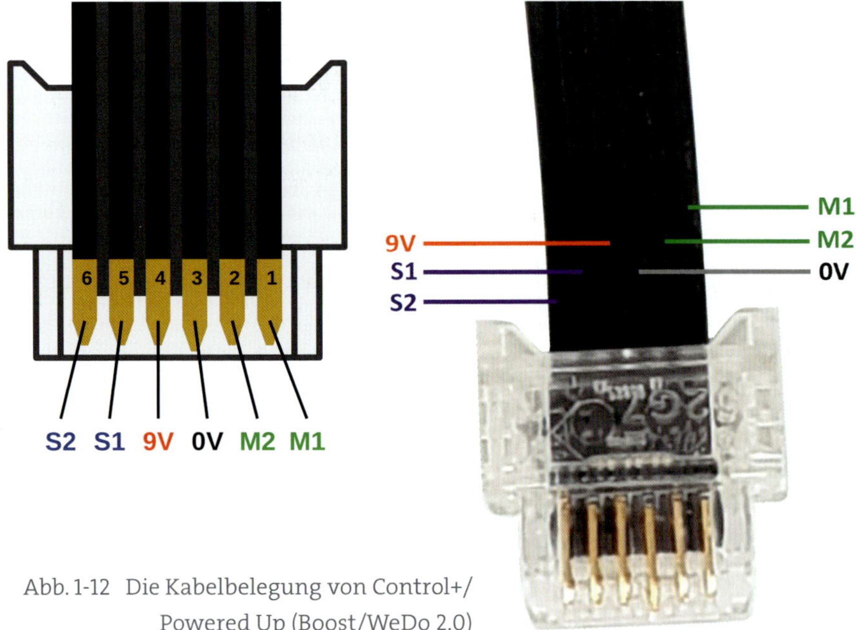

Abb. 1-11 Die Anschlussbelegung des Steckers von Control+/Powered Up (Boost/WeDo 2.0)

Abb. 1-12 Die Kabelbelegung von Control+/ Powered Up (Boost/WeDo 2.0)

1.2 Anbieter für Beleuchtungstechnik

Es sind mittlerweile einige Drittanbieter auf dem Markt, die fertige LEGO-kompatible Beleuchtungssysteme anbieten. Insbesondere wenn Sie den Bastelaufwand scheuen und sofort loslegen möchten, können Sie sich die Zeit und den Aufwand sparen. SMD-Lösungen und sehr kleine Stecker-/Buchsen-Systeme können ohne entsprechendes Spezialwerkzeug und Kenntnisse nur sehr schwer oder überhaupt nicht hergestellt werden.

Auch diese Produkte kreativer LEGO-Fans werden bereits im asiatischen Raum schamlos kopiert. Ich empfehle hier den Entwicklungsaufwand zu honorieren und nur Originalware zu bestellen.

1.2.1 Brickstuff

Der Hersteller *Brickstuff* ist seit 2011 am Markt und setzt auf ein ausbaufähiges System mit einem Verbindungsystem auf Basis von J.S.T-SUR-0,8-mm-Mikro-Steckverbindern an den Leuchtmitteln und 5-V-Spannungsversorgungssysteme. Die Verbindungen zwischen den Verteilerplatinen und zur Stromversorgung wird über J.S.T-SH-1,0-mm-Steckverbindern realisiert.

Die *PicoLEDs* sind so konstruiert, dass sie auf oder zwischen LEGO-Noppen passen. Die Verbindungskabel sind so dünn (AWG 36), dass sie durch den Spalt zwischen den Steinen und Noppenverbindungen hindurchgeführt werden können. Jeder LED ist auf der kleinen Platine (Ø 4mm und 0,8 mm Höhe) ein passender SMD-Widerstand (ausgelegt auf 5 V und der jeweiligen LED-Farbe/den jeweiligen LED-Typ) vorgeschaltet.

Abb. 1-13 Brickstuff PicoLED

Für die Beleuchtung von Gebäuden (Deckenbeleuchtung) sind spezielle LED-Streifen verfügbar, die in die Unterseite von LEGO-Platten passen. Jedes Element ist mit je zwei SMD-LEDs und jeweils 100 Ω Vorwiderstand bestückt (weiße LED mit $U_F = 3{,}5\,V$). An den Enden der Streifen sind Steckverbinder angebracht, um die Elemente untereinander zu verbinden.

Abb. 1-14 Brickstuff LED Stripe

Zudem bietet *Brickstuff* auch immer wieder Speziallösungen mit Effekten für einzelne Beleuchtungsobjekte an, wie Rundumleuchten, Tischlampen, Fackeln, Strahler. Verteilerplatinen und Verlängerungskabel sowie diverse Stromversorgungslösungen runden das Programm ab.

https://www.brickstuff.com/

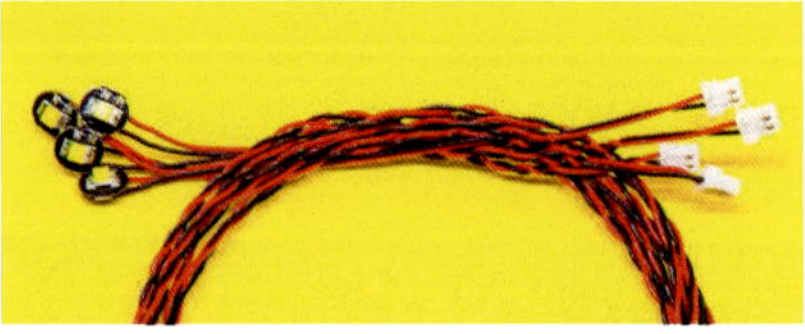

1.2.2 Light My Bricks

Der australische Hersteller *Light My Bricks* bietet ein identisches Prinzip wie *Brickstuff*. Die Stromversorgung erfolgt über Batterieboxen, USB- oder Power-Functions-Adapter, die eine Spannung zwischen 5V und 6V liefern.

Abb. 1-15 Bit Lights von Light My Bricks

Die LED-Lösungen mit der Bezeichnung *Bit Lights* basieren auf kleinen runden Platinen mit einer SMD-LED und Vorwiderstand. Die Platine ist mit den Anschlusskabeln verbunden, die wiederum an eine Buchse angeschlossen sind.

Abb. 1-16 LED-Streifen von Light My Bricks

Wie bei Brickstuff sind für die Beleuchtung von Gebäuden (Deckenbeleuchtung) spezielle LED-Streifen verfügbar, die an die Unterseite von LEGO-Platten passen und mittels eines doppelseitigen Klebestreifens befestigt werden. Technisch unterscheiden sich die Lösungen von denen von Brickstuff etwas: Jedes Modul ist mit je zwei SMD-LEDs bestückt, welchen jeweils ein Widerstand (für 5V und abhängig von der LED-Farbe/dem LED-Typ) vorgeschaltet ist.

Die Steckverbinder für die LEDs und die Verteilersysteme sind im Gegensatz zur Brickstuff-Lösung einheitlich – jedoch nicht Brickstuff-kompatibel.

Eine interessante Lösung stellt die Mini-Rundumleuchte dar, die in runde, transparente 1×1-Steine eingesteckt werden kann. Vier LEDs und eine Steuerelektronik realisieren ein Lauflicht. Ideal für Creator-Fahrzeuge oder als Warnlampen an Gebäuden oder im Raumschiff-Hangar.

https://www.lightmybricks.com.au

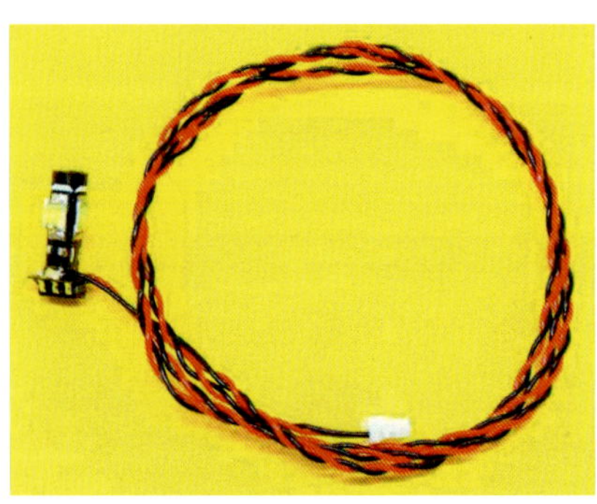

Abb. 1-17 Light-My-Bricks-Rundumleuchte für 1×1-Rundsteine

1.2.3 LifeLites

Dieser Anbieter ist seit 2004 am Markt und bietet Beleuchtungslösungen für den Modellbau und auch für LEGO an. Es gibt zwei Produktlinien, die *eLite*-Serie und die *NanoLite*-Serie.

Die *eLite*-Serie verwendet das JST-ZR-Verbindungssystem mit dem Rastermaß 1,5mm zum Anschluss der LEDs.

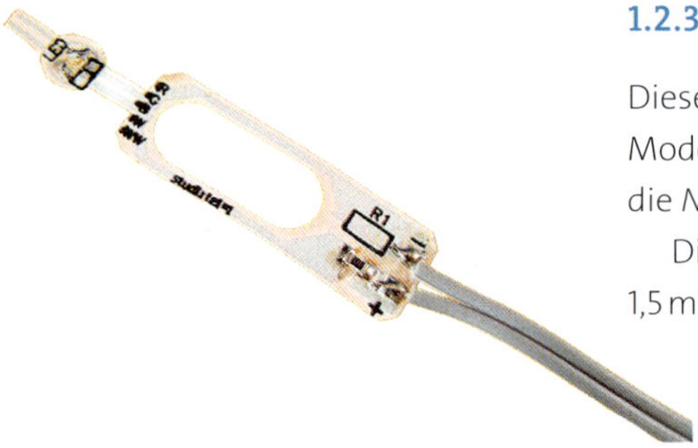

Abb. 1-18 eLite-Leuchtmittel von LifeLites

Abb. 1-19 NanoLite-Leuchtmittel

Die *NanoLite*-Serie bietet auf flexiblen Leiterplatten montierte SMD-LEDs und Vorwiderstand mit Anschlusskabel.

Die Stromversorgung wird über kleine Module (15×15 mm), die mit zwei CR-1225-(3-V-)Knopfzellen betrieben werden, realisiert. Es können bis zu 4 LEDs angeschlossen werden. Das heißt, das System arbeitet mit einer Spannung von 6 V.

http://www.lifelites.com/

Abb. 1-20 LifeLites-Stromversorgungsmodul

1.2.4 LightStax

Abb. 1-21 2×4-Lichtbaustein von LightStax

LightStax ist eine kompatible Lösung mit Steinen, die über die reguläre Steckverbindung die Spannungsversorgung und -übertragung sicherstellt. Die LEDs sind in transparenten (klar oder milchig) 2×2- und 2×4-Steinen verbaut und in zehn verschiedenen Farben erhältlich.

Die Lösung ist kompatibel mit LEGO und hat einen professionellen Serien-Produktionsgrad erreicht. Die Technik ist auch kindgerecht, da es keine kleinen Verbindungsysteme oder feine Drähte verwendet. Die Stromversorgung wird über einen 4×4×1 hohen Akku-Stein über dessen Pins an der Oberseite versorgt. Den Stein gibt es auch als Batterie-Variante, in dem eine 3-V-Knopfzelle eingesetzt wird.

Abb. 1-22 LightStax-Stromversorgungsmodul

Es gibt auch Straßenlampen (LampStax), die entweder direkt mit dem Akku-Stein oder einem Verbindungskabel verbunden werden.

Seit 2018 werden auch sogenannte Mini-Stax – 1×1 runde transparente Plättchen mit LED produziert.

https://www.lightstax.eu/

Abb. 1-23 Straßenlampe von Stax mit Anschlussbuchse im Sockel

Abb. 1-24 MiniStax-LED-Steine

1.2.5 i-Brix

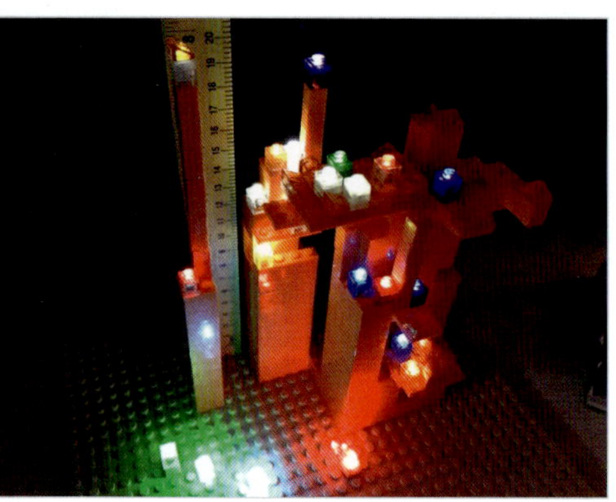

Abb. 1-25 iBrix-Grundplatte mit 1×1-LED-Empfängerbausteinen

i-Brix basiert auf einer kabellosen Energieübertragung über eine spezielle Grundplatte zu 1×1-Steinen, die LEDs und einen Empfänger besitzen. Das Prinzip kennen wir bei Smartphones und der kontaktlosen Ladefunktion. Interessant ist die Technik für statische Beleuchtungen von zweistöckigen Gebäuden, da die Übertragung bis zu einem Abstand von 20 cm möglich ist. Auch für Straßensysteme kann die Lösung einsetzbar sein, da die Fahrzeuge auf der Straße frei bewegt werden können, die Scheinwerfer jedoch ohne Stromversorgung leuchten. Es fehlen hierzu jedoch noch die passenden Elemente, die auch Scheinwerfer von LEGO-City-Autos ermöglichen.

Auf jeden Fall ist diese Variante auch für Kinder geeignet, da nicht mit Kabeln und Steckverbindern hantiert werden muss. In der speziellen Bodenplatte ist die Sendeeinheit mit den notwendigen Spulen integriert. Die einzelnen 1×1-Steine enthalten eine Empfängerspule, die Wandler-Elektronik sowie die LED.

i-Brix befindet sich noch in einer frühen Phase der Firmenentwicklung und hat bis zur Drucklegung noch keine Serienfertigung, die eine schnelle und weltweite Verfügbarkeit gewährleistet. Doch die Idee ist zu gut, um sie in diesem Buch unerwähnt zu lassen.

http://www.i-brix.com/

1.2.6 PFx Brick

Der PFx Brick bietet in einem Baustein Motorsteuerung, Licht- und Sound-Effekte. Zum Anschluss von PicoLEDs (Brickstuff) oder LifeLites gibt es entsprechende Anschlussplatinen. Eine eigene Reihe von LEDs inkl. Anschlusskabeln mit 2,54-mm-Buchsen mit passenden Anschlussplatinen (2,54-mm-Pfostenstecker) sind ebenfalls verfügbar.

Abb. 1-26 PFx Brick mit Anschlussplatine und 3-mm-LED

Die Konzentration mehrerer Funktionalitäten in einen Baustein bietet viele Möglichkeiten, die über das reine Beleuchtungsthema hinausgehen. Ein weiterer Vorteil ist die individuelle Konfiguration der LED-Steuerausgänge für unterschiedliche Effekte. Die Effekte selbst werden über die Steuersoftware konfigurierte, wobei für jeden Effekt zusätzlich verschiedene Parameter beeinflusst werden können, um den Effekt weiter anzupassen. In Kapitel 9 werden die Möglichkeiten hinsichtlich der Beleuchtungseffekte beschrieben. Der Baustein wird auch in diversen Beispielen verwendet, um schnell und flexibel Effekte in die Modelle zu bringen. Zudem werden einige Erweiterungen wie eine Lichtleiter-Anschlussplatine und eine Anschlussplatine mit optischer Kopplung für Erweiterungen wie die Ansteuerung von Treiberstufen für mehr LEDs über einen Ausgang vorgestellt.

https://fxbricks.com

1.2.7 Elektor Legoled

Die Elektronik-Zeitschrift »Elektor« hat eine Platine entwickelt, die mit einer beliebigen LED, einem Vorwiderstand und einem Anschluss (2,54 mm Pin-Abstand) bestückt werden kann. Die Platine hat zwei 4,8-mm-Bohrungen im LEGO-Noppen-Abstand, um diese auf LEGO-Steine aufstecken zu können.

https://www.elektor.de/legoled

Das Platinen-Layout ist zudem kostenfrei im Internet verfügbar:

https://www.elektormagazine.de/articles/projekt-nr-59-elektor-lego-LEDs/6724

Abb. 1-27 Bestückte Elektor-Legoled-Platine an LEGO-Steinen

1.2.8 Diverse

Es gibt verschiedene Quellen für kompatible Leuchtsteine sowie Beleuchtungslösungen auf USB-Basis und LEGO-Set-bezogene Konfigurationen. Einige auch aus dem asiatischen Bereich, deren Händler wir auf Aliexpress, BangGood und mittlerweile auch auf eBay und Amazon finden. Insbesondere kompatible Leuchtsteine in unterschiedlichen LED-Farben, blinkend, mit wechselnden Farben sind im Angebot. Die hierfür eingesetzten Bausteine sind keine modifizierten Original-LEGO-Teile.

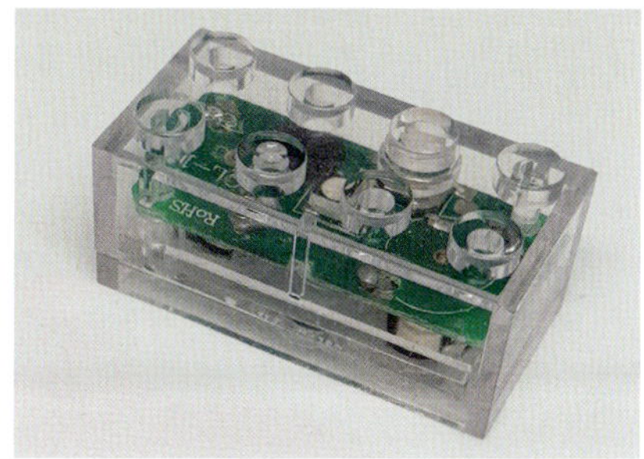

Abb. 1-28 Beispiel eines Nicht-LEGO-Lichtbausteins mit Tastschalter in Noppe

KNIPEX
VANADIN
32 21 135

2 Werkzeuge für den Selbstbau

Das passende Werkzeug für die Erstellung von Beleuchtungskomponenten ist ein wichtiges Thema, da feine Drähte und kleine LEDs verarbeitet werden. Einige Leser werden schon eine entsprechende Ausrüstung besitzen und nur einige Ergänzungen benötigen. Freilich hat gutes Werkzeug auch seinen Preis, trägt aber durchaus zum Erfolg bei.

2.1 Präzisions-Seitenschneider

Zum Zuschneiden von Kabeln/Litzen oder Abschneiden überstehender Kabelenden an Lötstellen wird diese Zangenart benötigt.

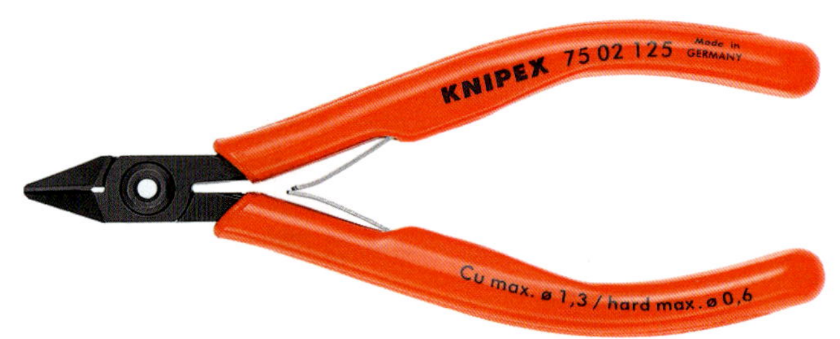

Abb. 2-1 Knipex-Präzisions-Seitenschneider

2.2 Präzisions-Abisolierzange

Für sehr dünne Kabel sollten Sie sich eine einstellbare Präzisions-Abisolierzange zulegen. Das Entfernen der Isolierung mittels Lötkolben wird häufiger im Internet gezeigt, ist aber nur für Drähte mit Lackisolierung sinnvoll. Auch das Entfernen mit Feuerzeug, Schleifpapier oder ähnlichen Methoden sollte vermieden werden. Die Litzen sind so fein, dass Beschädigungen zulasten der Stabilität und Lebensdauer geht.

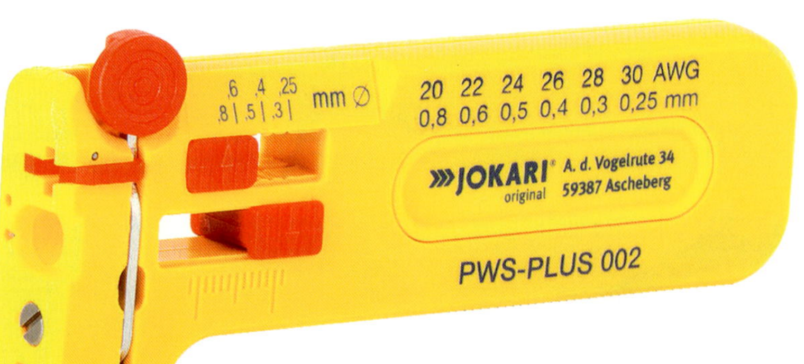

Abb. 2-2 Jokari PWS-PLUS 002, AWG30 – AWG20, 0,25 – 0,8 mm

> **Tipp**
>
> Das Jokari-Werkzeug beinhaltet an der Unterseite einen Seitenschneider zum Zuschneiden von Litzen. Das spart die Anschaffung eines Präzisions-Seitenschneiders.

2.3 Feinmechanikzangen

Für kleinere Biegearbeiten sind verschiedene Feinmechanikzangen immer hilfreich. Ein Set mit gängigen Varianten sollte in keiner Werkzeugsammlung fehlen.

Abb. 2-3 Knipex-Flachzange

Abb. 2-4 Knipex-Rundzange

Abb. 2-5 Knipex-Storchenschnabelzange

Abb. 2-6 Knipex-Spitzzange

2.4 Crimpzange (für 2,54-mm-Crimpkontakte)

Um Kabelenden in Kontakte einzupressen, sind sogenannte Crimpzangen in unterschiedlichsten Varianten erhältlich. Die Pressvorrichtungen sind dabei häufig für mehrere Kontaktgrößen in einer Zange vorhanden – auch Zangen mit auswechselbaren Presswerkzeugen und einem ganzen Set für unterschiedliche Kontakte sind erhältlich. Für die Beispiele im Buch wird ein Zangen-Presseinsatz für 2,54-mm-Crimpkontakte des Typs DUPONT benötigt.

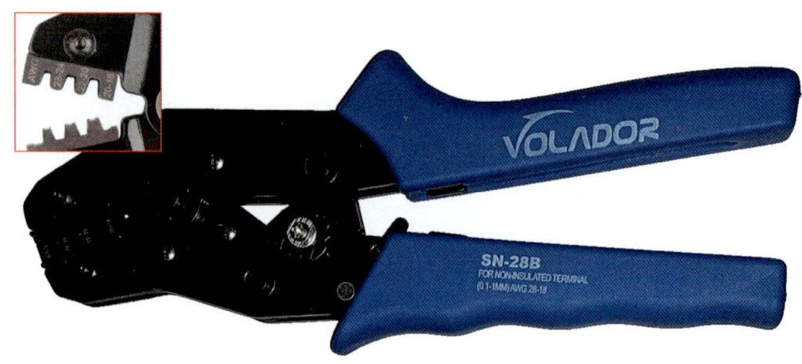

Abb. 2-7 Volandor-Crimpzange

Wenn andere Verbindungssysteme verwendet werden, gilt: »je kleiner die Kontakte, desto teurer werden die dazu notwendigen Werkzeuge«. Und bei sehr kleinen Kontaktabständen und -größen sind die Werkzeuge für den Hobbybereich leider unbezahlbar.

2.5 Selbstschließende Pinzette und Kreuzpinzette

Um LEDs oder Kabelenden beim Löten zu fixieren, ist eine selbstschließende Pinzette ideal. Diese kann z. B. auch in den Klemmen der »dritten Hand« befestigt und dann positioniert werden. Auch beim Fixieren von SMD-Bauelementen während des Lötens ist dieser Pinzettentyp eine wertvolle Hilfe.

Abb. 2-8 Knipex-Kreuzpinzette mit gerader Spitze

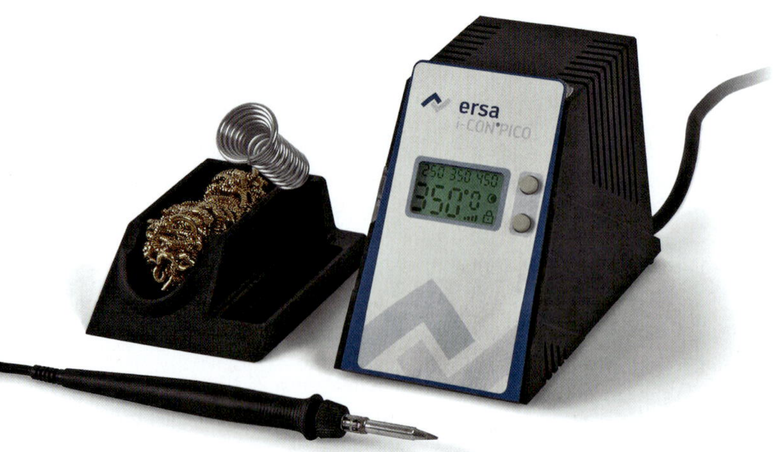

Abb. 2-9 Ersa-i-Con-pico-80-Watt-Lötstation mit Lötkolben

2.6 Lötstation und Lötkolben

Für Lötarbeiten sollten Sie sich ein gutes Gerät leisten. Insbesondere bei Arbeiten an SMD und mit feinen Kabeln ist eine geregelte Lötstation zu empfehlen. Auch sollten Lötspitzen wechselbar und in verschiedenen Größen vorhanden sein. Ich selbst verwende eine ERSA-MS-6000-Lötstation, die ich schon über 30 Jahre besitze, die tadellos funktioniert und für die es immer noch Lötspitzen gibt. Ein weiterer Anbieter für Lötsysteme ist die Firma Weller, die ebenfalls schon lange am Markt ist. Rund

140 EUR sollten Sie bei der Anschaffung einer Lötstation rechnen – plus Lötspitzen für SMD.

Alternativ kann auch ein Gaslötkolben zum Einsatz kommen. Mit der Heißgasdüse können wir SMD löten (in Verbindung mit Lötpaste). Zudem können auch Schrumpfschläuche verarbeitet und mit der normalen Lötspitze die regulären Lötarbeiten durchgeführt werden.

Abb. 2-10 Ersa-Independent-75-Gaslötkolben-Set

2.7 Dritte Hand mit beleuchteter Lupe

Insbesondere beim Löten von SMD-LEDs sollten Sie sich Unterstützung in Form einer beleuchteten Lupe besorgen. Hier gibt es bereits günstige Losungen, die einstellbare Klemmen, Mini-Schraubstock und Lötkolbenablage an einem Standbein bieten. Die Lupe hat in der Regel eine 3-fache Vergrößerung mit einer eingelagerten Lupe, die eine 4,5-fache Vergrößerung ermöglicht. Es gibt teure Profilösungen, für den Hobbyisten reicht eine günstige Lösung völlig aus. Im mittleren Preissegment gibt es Lösungen mit flexiblen Armen für Lupe und Klemmen, die mehr Freiheit bei der Arbeit und Position bieten und durchaus empfehlenswert sind.

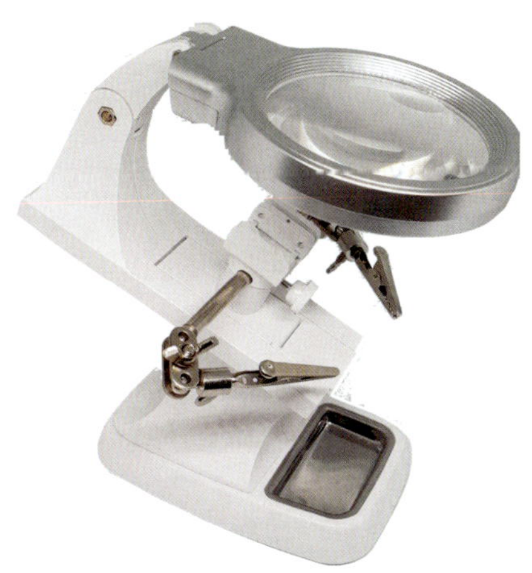
Abb. 2-11 Dritte-Hand-No-Name-Produkt

2.8 Bohrmaschine, Bohrständer und Bohrer

Für kleine Bohrungen ist eine Mini-Bohrmaschine empfehlenswert. Dazu eine passende Bohrsäule sowie ein Schraubstock, um Teile beim Bohren sicher zu fixieren. Ein bewährtes Produkt ist der HobbyDrill mit Schnellspannfutter (0,4–3,5 mm) und passendem Zubehör.

Für Bohrungen durch längere LEGO-Elemente wie dem Laternenmast benötigen wir längere Bohrer mit geringem Durchmesser wie 1 mm und 1,5 mm. Es gibt jedoch Sets, die gleich eine ganze Bandbreite an Bohrdurchmessern bieten. Eine Bohrer-Länge von 80 mm ist insbesondere für den Laternenmast notwendig.

Für sehr kleine Bohrungen in LEGO-Teilen sind spezielle Hartmetall-Bohrer

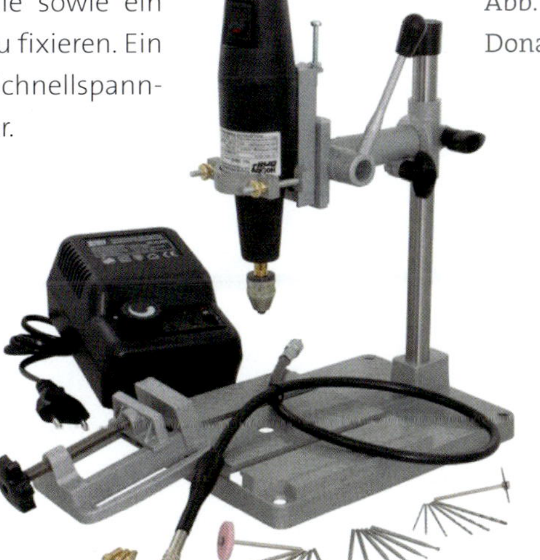
Abb. 2-12 HobbyDrill von Donau Elektronik GmbH

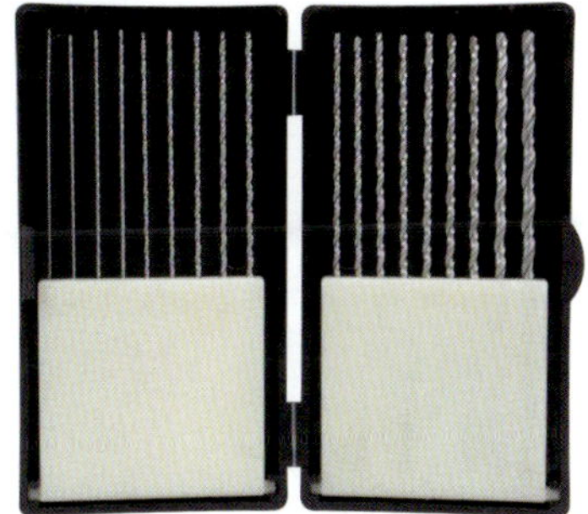
Abb. 2-13 100-mm-HSS-Bohrer-Set, ∅ 0,5–3,0 mm von Donau Elektronik GmbH

für Leiterplatten empfehlenswert. Diese haben ei nen Bohrer-Durchmesser zwischen 0,3 mm und 1,2 mm sowie einen Schaftdurchmesser von 3,17 mm und passen so in das Bohrfutter von Mini-Bohrmaschinen wie dem HobbyDrill. In besonderen Situationen können die Bohrer auch mit der Hand verwendet werden, indem wir den Schaft zwischen Daumen und Zeigefinger drehen.

Abb. 2-14 Micro-Spiralbohrer-Set 0,1–1,0 mm

Für kleine Bohrer gibt es auch Handgriffe mit Schnellspannzangen, um von Hand Bohrungen anzufertigen. Wichtig ist dabei eine runde und gute Handballenauflage, um den Griff gut in der Hand zu haben. Mit dem Daumen und Zeigefinger dreht man dann den vorderen Teil mit dem Bohrer.

Abb. 2-15 Handgriff für Bohrer von Revell

2.9 Feilen

Zum Nachbearbeiten von LEDs (Durchmesser/Kragen) sind Nadelfeilen ideal. Diese gibt es gleich im Set in verschiedenen Formen und mit Wechselgriff.

Zum Nachbearbeiten von LEDs (Durchmesser/Kragen) sind Nadelfeilen ideal. Diese gibt es gleich im Set in verschiedenen Formen und mit Wechselgriff. Manche Platinen haben produktionsbedingt kleine unebene Stellen an den Kanten, die nach dem Fräsen der Kanten durch abgebrochene Stege vorhanden sind. Auch hier kann mit den Feilen etwas nachgearbeitet werden. Bei diversen Modifikationen von LEGO Steinen sind Feilen hilfreich, um Ausbrüche nachzuarbeiten oder Kerben zu einzufügen.

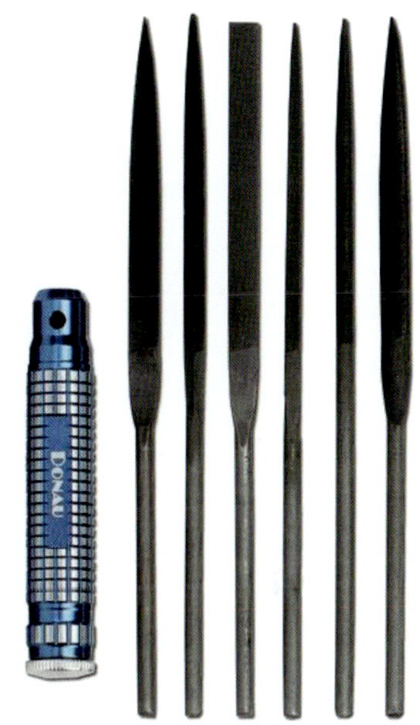

Abb. 2-16 Feilenset von Donau Elektronik GmbH

2.10 Cutter

Für diverse Schnittarbeiten ist ein 9-mm-Cutter immer sinnvoll. Es sollte eine stabile Ausführung mit Rutschbremse sein.

Für diverse Schnittarbeiten ist ein 9mm Cutter immer sinnvoll. Es sollte eine stabile Ausführung mit Rutschbremse sein. Hilfreich ist ein Cutter z.B. beim Trennen von Stecker- bzw. Buchsenleisten an den Trennstellen (Kerben) oder beim Zuschnitt von selbst hergestellten Stickern. Bei letzterem ist ein Metalllineal mit Rutschbremse und Fingerschutz eine sinnvolle Ergänzung. Passt auf eure Finger auf, denn die Klingen sind schneller im Finger als einem lieb ist.

Abb. 2-17 9-mm-Cutter von Jakob Maul GmbH

SCK
MISO
MOSI
Attiny13/25/45/85
Attiny2313/4313
ZIF28
J5
ISP3
ISP1
ISP2
J6

3 Material für den Selbstbau

Material für den Selbstbau können bei gängigen Elektronik-Händlern besorgt werden. Einige spezielle Teile sind nur über Großhändler für Firmen oder direkt von Herstellern erhältlich. Viele Teile bekommen wir recht günstig über asiatische Verkaufsplattformen. Ab und zu bekommen wir dort auch nicht das geliefert, was wir bestellt hatten, und die Abwicklung im Garantiefall ist aufgrund der Rücksendekosten überflüssig. Die eigenen Erfahrungen haben aber gezeigt, dass bei rund 80% der Bestellungen alles in Ordnung ist. Für den Hobbybereich ist die Qualität der Ware völlig ausreichend. Größere Mengen von Teilen günstig zu beziehen, ist für LEGO User Groups interessant, speziell auch konfektionierte Ware wie Kabel mit Buchsen/Steckern oder Platinen.

3.1 Kabel und Litzen

Abb. 3-1 0,28-mm-Litzen auf Spulen und 0,5-mm-Litze

Die Zuleitungen zu den LEDs werden häufig auch durch den Spalt zwischen zwei LEGO-Steinen hindurchgeführt. Hier sind Litzen mit einem sehr kleinen Durchmesser gefragt, die zudem noch sehr flexibel sein sollten und nicht gleich brechen. Solche Litzen sind eher selten und sollten maximal einen Außendurchmesser von 0,5 mm besitzen. Bei verschiedenen LED-Farben kann der positive Leiter auch mit einer entsprechenden Farbe der Litze gekennzeichnet werden. Für Kabelführungen im sichtbaren Bereich wären passende Farben zu den LEGO-Steinen optimal – hier wird es jedoch sehr schwer, wenn es um hellgrau oder sandfarben an Häuserfassaden geht. Sets mit verschiedenen Litzenfarben werden von einigen Shops angeboten und decken manche Einsatzvarianten ab.

Tab. 3-1 Litzen und Bezugsquellen

Ø (mm)	AWG	Daten	Bezeichnung	Hersteller
0,55		0,055 mm²	5142 × -PVC-Litze	*https://m-el.eu/*
0,51	36	0,013 mm² 25 × 0,025 1417,30 Ω/km	Silikon-Minia-turschaltlitzen	*http://www.detakta.de*
0,5	36	–	5194 × Hoch-flexibles Kabel	*http://www.esu.eu*
0,5	36	0,04 mm² Max. 30 V	Flexible Litze	*https://www.highlight-led.de*
0,5	36	0,04 mm² 21 × 0,05 mm	Hochflexibles Kabel	*https://www.leds-and-more.de*
0,32	36	0,01 mm² 7 × Max. 160 V	LX 36-774 Schaltlitze	*www.weydemeyer.de*
0,28	36	0,014 mm² 7 × 0,05 mm 1,3 Ω/m Max. 30 V	760214 × Hochflexible Nano Litze	*https://www.leds-and-more.de*
0,38	32	1 × Max. 30 V	UL10064 Teflon Electronic Wire	*www.aliexpress.com/store/3729001*
0,38	32	7 × Max. 30 V	32AWG 0.38 multicolor Teflon Electronic Wire	*www.aliexpress.com/store/3729001*
0,4		0,05 mm²	Decoder-Litze, hochflexibel in 6 Farben	*https://www.mdvr.de/litze.htm*

Werden Kabel durch LEGO-Technic-Löcher oder größere Spalten geführt, können auch etwas größere Durchmesser verwendet werden. Bis 1 mm und ggf. gleich als Doppel-Litze in rot/schwarz. Insbesondere in größeren Technic-Modellen sind Kabelführungen mit größeren Kabeldurchmessern etwas einfacher.

Werden spezielle Elemente wie Ampeln erstellt, können Litzen mit entsprechenden Lichtfarben verwendet werden – das Markieren der Anschlüsse mit Lackstiften ist ebenfalls eine Möglichkeit.

Für besonders filigrane Elemente, wie z. B. die Beleuchtung eines Minifiguren-Laserschwerts, ist die 0,28-mm-Nano-Litze oder auch lackisolierter Kupferdraht empfehlenswert. Lackdraht ist aber eher für starre Konstruktionen zu empfehlen, da bei häufigem Verbiegen der Draht irgendwann brechen kann. Die 0,28-mm-Litzen sind sehr empfindlich, und an den Lötstellen brechen diese schnell ab. Daher sind sie nur für feste Verdrahtungen zu empfehlen.

d
nach
Schrumpfung
D
> 115°C

Abb. 3-2 Schrumpfschlauch-Prinzip

3.2 Schrumpfschläuche (Isolation)

Zur Isolation von Anschlüssen zwischen Kabel und LEDs bzw. Lötkontakten werden Schrumpfschläuche eingesetzt, die über die offenen Kontakte geschoben und dann durch Hitzezuführung geschrumpft werden, bis diese den offenen Kontakt fest umschließen. Um das Material zu schrumpfen, sind in der mindestens 115 °C notwendig. Der Schrumpffaktor beträgt in der Regel 1:2, d.h., der Ursprungsdurchmesser reduziert sich um die Hälfte. Für LED und kleine Kabeldurchmesser werden Schrumpfschläuche mit geringen Innendurchmessern benötigt. Im Idealfall haben wir eine Auswahl mit 2 mm, 1 mm, 0,8 mm und 0,6 mm zur Hand.

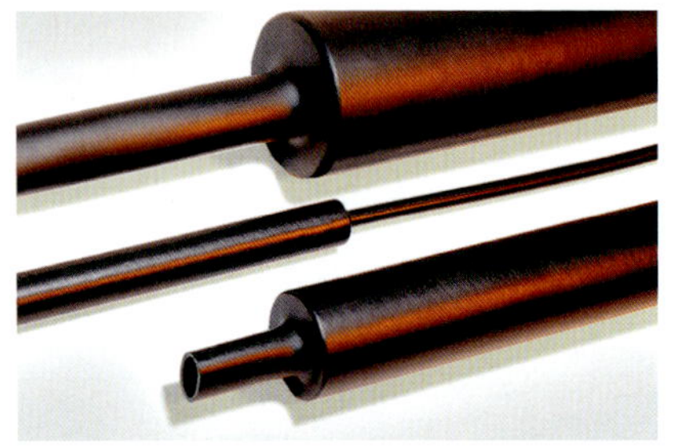

Abb. 3-3 Beispiele für Schrumpfschläuche

3.3 Stecker und Buchsen

Die Wahl der Stecker bzw. Buchsen ist bei Anschluss an Lösungen von bestehenden Systemen relevant und bei eigenen Konstruktionen, wenn die Stecker beim Verlegen der Leitungen im Modell durch 4,8-mm- bzw. 3-mm-Löcher geführt werden müssen.

Bei den Anschlusslösungen unterscheiden wir u.a., wie die Kabel mit den Kontakten verbunden werden. Neben Schraubverbindungen gibt es sogenannte Crimp-Verbindungen, bei denen die Kabel in die Kontakte eingelegt und zusammengequetscht werden. Für sehr kleine Verbindungselemente wird die Schneid-Klemm-Technik (IDC) verwendet, bei der die Kabel auf den Kontakt gelegt und dann eingepresst werden. Dabei schneiden sich kleine Messer an den Kontakten der Stecker bzw. der Buchsen durch die Isolierung und stellen so die leitende Verbindung zu der Litze her.

3.3.1 Verbindungselemente mit Crimp-Kontakten (Wire-to-Board-Crimp)

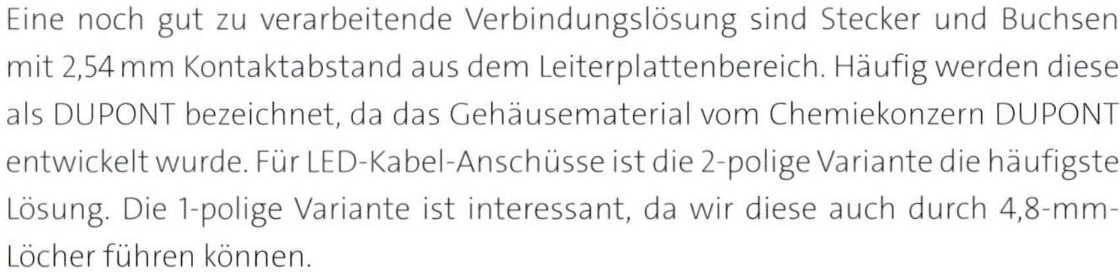

Eine noch gut zu verarbeitende Verbindungslösung sind Stecker und Buchsen mit 2,54 mm Kontaktabstand aus dem Leiterplattenbereich. Häufig werden diese als DUPONT bezeichnet, da das Gehäusematerial vom Chemiekonzern DUPONT entwickelt wurde. Für LED-Kabel-Anschüsse ist die 2-polige Variante die häufigste Lösung. Die 1-polige Variante ist interessant, da wir diese auch durch 4,8-mm-Löcher führen können.

Abb. 3-4 2,54-mm-Buchsengehäuse

Die dazugehörigen Kontakte sind zum Verbinden von Litzen ab einem Isolationsdurchmesser von 1 mm geeignet.

Es ist auf jeden Fall empfehlenswert, eine passende Crimp-Zange zu kaufen, um die Kabel mit den Kontakten zu verbinden.

Zwei weitere Verbindungslösungen mit Crimp-Kontakten und für kleinere Dimensionen kommen von der Firma JST. Die SH-Serie bietet 2-polige Stecker/Buchsen für SMD-Montage mit einem Kontaktabstand von 1,0 mm. Das Steckergehäuse ist 3 mm breit (Variante ohne seitliche Griffe), 2,8 mm stark und 5 mm hoch und passt somit auf jeden Fall durch 4,8-mm-LEGO-Technic-Löcher.

1,5 mm Kontaktabstand und Crimp-Kontakte bietet die ZH-Serie von JST, wobei das Steckergehäuse 4,5 mm breit, 4,8 mm hoch und 3,4 mm stark ist. Es passt ebenfalls durch 4,8-mm-LEGO-Technic-Löcher.

Der Hersteller Molex hat eine Serie mit der Bezeichnung Pico-Blade, die einen Kontaktabstand von 1,25 mm verwendet. Das 2-polige Steckergehäuse hat eine Breite von 4,25 mm, eine Höhe von 3,95 mm und ist 3,2 mm stark. Molex-Verbinder werden sehr häufig im RC-Bereich verwendet, um Akkus, Servos und Motoren zu verbinden.

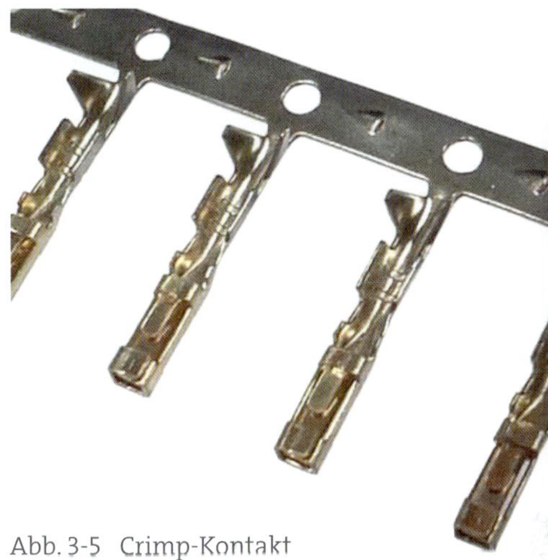

Abb. 3-5 Crimp-Kontakt

3.3.2 Verbindungselemente mit Schneid-Klemm-Technik (Wire to Board mit IDC)

Brickstuff oder Light My Bricks verwenden für ihre LED-Kabel-Anschlüsse Miniaturstecker. *Brickstuff* setzt Stecker/Buchsen mit einem Kontaktabstand von 0,8 mm ein. Dieses System vom Typ »SUR« wurden von der Firma J.S.T entwickelt (*http://jst.de/product-family/show/62/sur*) und ist eines der kleinsten Verbindungslösungen am Markt.

Die SUR-Steckverbinder sind sehr schwierig zu bekommen – und wenn, dann nur in größeren Mengen. Auch das Konfektionieren mit Kabeln ist bei der geringen Größe von Hand sehr schwierig, da hier die Schneid-Klemm-Technik verwendet wird, und bei derart kleinen Gehäusen und Kabeln ist das Auflegen von Hand ohne Ärger nicht möglich. Entsprechende Werkzeuge sind im Tausender-Euro-Bereich angesiedelt und nur für Industriefirmen interessant. Hier sollte auf fertig konfektionierte Ware zurückgegriffen werden.

Eine interessante Quelle ist »SelenaWangs« Store auf Aliexpress. Hier werden u. a. 10 Stück SUR-Steckverbinder mit 150-mm-AWG36-Litze angeboten. Auf Anfrage und bei einer Abnahmemenge von mind. 500 Stück können auch Steckverbinder mit längeren Litzen geliefert werden

https://www.aliexpress.com/store/719331

Tipp

Bei der Bestellung von konfektionierten Steckern/Buchsen sollte unbedingt die Anschlussbelegung hinsichtlich der Kabelfarben erfolgen, damit diese zum verwendeten System passen.

Für Brickstuff und für die PicoLAB-Boards von PFx Bricks befindet sich auf der Kabel-Einpress-Seite links die rote Anschlussleitung (+/Anode) und rechts die schwarze Leitung (−/Kathode). Für manche Anschlüsse, die an sichtbaren Bereichen von Modellen verlegt werden, kann es durchaus auch gewünscht sein, mit grauen oder nur schwarzen Kabeln (Fassade, Masten) an der Buchse zu arbeiten. Hier sollten wir unbedingt das Kabelende bzw. vor der Buchse des Anodenanschlusses mit einem roten Lackstift markieren.

Zwei weitere Serien der Firma JST sind für die Verkabelung von LEDs interessant und werden teilweise von den Herstellern von LEGO-Beleuchtungslösungen verwendet.

Die ZR-Serie mit 1,5 mm Kontaktabstand hat eine Gehäusebreite von 4,5 mm, eine Höhe von 4,4 mm und eine Stärke von 3,1 mm. Diese passen durch 4,8-mm-Technic-Löcher und sind auch für die Verbindung zwischen Stromversorgung und Verteilerplatinen relevant. Für die Steckerkontakte der Leiterplatte werden die Modelle der ZH-Serie verwendet.

3.3.3 Board-to-Board-Steckverbinder

Abb. 3-6 Buchsenleiste 2-polig

Alternativ zum Crimp-Kontakt mit Buchsengehäuse sind 2-polige, einreihige Board-zu-Board-Steckverbinder im Rastermaß 2,54 mm. Das Gehäuse ist etwas kürzer, dafür sind Lötanschlüsse herausgeführt. Für den Anschluss von sehr feinen Drähten ist diese Variante einfacher zu handhaben, da keine Crimp-Zange benötigt wird. Die Anschlüsse müssen mit Schrumpfschläuchen isoliert werden. Insgesamt hat sich diese Variante in der Praxis gut bewährt und ist am einfachsten in der Verarbeitung. Für besondere Fälle gibt es die Buchsen und Steckerleisten auch für das 2-mm-Rastermaß.

Typ	Pinzahl	Hersteller	Best.Nr.
SQQ-Board-to-Board-Steckverbinder	2	SAMTEC	SSQ-102-01-G-S
2212S-Board-to-Board-Steckverbinder	2	MULTICOMP	2212S-02SG-85
M20-Board-to-Board-Steckverbinder	2	HARWIN	M20-7820246

Tab. 3-2 2-polige 2,54-mm-Board-to-Board-Buchse

Abb. 3-7 Buchsenleiste doppelreihig, trennbar (2-polig)

Eine weitere Bauart dieser Buchsenform wird mit trennbaren Segmenten produziert. Hier können wir selbst bestimmen, wie viele Kontakte wir verwenden. Interessant ist hier die Möglichkeit, jeden Kontakt einzeln zu verbinden – wie bei den Crimp-Buchsen.

Typ	Pinzahl	Hersteller	Best.Nr.
2,54-mm-Präzisions-Buchsenleiste, 7 mm Bauhöhe, trennbar	40	BKL-Elektronic	10120836
2,54-mm-Buchsenleisten in 8 mm Bauhöhe, Einlöttechnik, gestanzte Gabelkontakte, gerade, trennbar	36	fischer elektronik	BL 1-36G
2,54-mm-Präzisions-Buchsenleiste, 8,5 mm Bauhöhe, gerade, trennbar	36	W+P Products	255-036-1-50-00

Tab. 3-3 2-polige, trennbare 2,54-mm-Buchsenleisen

Hinweis

Zum Anschluss dieser Buchsenarten bietet der PFx-Baustein die sogenannten »PinLAB Boards«.

Damit wir den Pluspol am Steckergehäuse besser erkennen können, besteht die Möglichkeit, die Gehäuseseite mit einem roten Lackstift zu markieren.

Das passende Gegenstück für Leiterplattenmontage sind 2-reihige Pfostenstecker mit 2,54-mm-Raster. Die 1-reihige Variante ist für den Adapterbau verwendbar. Zwischen den Kontaktblöcken sind Kerben, an denen wir die Kontakte trennen können. Für den Adapterbau können ggf. auch abgewinkelte Varianten des Pfostenstecker-Systems nützlich sein.

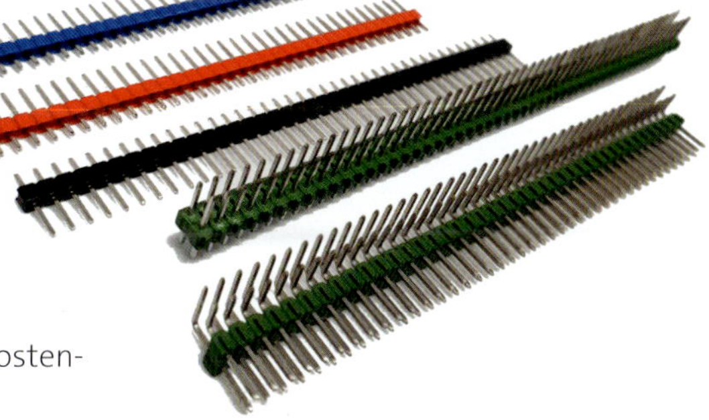

Abb. 3-8 Stiftleisten mit 2,54-mm-(1-Inch-)Rastermaß

3.4 LEDs

LEGO-Steine bieten unterschiedliche Möglichkeiten, LEDs einzusetzen. Nicht immer sind spezielle SMD-Lösungen notwendig. In der Regel können auch 3-mm- oder 5-mm-LEDs mit flachem oder rundem Kopf verwendet werden. Es gibt sogar 4,8-mm-LEDs, deren Gehäuse etwas kürzer und deren Kopf flach ist. Ausschlaggebend sind jedoch die Anschlüsse, die bei größeren LEDs länger und starr (mind. 5 mm Raumbedarf) und somit nicht immer ideal für den Einbau an allen Stellen sind. LEDs mit Anschlussdrähten bezeichnet man auch mit THT (Through-Hole Technology).

SMD-LEDs sind schwieriger zu löten, da sie mit ihrer geringen Größe ohne spezielle Hilfsmittel kaum zufriedenstellend mit der Litze zu verbinden sind. Die SMD-Bauform 0603 ist gerade noch unter Einsatz einer Löthilfe mit Lupe zu verarbeiten – eine ruhige Hand ist natürlich Grundvoraussetzung. Im Zweifel entscheiden wir uns für besser für die fertige Lösung. Es gibt Anbieter, die auch SMD-LEDs mit bereits angelöteten Litzen anbieten. Doch häufig handelt es sich um starre Anschlussdrähte (Lackdrähte), die dabei verarbeitet werden, und diese sind für den Einbau in LEGO-Modelle ungeeignet.

Die nachfolgende Tabelle zeigt eine Zusammenstellung verschiedener LED-Bauformen und Grundeigenschaften, die zur Beleuchtung von LEGO-Modellen eingesetzt werden können.

Tab. 3-4 LED-Bauformen und -Größen

Foto	Bauform	Daten
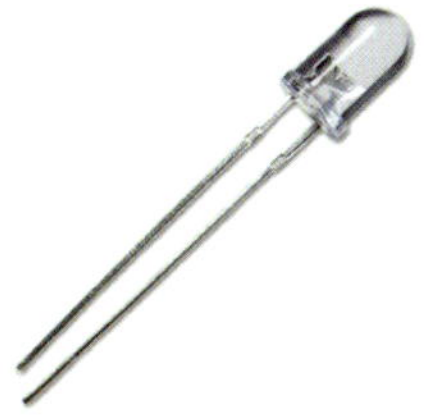	Standard-LED (bedrahtet) mit rundem Kopf, wasserklar	∅ 3 mm oder 5 mm Punktuelles Licht (15° – 25° Abstrahlwinkel)
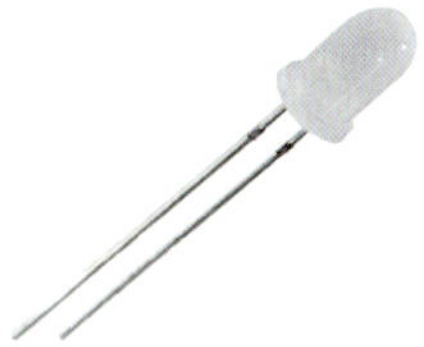	Standard-LED mit rundem Kopf, diffus	∅ 3 mm oder 5 mm Breit ausstrahlend (Abstrahlwinkel: 70°)
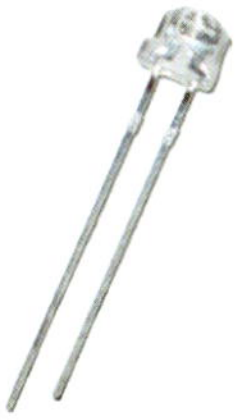	LED (bedrahtet) mit Flachkopf, mit oder ohne Kragen	∅ 4,8 mm, 4,8 mm Höhe Breites Licht (120° Abstrahlwinkel)
	Standard-LED (bedrahtet) mit flachem Kopf, wasserklar, mit oder ohne Kragen	∅ 3 mm oder 5 mm Breites Licht (140° Abstrahlwinkel)
	LED (bedrahtet) mit konkavem Kopf	∅ 5 mm oder 3 mm Breites Licht (110° Abstrahlwinkel)
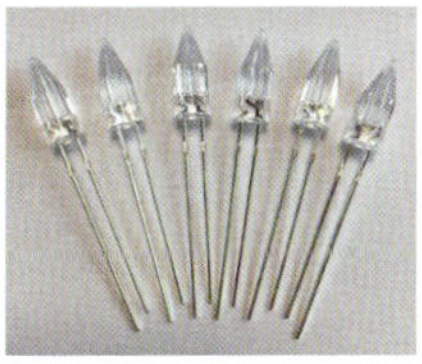	LED mit Raketenkopf ohne Kragen, gefächert, wasserklar	∅ 5 mm, 13 mm lang (Abstrahlwinkel: 100°)

→

Foto	Bauform	Daten
	SMD-LED 0401 (1005)	L = 1,0; B = 0.5; H = 0,45 mm L = 0,04; B = 0,01 Inch (Abstrahlwinkel: 120°)
	SMD-LED 0603 (1608)	L = 1,6; B = 0,8; H = 0,7 mm L = 0,062; B = 0,013 Inch (Abstrahlwinkel: 120°)
	SMD-LED 0805 (2012)	L = 2,0; B = 1,25; H = 0,8 mm L = 0,079; B = 0,005; H = 0,035 Inch (Abstrahlwinkel: 120°)
	PLCC2 3020	L= 3,0; B = 2,0; H = 1,9 mm L = 0,142; B = 0,114 Inch (Abstrahlwinkel: 120°)
	PLCC2 3528	L= 3,5; B = 2,8; H = 1,9 mm L = 0,142; B = 0,114 Inch (Abstrahlwinkel: 120°)

LEDs gibt es mit integrierter Blink-Funktion, wobei es langsam blinkende Varianten mit ca. 1,5 Hz und einem Tastverhältnis von 1:1 (0,6 s ein und 0,6 s aus). Dies entspricht dem Blinker an Kraftfahrzeugen. Blitzende LEDs besitzen eine Frequenz von 2 Hz und ein Tastverhältnis von 1:2 (0,16 s ein und 0,33 s aus). Weitere Varianten sind mehrfarbige LEDs, die beim Blinken alternierend die Farbe wechseln.

Auch flackernde Varianten, die Kerzenlicht oder Feuer nachahmen, sind verfügbar. Ideal zum Beleuchten von Feuerstellen/Kaminen, Fackeln oder zur Nachahmung von defekten Lichtquellen oder Schweißarbeiten.

In SMD-Form sind blinkende LEDs in der Baugröße 0805 (1616) erhältlich. Mit 1,25 mm × 2 mm und einer Höhe von 1,1 mm ist dies derzeit die kleinste mögliche Bauform, da die Elektronik im Gehäuse integriert werden muss.

Die LED-Gehäuse gibt es in klarem oder diffusem Material. Mit mattem Material ist die Abstrahlung größer, während bei klarem Gehäuse in der Regel gezielt nach vorne abgestrahlt wird. Zudem können Gehäuse zusätzlich in der jeweiligen LED-Farbe gefärbt sein. Für Punktbeleuchtung sollte ein kleiner Winkel verwendet werden.

Es gibt auch 3-mm- und 5-mm-LEDs in rot, grün und gelb, mit bereits im Gehäuse integriertem Vorwiderstand für direkten 5-V-Einsatz.

Eine weitere spezielle LED-Kategorie sind zwei- oder mehrfarbige LEDs in einem Gehäuse.

Hier gibt es Varianten mit gemeinsamer Anode, gemeinsamer Kathode und bei zweifarbigen LEDs die bipolare Schaltung der beiden LEDs. Für fahrtrichtungsabhängige Beleuchtung von Zügen sind z. B. zweifarbige LEDs mit roter und weißer Farbe verwendbar.

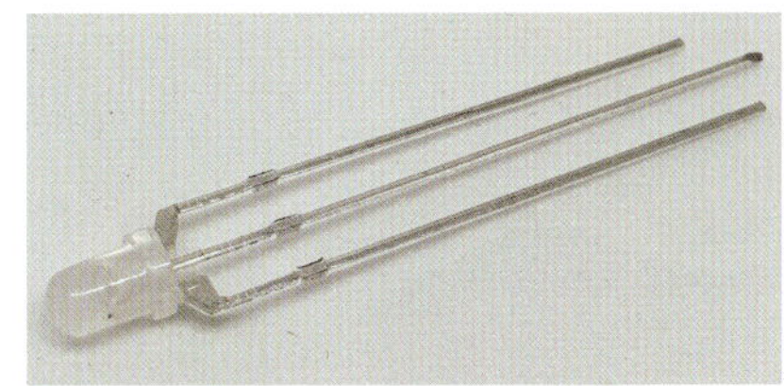

Abb. 3-9 LED mit zwei Farben und gemeinsamer Kathode (mittlerer Anschluss)

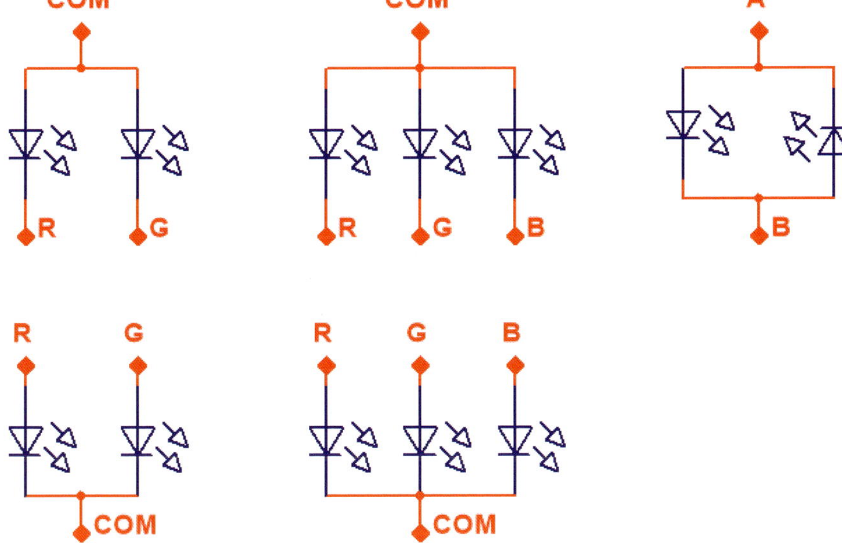

Abb. 3-10 Interner Aufbau von Multicolor-LEDs

3.5 Taster und Schalter

Für einige Lösungen sind Mikro-Taster und -Schalter hilfreich, um z. B. die Ein- bzw. Umschaltung von Leuchteffekten zu steuern.

3.5.1 Mikrotaster

Abb. 3-11 Taster in verschiedenen Größen und Bauformen

Mikrotaster gibt es in vielfältiger Ausführung, um diese an und in kleinsten Bereichen zu platzieren. Mit flachen Schaltflächen können sie z. B. auf Oberflächen geklebt werden, während verlängerte Schaltknöpfe für einen Einbau gedacht sind. Eine kleine Bohrung an entsprechender Stelle lässt den Druckknopf eines Mikrotasters durch eine LEGO-Bauteilwand führen, oder man baut ihn anstelle einer Noppe ein. Und natürlich können die Taster auch auf Platinen gelötet werden, die wiederum an und in LEGO-Elementen fixiert werden.

3.5.2 DIP-Schalter

Abb. 3-12 Zweifach-DIP-Schalter

Diese Schalterform gibt es mit verschiedener Anzahl von Schaltern in einem Gehäuse, das vor allem auf Platinen montiert und verlötet wird. Mit einem Rastermaß von 2,54 mm können diese z. B. in einer Linie mit Anschlusskontakten für LEDs positioniert werden, um sie ein- und auszuschalten.

3.5.3 SMD-Schiebeschalter

Abb. 3-13 Kompakte Schiebeschalter in SMD-Bauform

In flacher SMD-Bauform gibt es auch Schiebeschalter, die mit einer Gehäusehöhe von rund 1,5 mm und einer Länge bis 7,5 mm sogar in LEGO-Platten verbaut/verklebt werden können.

3.5.4 Magnetschalter und Hall-Sensor

Abb. 3-14 Hall-Sensor

Eine spezielle »Schalterform« ist der sogenannte Hall-Sensor. Mit diesem können wir über einen Magneten eine Ein-/Ausschalt-Funktionen erhalten.

Insbesondere bei bewegten Systemen wie im LEGO-Technic-Bereich, bei Eisenbahnen oder Achterbahnen bieten sich interessante Lösungsansätze für diese Art von Schaltern. Es sind keine mechanischen Schalter, sondern elektronische Bausteine, die einen Magnetsensor sowie diverse elektronische Stufen zur Auswertung und Steuerung enthalten. Der Ausgang wird häufig über einen Transistor mit offenem Kollektor-Anschluss realisiert.

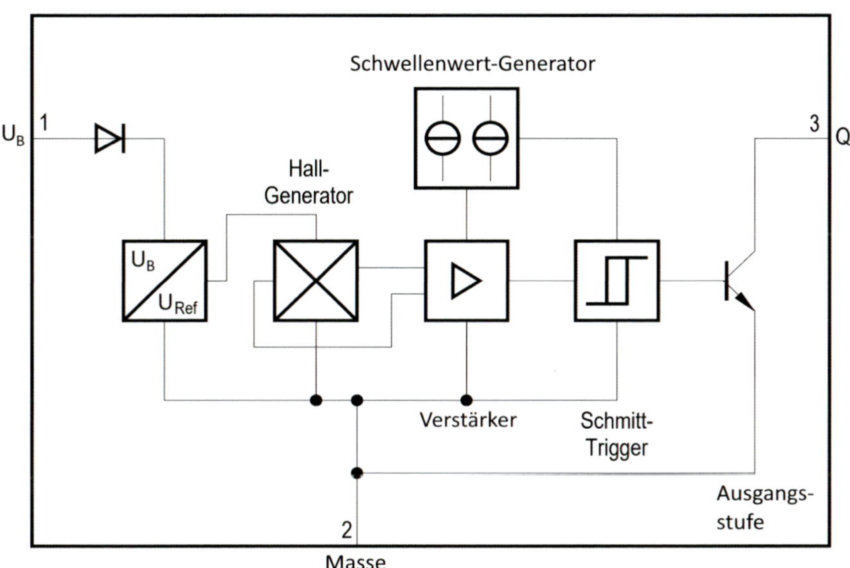

Abb. 3-15 Schematischer Innenaufbau des Infineon TLE4935

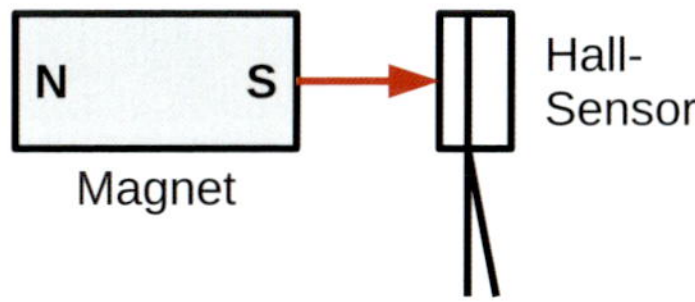

Abb. 3-16 Magnet-Position zum Hall-Sensor

Kommt ein Magnet(feld) in den Bereich des Sensorgehäuses, wird der Ausgang geschaltet. Es gibt Sensoren, die den Ausgang für die Dauer des Magnetkontakts mit dem Sensor schalten oder abhängig von der Polarität ein- und ausschalten (sogenannte »Latching«-Typen).

Die nachfolgende Tabelle zeigt eine kleine Auswahl verschiedener Hall-Sensoren. Bei den schaltenden Typen wurden diejenigen mit der kleinsten magnetischen Flussdichte im Einschaltpunkt gewählt.

Tab. 3-5 Hall-Sensoren, 1 mT = 10 Gauß

Typ	Hersteller	Gehäuse	Funktion
ATS137A	Diodes Inc.	SIP-3L	3,5–20 V; Open-Collector-Ausgang; Unipolar; Max Ausgangsstrom: 25 mA Einschaltpunkt:100 Gauß
TLE4935	Infineon Technologies	PG-SSO-3-2	3,8–24 V; Open-Collector-Ausgang; Bipolar/Latch; Max Ausgangsstrom: 100 mA Einschaltpunkt: 20 mT Ausschaltpunkt: –10 mT
DRV5023A	Texas Instruments	TO-92	2,5–38 V; Open-Collector-Ausgang; Unipolar; Max Ausgangsstrom: 30 mA Einschaltpunkt: 3,5 mT

Typ	Hersteller	Gehäuse	Funktion
OH137	Nanjing Ouzhuo Technology co., Ltd	TO-92	4,5–24 V; Open-Collector-Ausgang; Unipolar; Max Ausgangsstrom: 25 mA Einschaltpunkt: 18 mT
SS49E	Honeywell	TO-92	3–6,5 V Max Ausgangsstrom: 1,5 mA Lineare Ausgang (keine Schaltfunktion); 2,5 V bei 0 Gauß; 4 V bei 1000 Gauß; 1 V bei -1000 Gauß
A1101	Allegro	SIP-3	3,8–24 V; Open-Collector-Ausgang; Unipolar; Max Ausgangsstrom: 25 mA Einschaltpunkt:100 Gauß
OH3144	Nanjing Ouzhuo Technology co., Ltd	SIP-3	4–24 V; Open-Collector-Ausgang; Unipolar; Max Ausgangsstrom: 25 mA Einschaltpunkt: 16 mT

Abb. 3-17 Maqna 10,0 × 5,0 × 1,0 mm Neodym N35 selbstklebender Magnet (QA-SK-10 × 5 × 1-N35-N)

Zum Auslösen des Hall-Sensors können selbstklebende Magnete verwendet werden, die es in kompakten Größen gibt, um diese an LEGO-Teile anzubringen. Ein selbstklebender Magnet mit Magnetisierungsgrad N35 hat eine Remanenz zwischen 1170 mT und 1220 mT und kann somit einen Hall-Sensor auslösen, der nicht allzu fern zum Magneten positioniert ist.

3.6 Klebstoffe und Klebepads

Zur Herstellung von Beleuchtungselementen mit SMD-LEDs und LEGO-Plättchen wird Niedertemperatur-Heißkleber für 130 °C (z. B. UHU LT 110, Tecbond LM44) benötigt. In der Regel wird ein Verkleben vermieden.

Möglich ist auch der Einsatz von transparenten UV-Klebern (z. B. Lazer Bond, Bondic, Blufixx), da hier in Ruhe positioniert und dann mit UV-Licht gehärtet werden kann.

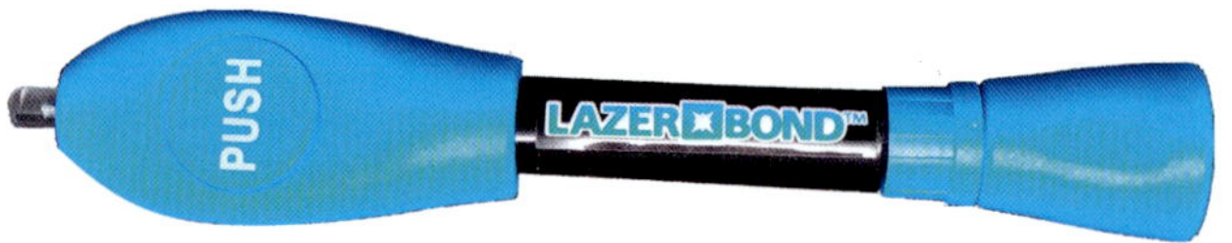

Abb. 3-18 UV-Klebesystem LAZERBOND USA

Für Verklebungen, bei denen das UV-Licht nicht ungehindert an den Kleber kommt, sind bei stabilen Verbindungen Zweikomponenten-Klebstoffe sinnvoll (siehe Abb. 3-19).

In manchen Fällen können Beleuchtungselemente mittels Schaumklebepads platziert werden. 5×5mm doppelseitig klebende Pads in verschiedenen Stärken gibt es von unterschiedlichen Herstellern in weiß, schwarz und rund sowie quadratisch.

Abb. 3-19 Zweikomponenten-Kleber von UHU

Abb. 3-20 Heyda-Klebepads 5×5mm, 2mm hoch, 361 Stück (20-48 890 02)

3.7 Lötzinn, Lötpaste und Flussmittel

Abb. 3-21 Lötdraht von Stannol auf Rolle

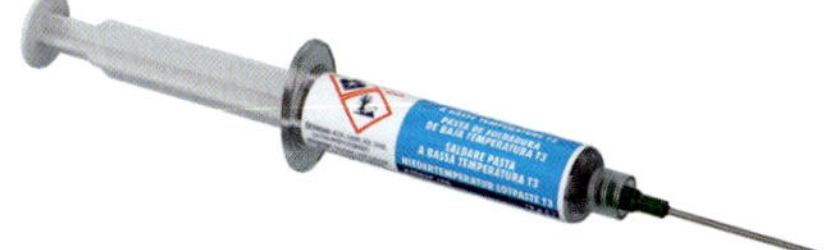

Abb. 3-22 Lötpaste in Dosierspritze von MG Chemicals

Zum Löten von normalen Kontakten ist Lötzinn in Form von Lötdraht zu verwenden. Bei SMDs kann Lötpaste die Arbeit erleichtern, da sie vorab auf die Kontakte aufgetragen werden kann und im zweiten Schritt gelötet wird. Beim Lötdraht müssen beide Hände koordiniert arbeiten. Für SMDs gibt es Lötzinn mit 0,5mm Durchmesser. Für normale Lötarbeiten an konventionellen Elektronikteilen und Drähten ist Lötdraht mit 0,8–1,0mm verwendbar.

Um eine bessere Benetzung der Lötstelle durch das Lötzinn zu erreichen, kann vorab ein Flussmittel auf den Kontakt/die Litze aufgetragen werden. Es entfernt die an den Oberflächen aufliegenden Oxide durch chemische Reaktion. Dies gilt auch für die Oxide, die während des Lötvorgangs durch den Luft-Sauerstoff entstehen. Flussmittel setzen zudem die Grenzflächenspannungen herab. Sofern der eingesetzte Lötdraht nicht schon ein Flussmittel im Kern eingelagert hat, kann Flussmittel in Spritzen- oder in Dosenform verwendet werden.

Die Auswahl von Lötzinn und Hilfsstoffen sollte aus Gesundheitsgründen auf ein Qualitätsprodukt fallen. Auch sollten wir beim Löten für eine ausreichende Belüftung sorgen und die Dämpfe nicht einatmen. Bei Kontakt mit den Hilfsstoffen an den Fingern bringen Sie diese nicht in die Augen oder in den Mund. Gute Hersteller liefern zudem ein Sicherheitsdatenblatt nach geltender

Abb. 3-23 Lötfett in Dose von Stannol

Gefahrstoffverordnung, das Sie immer durchlesen sollten. Darin sind u. a. auch Erste-Hilfe-Maßnahmen und Hinweise zur Handhabung und zu den Inhaltsstoffen aufgeführt. Lötzinn ist laut RoHS-Richtlinie seit 2006 nur noch bleifrei zu verwenden. Irgendwann kommt der Tag, an dem die Bastelarbeit im Müll landet – und daher sollte wir uns auch als Do-it-yourself-Anwender daran halten. Schon der eigenen Gesundheit zuliebe.

3.8 Lackstifte und Transparentlack

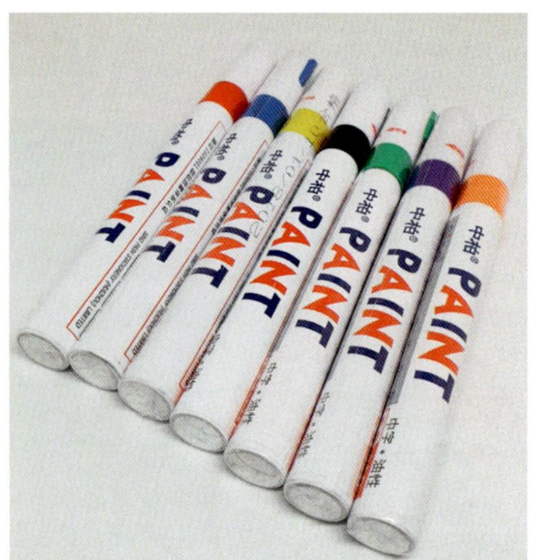

Abb. 3-24 Lackstifte

Wenn verschiedene LED-Farben verwendet werden, ist insbesondere bei den SMD-Varianten, aber auch bei 3-mm- und 5-mm-LEDs mit klarem Gehäuse nicht erkennbar, in welcher Farbe diese leuchtet. Damit wir dies nicht immer durch Inbetriebnahme feststellen müssen, können wir z. B. die Buchsen oder die Schrumpfschläuche markieren. Idealerweise legen wir uns gleich ein Set zu, das alle relevanten LED-Farben abdeckt.

Abb. 3-25 Transparentlack von DEKA

Mit transparentem, farbigem Lack können transparente Elemente überzogen werden. Speziell im Abschnitt über Lichtfarben bzw. bei entsprechenden Beispielen wird ein solcher Lack verwendet.

Eine breite Palette an Farbtönen wie Karmin, Hellgrün, Orange, Goldgelb, Hellblau, Pink oder Violett bietet die DEKA-Transparent-Serie. Die dunkleren Farben einschließlich Schwarz sind jedoch eher ungeeignet.

3.9 Lichtfaser und Lichtfaseradapter

Abb. 3-26 Bündel an 0,5-mm-Lichtleiter

Eine spezielle Möglichkeit der Beleuchtung bieten Lichtfasern, die indirekt mit LED-Licht versorgt werden. Flexible Fasern aus Polymethylmethacrylat gibt es mit verschiedenen Durchmessern zwischen 0,25 mm und 3 mm. Insbesondere die kleineren Durchmesser bis 3 mm sind interessant. Der Biegeradius ist jedoch begrenzt, da die Lichtdurchleitung eingeschränkt bzw. unterbrochen wird, wenn die Biegung zu stark ist bzw. die Faser geknickt wird. Als Faustregel gilt für den Biegeradius der fünffache Durchmesser des Leiters. Fasern können als blanke Leiter oder mit einer Ummantelung geliefert werden.

Eine Sonderform der Lichtleiter ist die seitenabstrahlende Variante (Side-Glow). Diese leitet das Licht nicht zwischen Anfang und Ende, sondern strahlt das Licht über die Faseroberfläche ab. Beide Enden müssen hierbei mit der Lichtquelle verbunden sein, um eine optimale Leuchtstärke zu erzielen.

Um LED-Licht in die Lichtfasern zu speisen, gibt es in der Industrie verschiedene Lösungen. Für bedrahtete LEDs oder SMD-LEDs gibt es Adapter, die auf bzw. über die LEDs, welche auf der Leiterplatte montiert sind, platziert werden. Die Adapter-Gehäuse besitzen hierfür in der Regel Stifte, die in entsprechende Bohrungen auf der Leiterplatte eingesteckt bzw. eingepresst werden. An der Oberseite des Adapters werden dann die Lichtfasern eingesteckt.

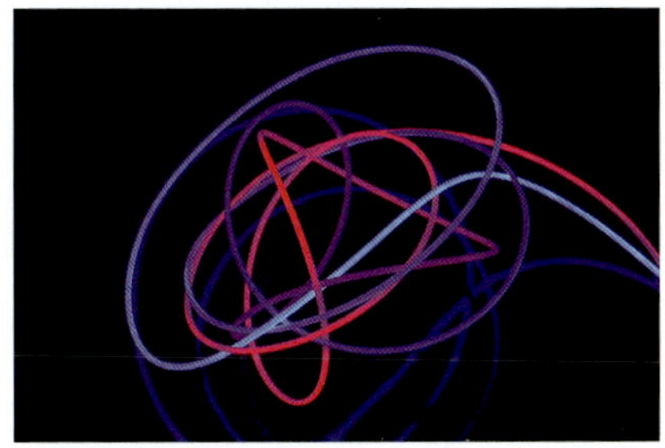

Abb. 3-27 Beispiel für eine Side-Glow-Fibre von Mentor

Adapter für bedrahtete LEDs

Die Firma Mentor Bauelemente produziert einen Adapter für 3-mm-LEDs und 2-mm-Glasfaser. Das Gehäuse bildet eine quadratische Basis von 6 mm × 6 mm mit einer Höhe von 11 mm. Die LEDs sind bereits im Gehäuse integriert und in rot, gelb und grün erhältlich.

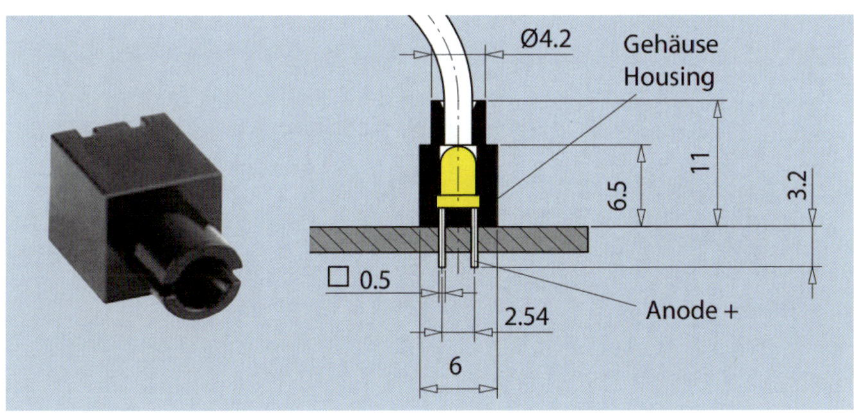

Abb. 3-28 3-mm-THD-LED-Adapter für 2-mm-Lichtfaser (1316.2001) von Mentor-Bauelemente

Adapter für SMD-LEDs

Für SMD-LEDs gibt es von der Firma Signal Construct GmbH Grundträger mit der Bezeichnung PT130 (3 mm) und PT20 (2 mm) mit 1, 2, 4, 8 und 10 Segmenten. Diese werden über Steckstifte in Fixier-Bohrungen mit der Leiterplatte verbunden. Bei einem Grundträger für eine LED beträgt der Abstand der 1,5-mm-Fixierbohrungen 5,08 mm.

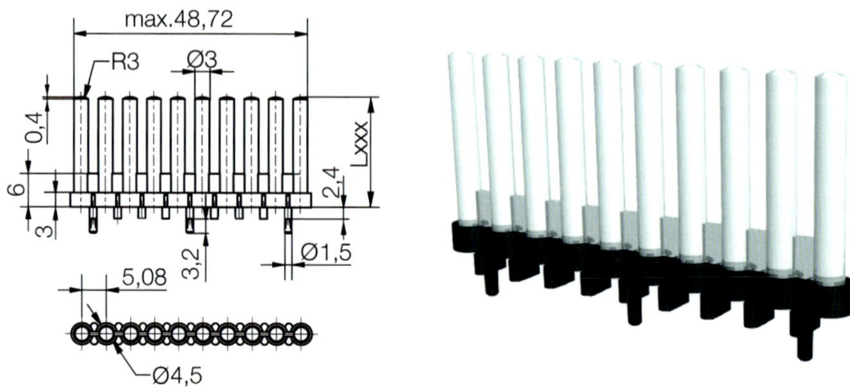

Abb. 3-29 Signal Construct GmbH, PT20 bzw. PTI30 für SMD-LEDs

Von verschiedenen Herstellern wird ein SMD-Lichtfaser-Adapter produziert, der mit zwei Einpresszapfen mit der Leiterplatte verbunden wird und über der LED positioniert wird. Die Gehäuse sind etwas größer und dadurch stabiler.

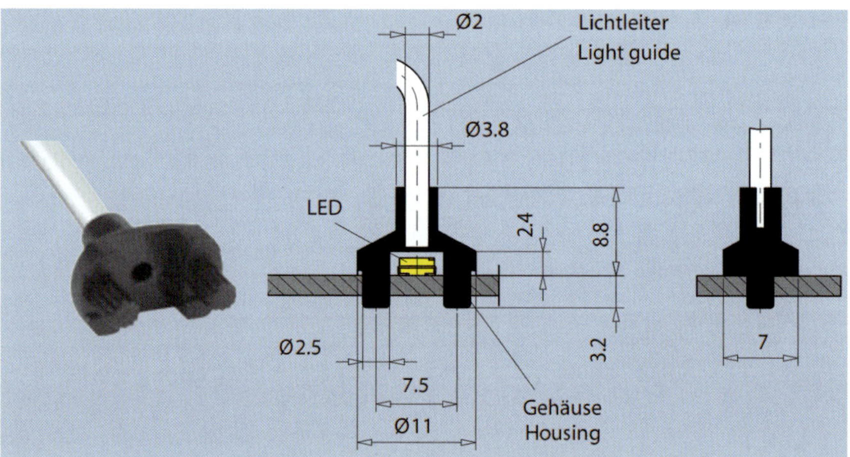

Abb. 3-30 Adapter für SMD-LEDs für 2-mm-Lichtfasern von Mentor-Bauelemente (216.1001)

Eine Faser kann theoretisch auch direkt in eine bedrahtete LED eingesetzt werden. Dies bedeutet allerdings eine Beschädigung des LED-Gehäuses. Die Bohrung muss dem Durchmesser der einzusetzenden Faser entsprechen, exakt auf der Mitte der LED positioniert sein und den LED-Chip nicht beschädigen. Mit einem klaren Kleber sollte die LED fixiert werden, um auch die Riefenbildung beim Bohren auszugleichen, die das Licht ungünstig brechen kann. Zusätzlich muss die LED selbst mit einem Schrumpfschlauch gegen das Abstrahlen über den eigenen Körper isoliert werden. Alternativ gibt es auch Lichtfaser mit lichtdichter Ummantelung, die je nach Einbausituation verwendet werden kann.

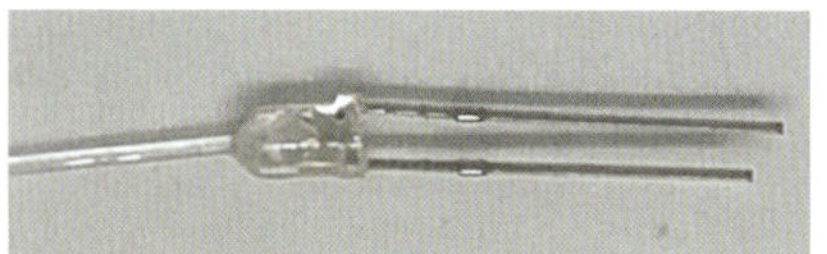

Abb. 3-31 3-mm-LED mit in Bohrung am Kopf eingesetztem 1-m-Lichtleiter

Eine LED kann auch mit Schrumpfschlauch-Technik an die Faser gebunden werden. Der Schrumpfschlauch sollte jedoch verschweißend sein, um die Faser und das LED-Gehäuse gut zu fixieren. Die Stirnseite der Lichtfaser sollte möglichst ohne Luftspalt auf der LED aufsitzen. Hier wären LEDs mit flachen Köpfen sinnvoll, damit die Faser plan aufliegen kann. Vorsicht ist beim Schrumpfen geboten, da die Temperatur > 114 °C betragen muss und die Lichtleiter da schon weich werden.

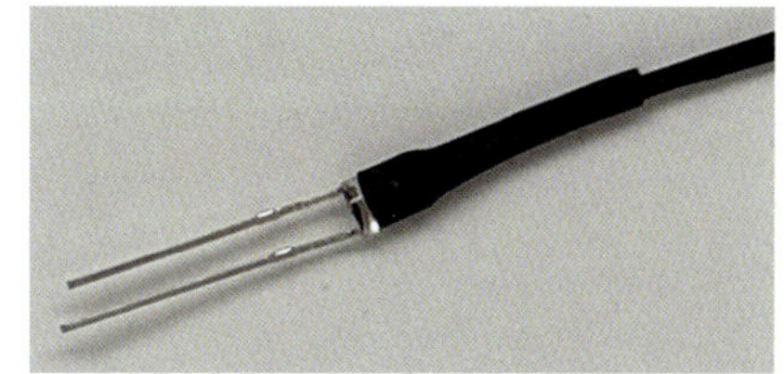

Abb. 3-32 3-mm-LED mit Glasfaser und Schrumpfschlauchüberzug

3.10 Platinen

Für den Aufbau von Adaptern oder Ansteuerelektronik für LEDs können sogenannte Prototypen-Leiterplatten mit Lochraster oder Streifenraster verwendet werden. Diese gibt es aus Hartpapier oder Epoxid mit 35 µm Kupferauflage und 2,54 mm Lochabstand.

Abb. 3-33 Lochraster- und Streifenrasterplatinen

Passend hergestellte Leiterplatten sehen natürlich besser aus und benötigen weniger Zusatzarbeit. Im Buch werden daher neben der Prototypen-Variante auch Platinen-Layouts vorgestellt, die zur eigenen Herstellung bzw. für Kleinserien-Aufträge bei Platinen-Herstellern verwendet werden können. Bei den kleineren Platinen im Buch können einige Platinen-Hersteller nur im sogenannten Nutzen produzieren. Das heißt, es muss eine größere Menge, die gleichzeitig in einem Raster produziert wird, bestellt werden.

Alle im Buch zu sehenden Platinen wurden über *https://aisler.net/* produziert. Nach Upload der Projektdatei wird automatisch eine Vorschau von Vorder- und Rückseite erzeugt, und die Produktionskosten werden ermittelt. Die

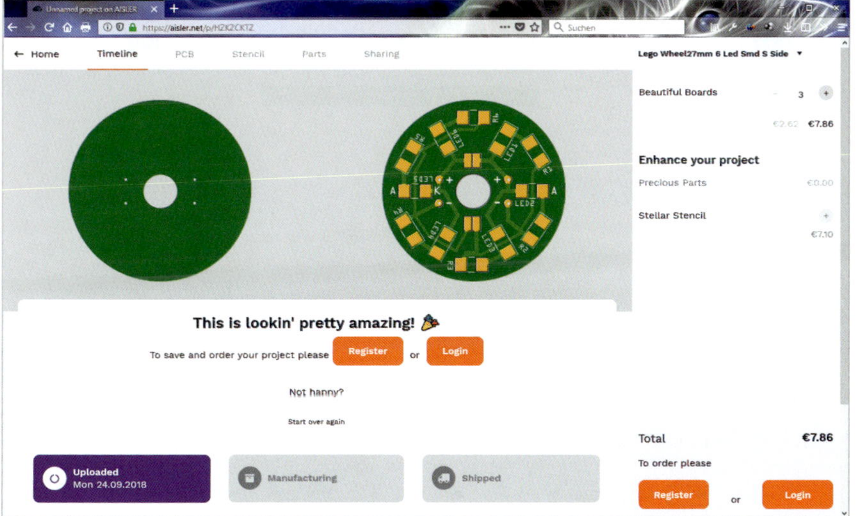

Abb. 3-34 Vorschau und Produktionskostenkalkulation auf aisler.net

Layout-Vorlagen zum Buch sind im Fritzing-Format abrufbar und können bei Bedarf auch direkt beauftragt werden. Aisler verarbeitet Layouts der Programme Fritzing, KiCad, Eagle, Target3001! sowie Layout-Daten im GerberX2-Format. Allerdings gibt es für die Produktion keine Auswahl der Oberflächenfarbe oder Leiterplattendicke. Dafür spielen Form, Leiterbahnstärken, Durchkontaktierungsgrößen, Bohrungen und auch kleine Platinengrößen keine Rolle.

Möchten wir mehr Möglichkeiten wie z. B. die Farbe des Lötstopplacks oder die Stärke des Platinen-Materials, müssen wir andere Dienstleister wählen. Für einen neutralen Einfluss ist insbesondere bei allen Platinen, die für den Betrachter sichtbar werden (Leuchtmittel), ein neutraler Lötstopplack empfehlenswert. Ideal wäre ein schwarzer Lack, doch dieser ist nicht immer kostenneutral verfügbar.

Eine Möglichkeit bietet z. B. *PCBway.com*, wobei wir bei Anbietern aus fernen Ländern immer die Versandkosten (und Zollgebühren) im Auge behalten sollten, die die Platinen schnell um ein Vielfaches teurer machen können, die Versandzeit erheblich verlängern und eine Lieferung auch mal auf der Strecke bleiben kann (bei günstigster Versandform). Zur Produktion können Gerber-Dateien verarbeitet werden, die aus jeder Leiterplattensoftware exportiert werden kann.

Auch sind hier sehr viele Einstellungen möglich, um das Ergebnis und die Kosten zu beeinflussen. Hier müssen wir auch auf die Leiterbahnbreite und Abstände sowie die Bohrungen für Durchkontaktierungen achten – alles hat hier Auswirkungen auf den Preis.

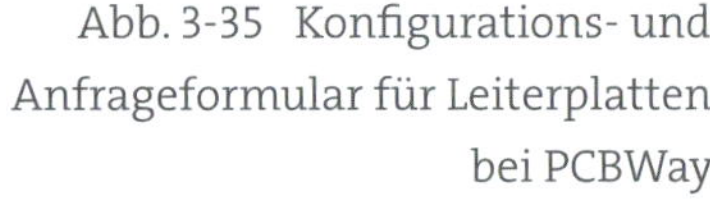

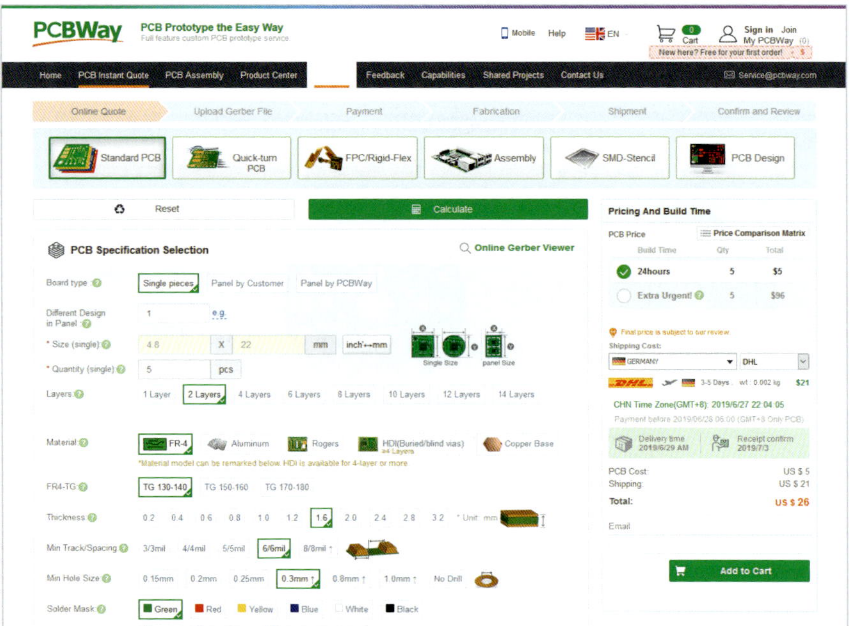

Abb. 3-35 Konfigurations- und Anfrageformular für Leiterplatten bei PCBWay

Bei PCBWay gibt es einen Rabatt für die Erstbestellung über *https://www.pcbway.com/setinvite.aspx?inviteid=296068*, der die Versandkosten etwas abmildern kann.

3.11 Diffusionsfolie

Um Licht zu streuen, können sogenannte Diffusionsfolien eingesetzt werden. Sie sorgen für eine homogene Streuung von punktförmigem Licht, z. B. bei Raumschiff-Triebwerken zwischen transparenten Schüsseln und den LEDs. Die Folien gibt es in verschiedenen Materialstärken, Transmissionswerten (Lichtdurchlässigkeit) und Halbwertswinkeln/Ausstrahlungswinkeln (Streuwirkung).

Damit der Effekt einsetzen kann, sollte je nach Folie mindestens ein Abstand von 5 mm von der LED vorhanden sein.

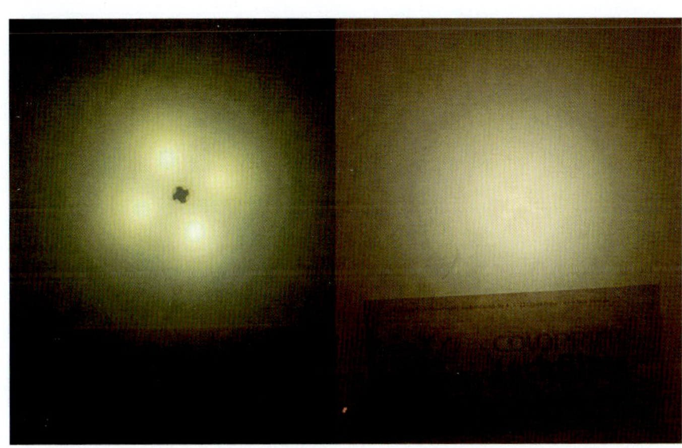

Abb. 3-36 Wirkung unterschiedlicher Folien auf LED-Lichtquelle

Tab. 3-6 Beispiele für Diffusionsfolien und technische Daten

Hersteller	Typ	Halbwertswinkel	Transmission
Covestro	Makrofol(R) LM322, 300 µ	57°	55 %
Covestro	Makrofol(R) LM228, 300 µ	39°	73 %
Kimoto	OptSaverTM L-57, 100 µ	57°	60 %
Lake Photonics	Spectralex WDF-020-70 0,25 mm (20 × 20 cm)	70°	30 %

4 Strom-versorgungen

4.1 LEGO-Stromversorgungen

Die LEGO-Batterieboxen oder die Akku-Box sind eine mögliche Stromversorgungsquelle. Allerdings benötigen wir bei eigenen LED-Konstruktionen einen Adapter. Da es solche Adapter von LEGO nicht gibt, müssen wir diesen aus einem LEGO-Verbindungskabel selbst bauen. Hierzu finden Sie in Kapitel 8 »Modifikationen« ein paar Lösungswege.

Tab. 4-1 LEGO-Stromversorgungen (9 V)

Bild	Nr.	Beschreibung
	88000	Power-Functions-Batteriebox 6 × AAA-1,5-V-Batterien (9 V) 7,2 W 6 × AAA-1,2-V-NiMH-/NiCd-Akkus (7,2 V) 6 W Strombegrenzung auf 800 mA
	84599	Power-Functions-Akkubox (Lithium-Polymer) Ausgangsspannung 7,4 V/1150 mAh/8,5 W Ausgangsspannung über Regler einstellbar Strombegrenzung auf 750 mA
	8881	Power-Functions-Batteriebox 6 × AA-1,5-V-Batterien (9 V) 6 × AA-1,2-V-NiMH-/NiCd-Akkus (7,2 V) Strombegrenzung auf 800 mA
	6197586	Powered Up Hub (Power Functions 2.0) 6 × AAA-1,5-V-Batterien (9 V) 6 × AAA-1,2-V-NiMH-/NiCd-Akkus (7,2 V) Anschlusskompatibel zu WeDo 2.0 und Boost.

→

Bild	Nr.	Beschreibung
		Control+ Hub 6 × AA-1,5-V-Batterien (9 V) 6 × AA-1,2-V-NiMH-/NiCd-Akkus (7,2 V) 4 Ports, Anschlusskompatibel zu WeDo 2.0 und Boost.
	45601	Education Large Hub (Spike) Integrierter Lihium-Ion-Akku 6 Ports, Anschlusskompatibel zu WeDo 2.0, Boost, Control+ und Powered Up.
	88006	Boost Hub 6 × AAA-1,5-V-Batterien (9 V) 6 × AAA-1,2-V-NiMH-/NiCd-Akkus (7,2 V) 2 Ports, Anschlusskompatibel zu WeDo 2.0, Boost, Control+ und Powered Up.

4.2 Batterieboxen

Batterieboxen gibt es in unterschiedlichen Bauformen und für unterschiedliche Anzahl und Typen von Batterien bzw. Akkus. Vorzugsweise sollten wir Boxen mit Ein-/Ausschalter verwenden.

Abb. 4-1 Batterieboxen für Zellengrößen AA und AAA

Abb. 4-2 Offener Batteriehalter für zwei AAA-Zellen mit Anschlussfahnen von goobay

Offene Batteriehalter sind kleiner, LED-Anschlüsse sowie ein Ein-/Ausschalter sind jedoch über externe Lösungen bereitzustellen.

Je nach Zellenzahl und Zellenart ergeben sich unterschiedliche Spannungswerte. Die gängigen Varianten und die zu erwartenden Ausgangsspannungen können aus der nachfolgenden Tabelle entnommen werden.

Tab. 4-2 Zellenzusammenschaltung und resultierende Spannungen

Zellenzahl	Ausgangsspannung in Volt				
	Batterie	Akku (NiMH)	Akku (NiZn)	Knopfzelle (1,5 V)	Knopfzelle (3 V)
1	1,5	1,2	–	1,5	3 V
2	3	2,4	3,2	3	6 V
3	4,5	3,6	4,8	4,5	9 V
4	6	4,8	6,4	6	–
6	9	7,2	9,6	–	–
8	12	9,6	12,8	–	–

Für 9-V-Blockbatterien und Akkus gibt es Anschluss-Clips mit Anschlussdrähten, offene Halter und geschlossene Boxen. Die kompakteste Form ist eine 9-V-Zelle mit Anschluss-Clip (siehe Abb. 4-3).

Für autarke Einzel-LED-Lösungen gibt es Knopfzellen und Knopfzellenhalter. In der Regel für 2 Zellen des Typs CR2032, die in Reihe geschaltet sind, um 6-V-Ausgangsspannung zu erhalten (siehe Abb. 4-4).

Abb. 4-3 Beispiele für 9-V-Block-Batteriehalter

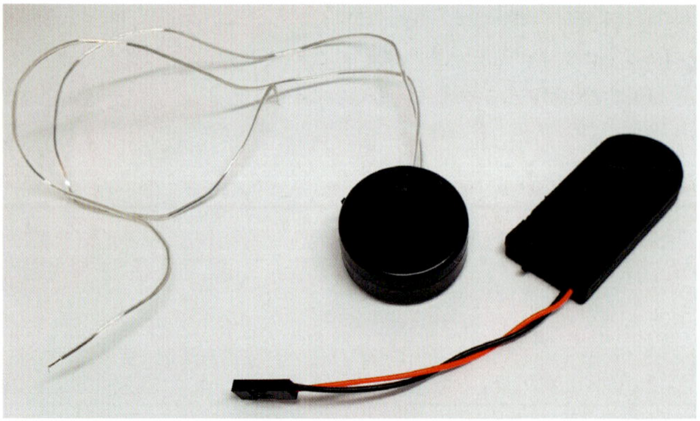

Abb. 4-4 Knopfzellen-Batterieboxen mit Ein-/Ausschalter und Anschlusskabel

4.3 Batteriehalter

Batteriehalter sind in der Regel offen und haben Lötfahnen oder Anschlüsse für Leiterplattenmontage. Die kleinste Stromversorgung ist mit Knopfzellen-Haltern möglich. Ein Ein-/Ausschalter muss hierbei zusätzlich in die Anschlussleitung eingebaut werden.

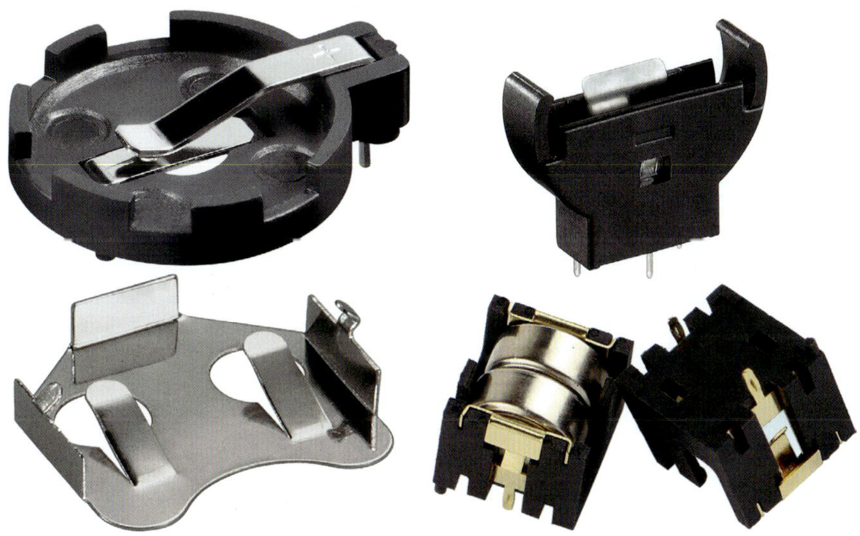

Abb. 4-5 Verschiedene-Knopfzellenhalter für Platinen-Montage

4.4 Batterien

Gängige Batterie-Bauformen, wie sie auch in den LEGO-Batterieboxen eingesetzt werden, sind AA und AAA. Je nach Aufbau können unterschiedliche Kapazitäten erreicht werden. Bei leistungsstarken Alkaline-Batterien kommen wir bei 750 mA Stromentnahme auf rund 2 Stunden Entladezeit.

Tab. 4-3 Batterietypen und Grunddaten

Elektrochemisches System	Bauform	Spannung	Max. Kapazität
Alkali-Mangan	AA	1,5	2300 mAh
Alkali-Mangan	AAA	1,5	1200 mAh
Zink-Kohle	AA	1.5	1200 mAh
Zink-Kohle	AAA	1,5	500 mAh
Lithium-Eisensulfid	AA	1,5	3000 mAh
Lithium-Eisensulfid	AAA	1,5	1250 mAh

4.5 Akkus

NiMH-Akkus in den Bauformen AA und AAA liefern eine Spannung von 1,2V und bis zu 2850mAh. Bis zu 1000-mal können NiMh-Akkus geladen werden. Akkus mit NiZn-Technologie liefern eine Spannung von 1,6V mit bis zu 2800mAh. Bei 2500mAh und 750mA Stromentnahme kommen wir bei NiMh-Akkus auf rund 2 Stunden Entladezeit.

Tab. 4-4 Akku-Technologien, Bauformen und Daten

Akkutyp	Bauform	Spannung	Max. Kapazität	Ladezyklen	Ladezeit
NiNH	AA	1,2	2850 mAh	1000	5,5–6,5h
NiZn	AA	1,6	2800 mAh	500	ca. 16h
NiMH	AAA	1,2	1100 mAh	1000	5,5–6,5h
NiMH	9-V-Block	8,4	300 mAh	1000	5,5–6,5h
LiPo	9-V-Block	9,0	800 mAh	500	ca. 3,5h
LiPo	9-V-Block	7,4	500 mAh		
LiPo	2032	3,6	45 mAh	400	

4.6 Knopfzellen

Runde, flache Batterien, die häufig in Uhren, Taschenrechnern, Taschenlampen, Hörgeräten, als Pufferbatterien auf Rechner-Hauptplatinen und anderen Kleinstgeräten zum Einsatz kommen, gibt es in einer Vielzahl von Durchmessern und Bauhöhen. Knopfzellen gibt es auch als Akku-Varianten, wobei die Kapazität recht klein und für den LED-Einsatz daher eher uninteressant ist. Die CR2032 ist sehr verbreitet, es gibt hierfür auch verschiedene Halter-Lösungen und Batterieboxen.

Tab. 4-5 Knopfzellen, Bauformen und Daten

Typ	Größe	System	Daten
CR2032	20 mm, d = 3,2 mm	Lithium-Mangandioxid	3 V, 210 – 230 mAh
CR2025	20 mm, d= 2,5 mm	Lithium-Mangandioxid	3 V, 150 – 165 mAh
CR2016	20 mm, d= 1,6 mm	Lithium-Mangandioxid	3 V, 75 – 90 mAh
LR41	7,9 mm, d = 3,6 mm	Alkaline	1,5 V, 28 mAh
CR927	9,5 mm, d = 2,7 mm	Lithium-Mangandioxid	3 V, 30 mAh

Abb. 4-6 Steckernetzteil von goobay (3 – 12 V, 1 A)

4.7 Steckernetzteile

Steckernetzteile gibt es mit festen oder einstellbaren Ausgangsspannungen und mit unterschiedlichen Stromleistungen. Häufig haben die Netzteile auswechselbare Anschlussstecker für unterschiedliche Geräteanschlüsse. Wichtig ist letztendlich, wie der Anschluss an die LEDs erfolgt.

Tipp

Um nicht versehentlich die falsche Spannung einzustellen, sollten wir uns Steckernetzteile mit fixierter Spannung zulegen. 5 V (USB) bzw. 9 V (LEGO Power Functions) passen zu den beiden häufigsten Fällen. 12 V und 24 V wären für LED-Stripes geeignet, die sehr oft für 12 V und 24 V ausgelegt sind. Zu viele unterschiedliche Spannungen sollten vermieden werden, da für jede Variante die Leuchtmittel mit passenden Vorwiderständen bzw. Ansteuerungen ausgelegt werden müssen.

4.8 USB

Abb. 4-7 USB-3.0-Hub mit Netzteil von goobay

Es gibt einige Beleuchtungslösungen, die die Stromversorgung mit 5 V via USB realisieren. Allerdings gibt es je nach USB-Standard und verwendetem Gerät Einschränkungen bei der maximalen Leistungsabgabe. Der USB-3.x-Standard definiert bis zu 0,9 A Stromabgabe eines USB-Ports. Bei 20 mA pro LED können hier, mit einer kleinen Reserve eingerechnet, bis zu 40 LEDs versorgt werden. Beim USB 2.x beträgt der maximale Ausgangsstrom 0,5 A, und der USB-1.x-Standard liefert gerade noch 100 mA.

Mit einem 7-fach-USB-3.0-Hub und eigenständiger Stromversorgung können bis zu 280 LEDs betrieben werden. Die im Bild gezeigte Variante hat für jeden Port einen Ein-/Ausschalter, was praktisch ist, wenn wir über einen Hub mehrere LEGO-Expert-Gebäude beleuchten möchten. Zudem bieten einige Lösungsanbieter für Beleuchtungen diese direkt mit USB-Steckern an

Als reine Stromversorgung sind natürlich auch USB-Ladegeräte ideal. Diese sind als Steckernetzteil oder als Set-Top-Box mit einem oder mehreren USB-Ausgängen erhältlich. Bei Ladegeräten gibt es über den Standard hinaus auch höhere Stromabgabemengen zwischen 1 A bis 8 A. Das heißt, bei einem 8-Ampere-Modell können schon bis zu 400 LEDs betrieben werden.

Abb. 4-8 USB-Powerbank

Eine USB-Powerbank hat den Vorteil, dass sie je nach Baugröße auch direkt in Modelle integriert werden kann und wieder aufladbar ist. In bewegten Technic-Modellen ist eine USB-Powerbank eine mögliche Stromversorgungsvariante.

Tipp

Auf jeden Fall sollten wir die Ausgänge der USB-Ports mit den Leistungsdaten kennzeichnen. Machen Sie also die maximale Stromleistung und ggf. die maximale Anzahl von LEDs kenntlich.

4.9 Solarzellen

Aus dem LEGO-Education-Bereich gibt es eine Solarzelle, die 5V, aber nur 4mA liefert – zu wenig für Beleuchtungsszenarien, und zudem ist keine Speicherung vorhanden. Eine ausreichende Energieversorgung ist nur mit größeren Solarzellen möglich. Eine modellgerechte Integration z. B. auf einem Creator-Expert-Gebäudedach bei leistungsfähiger Versorgung mehrerer LEDs ist somit eher nicht möglich. Natürlich ist es denkbar, auf einer grünen Basisplatte eine Solarzellenfarm aufzubauen, die ein Gebäude beleuchten kann. In Zeiten erneuerbarer Energien ein schönes Thema für ein LEGO-Set.

EXIT

5 Software

Eine kleine Übersicht verschiedener Software-Produkte, die für eigene Entwicklungen genutzt werden kann, ist in der nachfolgenden Tabelle aufgelistet.

Tab. 5-1 Software-Übersicht

Produkt	Hersteller	Typ	Hinweise
Fritzing	Friends of Fritzing Org, Open Source	Schaltplan, Platinen-Layout, Layout (Prototyp), Layout (Steckbrett)	*http://fritzing.org*
KiCad	Freeware	Schaltplan, Platinen-Layout	*http://kicad-pcb.org*
NGSpice	Open Source	Schaltplan, Simulation	*http://ngspice.sourceforge.net*
SimulIDE	Open Source	Schaltplan, Simulation, PIC-Simulation	*http://simulide.blogspot.com/*
Circuitmaker	Altium	Schaltplan, Simulation, Platinen-Layout	Freeware *https://circuitmaker.com*
Multisim	National Instruments	Schaltplan, Simulation	Pionier der interaktiven Schaltungssimulation, ursprünglich Electronics Workbench *http://www.ni.com/*
Target3001!	Ing.Büro Friedrich	Schaltplan, Platinen-Layout, Simulation	Kostenlose Variante (discover) mit max. 250 Pins/Pads und max. 2 Kupferlagen *https://ibfriedrich.com*
Eagle	Autodesk	Schaltplan, Layout	Kostenlose Variante mit max. 80-cm²-Platinen und max. 2 Kupferlagen und max. 2 Schaltplänen. *https://www.autodesk.com/products/eagle*
Lochmaster	Abacom	Layout (Prototyp für Lochstreifen-platinen)	*https://www.electronic-software-shop.com*
MPLAB	Microchip	PIC und ATtiny Controller Programmierung	*http://www.microchip.com/mplab/mplab×ide*
Atmel Studio 7	Microchip	ATtiny Controller Programmierung	*https://www.microchip.com/mplab/avr-support/atmel-studio-7*

→

Produkt	Hersteller	Typ	Hinweise
Arduino IDE	Open Source	Mikrocontroller-Programmierung	*https://www.arduino.cc/*
Inkscape	Open Source	Vektor-Grafik-Editor	*https://inkscape.org*
Scribus	Open Source	DTP	*https://www.scribus.net/*

5.1 Schaltpläne und Simulation

Diverse Elektronik-Beispiele im Buch wurden mit Multisim gezeichnet und teilweise auch simuliert. Ein bewährtes Verfahren, um Schaltungsideen vorab zu testen. Hierfür werden sogenannte SPICE-basierende Simulatoren verwendet, die in einigen Programmen bereits fest eingebaut sind. Die Schwierigkeit ist in der Regel, die passenden Simulationsmodelle zu bekommen. Insbesondere für LEDs und spezielle integrierte Schaltkreise gibt es selten Modelle.

```
*IF(MAX)=30mA, VF=3.33V
.MODEL NSPWxxxDS D(IS=1.4625E-15 N=3.8966 RS=7.8038 IKF=108.31
+ CJO=25.000E-12 M=.1VJ=.10 ISR=0 BV=100 IBV=3.0000E-12
+ TT=1.000E-12)
```

Listing 5-1 SPICE Modell einer Nichia NSPWxxxDS-LED (weiß)

Unter brickelectronic.de stehen kostenfreie SPICE-Modelle sowie Links zu Modellen zur Verfügung.

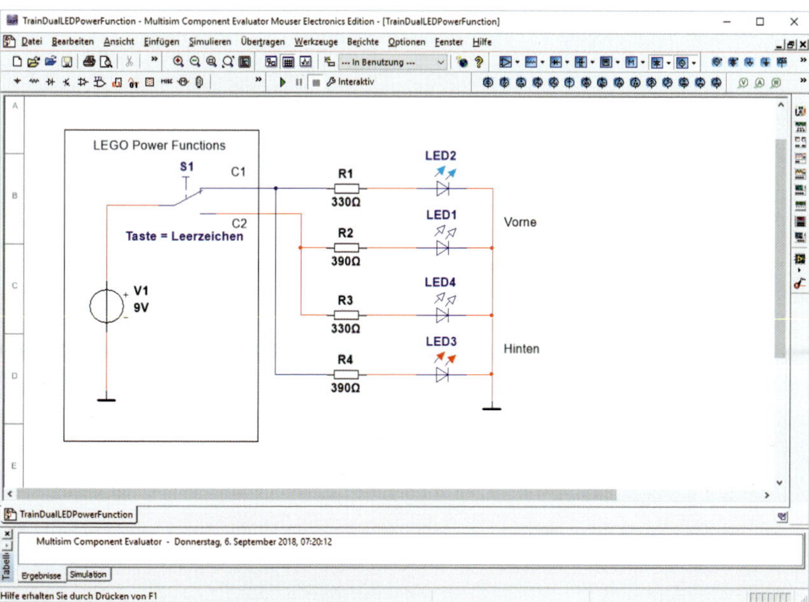

Abb. 5-1 Multisim: interaktives Elektronik-Design und Simulationssystem

5.2 Platinen-Layout

Um die Platinen-Layouts im Buch zu entwerfen, wurden einige Systeme auf Tauglichkeit geprüft. Vorzugsweise kann für die recht einfachen Layouts freie Software verwendet werden. Es gibt auch Layout-Software für Loch- und Streifenrasterplatinen, die jedoch alle durch einen sehr begrenzten Vorrat an Bauteilen in den Bibliotheken auffallen. Selbst einfache Pfostensteckverbinder für Leiterplatten werden wir vergeblich suchen. Bei SMD-Bauteilen wird es bei LED-Varianten wiederum spärlich. Hier können wir uns durch das geschickte Platzieren von SMD-Lötflächen in passender Größe und passendem Abstand behelfen.

Speziell bei runden Platinen fehlen häufig pfiffige Funktionen, um insbesondere die LEDs einfach in bestimmten Abständen radial zu platzieren. Viele kostenfreie Varianten professioneller Systeme sind für die im Buch behandelte Thematik völlig ausreichend. Sie sollten die verschiedenen Systeme testen und die Lösung, die Ihnen am besten zusagt, verwenden.

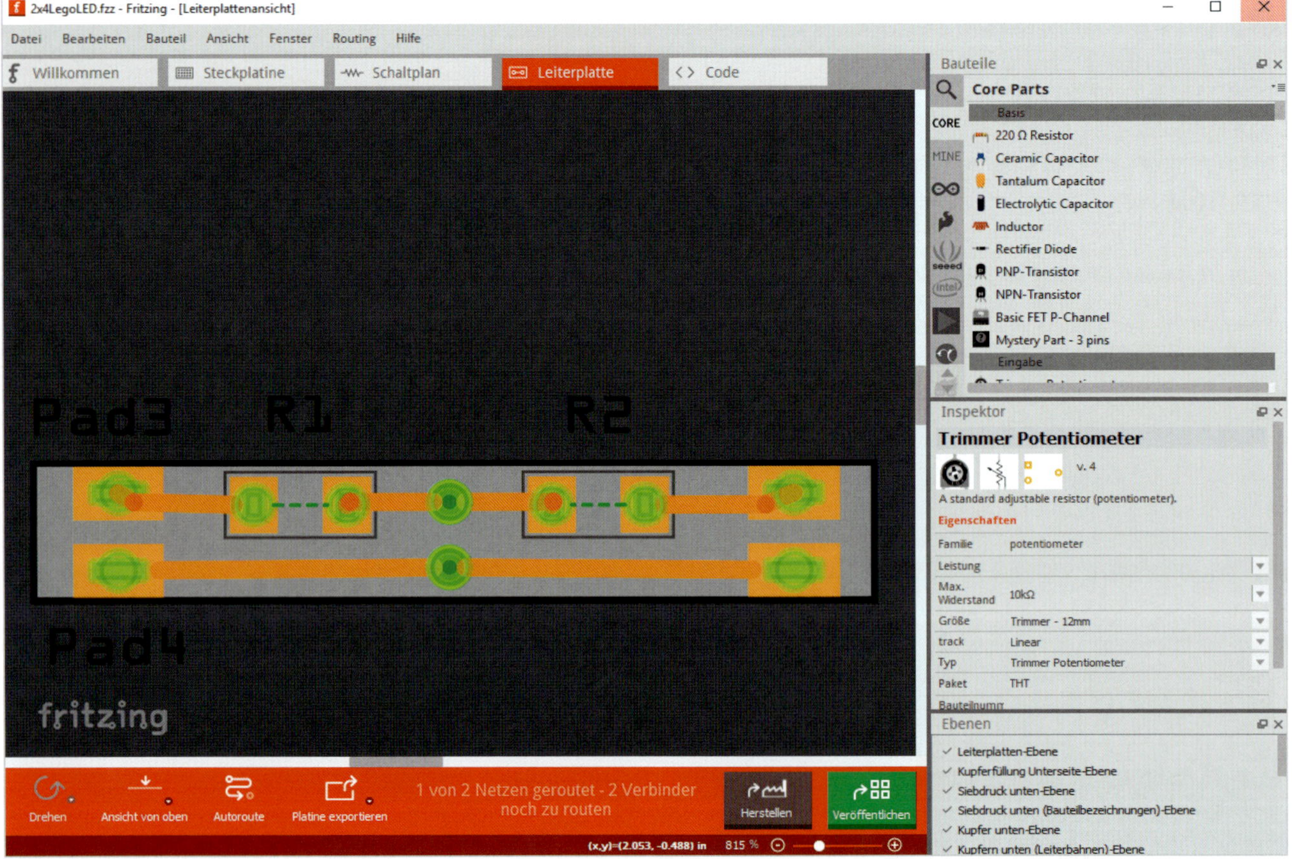

Abb. 5-2 Fritzing-Platinen-Layout-Modul

Die Beispiele im Buch wurden mit Fritzing erstellt, wobei einige zusätzliche sogenannte Footprints entwickelt werden mussten, da diese nicht im Lieferumfang enthalten sind. Die Entwürfe sind im Forum der Fritzing-Community frei verfügbar.

5.3 Mikrocontroller-Programmierung

Zur Programmierung von PIC- oder ATtiny-Mikrocontrollern steht die Software MPLAB von Microchip kostenfrei für Windows, Linux und Mac zur Verfügung. Die Programmierung erfolgt aus Effizienzgründen in Assembler, kann jedoch auch mit Sprachen wie C oder Basic erfolgen, die dann jedoch einen passenden Compiler voraussetzt. Der resultierende Code, der in den Mikrocontroller geladen wird, ist dann immer etwas größer als ein direkt in Assembler geschriebener Steuercode. Das AtmelStudio für die ATtiny-Mikrocontroller ist noch verbreitet im Einsatz, doch nach Übernahme von Atmel durch Microchip wurden die Microprozessoren in die MPLAB-Software integriert.

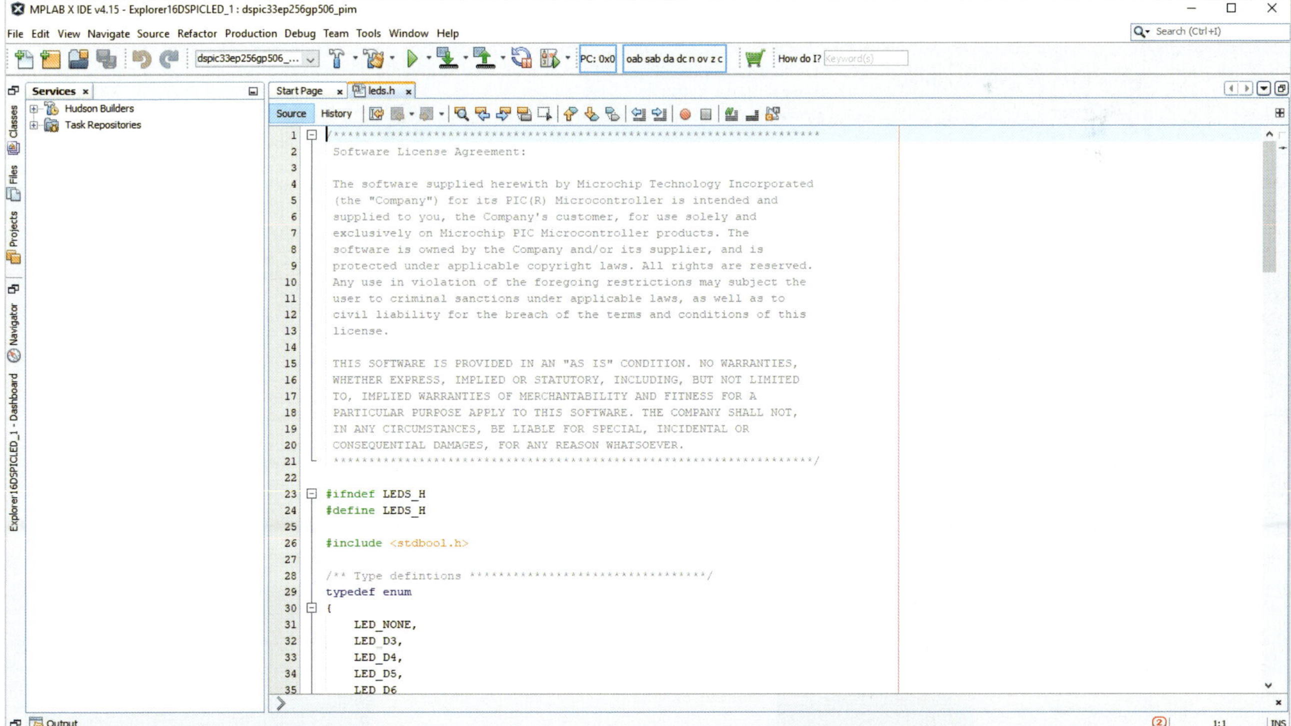

Abb. 5-3 Die Software MPLAB X IDE kann man unter *http://www.microchip.com/mplab/mplab-x-ide* herunterladen.

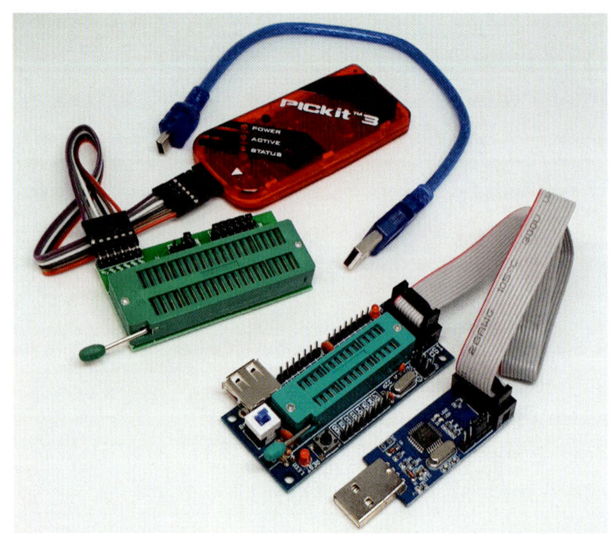

Abb. 5-4 Verschiedene Programmierhilfen für PIC- und Ttiny-Bausteine

Eine günstige Variante, Programme in PIC-Prozessoren zu übertragen, ist der PickitTM 3 bzw. 4 von Microchip. Um verschiedene Bausteine programmieren zu können, ist ein Adapter mit sogenanntem ZIF-Sockel dringend angeraten. Alternativ können wir auch über ein Steckbrett, das mit dem Adapterkabel verbunden wird, den Baustein programmieren. Oder die Bausteine können auch über einen Arduino zusammen mit einem Steckbrett programmiert werden, was jedoch einen entsprechenden Aufwand bedeutet, den Arduino zu konfigurieren und die Verkabelung zu erstellen.

Für den ATMEL ATtiny gibt es sehr günstige Programmierplatinen mit USB-Anschlüssen, die direkt oder über ein Kabel an einen USB-Port angeschlossen werden können, wie z. B. der Tiny AVR von Sparkfun oder der ISP-Programmer von Diamex.

Eine interessantes Open-Source-Werkzeug ist SimulDE, das die Entwicklung von Schaltungen mit Mikrocontrollern und externen Komponenten, deren Programmentwicklung und Simulation ermöglicht. Perfekt, um LED-Effektsteuerungen zu programmieren und zu testen und anschließend den Programmcode mit MPLAB und einem Programmieradapter in den Mikrocontroller zu übertragen.

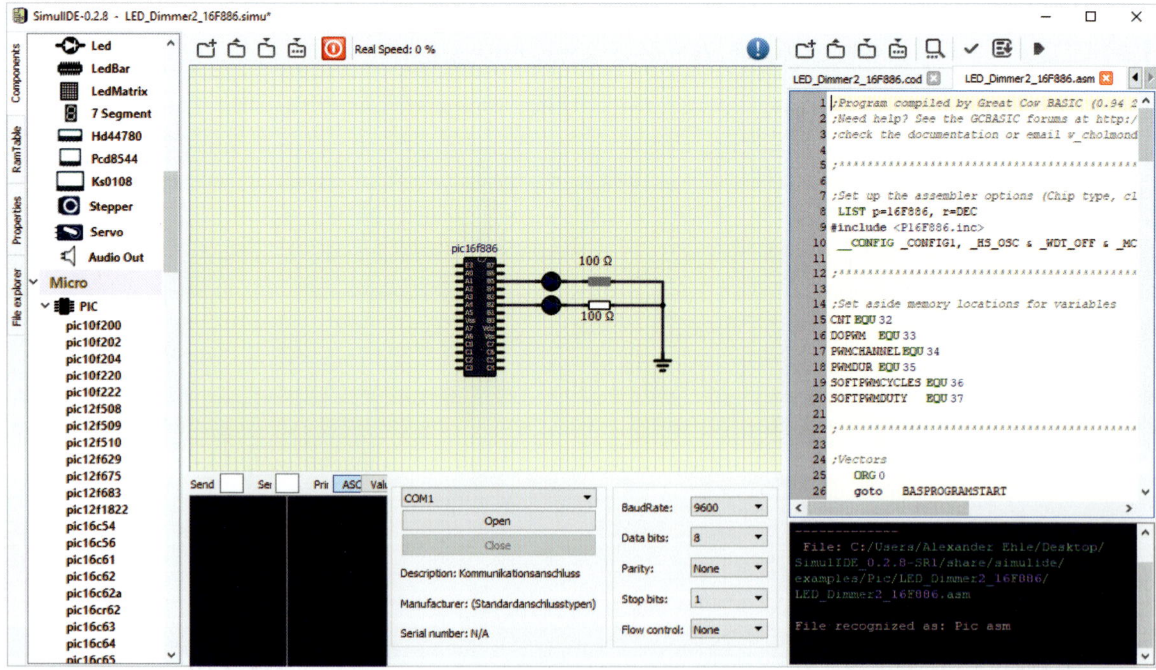

Abb. 5-5 SimulIDE

5.4 Grafik-Software

Um Vorlagen für die Bedruckung von LEGO-Steinen zu erstellen, sollten Vektor-Grafikprogramme verwendet werden. Viele Grafiken im Buch wurden mit dem freien Programm Inkscape erstellt. Auch DTP-Lösungen wie Scribus können für die Erstellung und Drucken von Etiketten und Bohrschablonen verwendet werden.

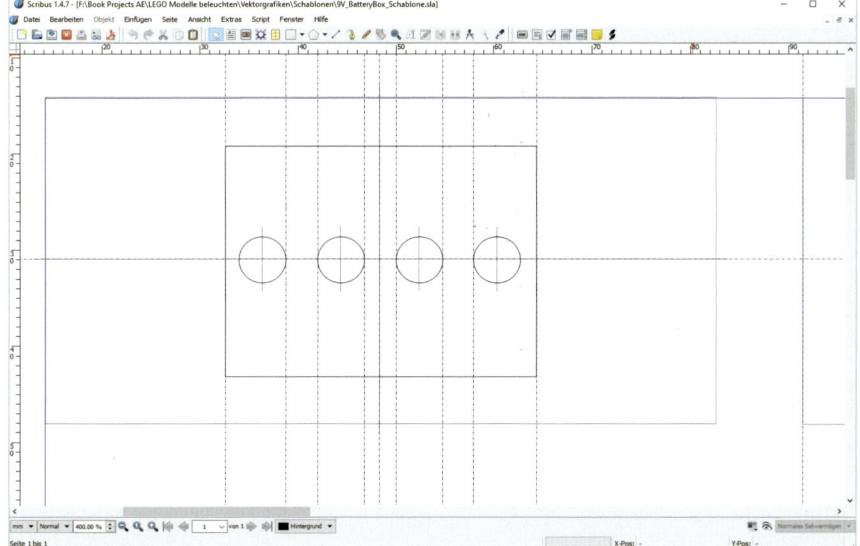

Abb. 5-6 Freies DTP-Programm »Scribus«

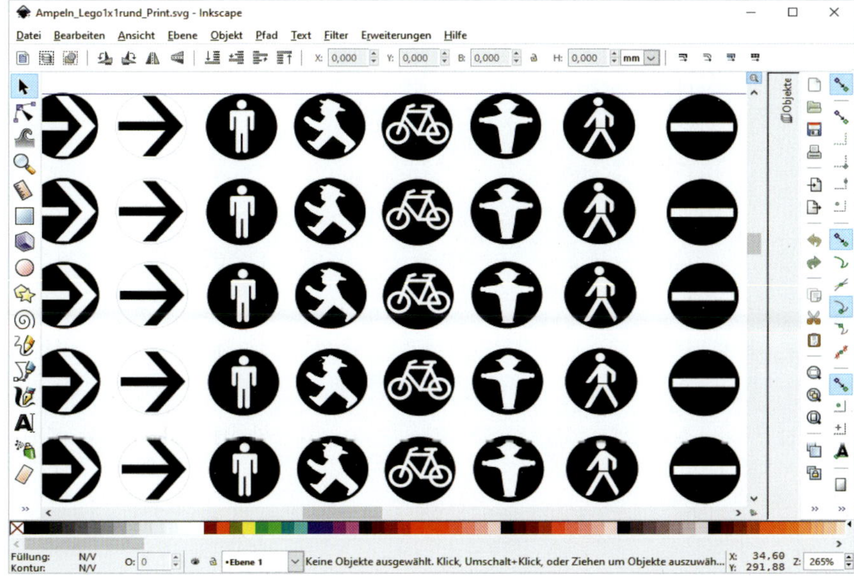

Abb. 5-7 Freies Vektorgrafik-Programm »Inkscape«

6 Elektronik-Grundlagen

6.1 LED-Grundlagen

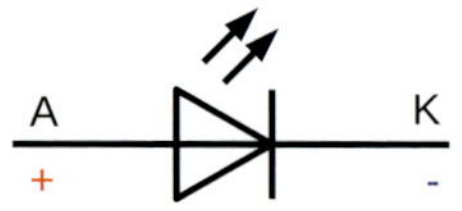

A K
\+ -

Abb. 6-1 LED-Schaltzeichen

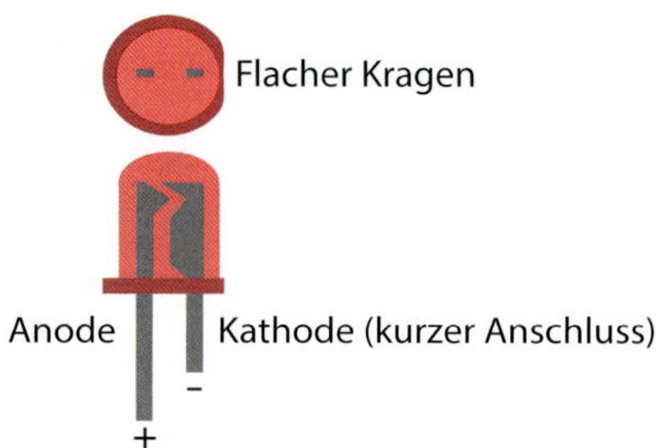

Abb. 6-2 LED-Standardgehäuse, Aufbau und Anschlüsse

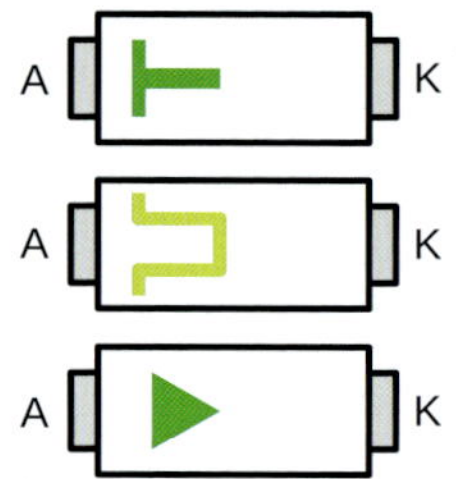

Abb. 6-3 Anschlussbelegung von SMD-LEDs

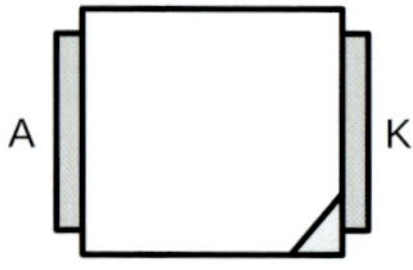

Abb. 6-4 Anschlussbelegung von SMD-LEDs in PLCC-Gehäusen

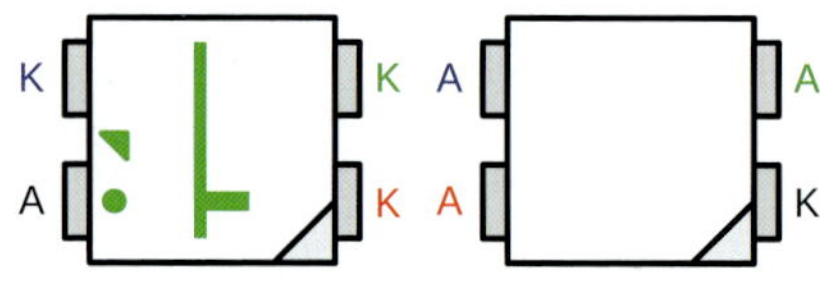

Abb. 6-5 Anschlussbelegung von SMD-RGB-LEDs

Eine Leuchtdiode (kurz LED von englisch Light-emitting Diode) ist ein lichtemittierendes Halbleiter-Bauelement, dessen elektrische Eigenschaften denen einer Diode entsprechen. Fließt durch die Diode elektrischer Strom in Durchlassrichtung, so strahlt sie Licht, Infrarotstrahlung oder auch Ultraviolettstrahlung aus. Die Wellenlänge des Lichts ist vom Halbleitermaterial und der Dotierung abhängig. Die Farbe des Lichts kann zudem auch von Leuchtstoffen, die über dem Halbleiter aufgebracht werden, abhängig sein (siehe Abb. 6-1).

Eine LED besitzt immer zwei Anschlüsse – einen positiven, als Anode bezeichneten Anschluss und einen negativen, als Kathode bezeichneten Anschluss. An bedrahteten LEDs lassen sich die Anschlüsse auf zweierlei Weise identifizieren: Besitzt die LED einen Kragen, wird die Kathode durch eine abgeflachte Kante markiert. Zudem ist der Anschlussdraht der Kathode immer kürzer als der Anodenanschluss. Eine Eselsbrücke: K wie Kathode/kurz (siehe Abb. 6-2).

Die Polarität von SMD-LEDs wird über Symbole auf der Unterseite des Gehäuses angezeigt. Teilweise auch mit einer farbigen Markierung für die Anode entlang des Kontakts auf der Oberseite (siehe Abb. 6-3).

Größere SMD-Gehäuse markieren die Kathode mit einer Kerbe an einer der Gehäuseecken (siehe Abb. 6-4).

Bei RGB-LEDs sollten wir auf jeden Fall das zugehörige Datenblatt konsultieren, um die korrekte Kontaktbelegung zu erfahren. Die Hersteller markieren manchmal die gemeinsame Anode mit einem Punkt oder einem grünen Dreieck (siehe Abb. 6-5).

Eine der wichtigsten Informationen zur LED liefert die Durchlasskurve, die den Durchlassstrom der Durchlassspannung gegenüberstellt. Der Durchlassstrom, der für die Betriebsleuchtstärke vorgesehen ist, gibt einen Schnittpunkt mit der Kennlinie. Legen wir hier eine Tangente an, erhalten wir bei 0 A einen Schnittpunkt für die Durchlassspannung. Dieser Wert ist neben dem Durchlassstrom für alle Berechnungen von größter Wichtigkeit.

In den Datenblättern können wir den Wert (Typ) ermitteln. Der Durchlassstrom liegt in der Regel bei 20 mA – es gibt jedoch auch Hochleistungs-LEDs oder bestimmte Farben, die auch höhere Betriebsströme voraussetzen. Niederstrom-LEDs (low-current) wiederum erfordern einen geringeren Betriebsstrom (ab 2 mA) (siehe Abb. 6-6).

Um verschiedene Farben zu erzielen, werden bei der LED-Herstellung unterschiedliche Materialien für den Halbleiter und die Gehäuse verwendet. Das Halbleitermaterial hat zudem Einfluss auf die Durchlassspannung einer LED. Diese ist zusammen mit dem Betriebsstrom für die Berechnung des Vorwiderstands relevant.

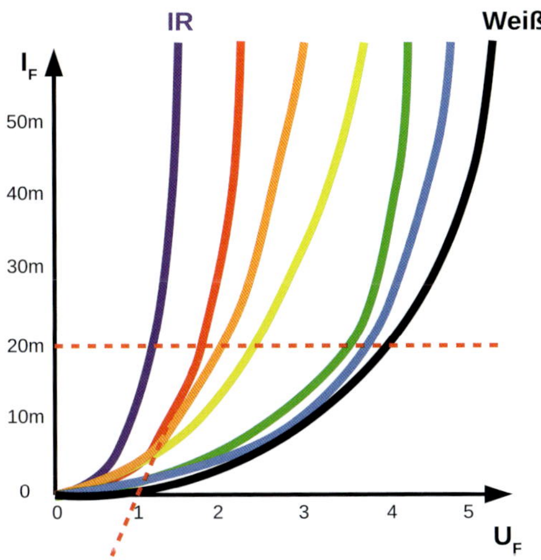

Abb. 6-6 Durchlasskurven verschiedener LEDs (nach Farben)

Die nachfolgende Tabelle zeigt, wie unterschiedlich die Werte sein können. Letztendlich sollte jedoch beim Kauf von LEDs das Datenblatt studiert werden. Möglichst identische Durchlassspannungen bei der Auswahl verschiedener LEDs vereinfacht die Ansteuerung.

Tab. 6-1 Übersicht der LED-Farben, Material sowie typische Strom und Spannungswerte

LED-Farbe		UF(TYP)	UF (MIN – MAX)	IF	Material
Infrarot		1,3	1,2 – 1,8	20 mA	Aluminiumgallium-arsenid (AlGaAs), Galliumarsenid (GaAs)
Rot		2,3	1,6 – 2,0	20 mA	Gallium-Phosphid (GaP)
Gelb		2,1	2,4 – 3,2	20 mA	Gallium-Arsenid-Phosphid (GaAsP)
Grün		2,1	2,7 – 3,2	20 mA	Gallium-Phosphid (GaP)
Blau		2,2	2,9 – 5,0	20 mA	Indium-Gallium-Nitrid (InGaN)
Weiß		3,6	2,4 – 5,0	20 mA	Gallium-Indium-Nitrid (GaInN)
Orange/Amber		2,0	1,8 – 2,0	40 mA	Indium-Gallium-Aluminuim-Phosphid (InGaAIP)
Rosa/Pink		3,6	3,0 – 4,5	20 mA	Gallium-Nitrid (Ga(i)N)
Lila/Violett		3,6	3,3 – 3,5	20 mA	Gallium-Nitrid (Ga(i)N)
Ultraviolett		3,8	3,1 – 4,5	20 mA	Indium-Gallium-Nitrid (InGaN)

Die Verteilung der Spannungsbereiche für die Durchlassspannung verschiedener LED-Farben zeigt Tabelle 6-1. Rot und Orange setzen sich von den restlichen Farben ab. Über alle Farben LEDs mit nahezu identischer Durchlassspannung zu finden, ist daher unmöglich. Jedoch könnten wir durch selektiven Einkauf zwei Bereiche definieren: für Rot/Orange 1,8 V und für alle anderen Farben 3,1 V. Das heißt die LEDs werden nun nach diesen beiden Kriterien für die typische Durchlassspannung bei 20 mA ausgewählt.

Eine Leuchtdiode ist kein ohmscher Verbraucher, dessen Widerstand immer gleich ist, sondern ein Halbleiter, dessen Widerstand nach Anlegen einer Spannung gegen null sinkt. Das bedeutet, der Strom steigt rein theoretisch unendlich an, was die LED letztendlich zerstört. Daher muss der Strom durch eine Diode begrenzt werden, auch wenn die Durchlassspannung exakt der Versorgungsspannung entspricht. In der Regel wird der Strom auf den angegebenen Durchlassstrom/Betriebsstrom oder auf einen geringeren Wert, um die Helligkeit zu dimmen, begrenzt.

Die nachfolgenden Abschnitte beschäftigen sich mit der Strombegrenzung bzw. Ansteuerung von LEDs. Die Methoden sind die Grundlage für die Realisierung von Ansteuerungen, Adaptern etc. Dabei werden drei mögliche Ansteuerungsmethoden behandelt, die jeweils Vor- und Nachteile besitzt.

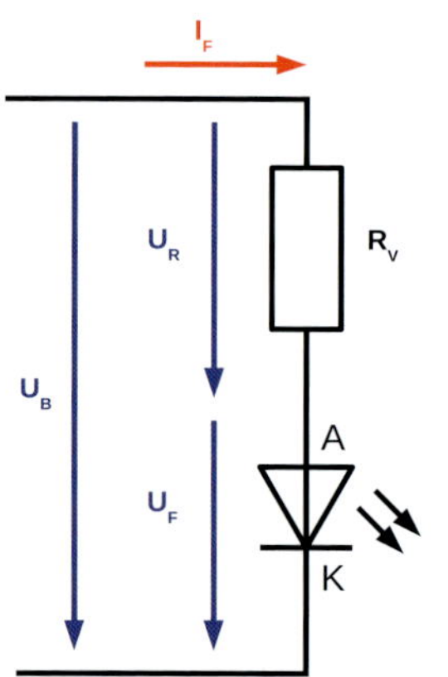

Abb. 6-7 LED mit Vorwiderstand sowie Ströme und Spannungen

6.1.1 Strombegrenzung durch Vorwiderstand/Trimmer

Der Klassiker der Strombegrenzung von LEDs ist der sogenannte Vorwiderstand, der in Reihe mit der LED geschaltet wird. Nachteil dieser Lösung ist die Abhängigkeit von der Versorgungsspannung, d.h., schwankt die Versorgungsspannung bzw. wird die LED flexibel an unterschiedlichen Spannungsversorgungen betrieben, verändert sich der Strom durch die LED. Entweder der Strom wird zu hoch und zerstört die LED, oder bei zu geringen Strömen leuchtet die LED zu schwach oder nicht mehr.

Der Wert des erforderlichen Vorwiderstands wird über den resultierenden Spannungsabfall am Widerstand U_R ermittelt – dieser errechnet sich aus der Versorgungsspannung U_B abzüglich der Durchlassspannung der LED U_F dividiert durch den Durchlassstrom.

$$U_R = U_B - U_F$$
$$R_V = U_R / I_F$$

Die Verlustleistung des Widerstands und damit die erforderliche Baugröße ergibt sich aus dem Spannungsabfall am Widerstand UR multipliziert mit dem Durchlassstrom I_F:

$$P_V = \Delta U \times I_F$$

Um den Strom anhand eines bestehenden Widerstands, aber verschiedenen Spannungen zu berechnen, gilt:

$$I_F = U_R / R_V$$

Um eine Dimmung zu erzielen, kann zum Vorwiderstand ein Trimmer eingesetzt werden, der den Stromwert in zulässigen Grenzen verändert. Wir belassen den oberen Wert bei 20 mA und ermöglichen ein Dimmen bis zu 2 mA, womit auch Low-Current-LEDs abgedeckt werden.

$$R_{VMAX} = U_R / 20\,mA$$
$$R_{VMIN} = U_R / 2\,mA$$

Für weiße LEDs mit einer Durchlassspannung von durchschnittlich 4 V bei 20 mA Strom und einer Versorgungsspannung von 5 V wird ein Vorwiderstand von 50 Ω benötigt. Aus der Normreihe wäre hier ein 56-Ω Widerstand verfügbar, der einen Strom von 17,9 mA ergibt. In Anbetracht der hohen Helligkeitswerte moderner LEDs ist eine geringe Verminderung des Stroms und somit der Helligkeit vernachlässigbar. Eventuell ist es sogar sinnvoll, ultrahelle LEDs mit einem geringeren Strom zu betreiben, um die Helligkeit den Anforderungen im Modell anzupassen. Ein Flutlicht im Innenraum ist ja auch nicht das Ziel. Für Raumschiff-Triebwerke kann eine intensive Leuchtstärke aber durchaus gewünscht sein.

Sollen LEDs unterschiedlicher Farbe und Durchlassspannungen verwendet werden, liegen wir bei der möglichen Durchlassspannung zwischen 1,6 V bis 5 V. Der Mittelwert liegt bei 3,3 V. Mit 5 V Versorgungsspannung und 20 mA Strom ergibt sich ein Vorwiderstand von 85 Ω. Wenden wir nun den 85-Ω-Widerstand bei verschiedenen Durchlassspannungen an, würden z. B. durch LEDs mit 2 V ein Strom von 35 mA fließen, was zu hoch ist. Bei 4 V errechnet sich ein Strom von 12 mA, der wiederum zu gering ist, um eine adäquate Leuchtkraft zu erzielen. Hier zeigt sich das Dilemma einer gemischten Verwendung von LEDs an einer Stromversorgung, wenn nicht der passende Vorwiderstand pro LED verwendet wird. Bei variabler Spannungshöhe – wenn z. B., anstelle von Batterien, Akkus verwendet werden –, verändert sich die Ausgangslage ebenfalls. Daher ist der Einsatz von Konstantstromquellen pro Versorgungsleitung eine interessante Alternative zum klassischen Vorwiderstand.

Die nachfolgenden Tabellen zeigen für jeweils unterschiedliche Durchlassströme, Versorgungsspannungen und Durchlassspannungen die Vorwiderstandswerte (Ω). Der berechnete Wert steht in Klammern, und der nächstliegende Wert aus der Normreihe steht davor. Wird nur ein Wert angegeben, sind berechneter Wert und Normwert identisch.

Tab. 6-2 Widerstandswerte bei 20 mA, höchste Verlustleistung P_V bei 12 V/2 V = 179 mW

Versorgungs-spannung	Durchlassspannungen bei 20 mA				
	2 V	2,5 V	3 V	3,5 V	4 V
3 V	56 (50)	27 (25)	–	–	–
5 V	150	150 (125)	100	82 (75)	56 (50)
6 V	220 (200)	220 (175)	150	125	100
9 V	390 (350)	330 (325)	300	275	250
12 V	560 (500)	560 (475)	470 (450)	470 (425)	470 (400)

Tab. 6-3 Widerstandswerte bei 15 mA, höchste Verlustleistung P_V bei 12 V/2 V = 147 mW

Versorgungs-spannung	Durchlassspannungen bei 15 mA				
	2 V	2,5 V	3 V	3,5 V	4 V
3 V	68 (67)	39 (33)	–	–	–
5 V	220 (200)	220 (167)	150 (133)	100	68 (67)
6 V	270 (267)	270 (233)	220 (200)	220 (167)	150 (133)
9 V	470 (467)	470 (433)	470 (400)	390 (367)	390 (333)
12 V	680 (667)	680 (633)	680 (600)	680 (567)	560 (533)

Tab. 6-4 Widerstandswerte bei 10 mA, höchste Verlustleistung P_V bei 12 V/2 V = 100 mW

Versorgungs-spannung	Durchlassspannungen bei 10 mA				
	2 V	2,5 V	3 V	3,5 V	4 V
3 V	100	56 (50)	–	–	–
5 V	330 (300)	270 (250)	220 (200)	150	100
6 V	470 (400)	390 (350)	330 (300)	270 (250)	220 (200)
9 V	820 (700)	680 (650)	680 (600)	560 (550)	560 (500)
12 V	1000	1000 (950)	910 (900)	910 (850)	820 (800)

Tab. 6-5 Widerstandswerte bei 2 mA, höchste Verlustleistung P_V bei 12 V/2 V = 13,6 mW

Versorgungs-spannung	Durchlassspannungen bei 2 mA				
	2 V	2,5 V	3 V	3,5 V	4 V
3 V	560 (500)	270 (250)	–	–	–
5 V	1,5 k	1,5 k (1,25 k)	1000	820 (750)	560 (500)
6 V	2,2 k (2 k)	2.2 k (1,75 k)	1,5k	1,5 k (1,25 k)	1000
9 V	3,9 (3,5 k)	3,3 k (3,25 k)	3,3 k (3 k)	3,3 k (2.75 k)	2,7 k (2,5 k)
12 V	5,6 k (5 k)	5,6 k (4,75 k)	4,7 k (4,5 k)	4,7 k (4,25 k)	4,7 k (4 k)

6.1.2 Konstantstromregelung mit Sperrschicht-FET-Schaltung

Eine einfache Schaltung zur Konstantstrom-Ansteuerung einer LED verwendet einen N-Kanal-Sperrschicht-Feldeffekt-Transistor (N-Kanal JFET) und einen Widerstand zwischen dem Gate- und Source-Anschluss des FETs.

Der Drain-Anschluss wird mit der Versorgungsspannung und der Gate-Anschluss mit der Anode der LEDs verbunden, um diese mit dem konstant gehaltenen Ausgangsstrom anzusteuern.

Der Drain-Source-Kanal des Sperrschicht-FET ist selbstleitend. Am Source-Widerstand stellt sich dadurch eine Spannung ein, bei der das Gate gegenüber der Source ein negativeres Potenzial erhält. Je negativer das Gate wird, desto stärker wird der Drain-Source-Kanal abgeschnürt und hochohmiger. Mit dieser Schaltung haben wir einen Regelkreis, der bei wechselnder Last, in diesem Fall der LED, den Laststrom konstant hält.

Der dynamische Widerstand der FET-Schaltung erreicht einige 100 kΩ. Bei der Dimensionierung ist darauf zu achten, dass die vom FET-Typ abhängigen Maximalwerte U_{DS}, I_{DS} und P_{TOT} nicht überschritten werden. Der Konstantstrom berechnet sich dann mit

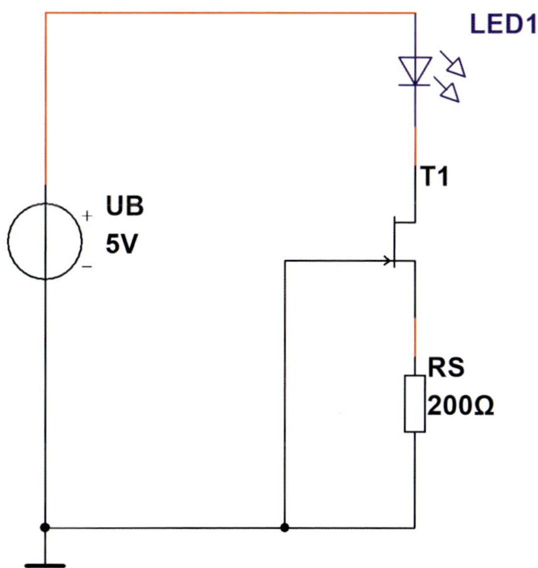

Abb. 6-8 Einfache Konstantstromquelle mit N-Kanal-Sperrschicht-FET

$$I_D \approx -U_{GS}/R_S$$

bzw. der Source-Widerstand mit:

$$R_S \approx U_{GS}/I_D$$

Leider besitzen Sperrschicht-FETs eine Exemplarstreuung, d. h., die einzelnen Bauteile desselben Bauteiltyps haben nicht immer exakt dieselben Eigenschaften, sondern sie weichen voneinander ab. Aus diesem Grund ist ein einstellbarer Widerstand erforderlich, um die Abweichungen auszugleichen. Dies ist ein Nachteil, da er die Komplexität und Kosten erhöht. Ein weiterer Nachteil ist der mögliche Konstantstrom, der bei einigen FET-Typen nur zwischen 3 mA und 5 mA beträgt. Höhere Ströme mit 20 mA erhalten wir nur mit Typen wie dem BF245C. Zudem werden immer weniger Sperrschicht-FETs produziert – viele Typen wie die aus der BF-Serie sind vom Markt verschwunden.

Jedoch gibt es das Schaltungsprinzip in kompakter Form als Konstantstrom-LED-Treiber für verschiedene Konstantströme. Diese Bausteine werden in Abschnitt 6.1.4 erläutert.

6.1.3 Konstantstromregelung mit Bipolar-Transistor-Schaltung

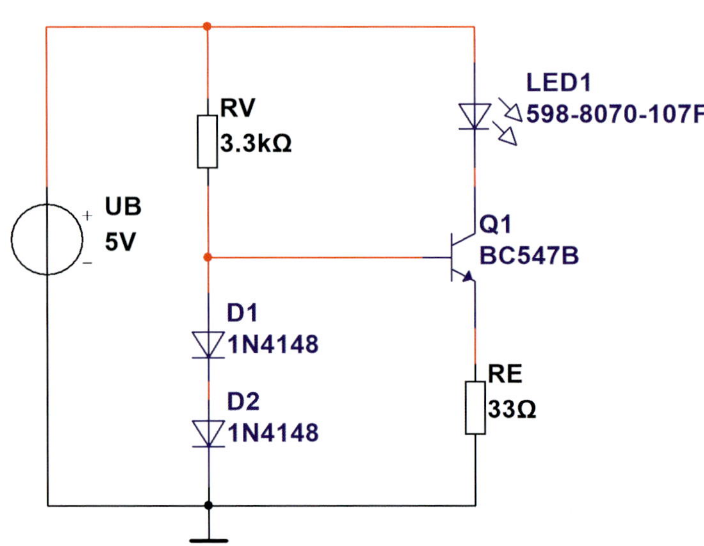

Abb. 6-9 Einfache Konstantstromquelle mit NPN-Transistor

Eine Konstantstrom-Schaltung mit einem NPN-Transistor benötigt fünf Komponenten.

Die Schaltung ist für eine Versorgungsspannung zwischen 5 V und 12 V und für einen Konstantstrom bis 50 mA geeignet. Bei 5 V verbleiben nach dem Spannungsabfall von 0,7 V am Transistor 4,3 V für die Diode(n).

$$U_{F\_MAX} = U_B - 0{,}7\,V = 5\,V - 0{,}7 = 4{,}3\,V$$

Die Konstanthaltung des LED-Stroms ergibt sich aus zwei Mechanismen. Sinkt der Strom durch die LED ab, dann sinkt die Spannung am Emitter-Widerstand. Dies hat zur Folge, dass der Basisstrom aus der Konstantspannungsquelle ansteigt, da die Differenz zwischen Basis- und Emitter-Spannung UBE größer wird. Nun erhöht sich der Basisstrom und dadurch auch der Kollektorstrom des Transistors. In Folge erhöht sich der LED-Strom über den Emitter-Widerstand, was zu einem Anstieg der Emitter-Spannung führt. Dies wiederholt sich so lange, bis die Emitter-Spannung wieder bei 0,7 V liegt.

Es soll ein Strom von 20 mA fließen, was für die Dimensionierung der Widerstände

$$R2 = 0{,}7\,V / I_F = 0{,}7 / 0{,}02 = 35\,\Omega$$

$$R1 = U_B - 1{,}4\,V / (10 \times I_{LED} / h_{FE})\ 5 - 1{,}4 / (10 \times 0{,}02 / 200) = 3{,}3\,k\Omega$$

$$U_B = 2 \times 0{,}7\,V = 1{,}4\,V$$

bedeutet.

$$I_B = I_{LED} / h_{FE} = 0{,}02 / 200$$

Werte für verschiedene Versorgungsspannungen:

5 V	*R1 = 3,3 kΩ, R2 = 33*	*USB*
6 V	*R1 = 3,9 kΩ, R2 = 33*	*2 × 3-V-Knopfzellen oder 4 × AA/AAA*
9 V	*R1 = 6,8 kΩ, R2 = 33*	*LEGO PF, 9-V-Block, 6 × AA/AAA*

Bei 9 V können maximal 2 LEDs mit UF 3,8 V angeschlossen werden. Es stehen 8,3 V zur Verfügung, auf die wir mehrere LEDs (UF) verteilen können.

$$R_{MAX} = 0{,}7\,V / I_F = 0{,}7 / 0{,}025 = 28\,\Omega\ (E96 = 28\,\Omega)$$

$$R_{MIN} = 0{,}7\,V / I_F = 0{,}7 / 0{,}01 = 70\,\Omega\ (100\,\Omega \geq 7\,mA)\ 50\,\Omega$$

Die überschüssige Spannung, die sich aus Betriebsspannung abzüglich der Spannung an den LEDs und den 0,7V am Emitter-Widerstand ergibt, liegt bei dieser Schaltung an der Kollektor-Emitter-Strecke des Transistors (UCE). Der Strom über die Kollektor-Emitter-Strecke entspricht dem LED-Strom IF. Beides zusammen ergibt die Wärmeleistung, mit der der Transistor belastet wird

6.1.4 Integrierte Konstantstromregler (fest)

Das Schaltungskonzept aus Abschnitt 6.1.2 findet sich in ähnlicher Form in integrierten Konstantstromreglern wieder – insbesondere in den CL-Typen. Vorteil ist, dass wir nur ein einziges Bauteil benötigen und die Anschlussplatine sehr kompakt bleibt. Am Ausgang können eine oder auch mehrere LEDs in Reihe betrieben werden. Die Anzahl der LEDs ist von deren Durchlassspannung UF und der Versorgungspannung abhängig. Die Summe der Dioden-Durchlassspannungen muss unterhalb der Versorgungsspannung abzüglich der minimalen UAKO liegen.

$$U_{IN(MIN)} = \sum U_{LED} + U_{AKO(MIN)}$$

Ideal ist die AL5809 von *Diodes Incorporated*, da die 20 mA bereits ab 2,5V zwischen Anode und Kathode liefert. Für eine einzelne LED und mit niedriger Durchlassspannung bis 2,5V funktioniert das schon mit einer 5-V-Spannungsversorgung. Mit 9V lassen sich auch 2 LEDs mit 3V Durchlassspannung in Reihe schalten. Die CL2 ist bei 9-V-Versorgungsspannungen interessant – also in Verbindung mit LEGO Power Functions oder 9-V-Batterieboxen.

Bei UF von 3,8V einer LED wird bei der AL5809 eine Eingangsspannung von 6,3V benötigt. Die CL2 kommt bereits auf 8,8V Eingangsspannung. Die nachfolgende Tabelle 6-6 zeigt die Anzahl der LEDs in Bezug zu verschiedenen Versorgungsspannungen für die AL5809-20.

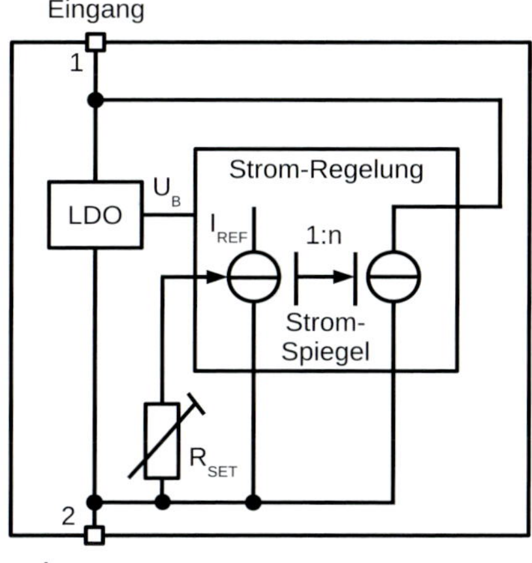

Abb. 6-10 Pinbelegung und schematischer Innenaufbau des AL5809

LEDs können sowohl eingangsseitig als auch ausgangsseitig betrieben werden. Eingangsseitig wird die Anode der (ersten) LED an die Versorgungsspannung angeschlossen, während die Kathode der (letzten) LED mit dem Eingang des AL5809 verbunden wird. Der Ausgang des AL5809 wird mit dem Minuspol bzw. der Masse verbunden. Bei ausgangsseitigem Betrieb wird die Anode der (ersten) LED mit dem Ausgang und die Kathode der (letzten) LED mit dem Minuspol bzw. der Masse verbunden, während der Eingang des AL5809 mit der Versorgungsspannung verschaltet wird (siehe Abb. 6-11).

Die Verlustleistung berechnet sich aus der Versorgungsspannung abzüglich der an der LED bzw. den LEDs abfallenden Spannung multipliziert mit dem Strom durch die LEDs:

$$P_{TOT} = (U_B - U_{LED}) \times I_{LED}$$

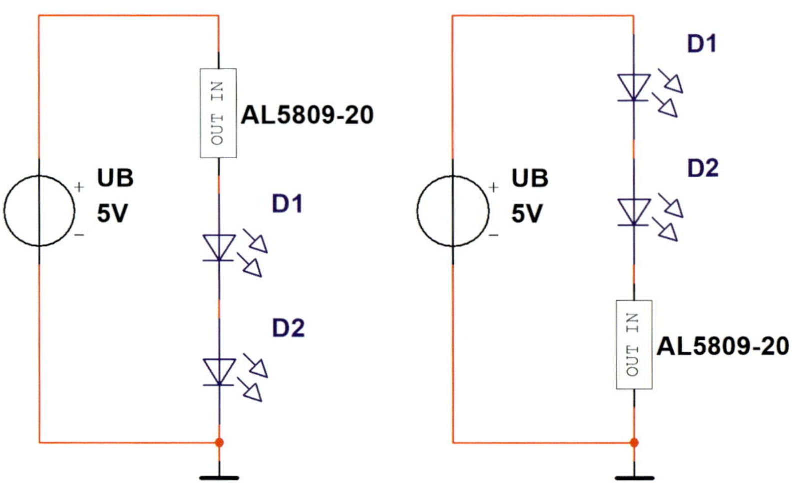

Abb. 6-11 Typische Schaltungen mit dem AL5809 als 20-mA-Konstantstromregler

6.1.5 Integrierte Konstantstromregler (einstellbar)

Konstantstromquellen nach dem Prinzip aus 7.1.2 gibt es auch als kompakten Baustein von verschiedenen Herstellern in SMD-Gehäusen. Sofern wir keinen einstellbaren bzw. geringeren Durchlassstrom anstreben, kommen die Bausteine ohne weitere Bauteile aus. Der Betrieb der Bausteine ist für längere LED-Ketten (Stripes) und höhere Spannungen (18 V – 40 V) ausgelegt.

Tab. 6-6 Konstantstromregler

Typ	Hersteller	Gehäuse	Daten
BCR402R	Infineon	SOT-143R	PNP-Transistor, h_{FE} = 150, R_{INT} = 38 Ω, I_{OUT} = 20 mA, U_{REXT} = 0,76 V, U_A = 1,2 V, U_{BMAX} = 18 V
BCR402U	Infineon	SC-74	PNP-Transistor, h_{FE} = 220, R_{INT} = 44 Ω, I_{OUT} = 20 mA, U_A = 1,4 V, U_{REXT} = 0,85 V, U_{BMAX} = 18 V
BCR420UW6	Diodes Inc.	SOT-26	NPN-Transistor, h_{FE} = 350, R_{INT} = 95 Ω, I_{OUT} = 10 mA, R_B = 20 kΩ, U_{EN} = 24 V, U_A = 1,4 V, U_{REXT} = 0,95 V, U_{BMAX} = 40 V
BCR402UW6	Diodes Inc.	SOT-26	PNP-Transistor, h_{FE} = 220, R_{INT} = 44 Ω, I_{OUT} = 20 mA, U_{REXT} = 0,88 V, U_A = 1,4 V, U_{BMAX} = 18 V

Die Versorgungsspannung der Bausteine muss

$$U_B \geq UA + U_{F(LED)} + U_{REXT}$$

Für eine Durchlassspannung mit 3,6 V ergibt sich für

BCR420: $U_B = 1{,}4\,V + 3{,}6\,V + 0{,}95\,V = 5{,}95\,V$

BCR402R: $U_B = 1{,}2\,V + 3{,}6\,V + 0.76\,V = 5{,}56\,V$

Das heißt, die minimale Spannungsversorgung beträgt 6 V. Ein Batteriegehäuse mit zwei 3-V-Knopfzellen wäre ein mögliches Szenario. 5-V-USB fällt für den Betrieb des Bausteins leider aus.

Soll der Ausgangsstrom durch einen externen Widerstand beeinflusst werden, errechnet sich dieser mit

$$R_{EXT} = U_{REXT}/(I_{OUT} - (U_{REXT}/R_{INT}))$$

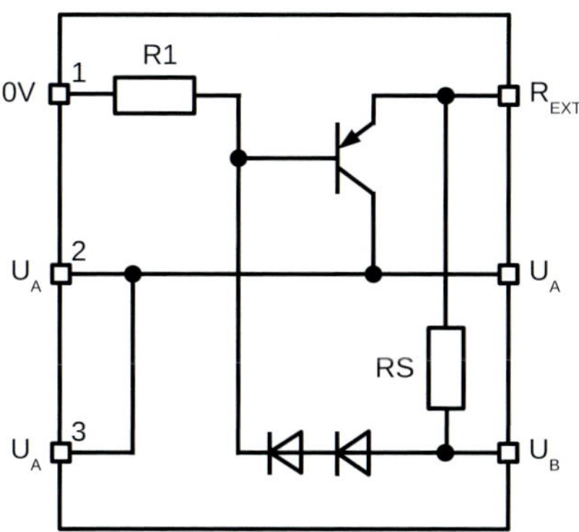

Abb. 6-12 Pinbelegung und Innenaufbau des BCR402U

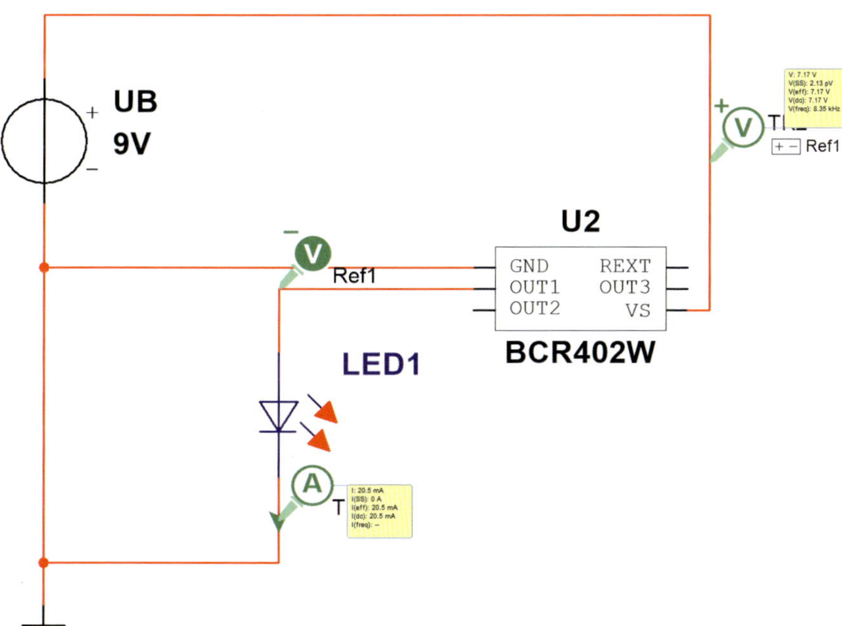

Abb. 6-13 Simulation des BCR402 mit einer LED und 9 V Spannungsversorgung

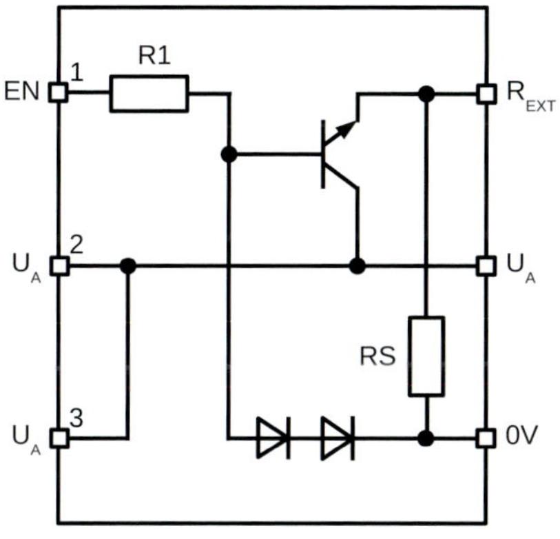

Abb. 6-14 Pinbelegung und Aufbau des BCR420

Der BCR420U und BCR421U können über den Eingang EN geschaltet werden. Interessant, wenn die Konstantstromquelle z. B. über einen PIC-Mikrocontroller angesteuert werden soll. Die LEDs werden Eingangsseitig geschaltet, d. h., die Anode der (ersten) LED wird mit der Versorgungsspannung verbunden, die Kathode der (letzten) LED mit dem Ausgang des Bausteins.

Soll der Ausgangsstrom durch einen externen Widerstand beeinflusst werden, errechnet sich dieser mit

$$R_{EXT} = U_{REXT}/(I_{OUT} - (U_{REXT}/R_{INT}))$$

Da der BCR420U einen Ausgangsstrom von 10 mA liefert, muss hier für einen typischen 20-mA-LED-Strom ein externer Widerstand von

$$R_{EXT} = 0{,}95\,V/(0{,}02\,A - (0{,}95\,V/95\,\Omega)) = 95\,\Omega$$

(gewählt 91 Ω aus der Normreihe)

hinzugefügt werden. Der Gesamtwiderstand der Parallelschaltung des internen und externen Widerstands berechnet sich mit

$$R_{GES} = R_{INT} \times R_{EXT}/(R_{INT} + R_{EXT})$$

$$U_{OUT} = U_B - U_{LED}$$

Die Verlustleistung berechnet sich wie folgt:

$$P_D = (U_{OUT} \times I_{LED}) + (U_{EN} \times I_{EN})$$

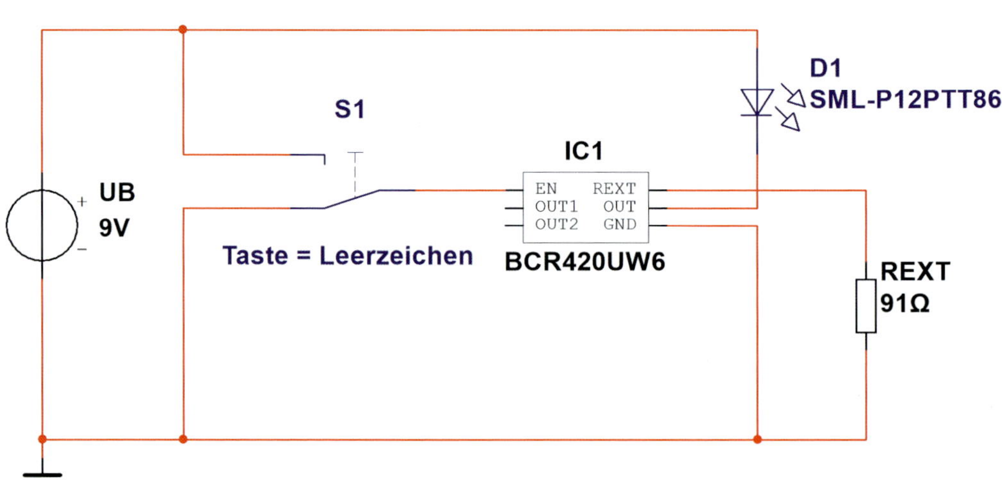

Abb. 6-15 Simulation des BCR420UW6 mit einer LED und 9 V Spannungsversorgung

6.1.6 Konstantstromregelung mit Spannungsregler LM317

Mit einem Spannungsregler vom Typ LM317 können wir ebenfalls eine Konstantstrom-Ansteuerung bauen. Der Regler ist in verschiedenen Gehäusen verfügbar, wobei dasTO92-Gehäuse noch mit vertretbarem Aufwand verarbeitet werden kann und kompakte Aufbauten ermöglicht. Die Schaltung selbst benötigt im Prinzip nur den Regler-Baustein und einen Widerstand sofern die Versorgung über Batterien erfolgt. Bei Netzteilen ist der Kondensator am Eingang sinnvoll, um Spannungsschwankungen und Spannungsspitzen abzublocken.

Der Konstantstrom ergibt sich aus der internen Referenzspannung von 1,25V und dem am Ausgang geschalteten Widerstand

$I_A = U_{REF} / R_1$, wobei $U_{REF} = 1{,}25V$

bzw.

$R_1 = U_{REF} / I_A = 1{,}25V / 0{,}02A = 62{,}5\Omega$
wobei $1\Omega \leq R1 \leq 120\Omega$ gilt

Die Versorgungsspannung U_B muss 3V über der Durchlassspannung U_F der LED liegen

$U_B \geq U_F + 3V$

um die 20-mA-Regelung zu erreichen. Das heißt, für die LED stehen immer

$U_A = U_E - 3V$

zur Verfügung. Sollen LEDs mit einer Durchlassspannung von bis zu 5V betrieben werden, muss die Eingangsspannung 8V betragen. Das heißt, hier sollte die Stromversorgung auf 9V ausgelegt werden.

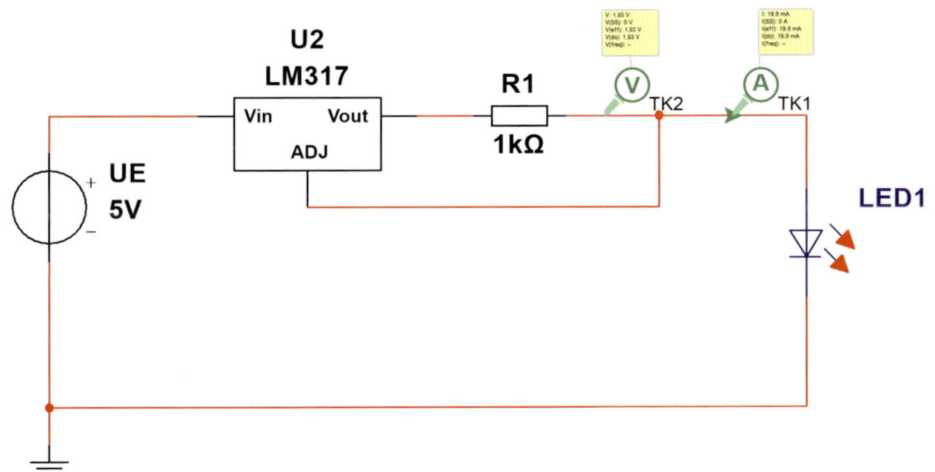

Abb. 6-16 Simulation einer Konstantstromquelle mit Spannungsregler LM317

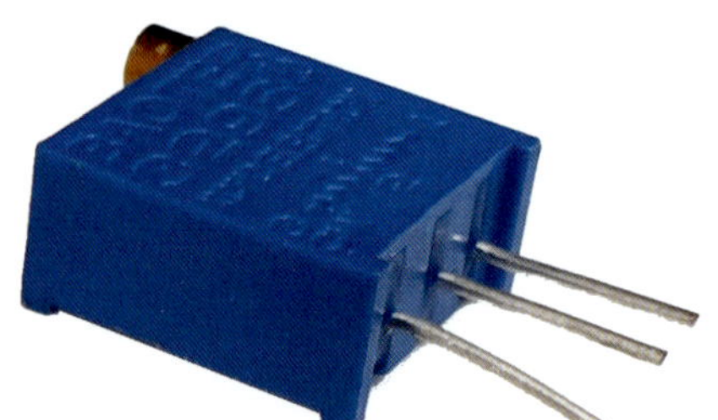

Abb. 6-17 Beispiel für kompakte Spindeltrimmer-Bauform

Die Schaltung kann auch mittels Trimmer und einem Festwiderstand einstellbar gestaltet werden. Dabei sollte der feste Widerstand den Strom auf max. 25 mA begrenzen. Das bedeutet:

$$R1 = U_{REF}/I_{A} = 1{,}25\,V/0{,}025\,A = 50\,\Omega$$

Mit dem nachfolgenden Trimmer soll der Konstantstrom von 25 mA auf ca. 10 mA heruntergeregelt werden können:

$$R_{P} = R1 - (U_{REF}/I_{A\_MIN}) = 50\,\Omega - (1{,}25\,V/0{,}01\,A) = 75\,\Omega$$

Spindeltrimmer gibt es mit 50 Ω oder 100 Ω, was entweder einen unteren Strom 12,5 mA bzw. 8,3 mA ergibt. Allerdings kommen wir mit 150 Ω über die zulässige obere Grenze. Das heißt, der Widerstandsbereich des Trimmers kann nicht vollständig ausgenutzt werden, da die Regelung ab 120 Ω nicht mehr stabil arbeitet.

Bei 25 mA ergibt sich für den Widerstand/Potentiometer eine Verlustleistung von 31 mW. Mit 500 mW haben selbst SMD-Potentiometer und Widerstände genügend Reserve.

Abb. 6-18 Simulationsergebnisse bei 100-%-Einstellung (50 Ω Gesamtwiderstand)

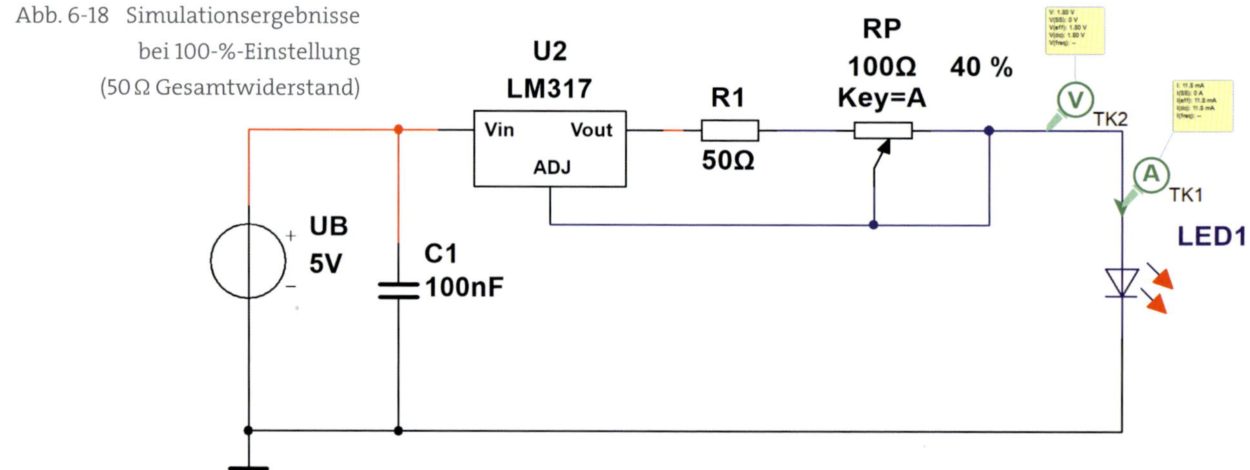

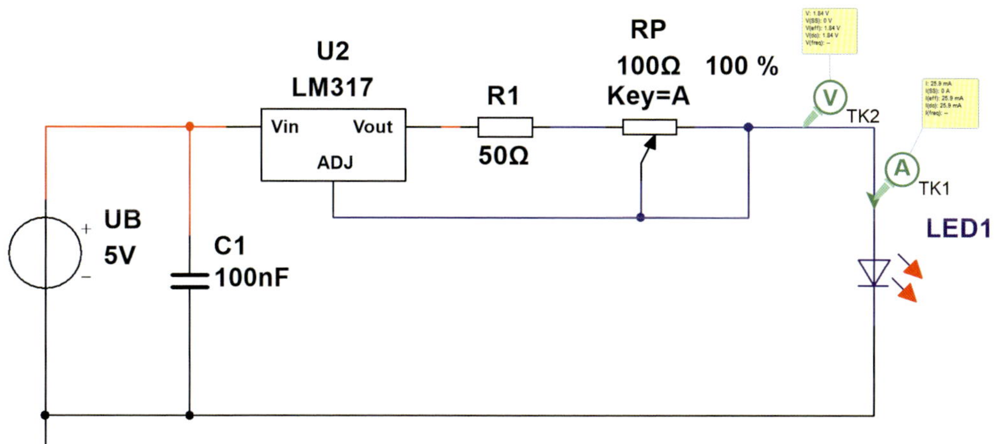

Abb. 6-19 Simulationsergebnisse bei 40-%-Einstellung (115 Ω Gesamtwiderstand)

6.1.7 Schaltregler

Die reinen Konstantstrom-Lösungen haben den Nachteil, dass sie bei Abweichungen zwischen Durchlassspannung und Betriebsspannung das Produkt aus Spannungsdifferenz und Betriebsstrom in Form der Verlustleistung in Wärme umwandeln. Außerdem muss die Flussspannung der LED (bei weißen LEDs 2,5 V bis über 4 V) überschritten werden, damit die LED überhaupt leuchtet. Das stellt eine Hürde für den Batteriebetrieb bis 6 V dar. Dazu ggf. noch 2 bis 4 LEDs in Reihe über einen Anschluss zu betreiben, ist nicht möglich.

Lösungen auf der Basis eines Schaltreglers bzw. eines DC-DC-Wandlers mit Konstantstromausgang wandeln die Energie ähnlich effizient wie ein Transformator. Sie arbeiten im Schaltbetrieb bei hohen Frequenzen und verwenden zur Zwischenspeicherung der Energie Speicherdrosseln. Hohe Schaltfrequenzen und die Konstanthaltung des Stroms sorgen dafür, dass die LEDs für das menschliche Auge weitestgehend flimmerfrei leuchten. Nachteil dieser Lösungen sind ein wesentlich höherer Aufwand und teurere Elektronik-Komponenten sowie ein erhöhter Platzbedarf für die Elektronik.

Es gibt jedoch ein paar pfiffige Lösungen, die mit nur wenigen zusätzlichen Teilen auskommen. Leider wird immer eine Induktivität benötigt, die auch in SMD-Ausführung etwas Platz verschwendet.

Tab. 6-7 Schaltregler ICs mit Konstantstrom-Erzeugung

Typ	Hersteller	Gehäuse	Betriebsspannung	Zusatzteile
ZXSC380FHTA	Diodes Inc.	SOT-23	0,8 – 6,0	1
XC9133	Torex	SOT-25	2,5 – 6,0	5
SP6699	Exar	SOT-23	2,7 – 16,0	4
MP1528	Monolithic Power	MSOP8, QNF6	5 – 18	5
QX5252	QXMD	DIP-8, TO-94	0,9 – 1,5	3
ZXSC400	Diodes Inc.	SOT-23-6	1,8 – 8,0	5
AP3019AKTR	Diodes Inc.	SOT-23-6, TSOT-23-6	2,5 – 20	3

Für die nachfolgende Auswahl waren die Anzahl der zusätzlichen Teile und die Versorgungsspannung ausschlaggebend. Darüber hinaus gibt es eine Vielzahl von Bausteinen zur Ansteuerung von LEDs und für unterschiedliche Versorgungsspannungen.

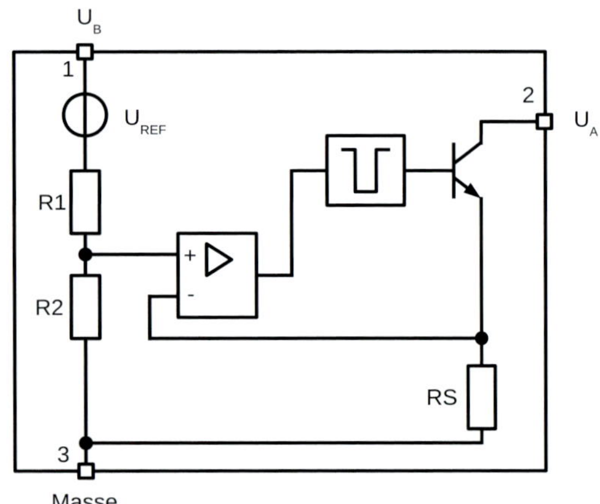

Abb. 6-20 Pinbelegung und Innenaufbau des ZXSC380

ZXSC380FHTA

Dies ist eine der Lösungen mit geringstem Bauteilaufwand auf Basis eines DC-DC-Wandlers, der speziell für Batterielösungen (1,5-V- oder 1,2-V-Akku) entwickelt wurde. Der Baustein arbeitet mit einem nichtsynchronen Pulsfrequenzmodulationsverfahren. Im Baustein sind eine Referenzspannungsquelle, die Regler-Schaltung und der Pulsgenerator (150 kHz – 300 kHz) sowie eine Ausgangsstufe mit einem Transistor und einem Sensorwiderstand integriert. Als Gehäuse wird ein SOT23 verwendet.

Der Baustein benötigt lediglich eine Induktivität zwischen der Versorgungsspannung UB und dem Ausgang UA, an dem auch die Anode der LED angeschlossen wird. An Pin 3 wird zusammen mit der Kathode der LED die Masseleitung bzw. der Minuspol verbunden. Die Versorgungsspannung kann zwischen 0,8 und 6 V liegen, wobei der typische Anwendungsfall auf 1,5 V ausgelegt ist. Das heißt, mit einer 1,5-V Zelle, 1,2 V-Akku, einer 3-V Zelle ist der Betrieb möglich. Zwei 3-V-Knopfbatterien in Reihe könnten theoretisch ebenfalls als Quelle dienen.

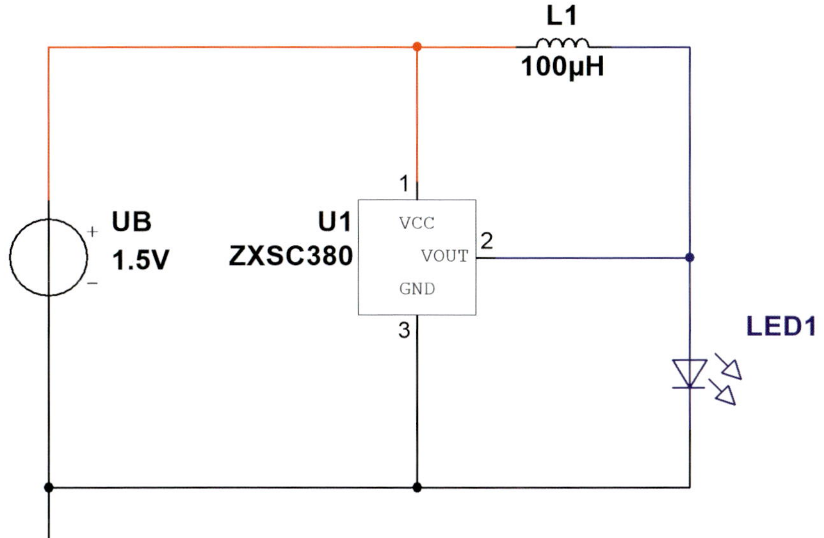

Abb. 6-21 Standardschaltung des ZXSC380 mit Induktivität und LED

Die Induktivität sollte mit einem möglichst geringen Gleichstrom-Widerstand behaftet sein, um eine hohe Effizienz sicherzustellen.

Das Datenblatt liefert Spannungs-Strom-Kennlinien für 22, 47, 68 und 100 µH Induktivitäten bis 3 V Versorgungsspannung. Daraus lässt sich der gewünschte LED-Betriebsstrom ermitteln. Je höher der Induktivitätswert, desto höher der Ausgangsstrom.

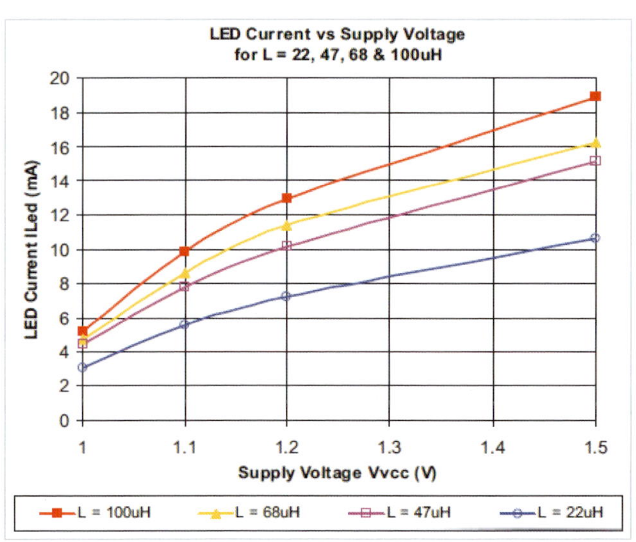

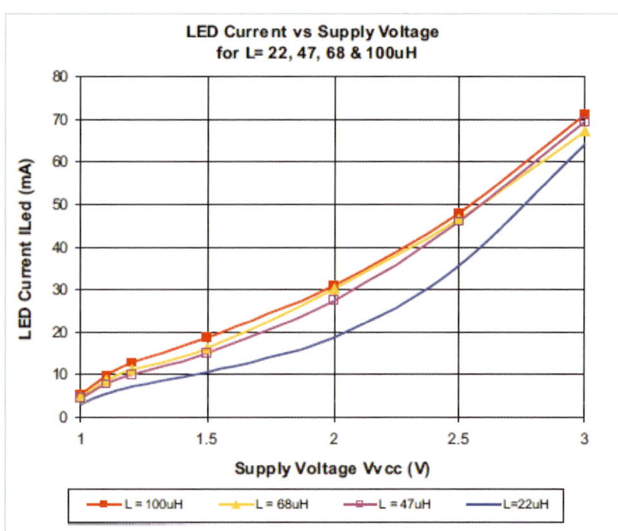

Abb. 6-22 Ausgangsstrom in Abhängigkeit der Induktivität und Versorgungsspannung

Über 1,5V Spannung sind Ströme bei 20 mA schwer einzustellen. Bei 2V können wir 20 mA mit einer Induktivität von 22 µH erzielen. Ebenso wird das Erreichen von 20 mA bei 1,2V Zellenspannung schwierig.

AP3019AKTR

Dieser Baustein kann ab 3V bis 20V betrieben werden und ist somit für 3-V-Knopfzellen, 6V mit zwei 3-V Knopfzellen oder 5V verwendbar.

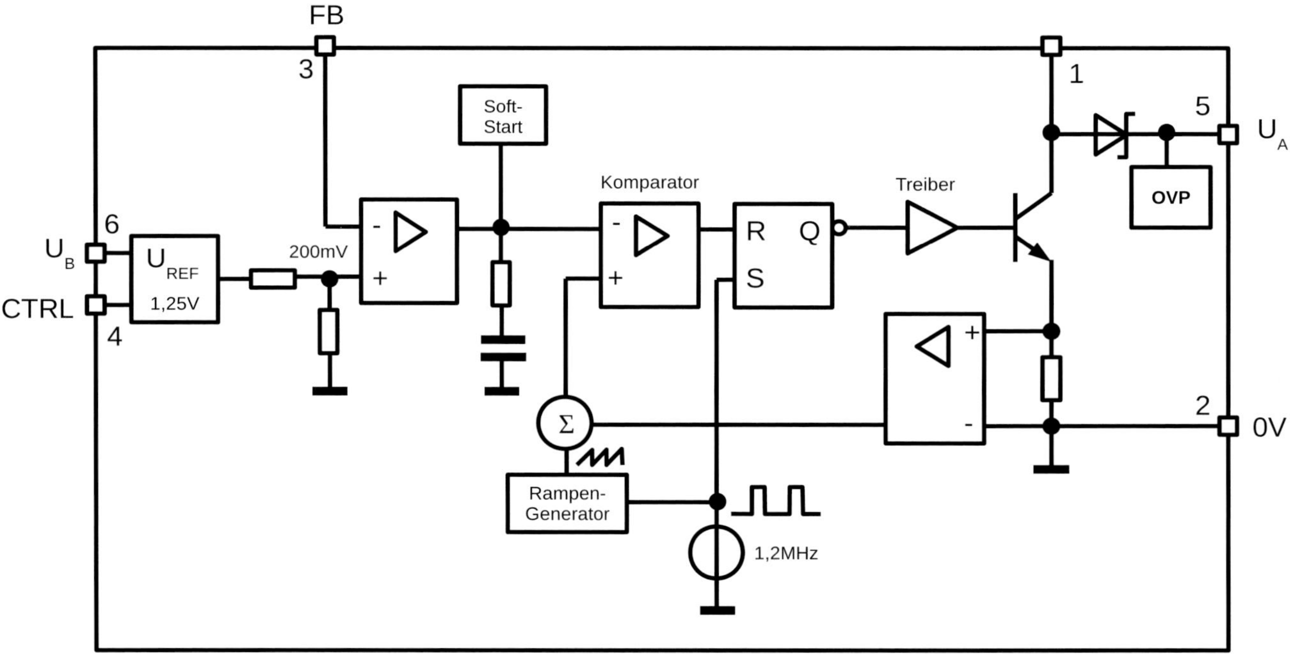

Abb. 6-23 Pinbelegung und interner Aufbau des AP3019

Um den LED-Strom einzustellen, ist der Widerstand am FB-Anschluss gegen Masse wie folgt zu Dimensionieren:

$$R = 0{,}2\,V / I_{LED}$$

Für 20 mA wäre ein Widerstand von 10 Ω einzusetzen.

Zwischen Ausgang (5) und Masse muss ein 0.22µF und zwischen dem Versorgungsspannungsanschluss (6) ein 1µF Kondensator geschaltet werden. Als Induktivitätswert zwischen Versorgungsspannung und Schalteingang (1) gibt das Datenblatt 22 µH an.

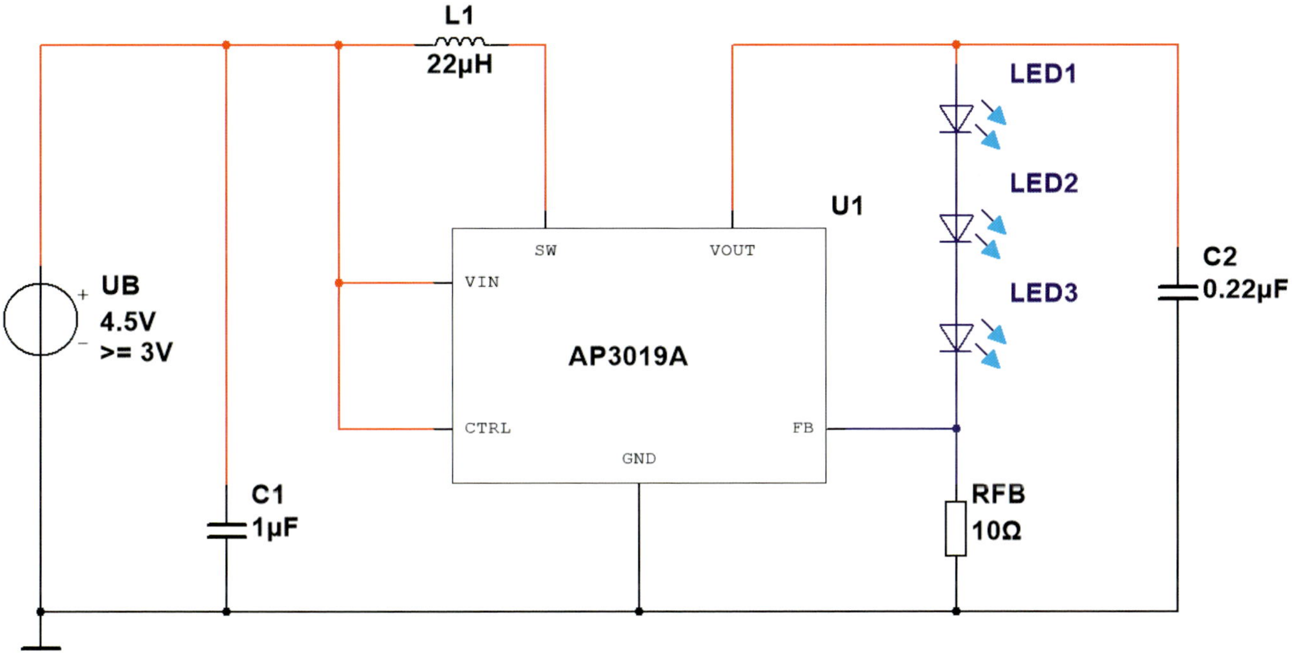

Die Effizienz des Reglers ist bei 3 bis 5 LEDs gleichzeitig mit 84 % am besten. Bei 8 LEDs fällt diese auf 80 %. Weniger als 3 LEDs bedeuten ebenfalls einen Effizienzverlust. Die Effizienz ist aber auch von der Versorgungsspannung abhängig. Bei 8 LEDs und 3 V sinkt die Effizienz auf ca. 73 %, während sie bei 5 V bei 85 % liegt. Der Regler versucht die LED-Kette zu betreiben und daher die Ausgangsspannung entsprechend zu erhöhen. Daher sollten wir die Anzahl der LEDs gleichzeitig in Bezug zur Versorgungsspannung (Batteriebetrieb mit 3 V oder 6 V) entsprechend berücksichtigen. Da der Baustein zur Ansteuerung von weißen LEDs (Hintergrundbeleuchtung) ausgelegt wurde, basieren die Angaben auf einer Durchlassspannung von mind. 3,2 V. Das heißt, bei LEDs mit geringerer Durchlassspannung können auch mehr LEDs betrieben werden. Nehmen wir 5 LEDs, kommen wir auf 16 V Ausgangsspannung, die wir verteilen können.

Abb. 6-24 Standardschaltung des AP3019A

Der Baustein besitzt auch einen Steuereingang, über den wir die LEDs ein- und ausschalten bzw. dimmen können. Interessant z. B. für die Ansteuerung mit Mikrocontrollern oder über den PFx Brick (mit Optokoppler-Modul). Sollen die LEDs dauerhaft leuchten, muss der CTRL-Anschluss einfach mit der Versorgungsspannung verbunden werden.

6.1.8 Festspannungsregler

Festspannungsregler kommen zum Einsatz, um einen Spannungswert auf einen geringeren Wert zu begrenzen. Zum Beispiel um die 9V von LEGO Power Functions oder Batterieboxen mit 6V Ausgangsspannung auf einheitliche 5V USB-Spannung zu reduzieren.

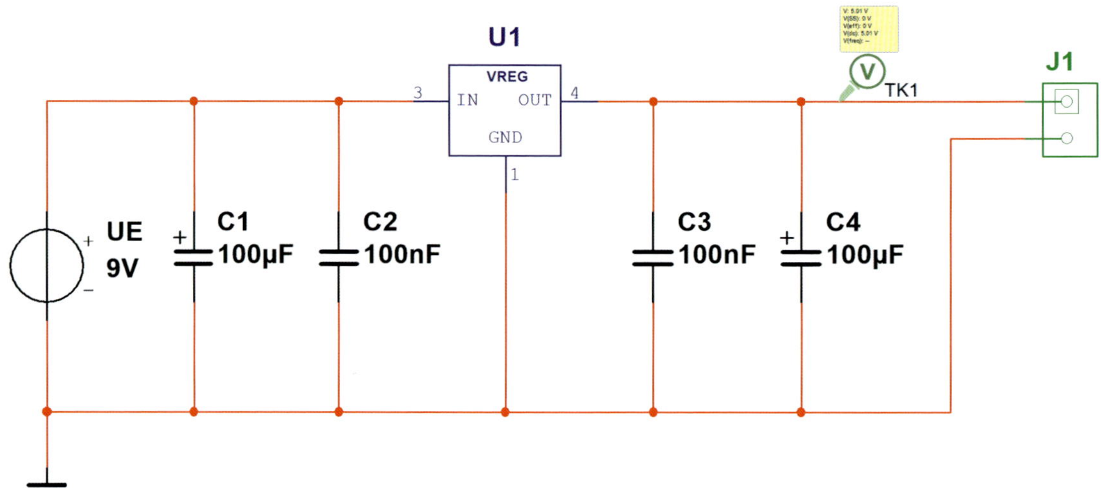

Abb. 6-25 5V Spannungsregelung mit Festspannungsregler

Bei 9V können Spannungsregler mit einer minimalen Eingangsspannung von 7V verwendet werden. Spezielle Low-Drop-Typen regeln schon ab 6V und können z. B. mit 2×3-V-Knopfzellen oder 4×1,5-V-Batterieboxen (AA/AAA) betrieben werden. Die Ein- und Ausgänge an den Reglern werden in der Regel mit 100-µF-Tantal-Kondensatoren und 100-nF-Folienkondensatoren gegen Störungen und Schwankungen beschaltet.

Tab. 6-8 Auswahl an 5-V-Festspannungsregler

Typ	Hersteller	Gehäuse	Daten
LM 78L05ACZ	ST Microelectronics	TO-92	UE = 7 – 35V, IA = 0,1A
L7805CV	ST Microelectronics	TO-220AB	UE = 7 – 35V, IA = 1,5A
L78M05CDT-TR	ST Microelectronics	TO-252	UE = 7 – 35V, IA = 0,5A
NCV7805BDTRKG	ON Semiconductor	DPAK	UE = 7 – 35V, IA = 1A
LM 2931 Z-5.0	Texas Instruments	TO-92	UE = 6 – 26V, IA = 0,1A
LM 2937 IMP5.0	Texas Instruments	SOT-223	UE = 6 – 26V, IA = 0,5A
LM 2940 CSX-5.0	Texas Instruments	TO-263-3	UE = 6 – 26V, IA = 1A

6.2 Grundlagen für Eigenbau

Es folgen ein paar grundlegende Arbeitsschritte, die in vielen der nachfolgenden Anleitungen benannt und durchgeführt werden.

6.2.1 Verseilung (Verdrillen) von Kabeln

In der Regel werden die AWG39-Litzen mit einem Durchmesser von 0,5 mm unverseilt geliefert. Das heißt, die Verseilung muss selbst erfolgen. Das Verseilen mit der Hand ist zwar auch möglich, aber zeitaufwendig. Der Einsatz eines Akkuschraubers ist eine Notlösung, bei der auf die feinen Leitungen zu viel Kraft wirkt. Richtige Verseilungsysteme stellen sicher, dass die einzelnen Leitungen nicht selbst verdreht werden. Die folgende LEGO-Konstruktion hilft bei der Verseilung von zwei Leitungen mit kleinem Durchmesser und Kabellängen bis 500 mm:

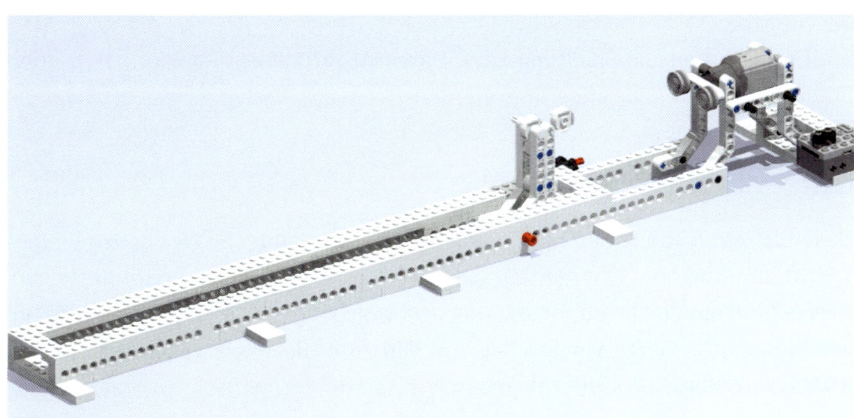

Abb. 6-26 Verseilungs-Maschine mit LEGO

Abb. 6-27 Motor und drehbar gelagerte Kabelhalter

Über die beiden Felgen werden Gummiringe gelegt, um jeweils ein Kabelende einzuklemmen. Die Felgen können sich frei bewegen und verhindern, dass sich die Kabel selbst zu stark verdrehen.

Um Spannung auf die an der Halterung befestigten Kabelenden zu bringen, wurden vier runde 2×2-Flexo-Teile verwendet. Zwei davon werden mit einer Achse am Halter fixiert. Die beiden anderen dienen als Klemmvorrichtung für die Kabelenden. Perfekt für vorkonfektionierte Kabel mit SUR-Verbinder, der in das Achsenloch hineinpasst. Der flexible Verbinder zwischen den beiden Flexo-Paaren bringt den Zug auf die Kabel.

Abb. 6-28 Befestigung der Kabelenden

Hier sehen wir das Ergebnis der Verseilung im Betrieb am Fixierpunkt:

Abb. 6-29 Verseilte Kabel

Zur Ansteuerung und Drehzahlsteuerung wurde ein PFx-Baustein verwendet. Möglich ist auch die LEGO-Fernsteuerung für Züge, zur schrittweisen Erhöhung der Drehzahl.

Stückliste und Bauanleitung bzw. Datei im Bricklink-Studio-Format können unter *brickelectronic.de* abgerufen werden.

6.2.2 Abisolierung von Kabeln

Das Abisolieren von feinen Leitungen sollte wie im Kapitel 2 »Werkzeuge für den Selbstbau« erwähnt mit einem passenden Präzisions-Abisolierwerkzeug erfolgen. Dieses kann auf den Durchmesser und die Länge eingestellt werden. Die nachfolgende Tabelle zeigt für einige Litzen aus Abschnitt 2.2 die Einstellungen für das Jokari-Werkzeug.

Tab. 6-9 Typen von Kabeln und Einstellungen für Jokari-Werkzeuge

Bild	Litze	Einstellungen
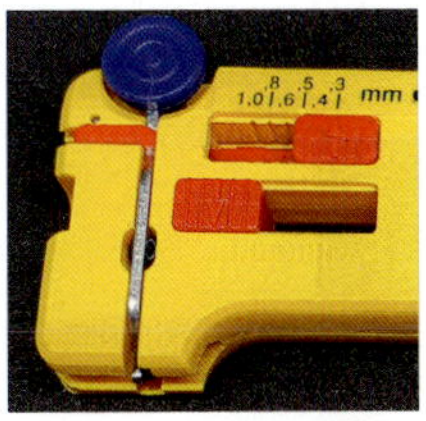	Flexible Litze ∅ 0,5 mm *https://www.highlight-led.de*	PWS-PLUS 001/002/003 Einstellung: 0,3 mm/AWG 28 Länge »Links am Anschlag« für LED, Wire-to-Board-Buchsen Länge »Mitte« für DuPont-Crimp-Kontakte
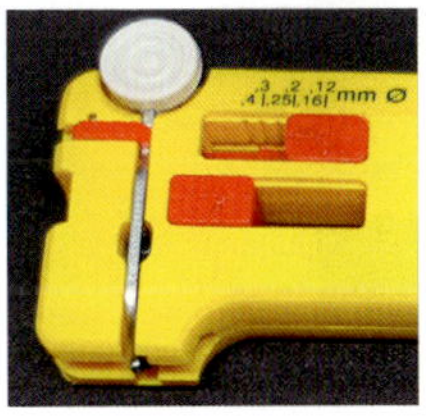	Hochflexible Nano-Litze ∅ 0,28 mm *https://www.leds-and-more.de*	PWS-PLUS 001 Einstellung: 0,12 mm/AWG 36 Länge »Links am Anschlag« für LED, Wire-to-Board-Buchsen Länge »Mitte« für DuPont-Crimp-Kontakte
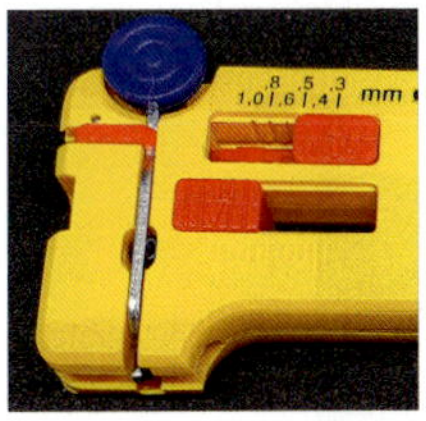	Hochflexibles Kabel ∅ 0,5 mm *http://www.esu.eu*	PWS-PLUS 001/002/003 Einstellung: 0,3 mm/AWG 28 Länge »Links am Anschlag« für LED, Wire-to-Board-Buchsen Länge »Mitte« für DuPont-Crimp-Kontakte
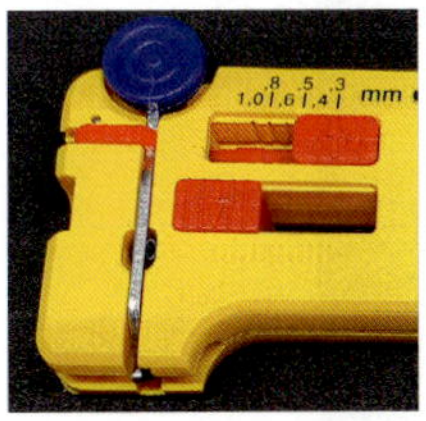	Superdünne Litze ∅ 0,5 mm *http://www.mayerhofer-gmbh.de*	PWS-PLUS 001/002/003 Einstellung: 0,3 mm/AWG 28 Länge »Links am Anschlag« für LED, Wire-to-Board-Buchsen Länge »Mitte« für DuPont-Crimp-Kontakte
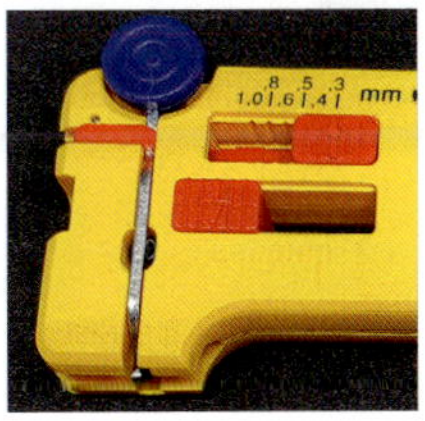	Silikon-Miniaturschaltlitzen ∅ 0,51 mm *http://www.detakta.de*	PWS-PLUS 001/002/003 Einstellung: 0,3 mm/AWG 28 Länge »Links am Anschlag« für LED, Wire-to-Board-Buchsen Länge »Mitte« für DuPont Crimp-Kontakte

Nachdem die passenden Einstellungen vorgenommen wurden, wird zunächst der Verschluss der Hebelklinge geöffnet. Hierzu schieben Sie den roten Verschluss in Richtung der Kopfseite (grüner Pfeil).

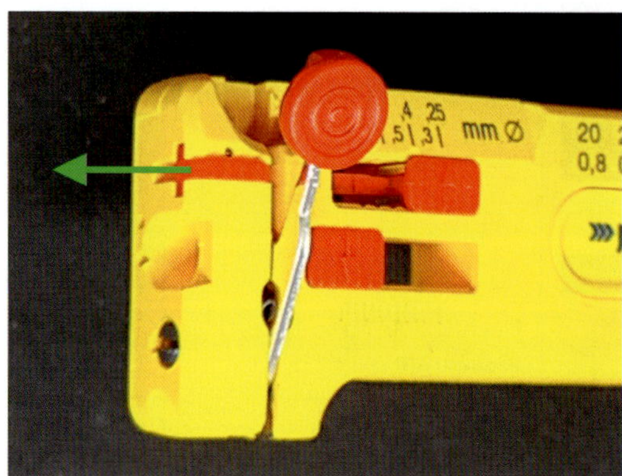

Das Kabelende wird in die Öffnung an der Stirnseite eingeführt, in der sich die Hebelklinge befindet (blauer Pfeil):

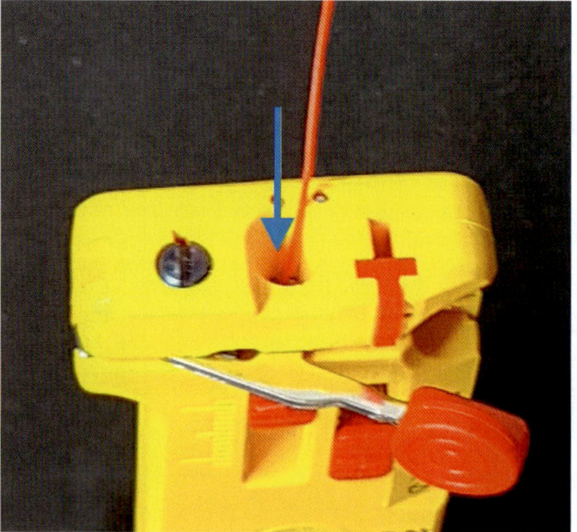

Dann wird der runde Knopf gedrückt (roter Pfeil) und einfach am Kabel gezogen (gelber Pfeil). Alternativ können Sie das Kabel festhalten und am Werkzeug ziehen:

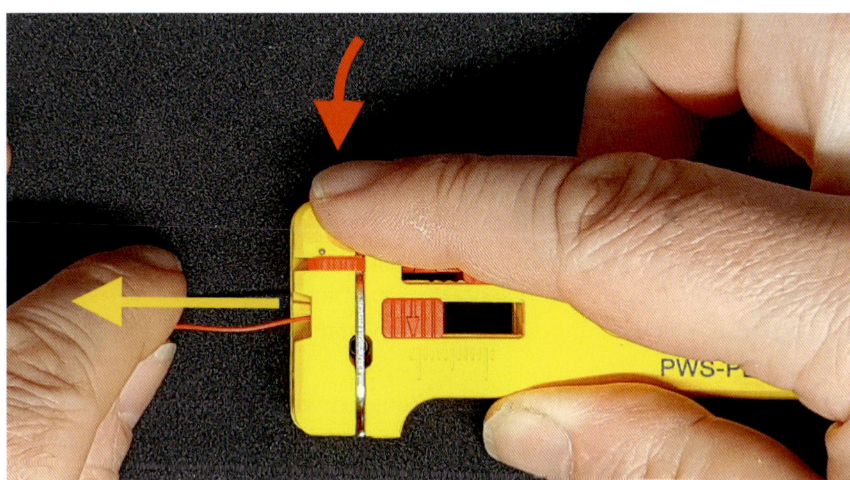

Die abisolierten Litzen verdrillen Sie mit Daumen und Zeigefinger und bei Bedarf kürzen Sie die Länge der Litzen mit der Schneidevorrichtung des Jokari-Werkzeugs an der Unterseite

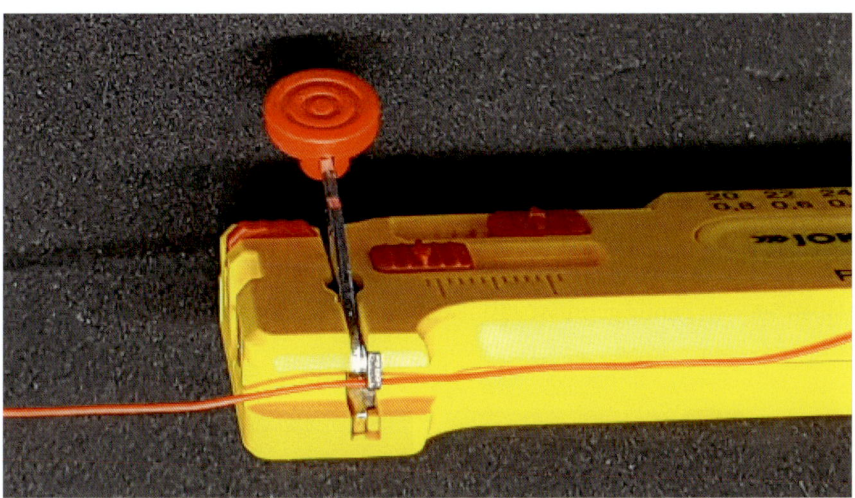

oder mit einem Seitenschneider. Insbesondere für SMD-LEDs ist die minimale Längeneinstellung noch zu lang, weshalb hier manuell gekürzt werden muss.

6.2.3 Crimpen von Kontakten

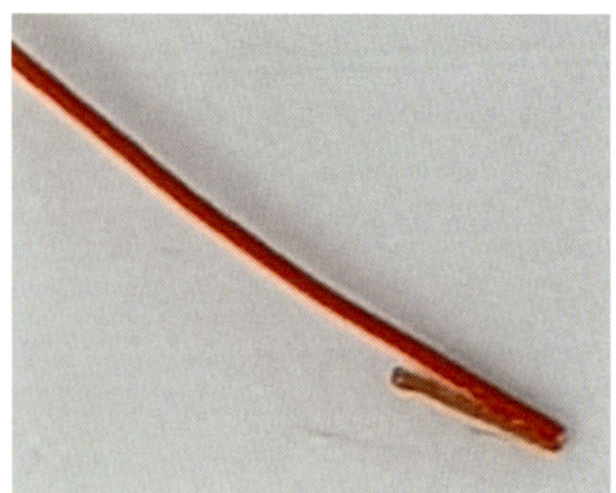

Abb. 6-30 Vorbereitetes Kabel zum Einfügen in Crimp-Kontakt

Für das Crimpen mit 0,5-mm-Litzen sind viele Kontakte nicht vorgesehen. Die abisolierte Litze ist zu klein, um diese in den Kontakt sicher einzupressen. Daher wenden wir einen eher unüblichen Weg an, die Isolation mit den blanken Kontakten zusammenzucrimpen. Das heißt, die abisolierten Litzen werden zurückgebogen und über die Isolation geführt. Dies kann auch doppelt erfolgen, indem wir die Leitungen länger abisolieren und zweimal umschlagen. Idealerweise sollten die Litzen beim Einlegen in den Kontakt nach unten zeigen, um eine möglichst gute elektrische Verbindung zwischen Litzen und Kontaktmaterial zu erzielen (Abb. 6-30).

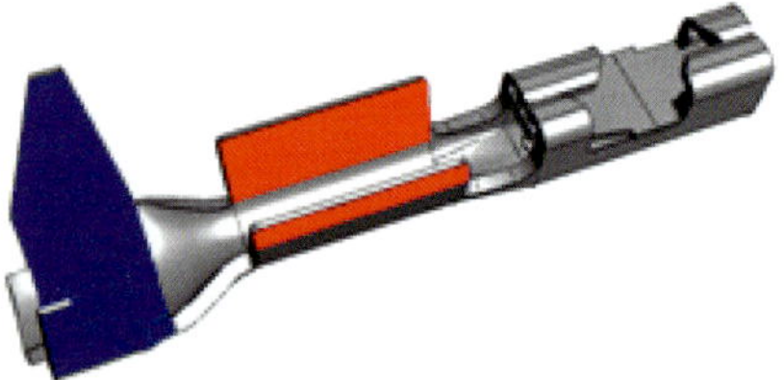

Abb. 6-31 Zonen eines Crimp-Kontakts

Im rot markierten Bereich des Crimp-Kontakts wird der abisolierte Leiterteil (Litzen) eingelegt. Dieser sollte genau die Länge des roten Bereichs besitzen. Im blauen Bereich bis zum roten Bereich wird der isolierte Teil der Leitung positioniert. Die blauen Laschen fixieren den isolierten Teil nach dem Crimpen, während die roten Laschen den Kontakt zwischen Leiter und Buchse herstellen (Abb. 6-31).

Bei der sehr feinen Litze mit dem mehrfach zusammengelegten Kontaktmaterial sollte der Teil nach unten zum Kontaktmaterial platziert werden. Die Isolation geht in diesem speziellen Fall bis in den roten Bereich. Dann die blauen Laschen vorsichtig etwas zur Leitermitte knicken (mit einer kleinen Flachzange – oder mit dem Fingernagel) (Abb. 6-32).

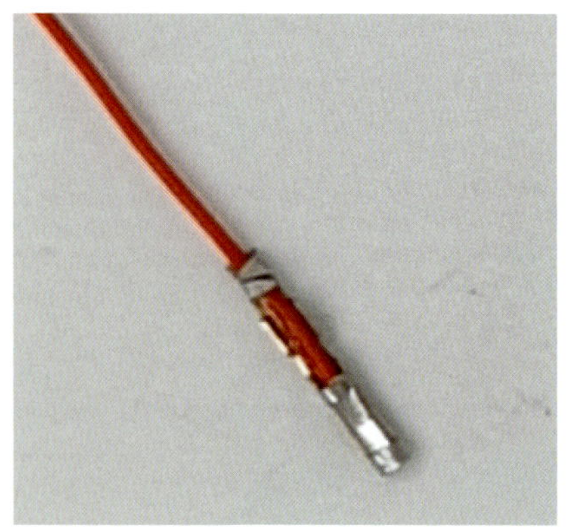

Abb. 6-32 In Kontakt eingelegtes Kabel

Nun legen Sie den Kontakt in die Crimp-Zange ein und wählen den Bereich für den kleinsten Drahtdurchmesser (höchste AWG-Zahl). Die Laschen sollten nach unten zum Werkzeug zeigen. Dort sind kleine abgerundete Bereiche, die die Laschen rund abbiegen. Der Kontaktteil, der später in die Buchse eingesteckt wird, darf nicht in die Zange geraten, da sonst der Kontakt gequetscht wird. Pressen Sie die Zange vorsichtig bis zum Anschlag zusammen. Es ist ein Klicken zu hören. Haben Sie weit genug gepresst, löst die Zange wieder aus, und die Backen öffnen sich.

Abb. 6-33 In Crimp-Zange eingelegter Kontakt mit Kabel

Abb. 6-34 Crimpen (Quetschen) des Kontakts

Abb. 6-35 Der vordere Kontaktteil muss aus dem Werkzeug herausragen.

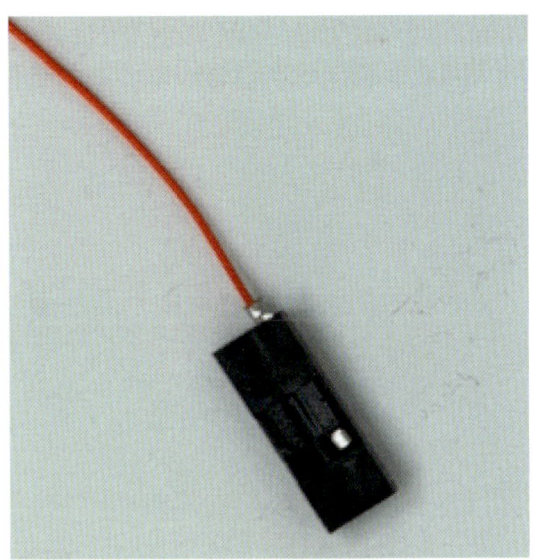
Abb. 6-36 Kontakt in Buchsengehäuse einstecken, bis Metall-Lasche verriegelt

Der fertig gecrimpte Kontakt kann nun in das Buchsen-Gehäuse eingesteckt werden. Ein kleiner Bereich des Kontakts steht etwas ab und verriegelt den Kontakt im Gehäuse, sodass dieser nicht wieder herausrutscht. Die Stelle sehen wir im Foto in Form eines kleinen quadratischen Fensters.

Beim Experimentieren hat sich gezeigt, dass das Arbeiten mit 2,54-mm-Buchsen und Lötanschlüssen wesentlich einfacher ist. Das Crimpen erfordert mehr Übung als das Anlöten. Da wir zum Crimpen eine spezielle Zange benötigen – die Lötstation aber auf jeden Fall vorhanden sein muss –, kann gleich die Löt-Variante angewendet werden.

6.2.4 Einbau von LED-Vorwiderständen (bedrahtete LEDs)

Damit eigene LED-Konstruktionen an Systeme wie *Brickstuff*, *Light My Bricks* oder *LifeLites* angeschlossen werden können, muss ein Vorwiderstand für 5V Versorgungsspannung in Reihe mit der LED geschaltet werden. Alternativ empfiehlt sich der Einsatz von LEDs mit fest integriertem Vorwiderstand für 5V, damit die Anschlüsse durch den Widerstand nicht verlängert werden. Bei bestimmten Steckverbindern besteht die Möglichkeit, den Widerstand auch an der Buchse/dem Stecker zu verbauen. Die dritte Variante besteht darin, den Widerstand in die Leitung einzuschleifen. Die beschriebenen Möglichkeiten beziehen sich nur auf bedrahtete LEDs.

Die nachfolgende Fotostrecke zeigt exemplarisch das Einbinden eines Vorwiderstands direkt an der LED.

Abb. 6-37 LED mit angelötetem Vorwiderstand an der Anode

Abb. 6-38 Angelötete Kabel am Vorwiderstand (rot) und an der Kathode (schwarz)

Abb. 6-39 Schrumpfschlauchisolation über Kathodenkabel und Vorwiderstand

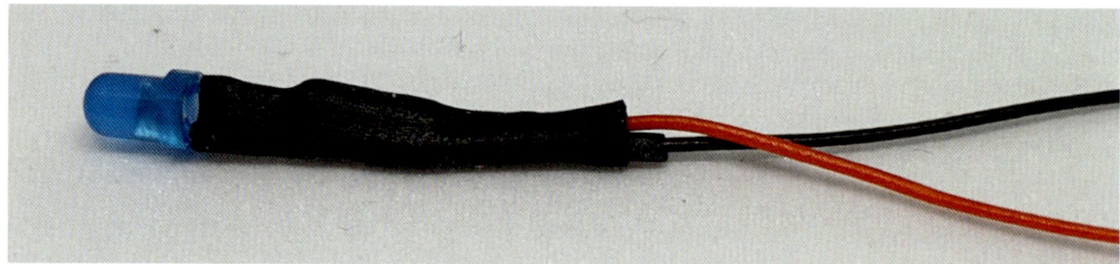

Abb. 6-40 Komplettes Leuchtmittel

Widerstand am LED-Anschluss

Die häufigste Anschlussvariante eines Vorwiderstands ist dessen direktes Anlöten an einem der LED-Anschlüsse. Ob der Widerstand an der Anode oder Kathode angeschlossen wird, ist unerheblich. Wir sollten jedoch ein möglichst einheitliches Konstruktionsschema einhalten. Der Widerstand wird komplett mit den Anschlüssen von einem Schrumpfschlauch ummantelt.

Widerstand an Buchse/Stecker

Bei einem Crimp-Kontakt ist es möglich, den Draht des Vorwiderstands auf einer Seite in den Kontakt einzupressen bzw. zusätzlich anzulöten. Bei Wire-2-Board-Buchsen wird der Widerstand an die Anschlussfahne eines Kontakts angelötet. Vorteil ist hierbei, dass die LED-Anschlüsse nicht verlängert werden.

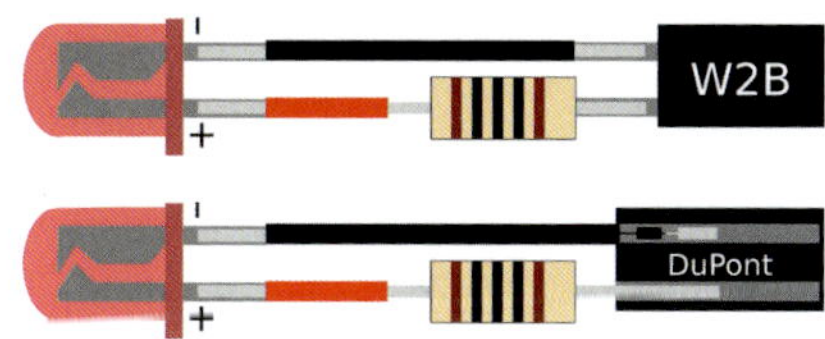

Widerstand in Leitung

Die dritte Möglichkeit ist, den Vorwiderstand in eines der Kabel einzusetzen. Das heißt, eine der Leitungen wird aufgetrennt und der Widerstand rechts und links der Trennstelle angelötet. Der Widerstand und die Anschlüsse werden mit einem Schrumpfschlauch isoliert und stabilisiert.

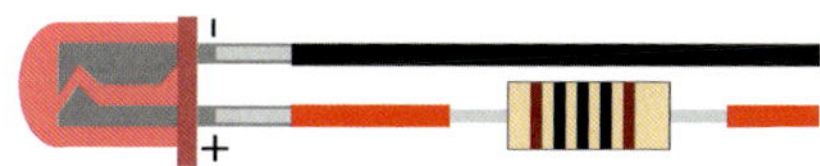

Zweifarb-LEDs

Bei zwei- oder mehrfarbigen LEDs und mehreren Anschlüssen wird es schon recht klobig, wenn Vorwiderstände angebracht werden sollen. Möglichst schlanke Bauformen sollten verwendet werden, wenn diese direkt an der LED verlötet werden.

Eine Idee für das Einschleifen in eine Leitung wäre eine kleine Platine mit zwei SMD-Widerständen. An den Pads auf der Unterseite werden rechts und links jeweils ein Leitungsstrang angelötet und das gesamte Gebilde mit einem Schrumpfschlauch ummantelt. Eine solche Lösung macht jedoch nur Sinn, wenn sie durch eine hohe Stückzahl den Preis in eine sinnvolle Region verschiebt. Zudem sollte ein dünneres Leiterplattenmaterial verwendet werden, damit die Höhe inkl. der SMD-Widerstände gering bleibt. Mit 2,9 mm Breite sollte das Konstrukt auch durch 3-mm-LEGO Löcher geschoben werden können.

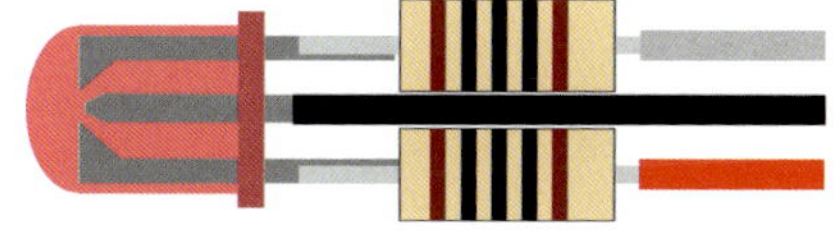

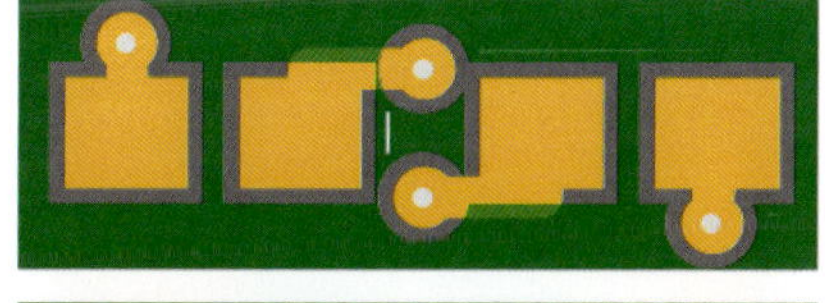

Abb. 6-41 Platine mit SMD-Vorwiderständen für Zweifarb-LEDs

6.2.5 Anlöten von Buchsen- und Steckerkontakten

Alle Kontakte mit Lötanschlüssen sind identisch zu behandeln. Wichtig ist, dass auf alle Kabel vor dem Anlöten ein ca. 1 cm langes Stück eines passenden Schrumpfschlauchs übergestreift wird. Im Anschluss werden die Kabelenden ca. 5 mm abisoliert, mit den Fingern verdrillt und verzinnt.

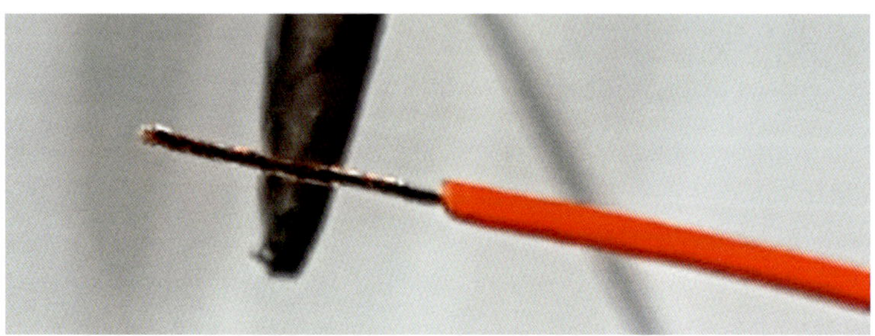

Abb. 6-42 Verzinnen der Anschlussleitungen

Auch die Anschlüsse an der Buchse werden mit etwas Lötzinn verzinnt.

Abb. 6-43 Verzinnen der Anschlussfahnen an der Buchse

Nun können die Kabelenden an die Anschlussfahnen angelötet werden.

Abb. 6-44 Angelötetes Anoden-Kabel

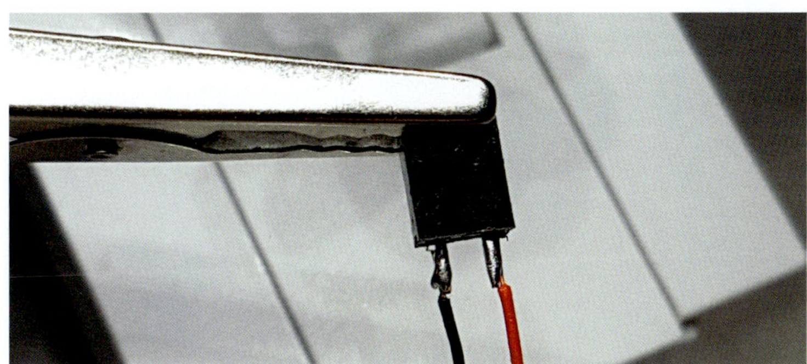

Abb. 6-45 Anoden- und Kathoden-Anschlusskabel angelötet

Zum Abschluss werden die zuvor über die Kabelenden gestreiften Schrumpfschläuche über die Kontaktstellen geschoben und mit einem Heißluftsystem (Gaslötkolben) oder Feuerzeugt geschrumpft.

Abb. 6-46 Komplett angeschlossene und isolierte Buchse

SERVICE
RESERVED

7 Selbstbau von Beleuchtungselementen

7.1 LED-Konstruktionen

Die im Buch gezeigten Konstruktionen verwenden häufig keinen Vorwiderstand direkt an der LED oder in der Zuleitung. Dies würde das Konstrukt an eine bestimmte Versorgungsspannung binden. Um z. B. die LEDs mit den Anschlussboards des PFx Brick oder mit den hier im Buch beschriebenen Anschlusslösungen zu verwenden, wird auf den Vorwiderstand verzichtet. Der Einsatz an Systemen wie Brickstuff, Light My Bricks oder LifeLites ist nur mit passendem Vorwiderstand für 5V und den entsprechenden Steckersystemen möglich.

7.1.1 LED-Kabel-Stecker

Die Technic-Löcher von LEGO haben einen Durchmesser von 4,8 mm. Die 5-mm-LEDs können daher nicht komplett eingesteckt werden. Mit einer feinen Feile muss der LED-Durchmesser etwas reduziert werden. Häufige Einsteckversuche während des Abfeilens verhindern, dass am Ende zu viel abgenommen wurde und die LED nicht mehr richtig stecken bleibt. Es gibt 4,8-mm-LEDs, deren Gehäuse jedoch ebenfalls 4,8 mm lang ist. Diese Bauform hat einen runden Kopf, was den Steckbereich des LED-Körpers weiter reduziert. Ein tieferes Einstecken ist nur dann möglich, wenn die LED keinen Kragen besitzt. Der Kragen kann bei Bedarf abgefeilt werden, was weniger Aufwand darstellt, als den Körper einer 5-mm-LED zu reduzieren.

3-mm-LEDs passen in der Regel ohne Probleme in die kleinen LEGO-Löcher, wie z. B. in die des Lampensteins. Auch hier kann es je nach Einbausituation günstig sein, dass der Kragen der LED entfernt wird, oder Sie verwenden gleich LEDs ohne.

Eine wichtige Frage ist die Länge der Anschlusskabel. Je länger die Kabel, desto mehr tendieren diese zum »Kabelsalat«. Natürlich können kürzere Kabel durch Kettung mit Verlängerungskabel auf die notwendige Länge gebracht werden, doch nicht immer bietet sich auf dem Weg durch das LEGO-Modell die Möglichkeit, den Steckverbinder zu platzieren. Daher sollten wir immer ein paar Varianten mit längeren Anschlusskabeln bereithaben. Hier sind 500 mm durchaus als maximale Länge zu sehen, die in großen und langen Modellen wie z. B. in der Ideas Saturn-Rakete (21309), im Disney-Schloss (71040) oder in den UCS-Star-Wars-Modellen zum Einsatz kommen können. 150 mm, 300 mm sind zwei weitere Längen, in denen wir die LED-Kabel-Konstrukte herstellen können.

Bei *Brickstuff* werden Längen wie 76 mm, 152 mm, 305 mm verwendet, *PFx Brick* setzt auf Kabellängen von 128 mm, 256 mm und 512 mm. *Light My Bricks* hingegen verwendet 50 mm, 150 mm, 300 mm und 500 mm.

7.1.2 LEGO-Platten mit SMD-LED

Im Inneren der Noppe bei 1×1-Platten (rund oder quadratisch) ist Raum für eine SMD-LED (0603). Die LED kann nach vorne in die Noppe oder nach hinten strahlen. Da die Plättchen in verschiedenen Situationen verbaut werden, sind beide Leuchtrichtungen relevant.

Ein Beispiel für den Einbau quadratischer 1×2-Platten sind Strahler wie sie im Creator Expert Kinopalast (10232) oder beim Kaufhaus (10211) zu finden sind. Hier ist die LED so einzubauen, dass diese in Richtung der Plattenunterseite strahlt.

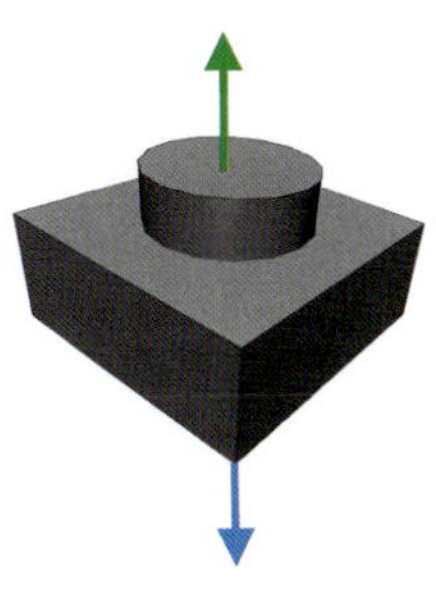

Abb. 7-1 Mögliche Lichtabgabe für Leuchtmittel auf 1×1-Plattenbasis

Abb. 7-2 Beleuchtetes Schild des Kaufhauses (10211) über 1×1-Platte mit LED

Schritt 1 – Bohrungen erstellen

Zuerst muss die Bohrung zur Durchführung der Anschlusskabel erfolgen. Bei der quadratischen 1×1-Platte wird seitlich und mittig eine 1-mm-Bohrung erstellt (Abb. 7-3).

Bei runden Plättchen kann die Kabelzuführung seitlich durch eine kleine Bohrung unterhalb des Kragens erfolgen (Abb. 7-4).

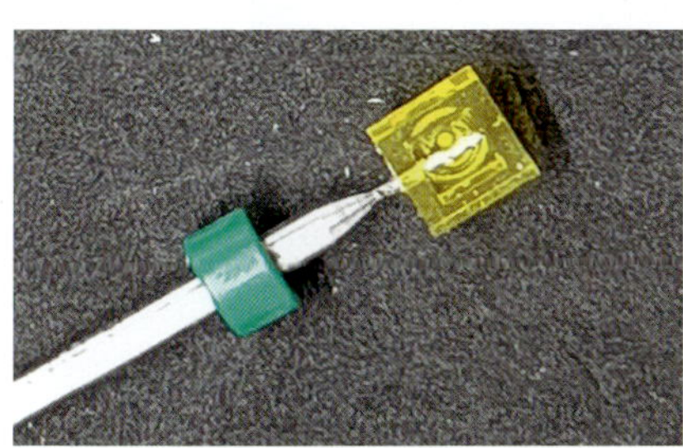

Abb. 7-3 Seitliche Bohrung für Kabelzuführung an quadratischer 1×1-Platte

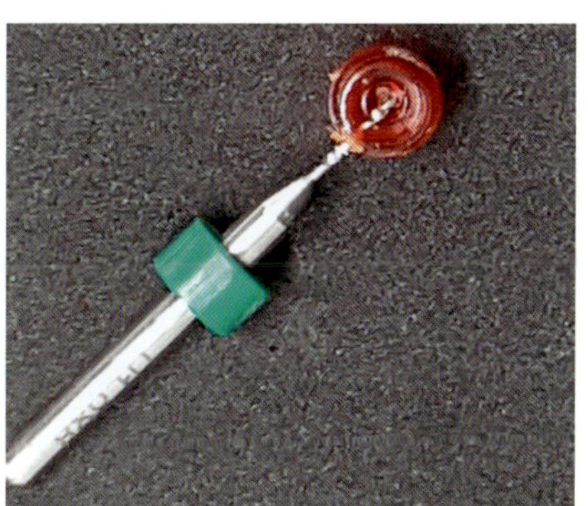

Abb. 7-4 Bohrung unterhalb des Kragens an runder 1×1-Platte

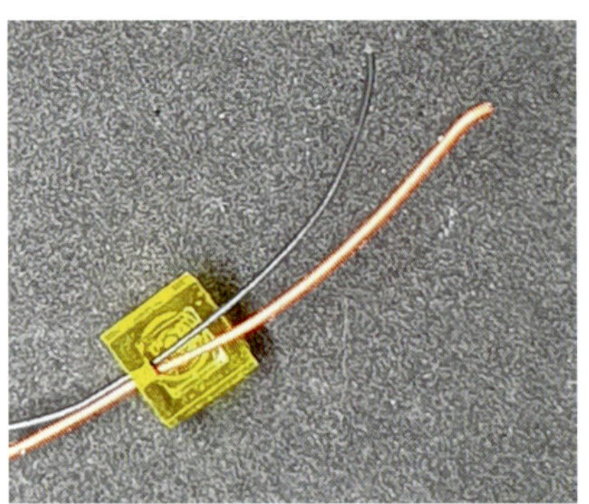

Abb. 7-5 Eingelegte Kabel in quadratischer 1×1-Platte

Schritt 2 – Kabel durchführen

Nun werden die beiden Kabel durch die Bohrung nach innen geführt und die Kabelenden auf einer Länge von 1 mm abisoliert. Anschließend werden die Litzen mit dem Finger verdrillt und mit dem Lötkolben verzinnt.

Schritt 3 – LED anlöten

Nun wird eine SMD-LED (0603) an die Kabelenden angelötet. Eine recht einfache Möglichkeit ist es, die beiden LED-Anschlussflächen mit etwas Lötpaste zu versehen und das verzinnte Kabelende darauf zu halten. Dann mit der Lötspitze des Lötkolbens kurz darauf halten, bis die Lötpaste geschmolzen und die Verbindung hergestellt ist.

Zum Fixieren der SMD-LED wird diese entweder auf ein doppelseitiges Klebeband, das auf einem Träger (ein Stück Holz) aufgebracht wurde, befestigt oder zwischen der Spitze einer selbstschließenden Pinzette.

Abb. 7-6 Auf doppelseitigem Klebeband fixierte SMD-LED zum Löten

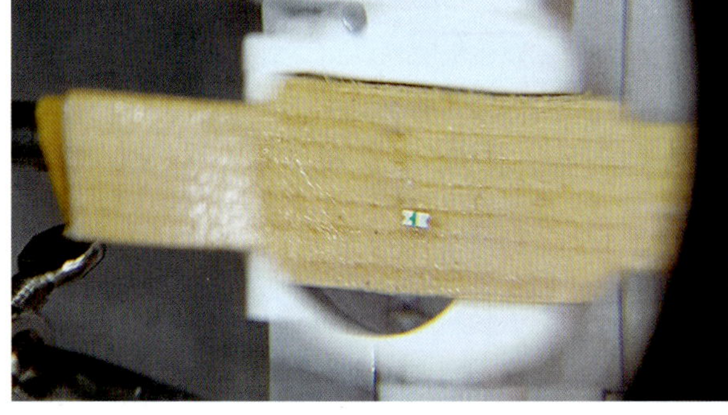

Abb. 7-7 Verlötung der Kabel von der Seite an einer SMD-LED

Zum Anlöten gibt es zwei Möglichkeiten, die von der Zuführung der Kabel abhängig ist. Kommen wie hier die Kabel von der Seite, werden diese auf den LED-Anschlüssen angelötet. Kommen die Kabel von hinten bzw. vorne, werden die Kabel in die häufig an den LEDs vorhandenen Kerben senkrecht angelötet:

Abb. 7-8 LED mit angelöteten Kabeln

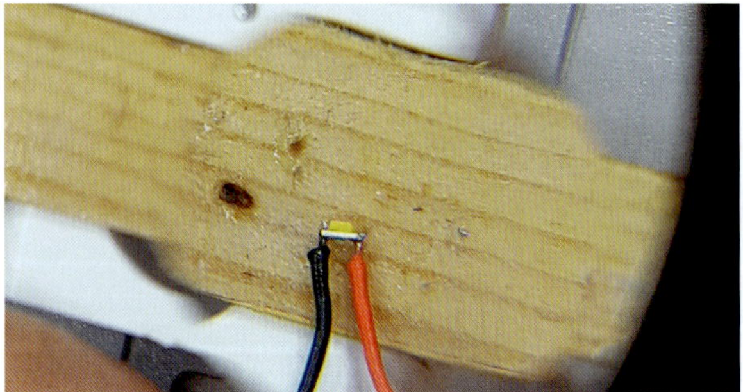

Schritt 4 – LED in Noppeninnenseite positionieren und fixieren

Eine Variante der Kabelausleitung bei runden 1×1-Platten führt durch die Noppe selbst. Einfach die Noppe mit zwei parallel liegenden Bohrungen (von innen nach oben bohren) versehen. Die LED wird so eingebaut, dass sie nach hinten aus der Noppe leuchtet. Nun können wir die Platte z. B. in ein Technic-Loch stecken. Auch bei diversen Beleuchtungssituationen bei Lampen in und an Gebäuden ist diese Variante hilfreich.

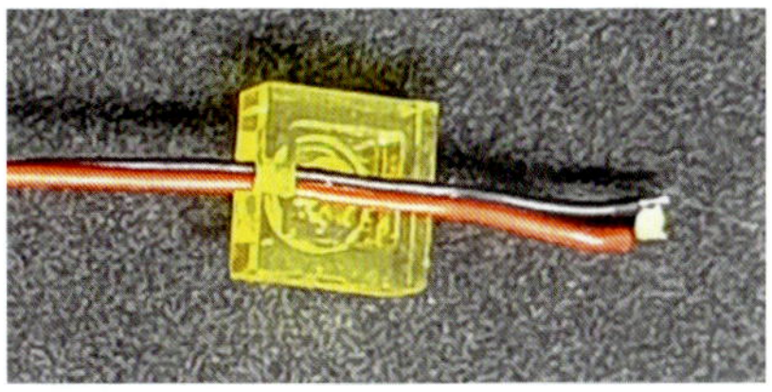

Abb. 7-9 Zurückziehen der Kabel, bis sich die LED im Noppeninnenraum befindet

Schritt 5 – Buchse anlöten

Nun können die Buchsen und ggf. die Vorwiderstände an die Kabelenden angelötet werden.

7.1.3 LEGO Fliese mit SMD-LED

Die LEGO-Platten 15573 und 87580 (in der Überschrift als Fliese bezeichnet, denn eigentlich sind es eher modifizierte Fliesen) besitzen auf der Oberseite eine hohle Noppe, in die wir eine SMD-LED einfügen können. Es gibt weitere modifizierte Steine und Platten, die ebenfalls hohle Pins besitzen und für die hier beschriebene Modifikation verwendet werden können. In der Regel sollten weiße LEDs eingesetzt werden, da durch aufgesteckte farbige Transparent-Elemente die Leuchtfarbe bestimmt wird.

Abb. 7-10 LEGO-Elemente mit hohlen Noppen

Schritt 1 – Bohrungen erstellen

In die Innenseite der Noppe werden zwei Bohrungen eingefügt, um die Kabel aus der Innenseite der Noppe (mit der LED) nach hinten zu führen. Die Bohrungen sollen sich gegenüberliegen.

Abb. 7-11 Zwei parallel liegende Bohrungen im Inneren der Noppe erstellen

Abb. 7-12 Pin mit Bohrungen

Schritt 2 – Kabel durchführen

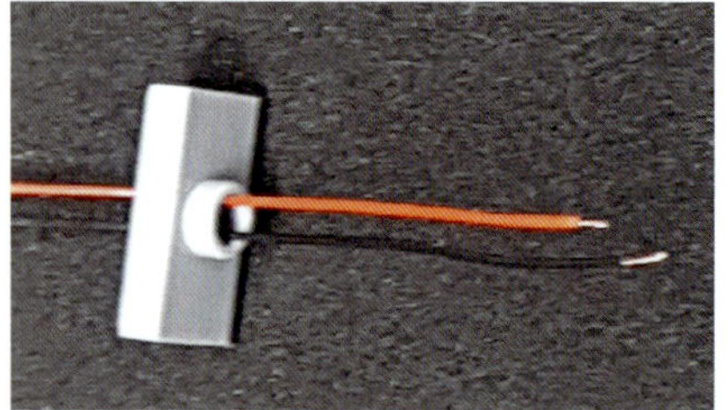

Abb. 7-13 Kabel durch die Bohrungen im Pin führen

Je ein Kabel durch die Bohrungen führen. Beide sollten gleich lang sein. Ein rotes Kabel für die Anode und ein schwarzes für die Kathode der LED. Die Kabelenden auf der Noppen-Vorderseite mit einer Länge von 1 mm abisolieren, mit den Fingern verdrillen und mit dem Lötkolben verzinnen.

Schritt 3 – SMD-LED anlöten

Nun eine SMD-LED (0603) an die Kabelenden anlöten. Eine recht einfache Möglichkeit ist es, die beiden LED-Anschlussflächen mit etwas Lötpaste zu versehen und das verzinnte Kabelende darauf zu halten. Dann mit der Lötspitze des Lötkolbens kurz darauf halten, bis die Lötpaste geschmolzen und die Verbindung hergestellt ist.

Zum Anlöten gibt es zwei Möglichkeiten, die von der Zuführung der Kabel abhängig ist. Kommen die Kabel von der Seite, werden diese auf den LED-Anschlüssen angelötet. Kommen die Kabel wie hier von hinten, werden die Kabel in die häufig an den LEDs vorhandenen Kerben senkrecht angelötet:

Abb. 7-14 Verlötung der Kabel an einer SMD-LED senkrecht von hinten

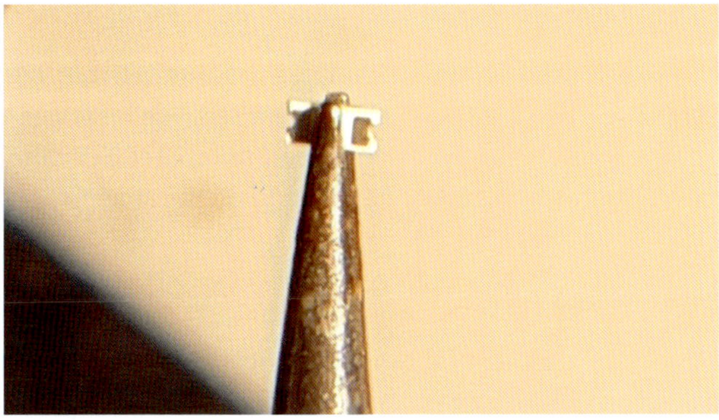

Abb. 7-15 Mit selbstschließender Pinzette (spitz) fixierte LED

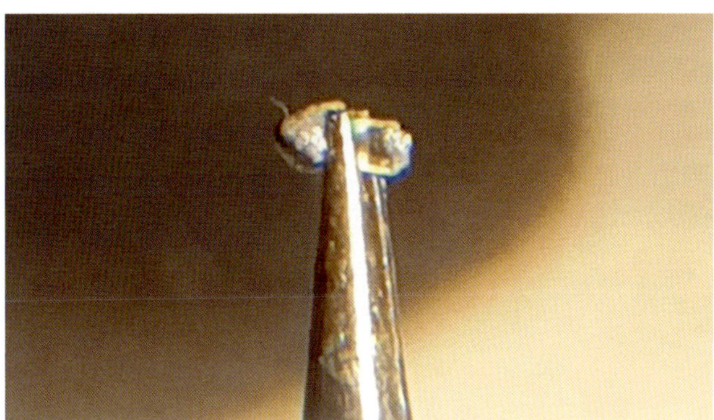

Abb. 7-16 Mit Lötpaste benetzte LED-Lötanschlüsse

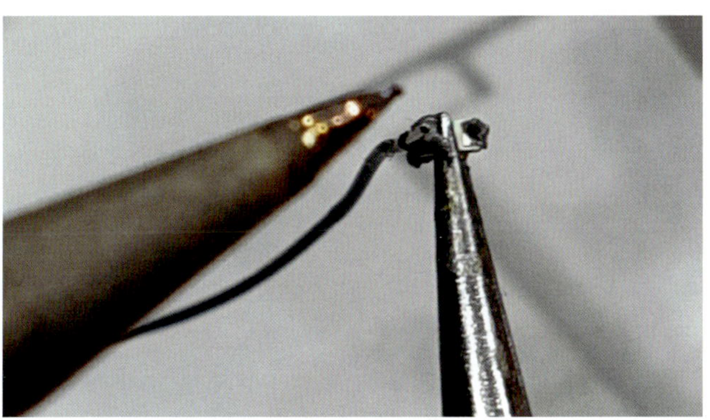

Abb. 7-17 Anlöten des Kathodenkabels (schwarz)

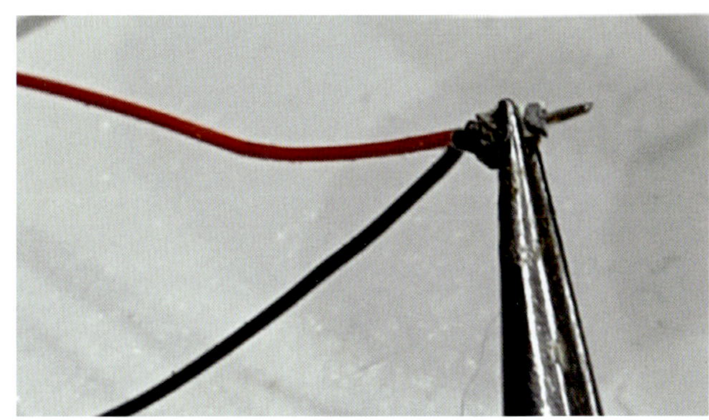

Abb. 7-18 Anlöten des Anodenkabels (rot)

Schritt 4 – Einsetzen der LED

Die Enden der Litzen auf der Rückseite vorsichtig und parallel nach hinten ziehen, bis die SMD-LED korrekt im Pin sitzt. Mit etwas UV-Kleber fixieren.

Schritt 5 – Buchsen anlöten

Die Enden mit einem entsprechenden Buchsen-Steckverbinder und ggf. den Vorwiderständen versehen.

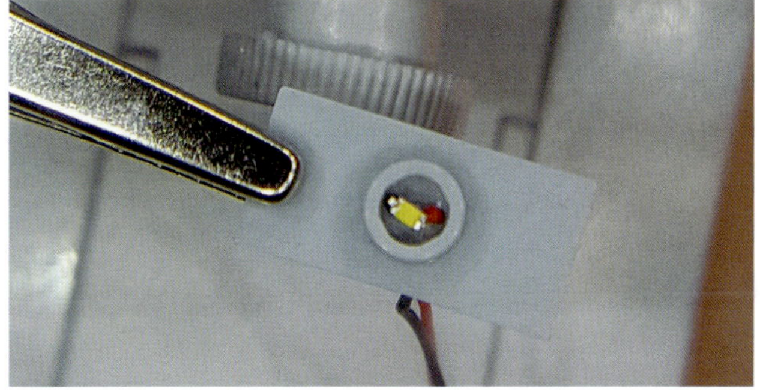

Abb. 7-19 Zurückziehen der Kabel, bis sich die LED in der Noppe befindet

7.1.4 LEGO runde 1×1-Platte mit 3-mm-LED

Eine weitere Variante ist das Einsetzen einer bedrahteten 3-mm-LED auf die Noppe einer runden 1×1-Platte. Die Platte kann transparent sein wie im folgenden Beispiel, aber auch ohne Transparenz als Träger dienen, um später Elemente aufzusetzen, in die die LED hineinpasst (z. B. 1×1 runde transparente Steine).

Schritt 1 – Bohrungen erstellen

Zuerst müssen zwei Bohrungen zur Durchführung der Anschlussdrähte erstellt werden. Idealerweise mit einem 1-mm-Bohrer, der an der inneren Kante der Noppen-Innenseite (von der Rückseite des Plättchens) angesetzt wird (Abb. 7-20).

Um die Anschlussdrähte herauszuführen, werden unterhalb des Kragens an den gegenüberliegenden Seiten Bohrungen erstellt (Abb. 7-21).

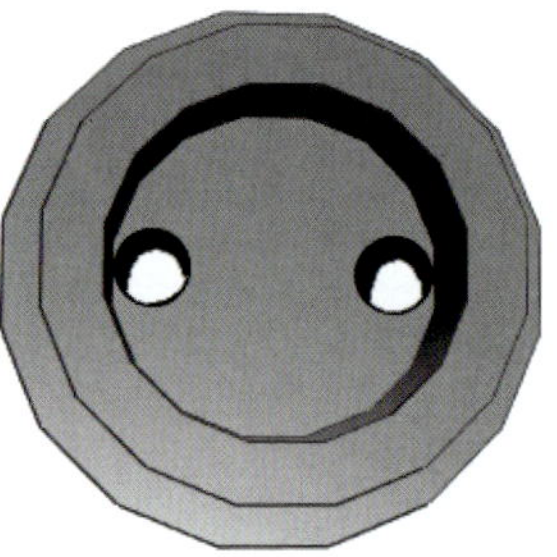

Abb. 7-20 Kabel durch die Bohrungen im Pin führen

Abb. 7-21 Position der seitlichen Bohrungen zur Herausführung der Litzen

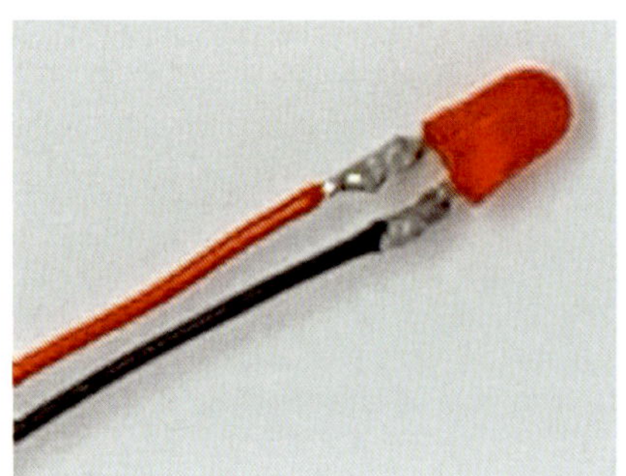

Schritt 2 – LED mit Anschlussdrähten verbinden

Die Anschlussdrähte der LED müssen auf 4 mm gekürzt werden. Es empfiehlt sich, mit dem Kathodenanschluss zu beginnen und das schwarze Kabel anzulöten. Im Anschluss wird der Anodenanschluss gekürzt und das rote Kabel angelötet. Es sollte darauf geachtet werden, dass LED-Typen verwendet werden, deren Anschlussdrähte gerade aus dem LED-Gehäuse herausgeführt werden und keinen Knick machen.

Schritt 3 – Einsetzen der LED in das Plättchen

Sind die Kabel angelötet, werden diese zunächst durch die Löcher der Noppe geführt.

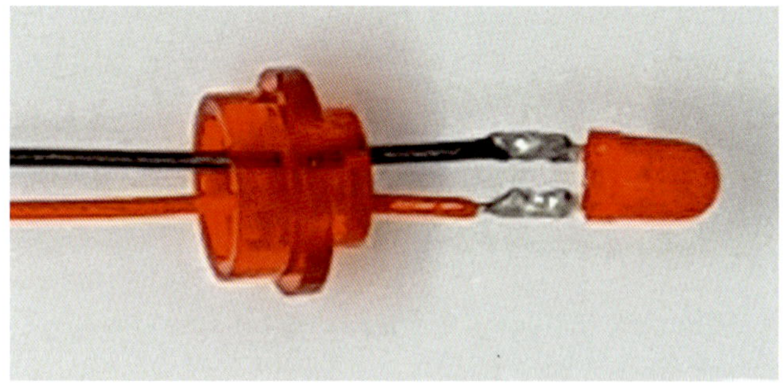

Im Anschluss werden die Kabel durch die seitlichen Löcher unterhalb des Kragens geführt.

Nun wird die LED komplett eingesteckt, sodass das Gehäuse auf der Noppe aufsitzt. Die Kabel werden dann vorsichtig seitlich herausgezogen, bis sie ohne Ausstülpung im inneren der Noppe verlaufen.

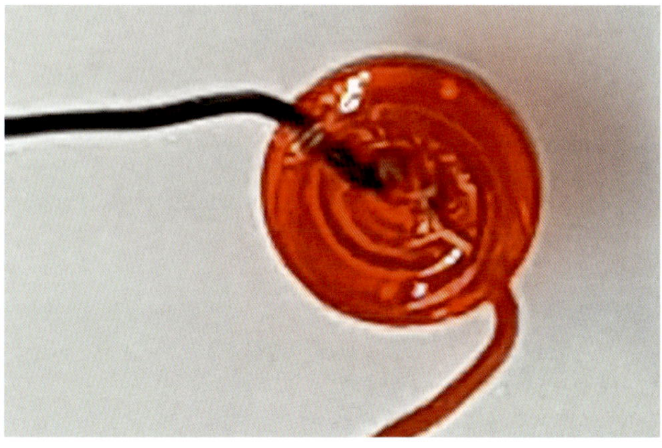

Nach Anschluss des Steckverbinders kann die LED mit einem kleinen Tropfen Sekundenkleber oder einem UV-Kleber fixiert werden.

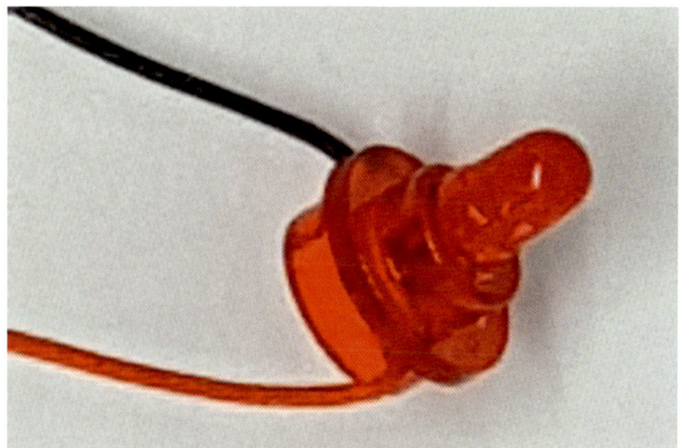

Schritt 4 – Buchse anlöten

Im letzten Schritt werden die Enden der Anschlusskabel an die gewünschte Buchsenform angeschlossen. Soll ein Vorwiderstand verwendet werden, kann dieser nur an der Buchse oder in das Kabel eingebaut werden.

Die Konstruktion kann z. B. als Aufsatz auf Lasergeschützen verwendet werden oder als Basis für Lampenkonstruktionen wie Straßenlampen oder Wandlampen dienen. Auf das Plättchen können runde 1×1-Steine oder transparente Minifigurenköpfe aufgesetzt werden, um diese mit der LED von innen zu beleuchten.

7.1.5 Deckenbeleuchtung mit LEGO-Platte und SMD-LEDs

Für Beleuchtung von Gebäude-Innenräumen können Beleuchtungselemente aus einer 1×4-Platte, zwei SMD-LEDs und einem Stück Lochstreifenplatine gebaut werden. Das Plättchen dient als Träger, der z. B. an Unterseiten von LEGO-Konstruktionen wie den Decken von Gebäuden befestigt werden kann.

Abb. 7-22 Innere Stäbe der Platte entfernen

Schritt 1 – Platte vorbereiten

Mit einem kleinen Fräser werden die innen liegenden Stäbe der Platte vorsichtig entfernt. Dieser Schritt muss nicht zwangsläufig erfolgen, da die Platine auch auf die Stäbe aufgeklebt werden kann (Abb. 7-22).

Schritt 2 – Bohrungen erstellen

Mit einem 1-mm-Bohrer wird vorsichtig an der Seitenkante eine Bohrung vorgenommen. Dort werden die Anschlusskabel durchgeführt.

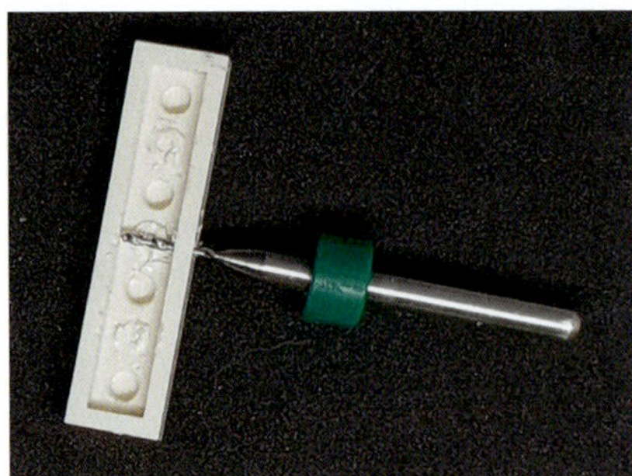

Abb. 7-23 Bohrung zur Herausleitung der Kabel

Abb. 7-24 Seitliche Bohrung

Schritt 3 – Platine zuschneiden

Von einer Lochstreifenplatine wird ein exakt zwei Streifen breites Stück abgetrennt. Das heißt, die Platine wird entlang der Kupferbahn mit einem angelegten Metall-Lineal mithilfe eines Cutter-Messers von beiden Seiten angeritzt und dann abgebrochen. Die Kanten ggf. noch etwas nachfeilen (die Breite sollte 4,8 mm betragen) und ein 28 mm langes Stück abschneiden.

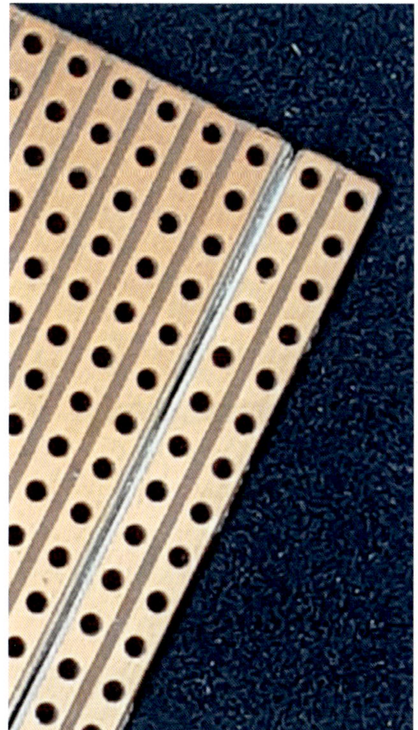

Abb. 7-25 Trennen eines zwei Streifen breiten Platinenteils

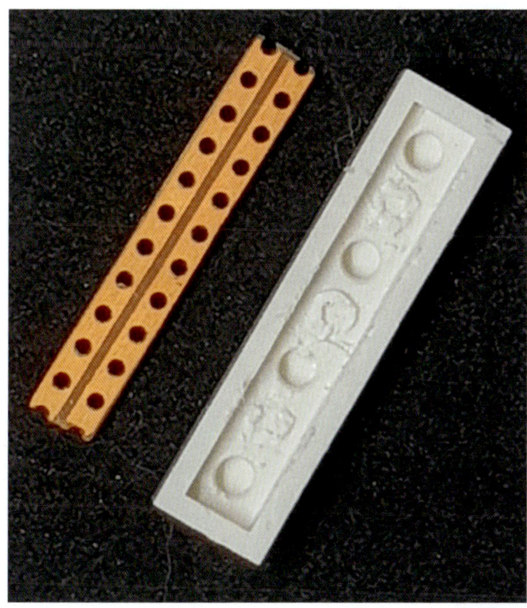

Abb. 7-26 Auf 1 × 4-Plattenlänge gekürzte Platine

Schritt 4 – Platine bestücken

An der rechten und linken Kante der Platine wird jeweils eine SMD-LED (PLCC2) aufgesetzt und zum Löten mit einer selbstschließenden Pinzette fixiert.

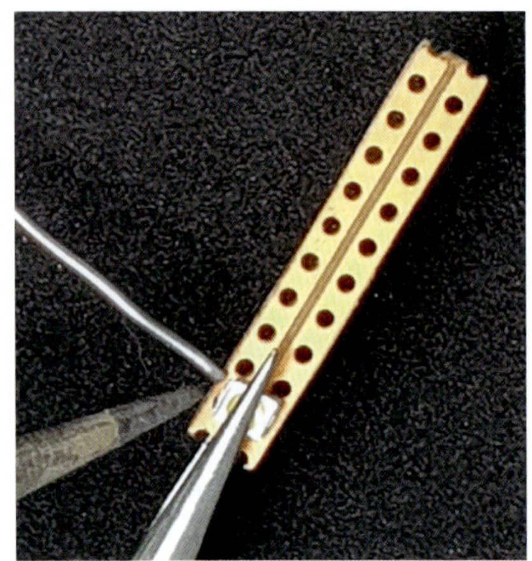

Abb. 7-27 Auflöten einer LED, fixiert mit Pinzette

Sollen Vorwiderstände verwendet werden, kann an einer Leiterseite an den rot markierten Stellen eine Trennung erfolgen. Über der Trennung wird der SMD-Widerstand positioniert und angelötet.

In der Mitte können nun die Anschlussdrähte von unten eingeführt und auf der Oberseite angelötet werden.

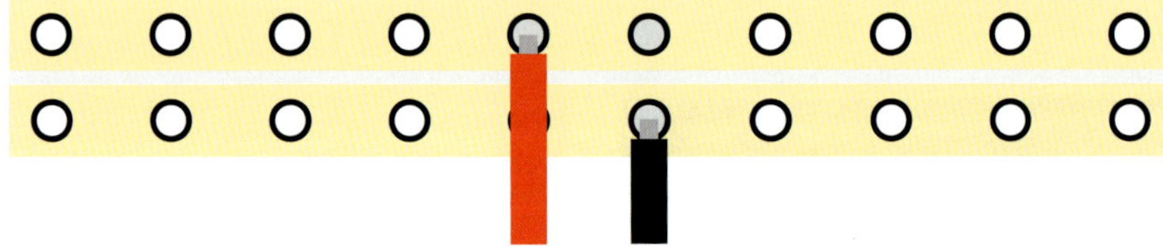

Abb. 7-28 Anschlusspunkt für Drähte zur Stromversorgung

Sollen die Elemente gekettet werden, können auch zwei Leitungspaare angelötet und jeweils an den Stirnseiten der Platte herausgeführt werden. Dabei erhält ein Anschlusspaar eine Buchse und das andere Paar einen Stecker.

Abb. 7-29 Zwei Paar Anschlussleitung zum Verketten von Leuchtmitteln

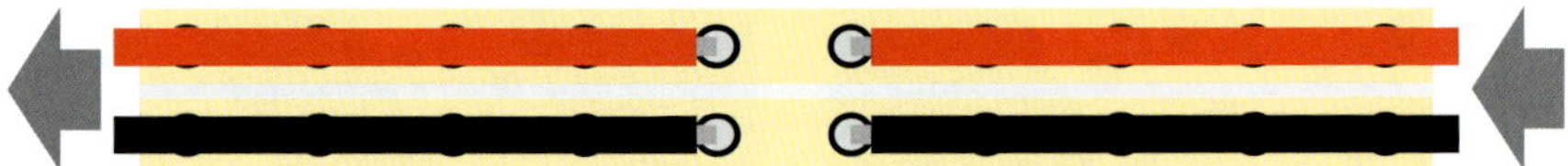

Abb. 7-30 Fixieren der Platine mit etwas Heißkleber

Schritt 5 – Kabel anschließen

Die Anschlussleitungen werden durch die Bohrung an der Platte von innen nach außen durchgeführt und die Platine mit einem Tropfen Heißkleber rechts und links fixiert.

Das Prinzip kann auch auf kürzere oder längere Plättchen angewendet werden. Bei 1×2-Platten wird nur eine LED verwendet.

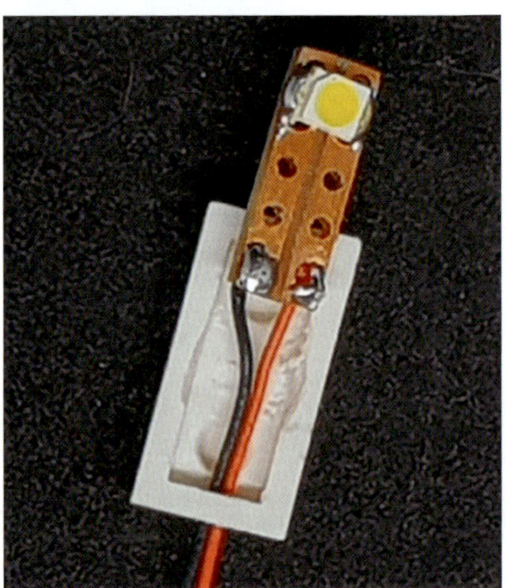

Abb. 7-31 1×2-Platten-Variante mit einer LED

Professioneller als die Lochstreifen-Lösung sind natürlich entsprechend hergestellte Platinen. Die Vorlagen im Fritzing-Format sind bei Aisler unter *https://aisler.net/authors/alexanderehle* verfügbar.

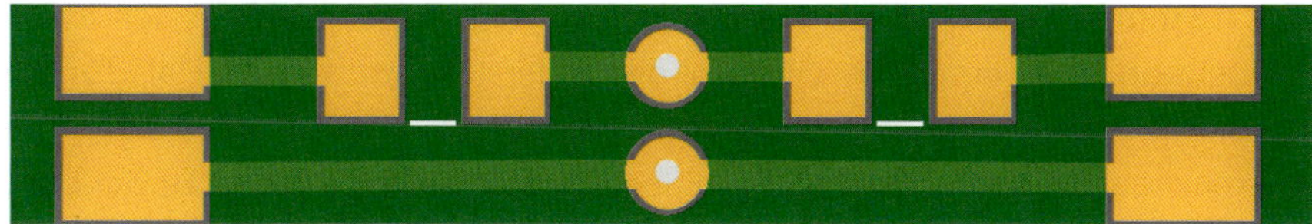

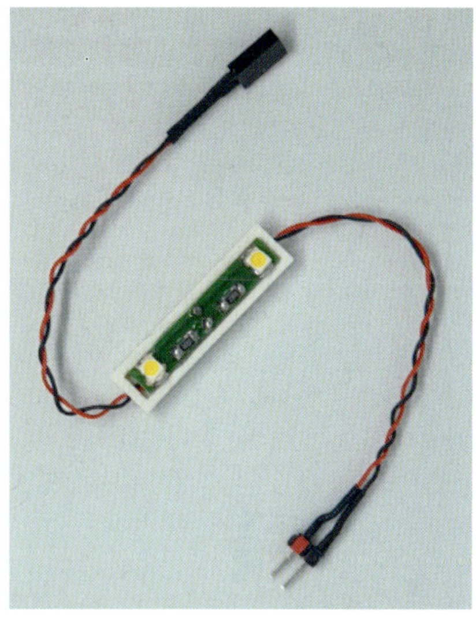

Abb. 7-32 In 1×4-Platte eingebaute Platine mit LEDs, Vorwiderständen und zwei Anschlusspaaren zum Verketten von weiteren Einheiten

Die Abbildung 7-32 zeigt eine komplett bestückte und in eine 1×4-LEGO-Platte eingebaute Platine. Hierbei wurden zwei Paar Anschlussleitungen vorgesehen, um eine Verkettung von Elementen zu ermöglichen.

Auch für die kleinere Variante steht ein fertiges Platinen-Layout zur Verfügung:

7.1.6 LED-Einlage in hohle Bausteine

Der 1×2×5-Baustein (46212) oder 1×2×2 (772) in transparenter Ausführung ist eine Basis für Leuchtanzeigen in waagrechter oder senkrechter Ausführung. Da der Stein kein Innenleben besitzt, also vollständig hohl ist, kann dort sehr gut eine Platine mit LEDs eingelegt werden. Der Stein selbst kann mit einer bedruckten transparenten Klebefolie oder durch einen Spezialdruck von *steindrucker.com* versehen werden.

Abb. 7-33 Beispiele für Fassadenbefestigung von 1×2×5- und 1×2×2-Steinen

Die Platinen sind für einseitige oder doppelseitige Beleuchtung verwendbar. Der 1×2×5-Stein ist zur Noppenseite verjüngt. Das heißt, die Platine müsste eigentlich leicht konisch von 12 mm (Öffnung) auf 11,5 mm (Kopf) verlaufen. Um die Platinen-Konstruktion nicht zu aufwendig zu machen, wurde die Gesamtbreite auf 11,5 mm angelegt. Da die LEDs recht intensiv leuchten, was für den Effekt zu viel sein kann, empfehle ich euch, die Widerstandswerte höher als für die maximale Lichtstärke nötig zu berechnen. Die LEDs dürfen durchaus die Hälfte der maximalen Leuchtstärke abgeben. Je nach Bedruckung können die vier LEDs zu Punktförmig erscheinen. Alternativ kann die Platine auch mit acht LEDs, die gleichmäßig verteilt sind, konstruiert werden. Zusätzlich könnt ihr zwischen den LEDs und der zu beleuchtenden Seite einen Steifen Diffusionsfolie einlegen, um das Licht zu streuen. In echten Leuchtreklamen ist der Abstand zu den Lichtquellen höher – und auch dort wird zusätzlich mit Diffusionsfolien gearbeitet.

Abb. 7-34 Platine für 1×2×5-Baustein

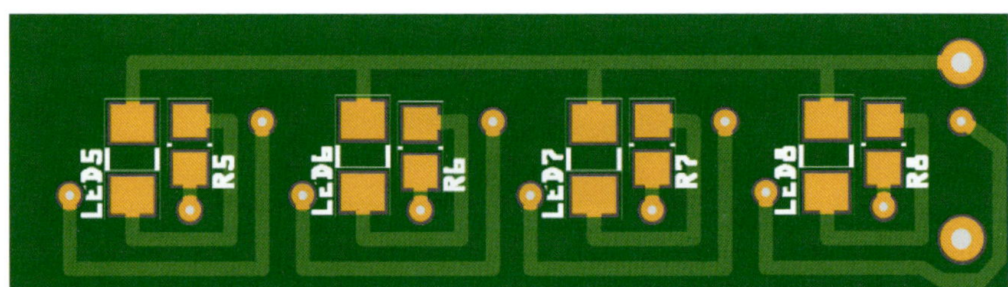

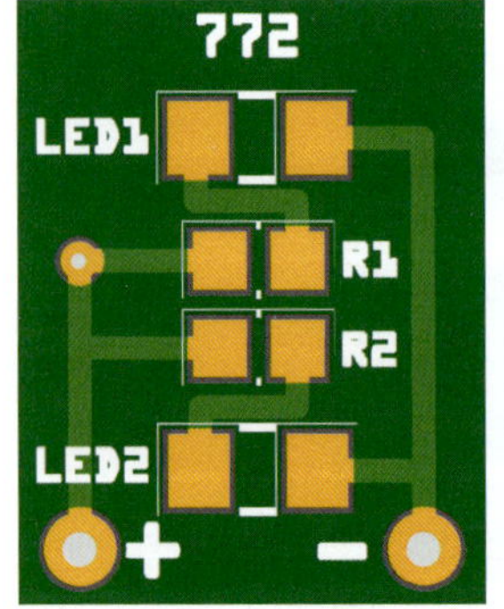

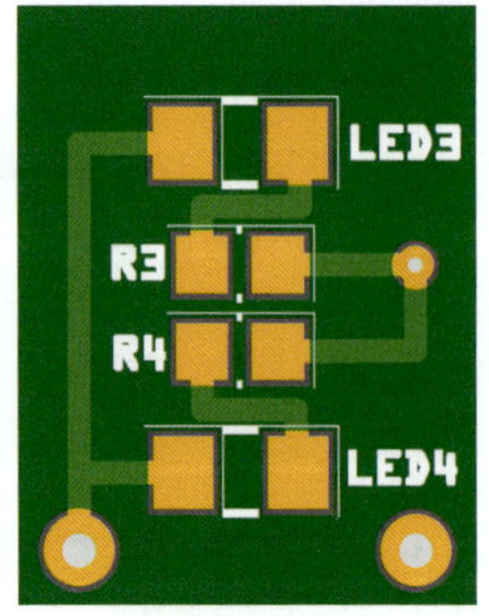

Abb. 7-35 Platine für 1×2×2-Baustein

Die 1×2×2-Steine werden leider von LEGO nicht mehr produziert, auf dem zweiten Markt sind diese nur sehr selten und daher teuer erhältlich. Sollte sich LEGO entscheiden, die transparenten 1×2×2-Steine wieder zu produzieren, gibt es hier gleich die passende Platine dazu.

Bei einseitiger Variante können wir uns auch mit Lochstreifen-Platinen behelfen (43,5 mm×11,5 mm), auf die vier LEDs und vier Vorwiderstände aufgelötet werden. An den roten Stellen muss jeweils eine Trennung eingefügt werden. Die beiden äußeren Steifen müssen isoliert gebrückt werden.

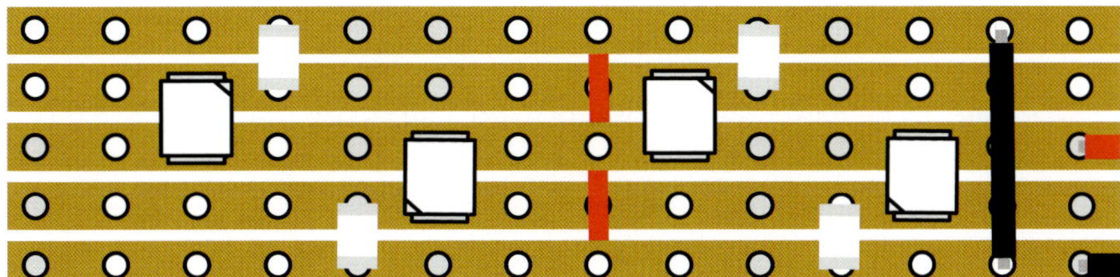

Abb. 7-36 Bestückung der Lochstreifenplatine für 1 × 2 × 5-Bausteine

Abb. 7-37 Alleinstehender Leuchtkasten mit umbautem Transparentstein

Transparente 1 × 2-Steinen ohne inneren Noppenhalter können ebenfalls bedruckt werden. Hier kann einfach eine einzelne LED mit Anschlusskabel ins Innere verlegt werden.

Bei der Vorlagenerstellung muss zunächst überlegt werden, welche Bereiche durchscheinend bzw. transparent sind und welche Lichtdicht. Alle transparenten Bereiche müssen auch in der Vorlage transparent sein (nicht weiß).

Zunächst wird die Grundfläche, die in der Regel nicht durchscheinend sein soll, definiert. Wichtig ist, dass das Element keine Kontur hat, sondern nur eine Füllung. Zudem sollte der Rand etwas breiter als die zu bedruckende Fläche sein,

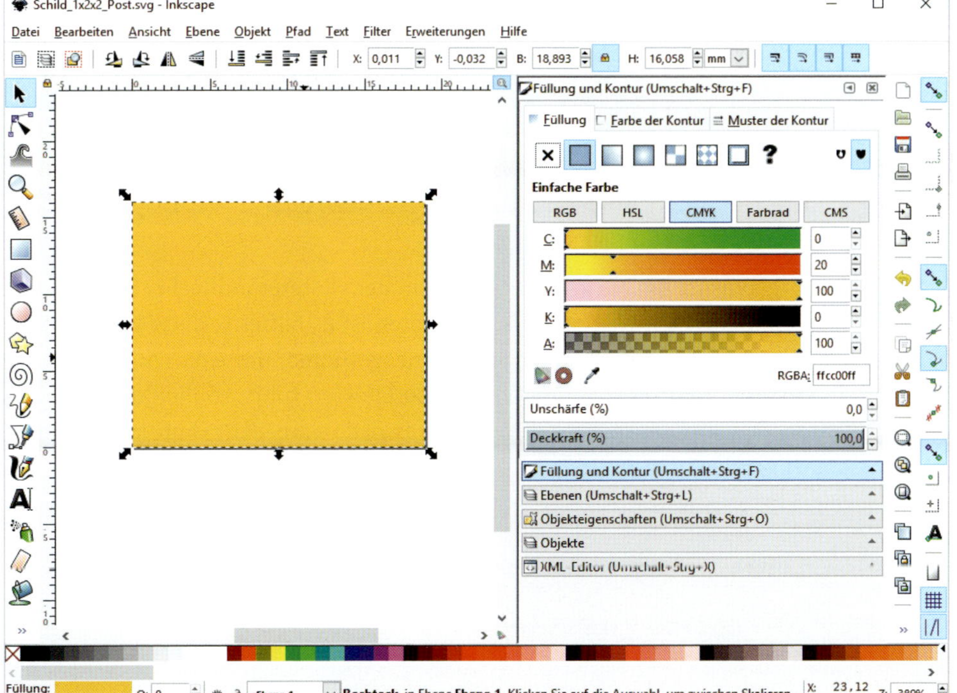

Abb. 7-38 Schritt 1 – Grundfläche platzieren

da die Position nicht immer exakt erfolgen kann. Hier gut 2–3 mm zugeben, damit später die gesamte Fläche auch bedruckt wird.

Über der Fläche wird nun die Form platziert, die später transparent sein soll. Dies kann ein Schriftzug oder können andere Elemente sein. Nun werden das Element und der Hintergrund selektiert, und die Funktion »Pfad → Differenz« wird ausgeführt.

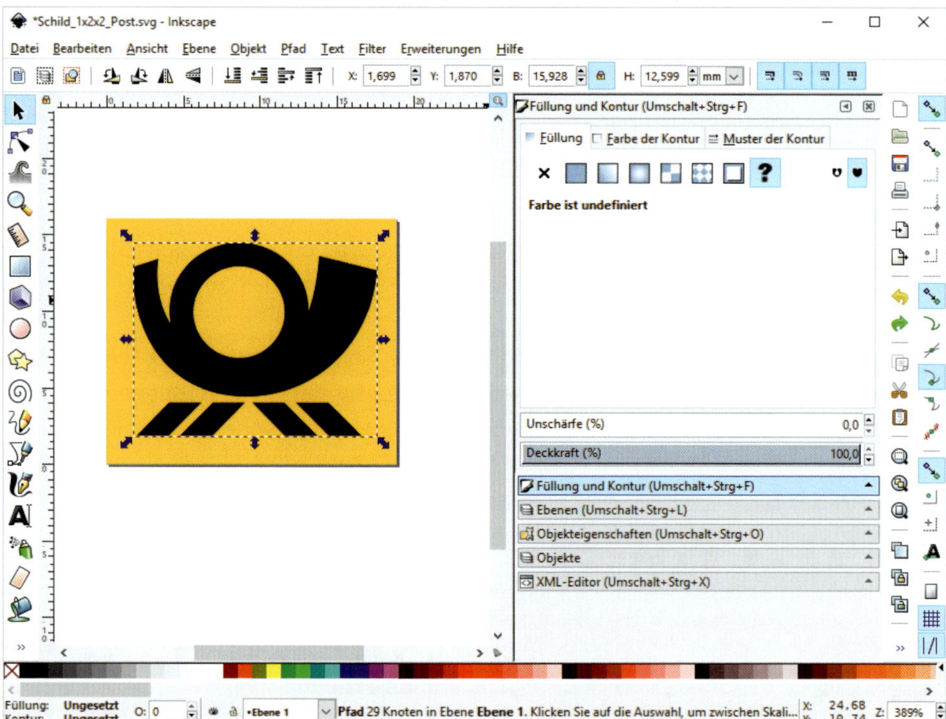

Abb. 7-39 Schritt 2 – beleuchtete Ausschnitte auf Grundfläche

Das Ergebnis ist die ausgestanzte Form in der Hintergrundfläche. Bei manchen Konstruktionen aus mehreren Teilelementen ist es hilfreich, diese zuvor mit der Funktion »Pfad → Kombinieren« zusammenzuführen, um eine »Ausstanzform« zu erhalten. Falls dies zu unerwünschten Effekten führt, können die einzelnen Elemente schrittweise mit der Differenz-Funktion aus dem Hintergrund ausgestanzt werden.

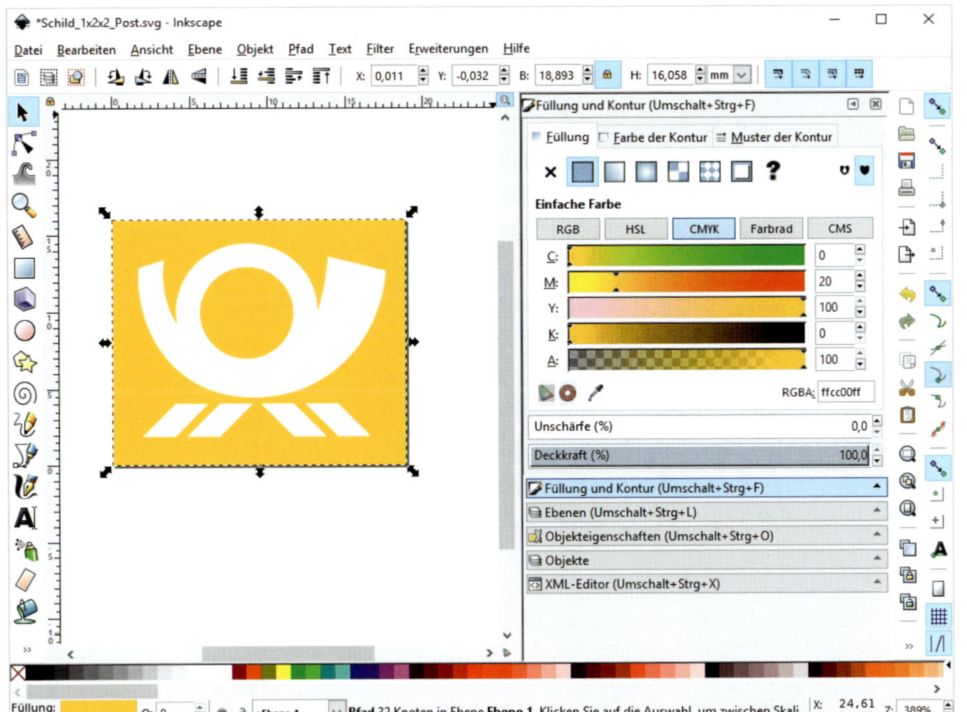

Abb. 7-40 Schritt 3 – Ausgestanzte Ausschnitte in Grundfläche

Zu sehen ist das, wenn wir die Fläche über den Rand der Basisfläche verschieben und die Linien durch das Symbol hindurchscheinen.

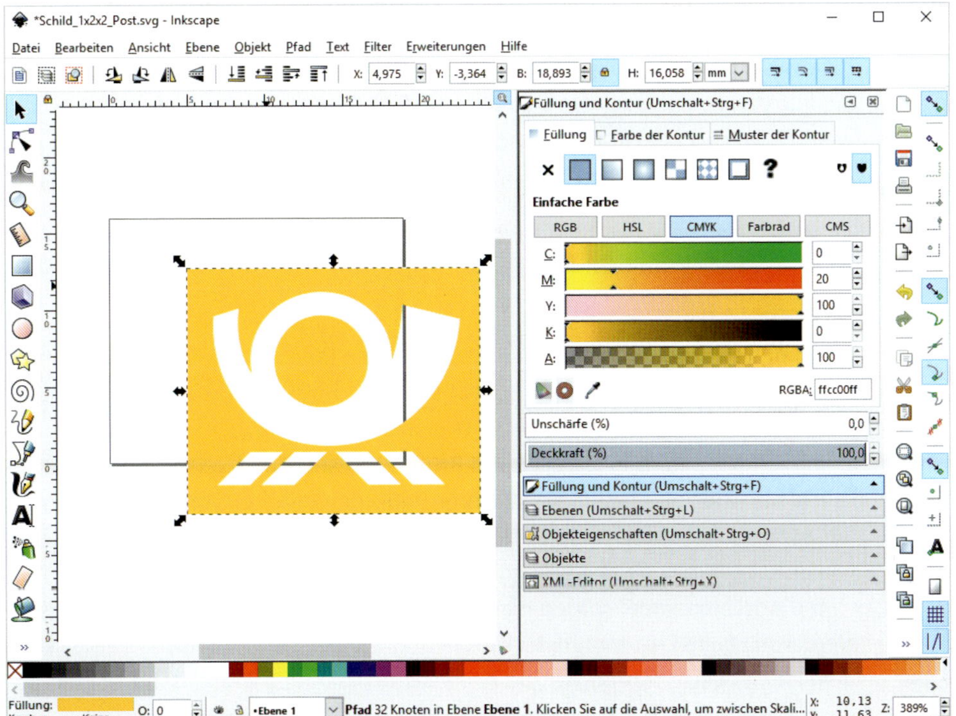

Abb. 7-41 Prüfung der Ausstanzung (Transparenz)

Abb. 7-42 Beispiele für bedruckte transparente Fliesen ohne Hintergrund-Druck

Die Grafik wird abschließend als PDF-Datei gespeichert, die für die Druckerstellung verwendet werden kann.

Es gibt ein paar besondere Darstellungen, z. B. wenn wie hier das Post-Logo eigentlich schwarz und der gelbe Bereich durchscheinend sein soll. Die Bedruckung erfolgt in der Regel auf klar-transparenten Elementen, je nach Anforderung können aber auch farbig-transparente Elemente bedruckt werden (z. B. Ampeln in gelb, grün oder rot mit schwarzem Aufdruck). Die Basis ist eine dünne, weiße Schicht, die ein sanfteres Durchscheinen realisiert. Auf diese Schicht werden dann die lichtdichten Schichten aufgedruckt und die transparent freigestellten Bereiche freigehalten. Bei hellen Farben, die nicht lichtdurchlässig sein sollen, wird zuvor eine lichtundurchlässige Schicht aufgedruckt und im Anschluss die hellere Farbe. Dies stellt einen erhöhten Arbeitsaufwand dar, weshalb diese Elemente etwas teurer sind als normal bedruckte Elemente.

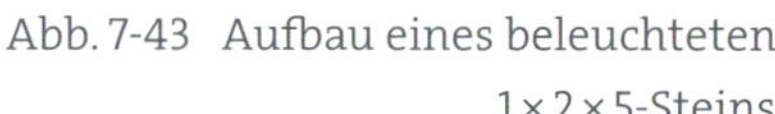

Abb. 7-43 Aufbau eines beleuchteten 1 × 2 × 5-Steins

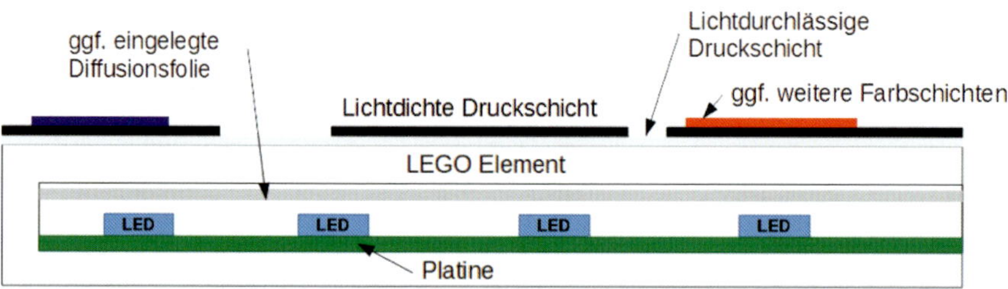

Der Ausdruck auf transparenter, selbstklebender Folie ist zwar möglich, doch die dunklen Druckschichten sind nicht so lichtdicht wie notwendig. Auch echter weißfarbiger Druck ist auf diesem Weg nicht möglich, da ja üblicherweise das Papier weiß ist – und durch die Folie an diesen Stellen transparent.

7.1.7 LEGO-Baustein-LED

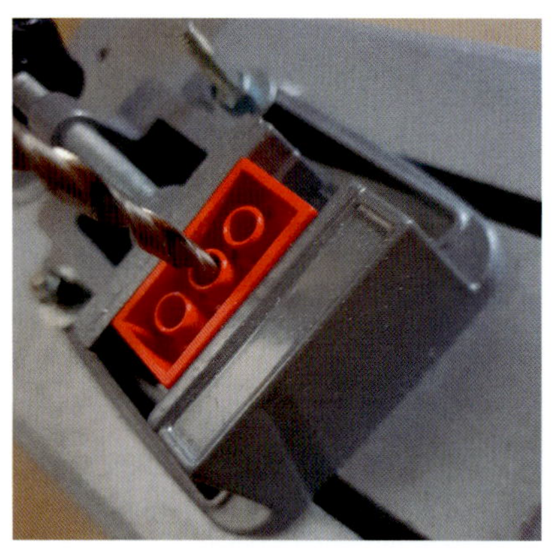

Abb. 7-44 Bohren durch die LEGO-Röhre mit 4,8-mm-Bohrer

Ein regulärer Baustein (ab 2 × 2) hat in der Innenseite eine Röhre, die genau zwischen den Pins an der Oberseite liegt und einen Innendurchmesser von 4,8 mm besitzt. Mit einem passenden Bohrer können wir die Röhre durchbohren und somit einen Durchbruch zur Oberseite erstellen (Abb. 7-44).

In die Röhre kann eine LED mit 4,8 mm eingesetzt und verklebt werden. Die Leuchtseite der LED befindet sich somit zwischen den Pins, und wir können an dieser Stelle transparente 1 × 1-Platten oder runde Steine aufsetzen, die das Licht von unten entsprechend weitergeben (Abb. 7-45).

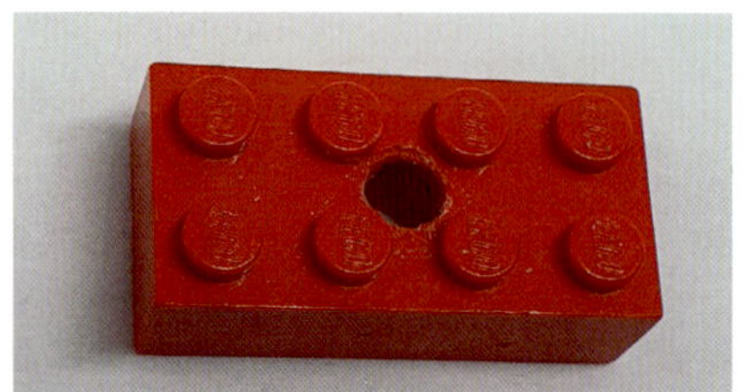

Abb. 7-45 Durchbohrter 2 × 4-Stein

Die Anschlusskabel sollten nicht direkt durch die Röhre nach außen geführt werden, da beim Zusammenstecken der Steine die Kabel gequetscht werden können. Idealerweise führen wir die Kabel seitlich aus der Röhre, dabei sollten die Austritte zu den benachbarten Röhren oder den Seiten des Bausteins weisen, um auch hier Quetschungen durch die Noppen des angesteckten Elements zu vermeiden. Eine Möglichkeit ist es, mit einem Platinen-Bohrer von innen nach außen leicht schräg zu bohren (Abb. 7-46).

Bei den LEDs wird der Kragen beim Einstecken hinderlich sein. Diesen können wir abschleifen bzw. abfeilen. Zudem sollte die LED an der Oberseite nicht zu weit herausragen. Eine LED mit flachem Kopf wäre ideal.

Anstatt einer 4,8-mm-Bohrung können wir auch eine 3-mm-Bohrung einfügen. Eine 3-mm-LED können wir dann komplett mit Kragen einsetzen. Zudem kann eine 3-mm-LED auch etwas herausragen, da diese immer in einem gegenüberliegenden, aufgesteckten Teil Platz findet. Um diese Bohrung anzufertigen, sollte die Mitte zwischen den Noppen mit einem Körner oder spitzen Gegenstand vorbereitet werden, damit der Bohrer nicht verläuft, also unkontrollierte kreisende Bewegungen macht, und die Bohrung nicht in der Mitte ist (Abb. 7-47).

Die Bohrungen für die Kabel sind wiederum wie bei der 4,8-mm-Variante umzusetzen. Die beiden Kabel können dann zuerst durch die Löcher gefädelt werden (Abb. 7-48).

Dann wird die 3-mm-LED an die Leitungen angelötet (LED-Anschlussdrähte auf 5 mm kürzen) und in die Röhre geschoben, bis der Kopf herausschaut. Die Kabel zurückziehen, bis diese vollständig rechts und links aus der Röhrenseite herausschauen. Ein paar Tropfen UV-Kleber in die Röhre tropfen lassen und mit dem UV-Licht härten und somit die LED fixieren.

Empfehlenswert ist es, den passenden Vorwiderstand noch im LEGO-Baustein unterzubringen. Hierfür wird der Widerstand in eine der Leitungen eingesetzt und mit einem Schrumpflauch isoliert (Abb. 7-49).

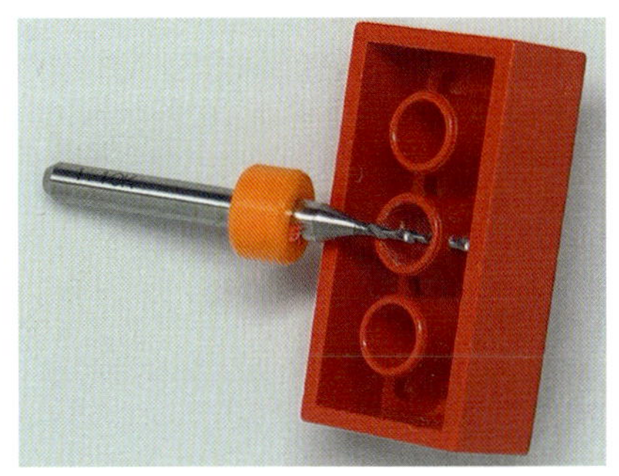

Abb. 7-46 Seitlich Bohrungen der Röhre zum Herausführen der Leitungen

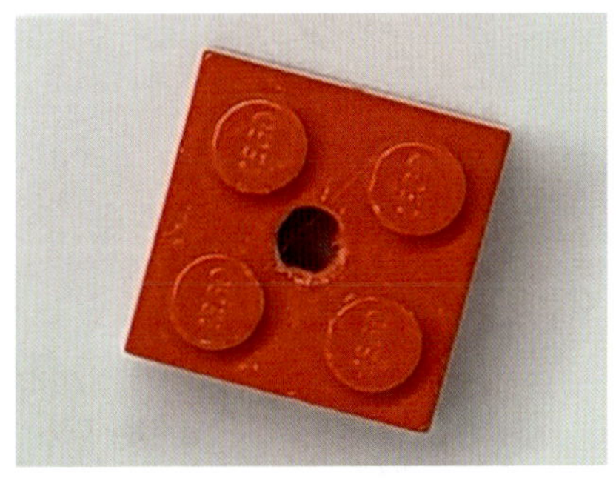

Abb. 7-47 3-mm-Bohrung in der Baustein-/Röhrenmitte

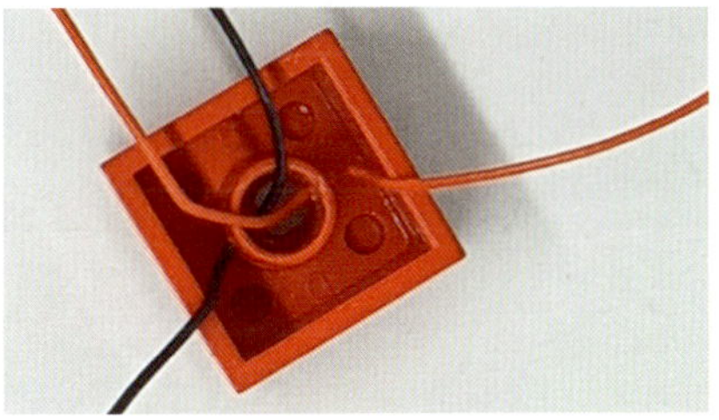

Abb. 7-48 Eingefädelte Anschlussleitungen

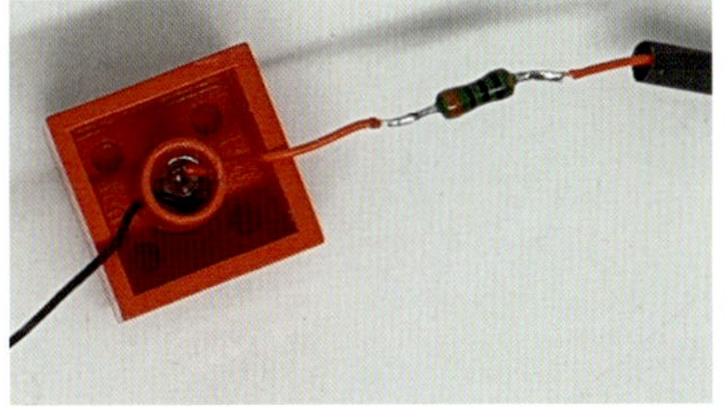

Abb. 7-49 Eingeschleifter Vorwiderstand und Isolation mit Schrumpfschlauch

Der Widerstand wird am Baustein-Boden positioniert und mit etwas Heißkleber bzw. UV-Kleber fixiert.

Abb. 7-50 Positionierter und fixierter Vorwiderstand

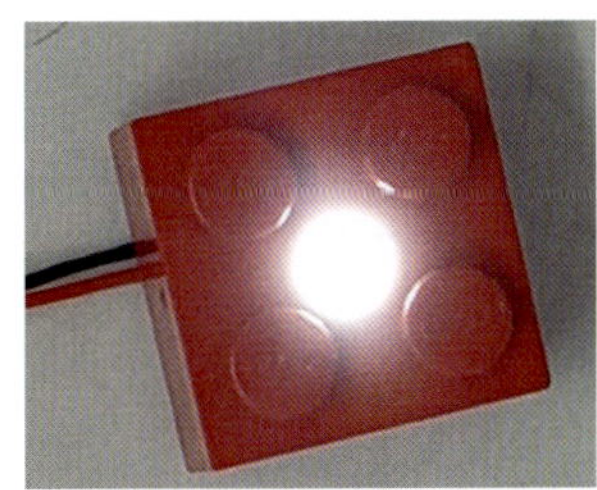

Abb. 7-51 Baustein mit LED in Aktion

Wenn weiße LEDs verwendet werden, können wir immer mit den verschiedenen aufgesetzten Elementen die Lichtfarbe bestimmen. Bei weißen LEDs mit 3,1 V Durchlassspannung wird ein 100-Ohm-Widerstand als Vorwiderstand verwendet, wenn die Bausteine mit 5 V versorgt werden. Mit dem Vorwiderstand funktioniert die LED auch an einer 3-V-Stromversorgung mit Knopfzellen.

7.1.8 LEGO-Lichtfaser-Adapter

Mit dem LEGO-Pin-Verbinder 15461 lässt sich ein LED-Lichtfaser-Adapter konstruieren (Abb. 7-52).

Der mittlere Pin dient als Übergang, in dem ein Technic-Pin 32002 oder 4274 eingesteckt wird. Der 3-mm Lichtleiter wird dann von außen in den Pin gesteckt. In die gesteckte Seite des Pins wird eine 2-mm-LED eingebaut, die dann ihr Licht direkt im Pin auf den Lichtleiter übertragen kann. Idealerweise sollte die LED keinen Kragen besitzen, sonst muss dieser vorsichtig abgefeilt werden (Abb. 7-53).

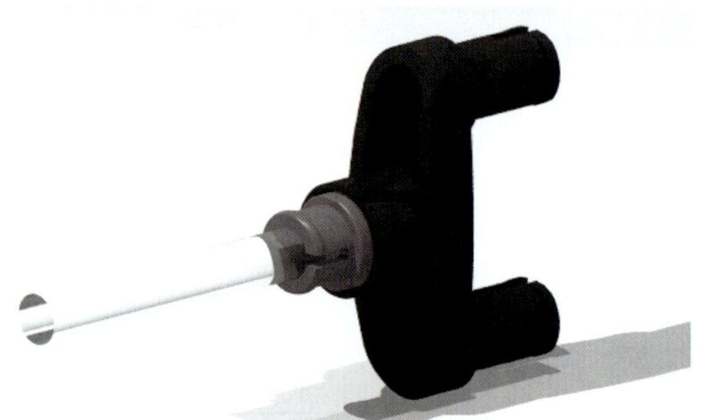

Abb. 7-52 Konstruktion des Lichtleiter-Adapters

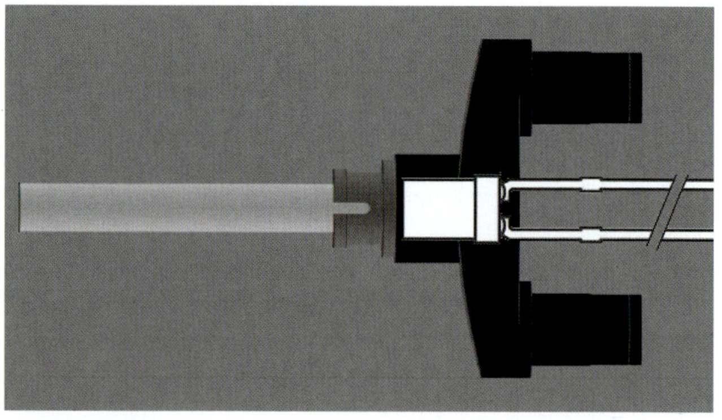

Abb. 7-53 Querschnitt der Adapterkonstruktion mit eingesteckter LED und Lichtleiter

Abb. 7-54 An Technic-Stein montierter Lichtleiter-Adapter

Da der Pin-Verbinder in einem Technic-Stein oder Liftarm verankert wird, bietet das Technic-4,8-mm-Loch Platz für die Anschlüsse der LED. Natürlich ist das nur bei Modellen möglich, die auch die entsprechenden Voraussetzungen mitbringen (Abb. 7-54).

Anstatt des 3 mm-Lichtleiters kann auch ein Bündel kleinerer Lichtleiter zusammengefasst und eingesteckt werden. Um eine bessere Stabilität zu erzielen, kann das Leiterbündel mit einem Schrumpfschlauch fixiert werden. Aber Achtung beim Erwärmen des Schrumpfschlauchs. Die PMMA-Lichtleiter werden ab ca. 103 °C weich und formbar, das Schrumpfschlauchmaterial schrumpft ab 114 °C.

7.2 Adapter- und Verlängerungskabel

7.2.1 2,54-mm-Verlängerung (2-polig)

Werden ausschließlich 2,54-mm-Buchsen und -Stecker verwendet, können wir ein Verlängerungskabel vollständig selbst herstellen. Hierzu benötigen wir einen einreihigen 2-poligen Pfostenstecker und eine 2-polige DUPONT-Buchse oder einen Board-to-Board-Steckverbinder. Zur Isolation der Kabelanschlüsse wird Schrumpfschlauch von 1mm benötigt (Abb. 7-55).

Teilweise kann es notwendig sein, eine Verlängerung mit zwei Buchsen zu bauen, wenn Quelle und Ziel jeweils mit Pfostensteckern versehen sind (Abb. 7-56).

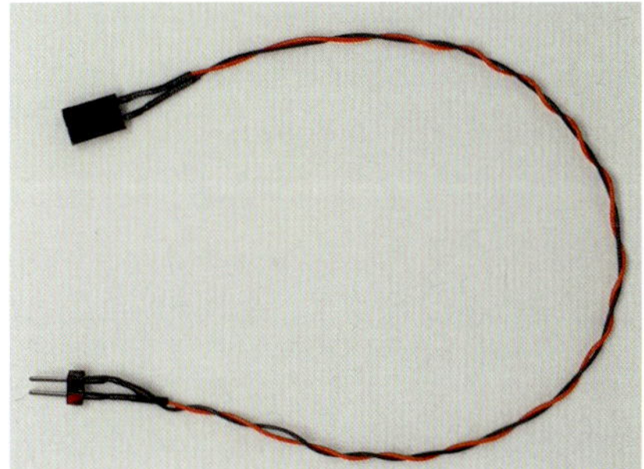

Abb. 7-55 Verlängerungskabel mit Pfostenstecker zu Board-to-Board-Buchse

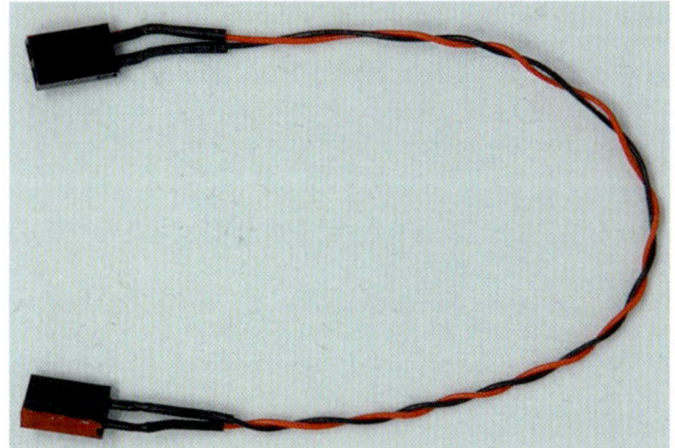

Abb. 7-56 Verlängerungskabel mit Board-to-Board-Buchsen an beiden Enden

7.2.2 2,54mm-Verlängerung (1-polig)

Für besondere Situationen und Durchführung bei Verwendung von DUPONT-Verbindungen können 1-polige Verbindungen hilfreich sein. So kann z.B. eine 2-polige Buchse auf zwei 1-polige Verlängerungen verbunden, durch ein 4,8mm-Loch geführt und wieder auf eine 2-polige Verlängerung bis zur Versorgungsquelle geleitet werden (Abb. 7-57).

Die zweite Variante verwendet einen 2-poligen Pfostenstecker, dessen Kontakte jeweils mit einer 1-poligen Board-to-Board-Buchse versehen wurde. Diese ist in der Regel die praktische Möglichkeit, eine LED mit einem 2-poligen DUPONT-Buchse oder einer Board-to-Board-Buchse auf 1-polige Verlängerungen zu führen (Abb. 7-58).

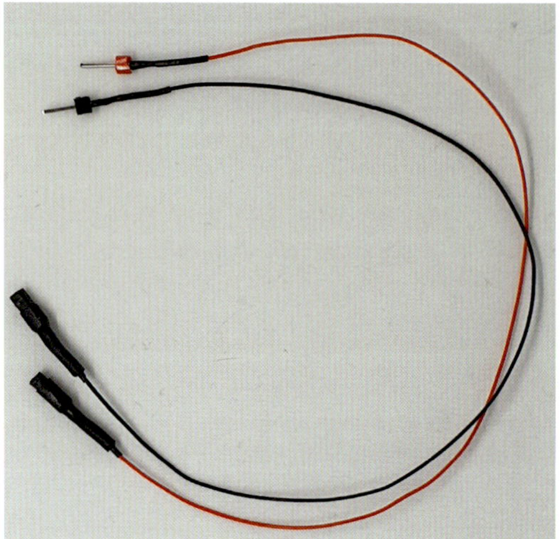

Abb. 7-57 Verlängerungskabel mit 1-poligem Pfostenstecker und Board-to-Board-Buchse

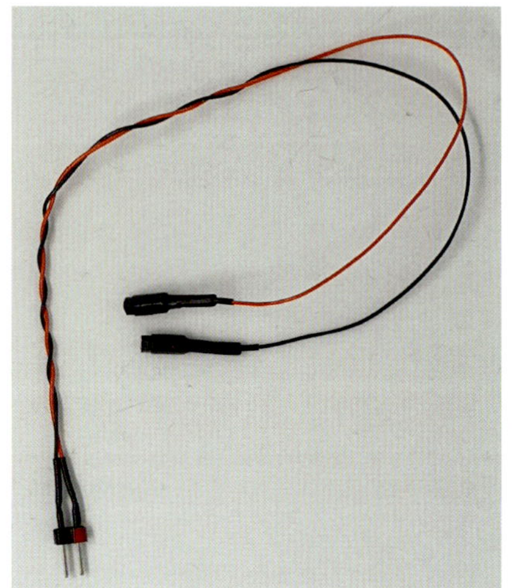

Abb. 7-58 Verlängerungskabel mit 2-poligem Pfostenstecker und zwei 1-poligen Board-to-Board-Buchsen

7.2.3 2,54-mm-Pfosten zu SUR-Adapter

Hier ist die Verwendung einer vorkonfektionierten SUR-Buchse mit Kabel empfehlenswert. Am offenen Kabelende wird ein 2-poliger/einreihiger Pfostenstecker angelötet. Die Lötstelle wird mit Schrumpfschläuchen isoliert. Auf diesem Weg können LED-Eigenkonstruktionen an Brickstuff-Anschlusssysteme gebracht werden. Auch die PicoLED-Anschlussplatine des PFx Brick kann damit verwendet werden.

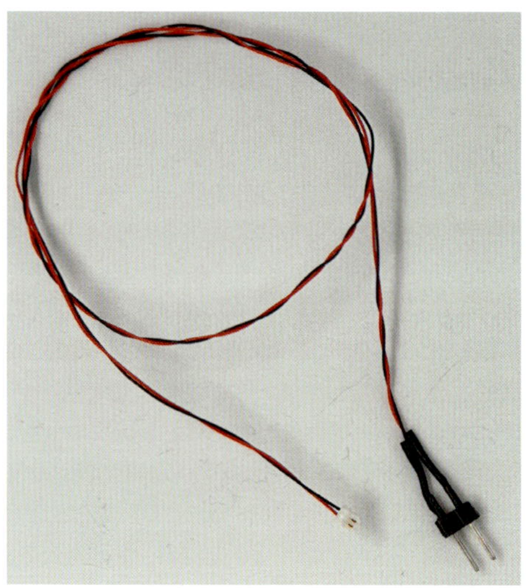

Abb. 7-59 Verlängerungskabel mit Pfostenstecker auf SUR-Kontakt

7.3 Zwischenverteiler

7.3.1 Verteiler für 4 LEDs an 2×2-Plättchen (3022)

Der folgende Verteiler ermöglicht den Anschluss von 4 LEDs und eine Ansteuerung aller 4 LEDs über eine Versorgungslinie oder jeweils 2 LEDs getrennt. Die Adapterplatine kann auf Basis einer Loch- oder Streifenrasterplatine gebaut werden, die in ein 2×2-LEGO-Plättchen eingeklebt wird. Alternativ kann auch ein 2×2-Plättchen mit Technic-Pin (/2460) verwendet werden, dann kann der Adapter an jeden LEGO-Technic-Stein befestigt werden.

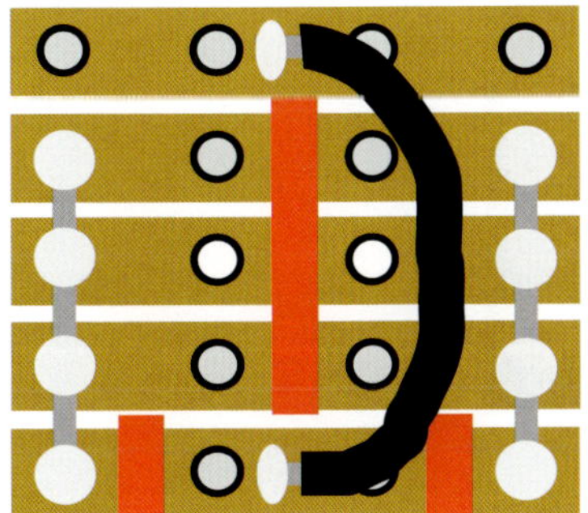

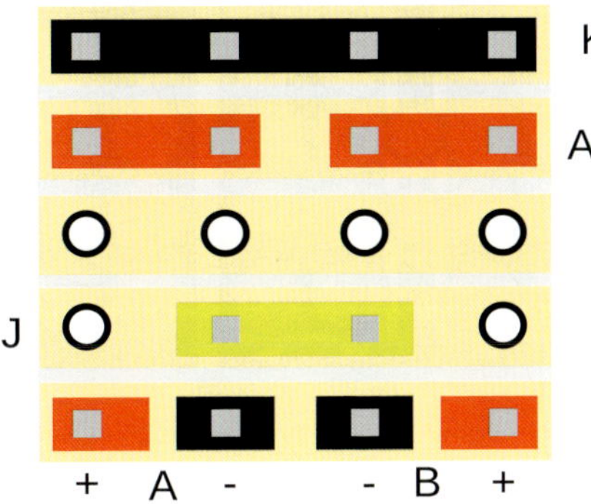

Abb. 7-60 Bestückung für Adapter auf Lochstreifenplatine

Aus einer Lochraster-Platine oder einer Lochstreifen-Platine wird ein Quadrat mit 12,5 mm Seitenlänge herausgeschnitten. Es müssen innerhalb des Platinenstücks 4×4-Lötpunkte vorhanden sein.

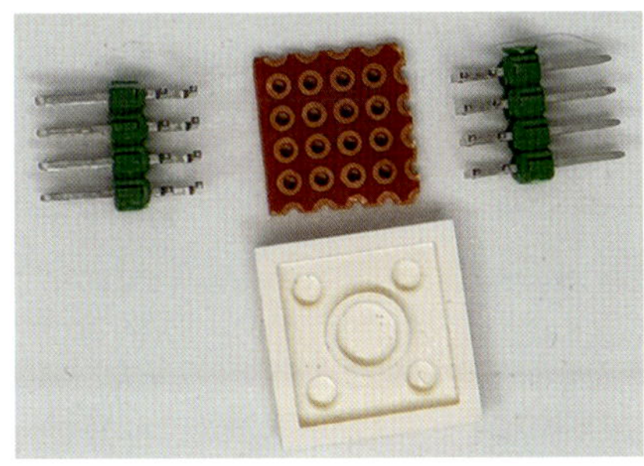

Abb. 7-61 Beispiel mit Lochrasterplatine

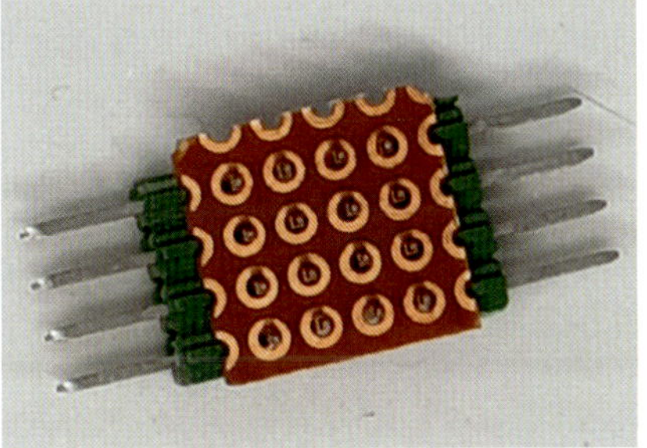

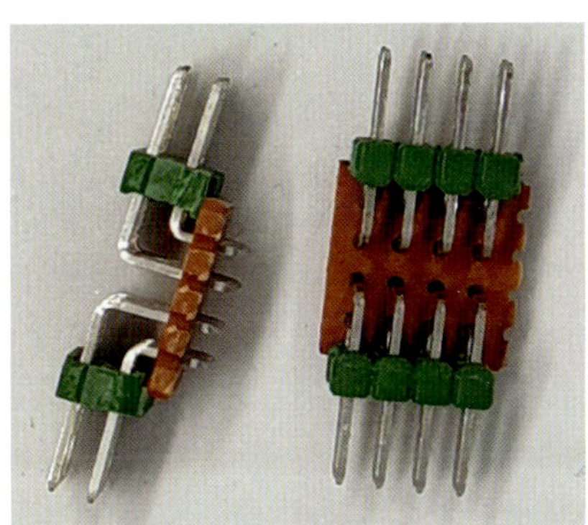

Abb. 7-62 Platine mit abgewinkelten Pfostensteckern (Variation)

Abb. 7-63 Verlötete Anschlüsse und Brückungen

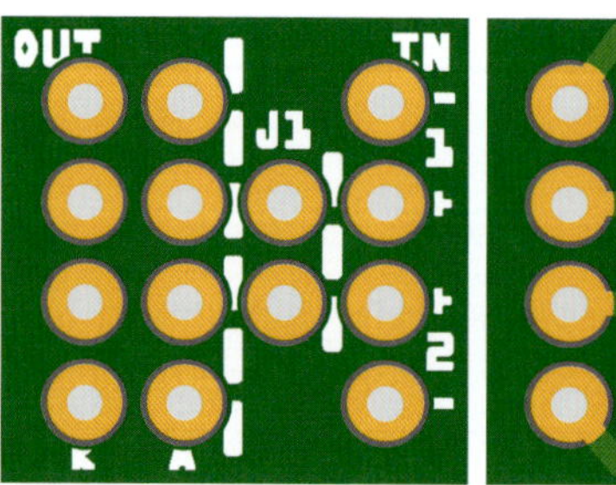

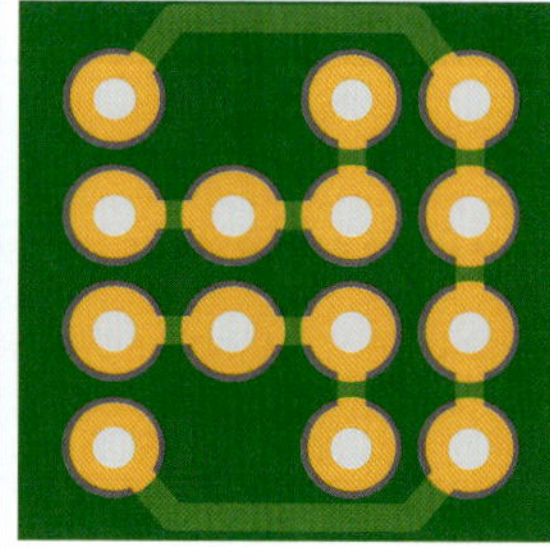

Abb. 7-64 Verteiler für 2 × 2 LEDs oder 1 × 4 LEDs auf 2 × 2-Platte

Eine weitere Variante bietet Anschlussmöglichkeiten für bis zu 8 LEDs.

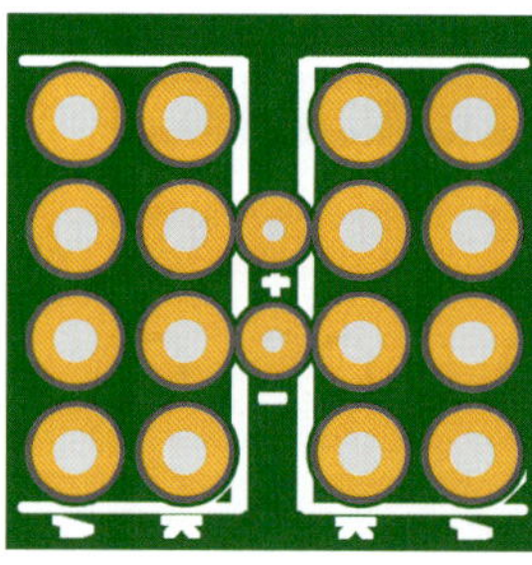

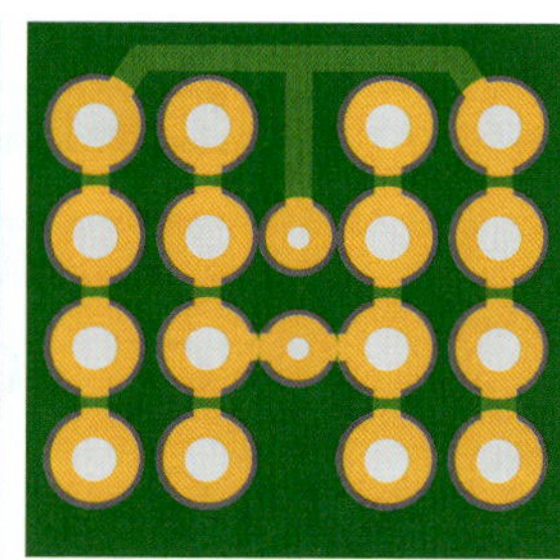

Abb. 7-65 Verteiler für 8 LEDs auf 2 × 2-Platte

7.3.2 Verteiler für LEDs an 1 × 2- und 1 × 4-Platten

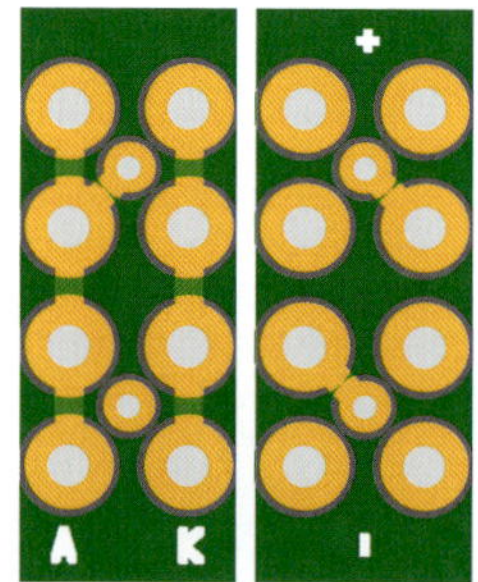

Abb. 7-66 Verteiler für 4 LEDs auf 1 × 2-Platte

Für flachere bzw. kompaktere Verteilersysteme können Leiterplatten auf 1 × 2- (3023) oder 1 × 4-Platten befestigt werden, die vier oder acht Anschlussmöglichkeiten besitzen.

Bei den 1 × 4-Platten wurden Anschlüsse für Stromversorgungen an beiden Stirnseiten vorgesehen, um auch Verkettungen der Elemente zu ermöglichen. Hierzu wird immer an einer Seite ein Kabel mit Buchse und an der anderen Seite mit Stecker angelötet.

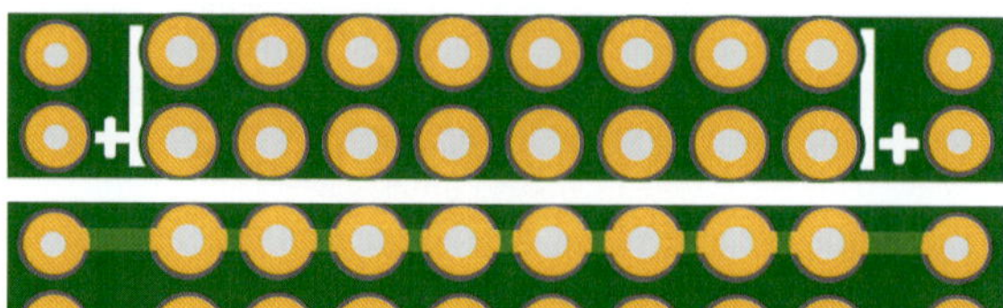

Abb. 7-67 Verteiler für 8 LEDs auf 1 × 4-Platte

Je nach Einbausituation können die Platinen auch mit abgewinkelten 2,54-mm-Pfostensteckern bestückt werden. Oder die Montage der Platte kann an einer abgewinkelten Platte erfolgen.

Werden aufgrund der Spannungsversorgung bzw. unterschiedlicher LEDs Vorwiderstände benötigt, kann die Verteiler-Platine modifiziert werden, anstatt die Vorwiderstände an den LEDs bzw. Buchsen zu verbauen. Zwei Widerstand-Arrays mit je fünf Widerständen sind flach genug, um sie neben den Steckerleisten auf der Platine unterzubringen.

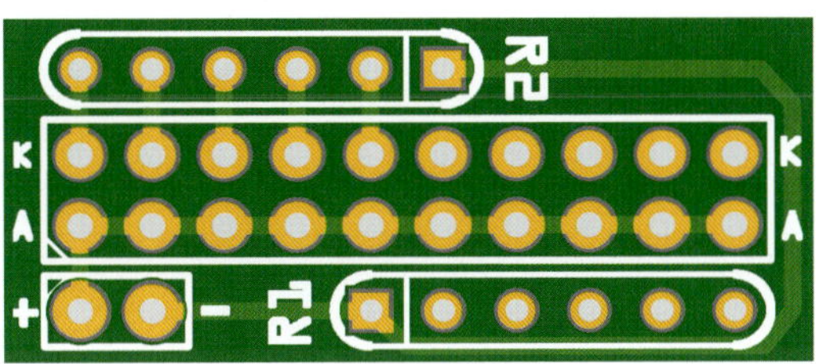

Abb. 7-68 10 LEDs mit Vorwiderständen auf 2 × 4-Platte

7.4 Effektsteuerungen mit Mikrocontrollern

Um LEDs mit Effekten wie Lauflicht, Blinker, Ampeln o. Ä. zu versehen, sind entsprechende Steuerschaltungen notwendig. Hierfür gibt es eine Vielzahl von Schaltungsbeispielen, für die es auch Bausätze und fertige Lösungen gibt. Wer den Aufwand nicht scheut, kann auf Basis von Mikrocontrollern eine flexible Basislösung für LED-Ansteuerungen verschiedenster Art bauen.

7.4.1 Bausteine

Sogenannte »Programmable Intelligent Computers« – kurz PIC – gibt es schon seit den 1980er-Jahren. Über die Zeit wurden die Bausteine erweitert, miniaturisiert und mit diversen Peripherie-Varianten ausgestattet. Die kompaktesten Vertreter sind in 6- oder 8-poligen Gehäusen verfügbar und bieten zwischen 4 und 6 Ausgänge zum Ansteuern von LEDs. Mit den etwas größeren, 14- bis 20-poligen Varianten stehen zwischen 11 und 18 Steuerausgänge bereit, um u. a. auch größere Ampelsteuerungen oder Lauflichtketten zu realisieren. Die PIC-Bausteine sind für Versorgungsspannung zwischen 2 V und 5,5 V, ATtinyBausteine je nach Ausführung und Taktrate zwischen 1,8 V und 5,5 V ausgelegt. Ein direkter Einsatz bei 9-V- (LEGO-Spannung) oder 6-V-Batterieboxen ist ohne vorgeschaltete Spannungsregelung nicht möglich.

Tab. 7-1 Übersicht einiger Mikrocontroller

Typ	Gehäuse	Eigenschaften
PIC12F675	DIP-8, SO-8	6 I/O, 64 Byte RAM, 128 Byte EEPROM
PIC10F200	DIP-8, SOT-23-6	4 I/O, RAM 16Byte RAM
PIC10F202	DIP-8, SOT-23-6	4 I/O, RAM 24Byte RAM
PIC12C508A-04	DIP-8, SOIC-8	6 I/O, RAM 25 Byte RAM
PIC12C509A-04	DIP-8	6 I/O, 41 Byte RAM
PIC16F819-I	DIL-18, SO-18	16 I/O, 256 Byte RAM, 256 Byte EEPROM
PIC16F84A-04P	DIP-18	13 I/O, 68 Byte RAM, 64 Byte EEPROM
PIC16F15324	DIP-14	11 I/O, 512 Kilobyte RAM, 7 Kilobyte EEPROM
ATtiny25-20PU	DIP-8	6 I/O, 128 Byte RAM, 128 Byte EEPROM
ATtiny2313	DIP-20, SOIC-20, DIL-20	18 I/O, 128 Byte RAM, 128 Byte EEPROM
ATtiny13V-10	DIP-8, SOIC-8	6 I/O, 64 Byte RAM, 64 Byte EEPROM
ATtiny85	PDIP-8, SOIC-8, TSSOP	6 I/O, 512 Byte RAM, 512 Byte EEPROM
ATtiny45	PDIP-8, SOIC-8, TSSOP	6 I/O, 512 Byte RAM, 256 Byte EEPROM
ATtiny44	PDIP-14. QFN-20	12 I/O, 256 Byte RAM, 256 Byte EEPROM
ATtiny10	SOT-23, UDFN	4 I/O, 32 Byte RAM, 512 Byte EEPROM

Die AVRs (Alf and Vegard's RISC processor) der Firma ATMEL (mittlerweile von Microchip übernommen) ist eine weitere Lösung, die in kompakter Form ideal für LED-Effektsteuerungen ist.

Beim Einschalten der Betriebsspannung oder beim Reset (MCLR=0) werden alle I/O-Ports des PIC automatisch als Eingang konfiguriert. Eine Besonderheit stellen Pins da, die neben der Port-I/O-Funktion auch als analoge Eingänge benutzt werden können. Diese Pins werden bei einem Reset als analoge Eingänge initialisiert und können erst als digitaler I/O benutzt werden, wenn sie zuvor von analog auf digital umgestellt wurden.

Es gibt zwei unterschiedliche Arten von Eingangspins:

- TTL-Eingangspin
- TTL-Eingang mit Pull-up-Widerstand
- Schmitt-Trigger-Eingangspin

und zwei unterschiedliche Arten von Ausgangspins:

- TTL-Ausgangspin
- Open-Drain-Ausgangspin

Einige Ausgänge können auch Pulsweiten-moduliert werden, wenn z. B. Dimmer-Effekte für LEDs Anwendung finden sollen.

Ein PIC-Ausgang kann einen Strom von 20 bis 25 mA bereitstellen. Das reicht aus, um kleinere Verbraucher direkt anzusteuern.

Im Bild sind zwei Möglichkeiten für den Anschluss von Leuchtdioden gezeigt. D1 leuchtet auf, wenn RB4 High-Pegel führt, D2 leuchtet, wenn RB6 Low-Pegel hat. Die Größe des Vorwiderstands hängt von der gewünschten Leuchtstärke ab. Bei 1 Kiloohm fließen durch eine LED ca. 3,5 mA, was normalerweise ausreicht. Bei Bedarf kann der Widerstand bis auf ca. 220 Ohm verringert werden (15 mA). Moderne Low-Current-LEDs sind für 2 bis 4 mA ausgelegt, normale Standard-Typen benötigen höhere Ströme (10 bis 15 mA).

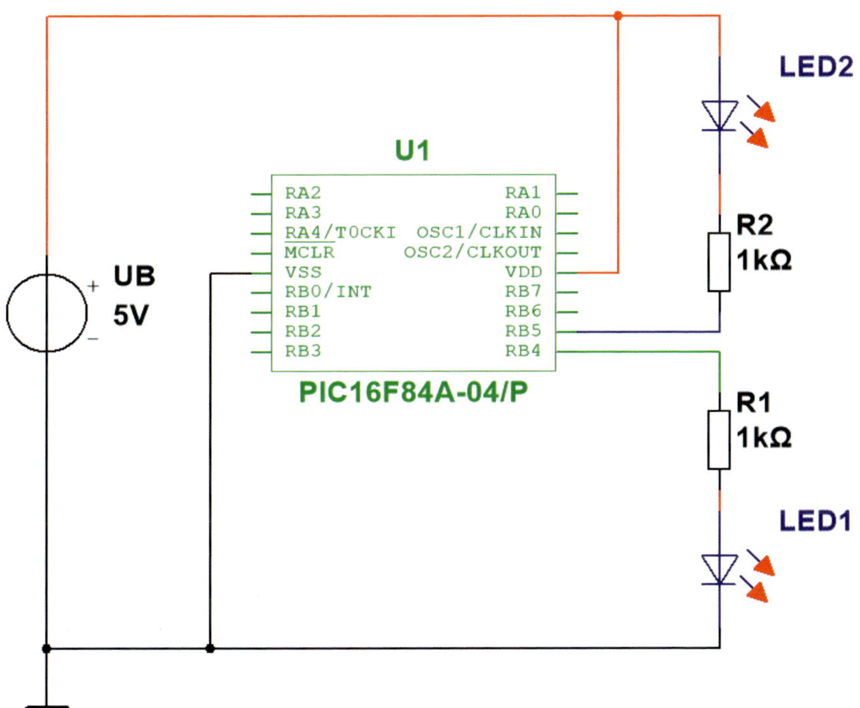

Abb. 7-69 Direkte Anschlussvarianten von LEDs an PIC-Ausgangen

Die Werte gelten für rote (und in etwa auch für gelbe und grüne) LEDs. Blaue LEDs benötigen eine höhere Flussspannung. Hier müssen Widerstandswerte entsprechend den technischen Daten der LEDs festgelegt werden, die Widerstände fallen hier relativ klein aus.

Für die Ansteuerung mehrerer LEDs mit kleiner bis mittlerer Leistung können auch entsprechende integrierte Transistor-Arrays verwendet werden. Der ULN2003 bietet sieben Darlington-Transistorschaltungen für max. 500 mA pro Kanal bei max. 50 V. Alternativ kann auch der ULN2803 mit acht Transistorstufen verwendet werden. Die Eingänge dieser Bausteine können direkt mit den Ausgängen des Mikrocontrollers verbunden werden, die Ausgänge schalten nach Masse (mit einer Restspannung von ca. 0,8 bis 1,5 V durch die Darlington-Schaltung).

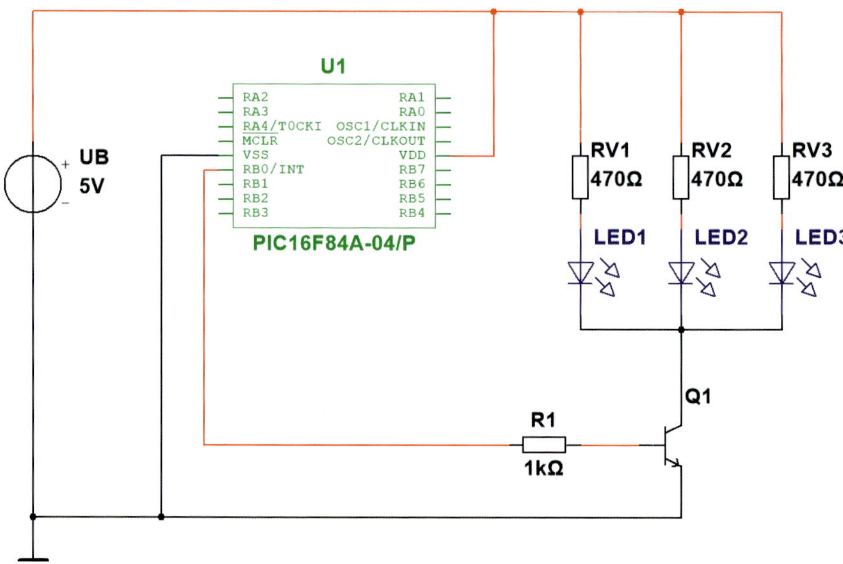

Abb. 7-70 Mehrere LEDs an einem PIC-Ausgang mittels eines NPN-Transistors

Um unabhängig vom LED-Typ (Durchlassspannung) zu sein, können auch gesteuerte Konstantstromquellen eingesetzt werden. Dies macht die Konstruktion jedoch umfangreicher und teurer.

7.4.2 Programmierung

Die Programmierung eines Mikrocontrollers erfolgt in der Regel in Assembler, was für Einsteiger etwas abstrakt ist und zudem immer prozessorspezifisch ist. Das heißt, wir müssen für den jeweiligen Prozessortyp die entsprechenden Befehle kennen. Einfacher ist es, das Verhalten in C (Hochsprache) zu programmieren und dann mit einem Compiler entsprechend umzuwandeln. Am Ende resultiert jedoch aus allen Varianten ein Maschinencode (Folgen von Hexadezimal-Codes), der in den Mikrocontroller übertragen wird. Eine Vertiefung soll an dieser Stelle nicht erfolgen, da zu den Themen genug Literatur und Quellen im Internet zu finden sind.

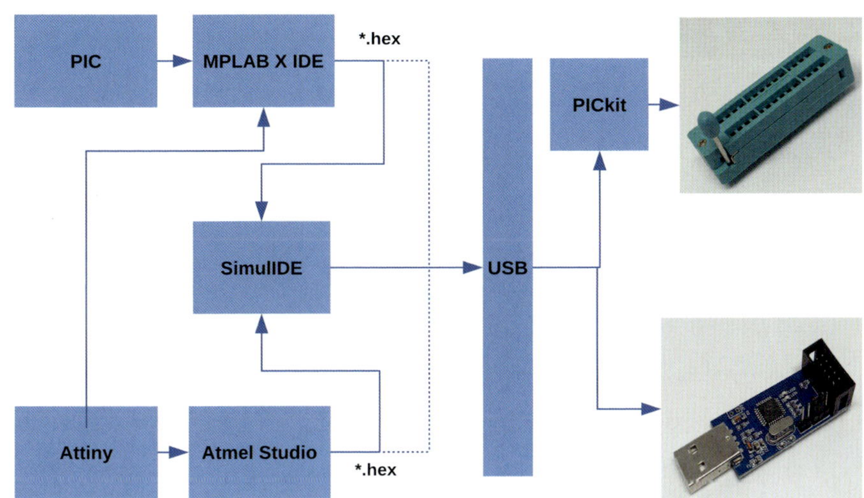

Abb. 7-71 Mikrocontroller-Entwicklungsablauf

7.4.3 Beispiel »Wechselblinker«

Ein einfacher Wechselblinker, wie er bei Polizei-, Feuerwehr -oder Rettungsfahrzeugen zum Einsatz kommt, benötigt im Prinzip nur einen – maximal zwei – Ausgänge. Das heißt, ein PIC oder ATtiny mit 8 Anschlüssen ist hierfür ausreichend. Wird der Baustein mit 5V betrieben, werden nur noch zwei Vorwiderstände für die LEDs benötigt. Im Beispiel wird die Verwendung von weißen LEDs mit einer Durchlassspannung von 3,1V bei 20mA angenommen. Ziel ist es, die beiden verwendeten Ausgänge abwechselnd ein- und auszuschalten. Die Leuchtdauer sollte entsprechend einstellbar sein.

Der ATtiny85 mit 8 Anschlüssen hat sechs programmierbare Ein-/Ausgänge (PB0 bis PB5). Die interne Systemfrequenz beträgt 8MHz. Für den Wechselblinker werden PB0 und PB1 verwendet. Damit Verzögerungen verwendet werden können, muss die Bibliothek delay.h per #include zu Beginn eingebunden werden. Diese ist Bestandteil des AtmelStudios/MPLAB X.

Die Ausgänge werden zunächst als Variablen LED1 und LED2 definiert und den Pins zugeordnet. Das Hauptprogramm main() beginnt damit, die Ausgänge zunächst auf einen definierten Zustand zu bringen. Ein Grundverhalten aller ATtiny-Mikrocontroller ist es, bei Schaltung eines Anschlusses als Ausgang diesen aktiv (high) zu setzen. Erst im zweiten Schritt werden die beiden Anschlüsse für LED1 und LED2 als Ausgang konfiguriert.

Nun kommt eine Endlosschleife, die zuerst den initialisierten Zustand für 500ms beibehält und dann die Zustände der beiden Ausgänge wechselt. Dieser wird wieder 500ms beibehalten und dann in den Ursprungszustand zurückgesetzt. Danachn beginnt die Schleife erneut. Das Hauptprogramm muss immer mit return (0); abgeschlossen werden.

Mit diesem Grundkonstrukt können nun beliebige LED-Effekte programmiert werden, indem wir das Ein- und Ausschalten von Ausgängen mit Verzögerungen kombinieren.

Listing 7-1 C++ Programm für einen Wechselblinker

```
#define F_CPU 8000000UL  // Interne Taktfrequenz

#include <avr/io.h>
#include <util/delay.h>

// Deklaration der Ausgänge
#define LED1 PB0       // LED 1 an Ausgang PB0 (Pin 5)
#define LED2 PB1       // LED 2 an Ausgang PB1 (Pin 6)

int main(void)
{
  // Initialisierung
  PORTB |= (1 << LED1);    // LED1 = EIN
  PORTB &= ~(1 << LED2);   // LED2 = AUS

  // Anschlüsse als Ausgänge konfigurieren
  // (PB0 und PB1)
  DDRB = (1 << LED1) | (1 << LED2);

  while (1)
  {
    _delay_ms(500);            // Warte
    PORTB &= ~(1 << LED1);     // LED1 = AUS
    PORTB |= (1 << LED2);      // LED2 = EIN
    _delay_ms(500);            // Warte
    PORTB |=  (1 << LED1);     // LED1 = EIN
    PORTB &= ~(1 << LED2);     // LED2 = AUS
  }
  return (0);
}
```

Um LEDs zu dimmen, müssen Ausgänge mit Pulsweitenmodulation verwendet werden, da die Bausteine keine Digital-zu-analog-Ausgänge besitzen, mit denen verschiedene Spannungswerte erzeugt werden können. Ein Beispiel hierfür ist in Abschnitt 10.3 zu finden.

Praktische Hilfe beim Prüfen des Programms ist die IO-Ausgabe. Mit sogenannten Breakpoints im Editor (Zeile im grauen Band anklicken, bis roter Punkt erscheint) können wir die Zustände im Baustein und in den Ein-/Ausgängen ablesen. In unserem Fall wurde der Bereich I/O Port (Port B) ausgewählt, und im unteren Teil des Fensters sehen wir den Zustand der beiden Ausgänge (von rechts Ausgang PB0 und PB1).

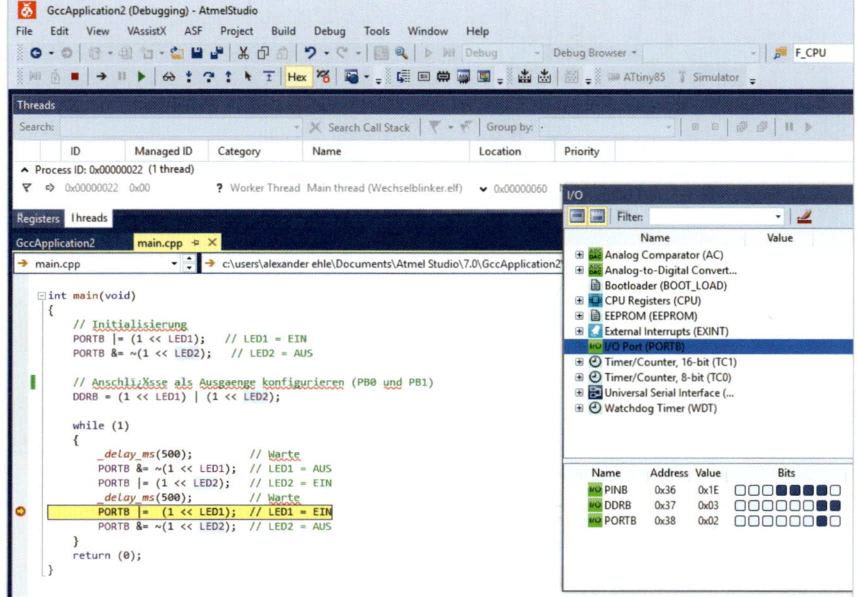

Abb. 7-72 Atmel Studio 7 beim Debuggen des Wechselblinkers

Funktioniert das Programm wie erwartet, können wir über »Build« → »Build Solution« die für die Programmierung relevante Hex-Datei erzeugen.

Mithilfe von SimulIDE können wir nun eine Schaltung inklusive Vorwiderständen und LEDs aufbauen, die Hex-Datei in den simulierten Baustein laden und die Konstruktion nochmals vorab prüfen. Der Simulator stellt sogar verschiedene Helligkeitswerte dar, was uns auch die Prüfung von Pulsweiten-modulierten Signalen ermöglicht.

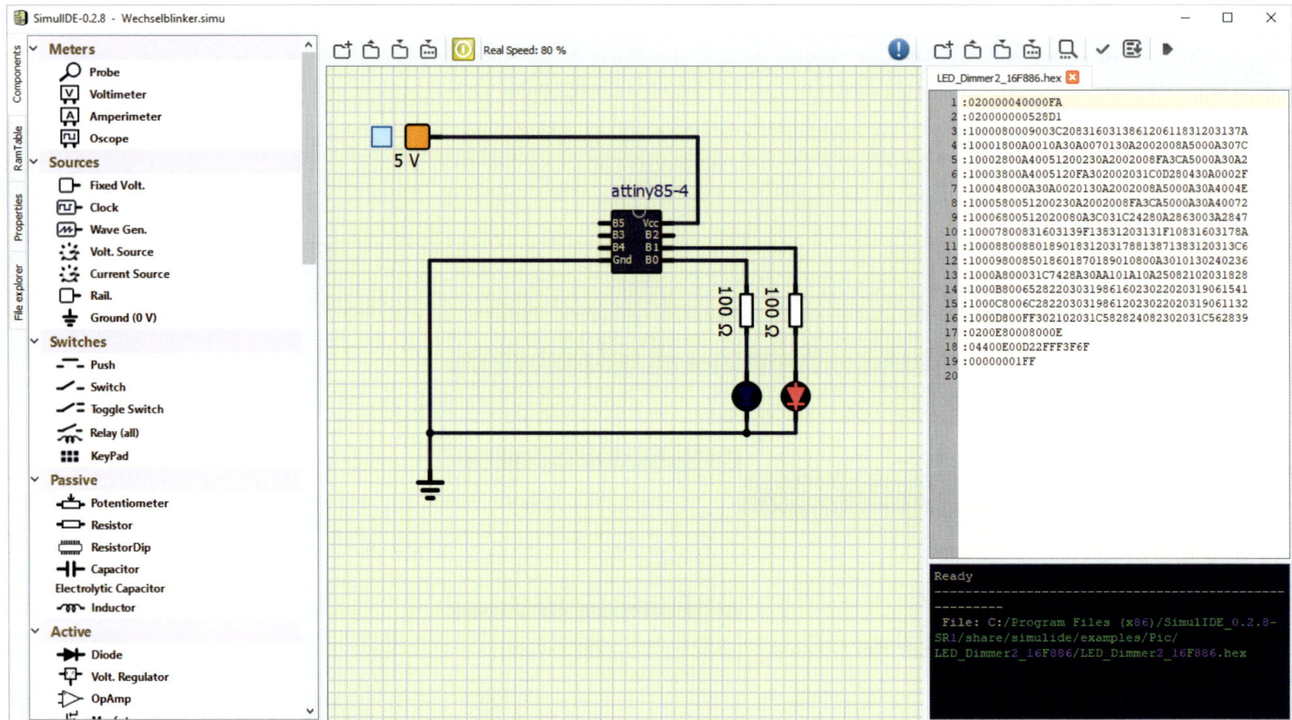

Abb. 7-73 SimulIDE mit ATtiny85-Wechselblinker

Nach erfolgreicher Prüfung und Simulation steht der Programmierung des Bausteins nichts mehr im Weg. Für einen einfacheren Start besorgen wir uns eine komplette ATtiny-Experimentierplatine (Development Board) und ein USB-Programmer.

Die Experimentierboards gibt es mit DIP-Sockel oder fest verlötetem ATtiny-Baustein in DIP- oder SMD-Form.

Passende Programmierer, die direkt an den USB-Port angeschlossen werden können, beinhalten die notwendige Programmierelektronik sowie einen Wannenstecker oder teilweise auch Stiftleisten, mit denen wir den eigenen ATtiny programmieren können.

Eine typische Belegung des Wannensteckers an einem Programmierer-Ausgang (ISP) ist links abgebildet. Rechts sind zwei Varianten für fertig bestückt gelieferte Prototypen-Platinen. Die Darstellungen sind von der Oberseite der Platinen betrachtet. Einige der Prototypenplatinen können auch über den vorhandenen USB-Anschluss angesprochen und programmiert werden. Die Lösungen verwenden hierfür den libUSB-Treiber, der mit dem Zadig-Tool installiert werden kann (*https://zadig.akeo.ie/*).

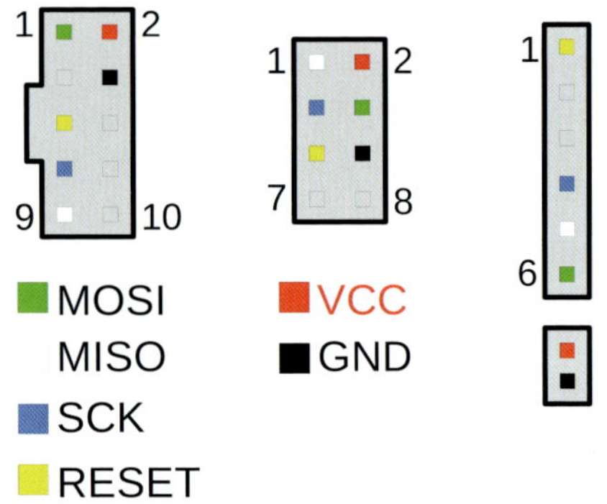

Abb. 7-74 Anschlussbelegungen für ATtiny-Programmieradapter

Je nachdem, welche Lösung wir wählen, ist es nötig, sich ein entsprechendes Adapterkabel zu bauen. Wichtig ist die Zuordnung zu den Anschlüssen des jeweiligen Bausteins.

Für DIP-Varianten gibt es sogenannte Nullkraft-Sockel (ZIF), in denen der Baustein eingelegt und mechanisch die Kontakte am Sockel geschlossen und wieder gelöst werden können. Diese Sockel gibt es als Adaptervarianten mit Platine und Anschlusssteckern für diverse Programmiergeräte.

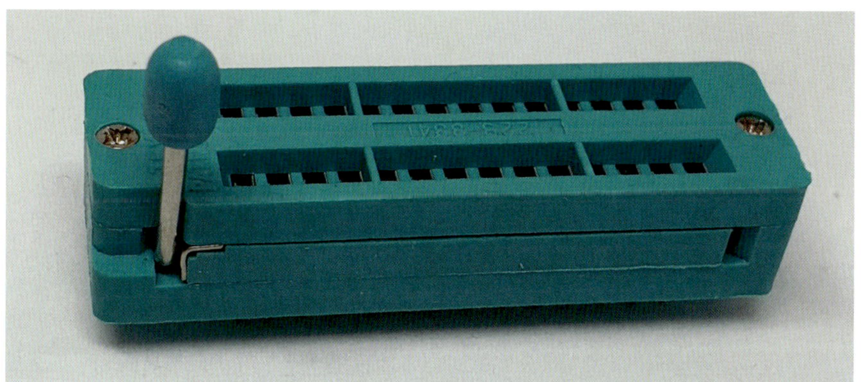

Abb. 7-75 Nullkraft-Sockel für DIP-Bausteine

Für einen solchen ZIF-Sockel und die ATtiny-Programmierung ist nachfolgender Platinen-Entwurf mit 6-, 8- und 10-poligem Anschluss für die Programmierer entstanden. Die Adapterplatine kann auch in ein Prototypen-Steckbrett eingesetzt werden. Hierfür besteht neben den Sockelanschlüssen die Möglichkeit, Stiftleisten nach unten einzulöten. Für die ATtiny13/25/45/85 muss der »GND Selector« (Masseanschluss) auf »8PIN« und bei ATtiny2313/4313 auf 20PIN gebrückt werden.

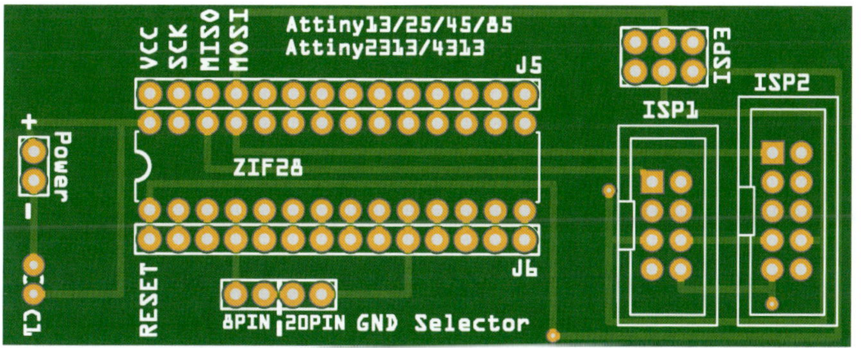

Abb. 7-76 ATtiny-Adapter für ISP Programmierung für USB-Programmierer

Auch für SMD-Bausteine gibt es Testsockel, die zur Programmierung verwendet werden können. Diese Adapter sind auf einer Leiterplatte verbaut, die auf der Unterseite Stiftleisten besitzt, um den Adapter wiederum in einen ZIF-Sockel einzusetzen. Nachteil ist, dass wir für verschiedene SMD-Gehäusevarianten immer den passenden Adapter benötigen – d.h., Pinzahl und auch die Breite eines Gehäuses sind für den passenden Adapter relevant. Diese Adapter können auch in ein Prototypen-Steckbrett eingesetzt werden, um Testschaltungen aufzubauen.

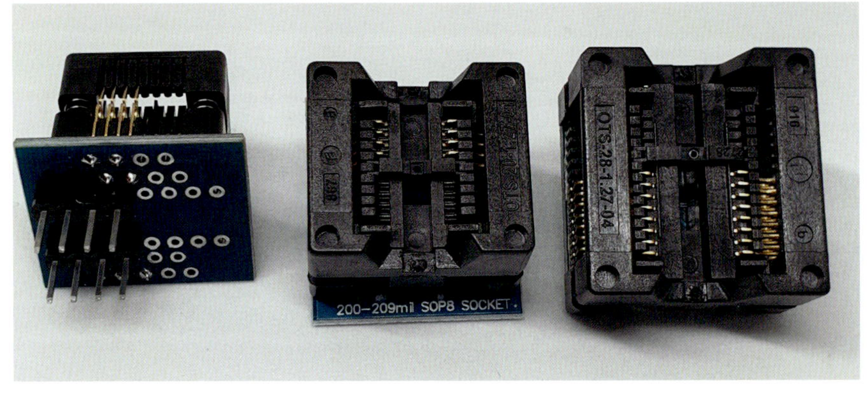

Abb. 7-77 SO-8-/SO-14-Nullkraft-Sockel/Adapter auf DIP

Abb. 7-78 Testklemme zum Programmieren von verbauten ATtiny-Bausteinen

Bei SMD-Varianten, die bereits verbaut sind, kann auch eine spezielle Testklemme verwendet werden, die mit dem Programmierer verbunden wird und den Baustein in der Schaltung programmiert.

Es gibt Prototypen-Platinen für SOP-8-Gehäuse, die eine Größe von 12 × 12 mm besitzen und somit in eine 2 × 2-LEGO-Platte passen. Teilweise sind diese Platinen im 10er-Pack für rund 1 EUR zu bekommen. An zwei Kanten sind jeweils 4 Pfostenstecker vorgesehen, die bei Bestückung mit einem Mikrocontroller zur Programmierung und zum Anschluss von Versorgungsspannung und LEDs verwendet werden können. Allerdings ist kein Platz für weitere Bauelemente, d.h., die Vorwiderstände müssen an den LEDs vorhanden sein. Die Spannungsversorgung für einen ATtiny kann über 5 V (USB) oder 3 V (Knopfzellen) erfolgen. Bei geringer Taktrate, die wir bei LED-Effekten haben, sind 3 V auch über alle Typen möglich.

Abb. 7-79 Prototypen-Platinen für SOP-8 mit Steckerleisten

Die ATtiny-Serie 4/5/8/10 sind in einem 6-poligen SOT-Gehäuse untergebracht und gehören damit zu den kleinsten Mikrocontrollern. Mit den 4 Ein-/Ausgängen können Blinklichter und 4-Kanal-Lauflichter sowie mit einem PWM-Ausgang pulsierende Lichter realisiert werden. Nachteil ist, dass die Programmierung über das sogenannte TPI erfolgt. Ein spezieller Programmierer ist hierfür erforderlich. Die Firma Diamex hierfür den »ALL-AVR ISP Programmer« an, der zwar etwas teurer ist, aber dafür auch diese sehr kleinen Bausteine programmieren kann. Zudem benötigen wir einen speziellen SOT23-6-Programmier-Adapter der jedoch nicht günstig ist. Da müssen schon einige Bausteine programmiert werden, damit sich die Anschaffung lohnt.

Abb. 7-80 Diamex All-AVR Programmer

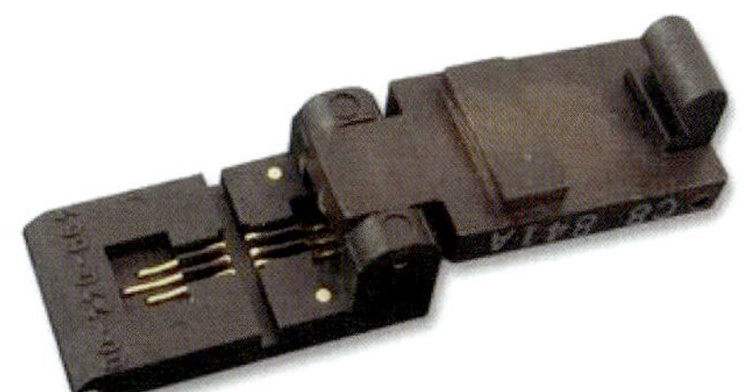

Abb. 7-81 Nullkraft-Adapter für SOT23-6 von Farnell

7.5 Aufbewahrung von Beleuchtungselementen

Mit der Zeit werden sich einige LED-Kabel-Konstruktionen, Adapter- und Verlängerungskabel ansammeln. Kabelansammlungen freuen sich immer auf ein Versticken und Verknoten. Daher sollten die einzelnen Kabel-Konstrukte möglichst getrennt oder in kleinen Gruppen aufbewahrt werden.

Eine interessante Möglichkeit ist der Einsatz eines handelsüblichen Ringordners mit Visitenkarten-Sammel-Einlagen bzw. Sammelhüllen. Diese sind transparent und haben die passende Größe, um die Kabel-Konstrukte aufzubewahren und zu organisieren. Mit Registereinlagen lässt sich die Sammlung gut organisieren, z. B. nach Farben, Anschlusstypen oder LED-Durchmessern.

Sammelhüllen gibt es mit 2-facher, 4-facher, 9-facher Unterteilung und mit Befüllung von oben (z. B. Veloflex). Auch Fotohüllen zum Abheften sind eine Möglichkeit. Visitenkarten-Einlagen werden seitlich befüllt, was nicht so optimal ist, da die Leuchtmittel immer herausrutschen können.

Abb. 7-82 Hüllen-Konfigurationen von Veloflex

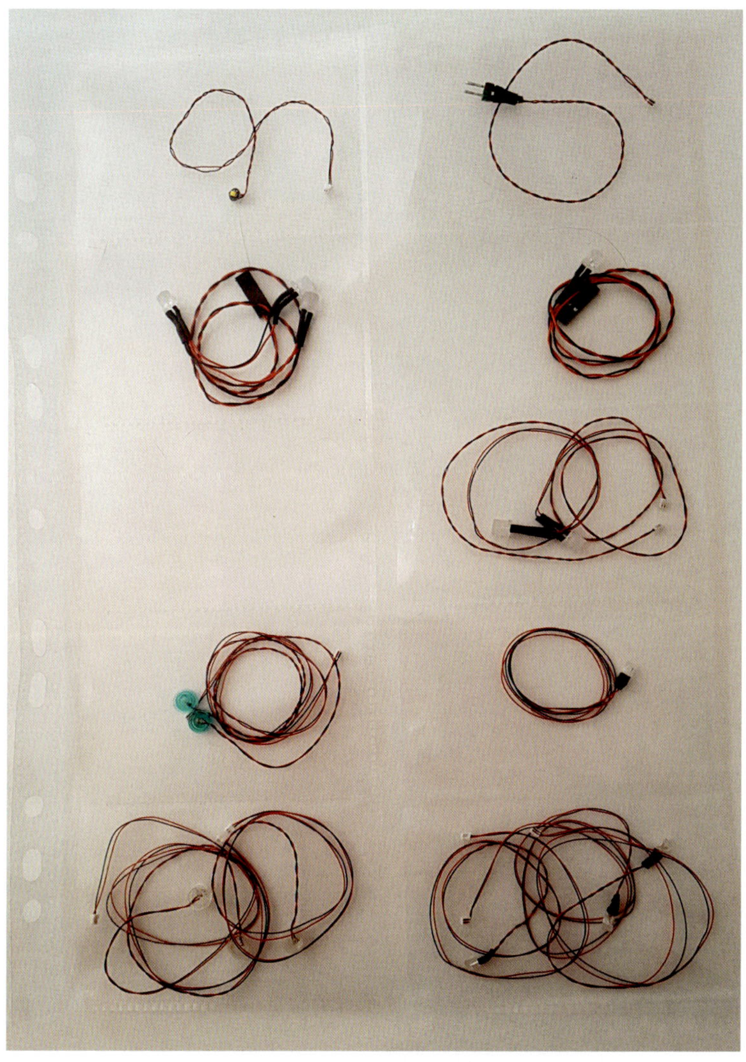

Abb. 7-83 Aufbewahrung in Visitenkarten-Sammelhüllen

Mögliche Sortier-/Organisationskriterien:

- Typ (Verlängerung/Adapterkabel, LED, Leuchtelement)
- Versorgungsspannung für LEDs (3 V, 5 V, 9 V)
- Farbe der LED (LEGO Elements)
- Durchmesser (3 mm, 5 mm)
- Sonderfunktion (Blinken/Flackern/Blitzen)
- Kabellänge
- Buchsen-/Steckertyp (SUR, 2,54 mm ...)
- Anschlusskonfiguration (Stecker/Stecker, Stecker/Buchse, Buchse/Buchse, Stecker, Buchse, 1-polig, 2-polig, mehrpolig)

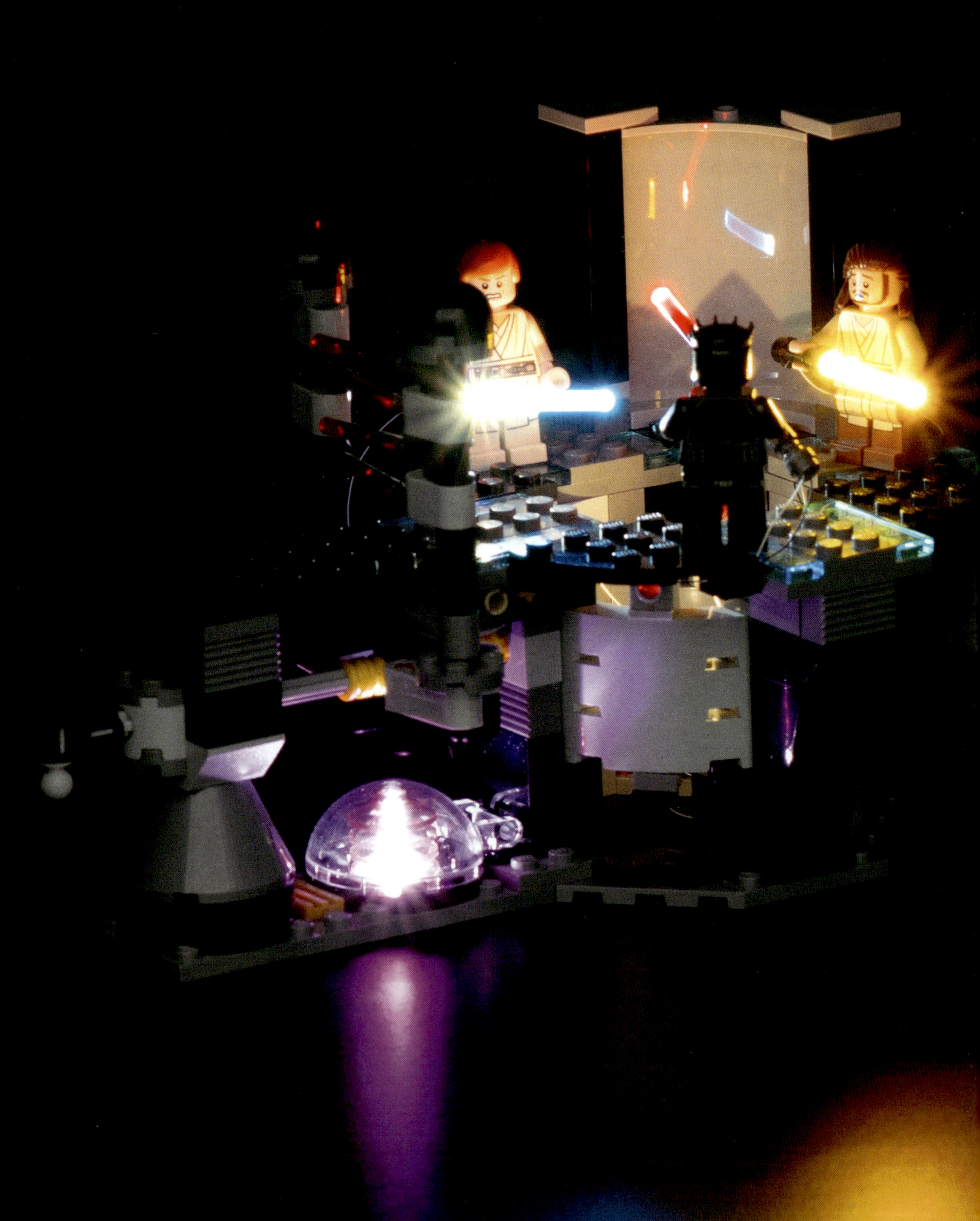

8 Modifikationen

8.1 LEGO Leuchtstein modifizieren, Batterien tauschen

Der transparente LEGO-Stein wird ausschließlich mit einer orange-gelben LED produziert. Ein neutral-weißes Licht wäre da die bessere Wahl gewesen. Daher besteht der Wunsch, den Originalbaustein zu modifizieren und die LED auszutauschen. Allerdings sollte dies nur mit entsprechenden Kenntnissen und Sorgfalt erfolgen, um Defekte zu vermeiden. Garantieansprüche sind bei solchen Aktionen ebenfalls erloschen.

Da der Leuchtstein mit zwei in Reihe geschalteten 1,5-V-Zellen versorgt wird, ergibt sich eine Gesamtspannung von 3 V. Das heißt, die Durchlassspannung einer LED sollte ebenfalls 3 V besitzen, da im Baustein kein Vorwiderstand verbaut ist.

Normalerweise sollten LEDs nie an einer Spannungsquelle ohne Vorwiderstand angeschlossen werden. Die Federstahlplättchen haben jeweils ca. 0,2 Ω, auch die LED-Anschlussdrähte haben nochmals 0,2 Ω, was einen kleinen Vorwiderstand von 0,8 Ω ergibt. Hinzu kommt der Innenwiderstand der Knopfzellen (ca. 10 Ω bei LR41), der maßgeblich für das Funktionieren dieses Aufbaus ist. In Summe kommen wir auf ca. 21 Ω. Das heißt, bei einer LED mit 2,6 V Durchlassspannung und 20 mA würden 20 Ω die 0,4 V an überflüssiger Spannung verringern. Damit liegt die Untergrenze für die LED-Durchlassspannung für den LEGO-Leuchtstein bei 2,6 V. Überschreitet die Durchlassspannung der LED die 3-V-Versorgungsspannung, wird diese mit weniger Strom betrieben. Hier sollte die Kennlinie im Datenblatt konsultiert werden, damit bei 3 V noch ein ausreichender Strom (rund 15 mA) zur Erzielung einer verwendbaren Lichtstärke fließen kann. Die Obergrenze der Durchlassspannung wäre je nach LED-Typ bei 3,1 V.

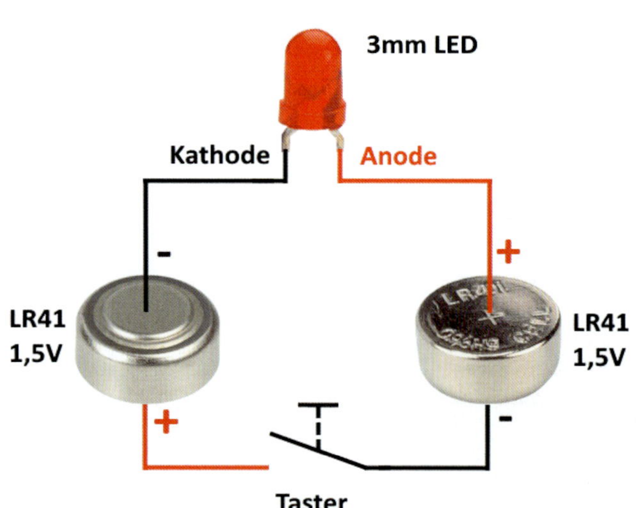

Abb. 8-1 Funktionsprinzip des LEGO-Lichtbausteins

Der rechte Anschluss der LED (Anode) hat Kontakt mit dem Plus-Pol der oberen Batterie, deren Minus-Pol am oberen Federkontakt anliegt und eine Hälfte des Taster-Kontakts bildet. Der Minus-Pol der unteren Batterie hat Kontakt mit dem linken LED-Anschluss (Kathode), deren Plus-Pol mit dem unteren Federkontakt Verbindung hält. Das untere Kontaktplättchen bildet die zweite Hälfte des Taster-Kontakts und wird über den Knopfeinsatz mit Achsenloch einfach zusammengedrückt, wenn das Licht leuchten soll.

Schritt 1 – Gehäuse öffnen

Mit einem kleinen Schraubendreher wird die Schraube auf der Unterseite des Steins herausgedreht. Dann lässt sich das Bodenblättchen abheben.

Abb. 8-2 Entfernen der Bodenplatte durch Lösen der Schraube

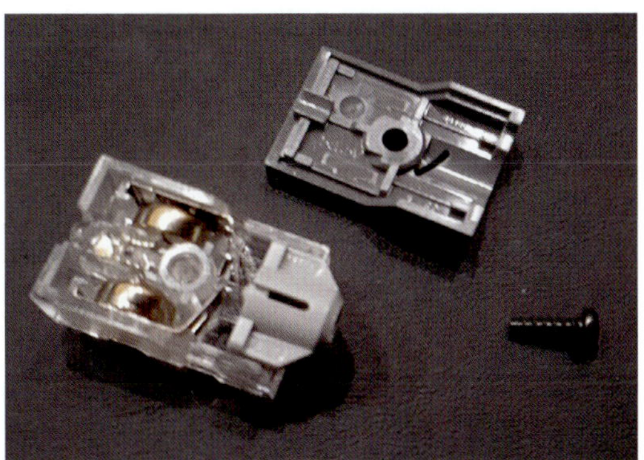

Abb. 8-3 Entfernte Bodenplatte und offener Stein

Schritt 2 – Batterien entnehmen

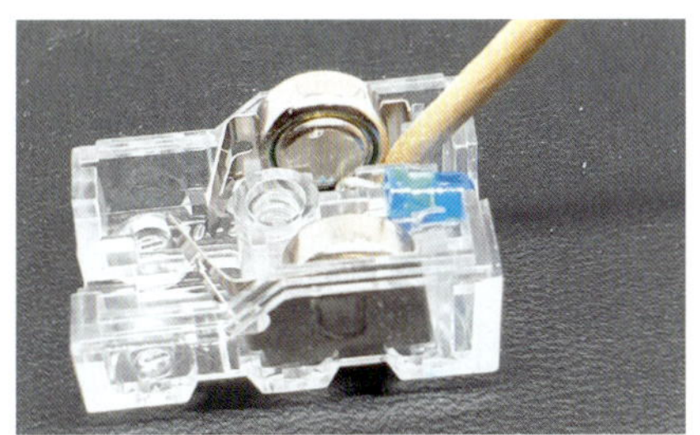

Nun vorsichtig – idealerweise mit einem nicht-leitenden Stäbchen (ein Zahnstocher tut es auch) die Batterien herauslösen und beiseite legen. Die zwei Kontaktplättchen aus Federstahl können verbleiben.

Schritt 3 – LED entfernen

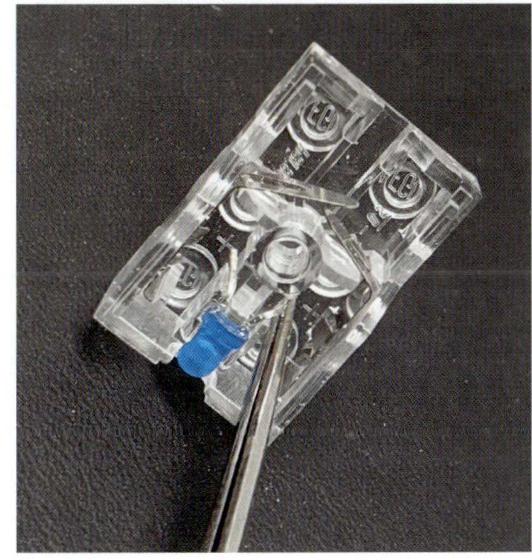

Nun mit einer Pinzette vorsichtig die LED herausziehen. Hierzu abwechselnd den rechten und linken Anschlussdraht nach hinten/oben ziehen.

Schritt 4 – Neue LED einsetzen

Bevor die neue LED eingesetzt werden kann, müssen deren Kontakte vorbereitet werden. Mit einer spitzen Zange mit einem Abstand von ca. 2 mm zum

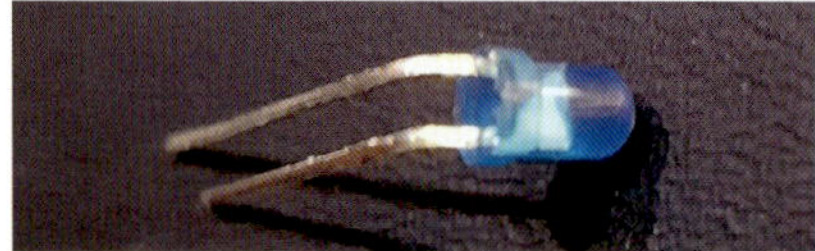

Abb. 8-4 Vorbereitete 3-mm-LED mit abgewinkelten und gekürzten Anschlüssen

LED-Gehäuse beide Kontakte ca. 70° abwinkeln. Achtung: Links muss die Kathode (kurzer Anschluss, abgeflachte Gehäusekante) sein. Im Anschluss jeden Kontakt etwas nach außen abwinkeln, sodass sich von oben betrachtet ein leichtes V bildet. Dann beide Kontakte mit einem Präzisions-Seitenschneider auf 4 mm (gemessen ab dem Knickpunkt) kürzen.

Die so vorbereitete LED kann mithilfe einer Pinzette eingesetzt werden. Die Anode muss an den oberen Kontakt, die Kathode an den unteren.

Abb. 8-5 Eingesetzte blaue LED

Schritt 5 – Batterien einsetzen

Nun können die beiden Batterien wieder eingesteckt werden. Sie sollten jeweils Kontakt mit den LED-Anschlussdrähten bekommen. Kurzer Test durch Drücken des Tasters, bevor das Gehäuse geschlossen wird, ist ratsam. Leuchtet die LED nicht, prüfen Sie die Polarität der Batterien und der LED.

Schritt 6 – Gehäuse schließen

Abb. 8-6 Anbringen und Verschrauben der Bodenplatte

Nun das Bodenplättchen wieder auf den Stein aufsetzen und die Schraube eindrehen.

Die ausgetauschte LED (hier in blau) strahlt aus dem Stein.

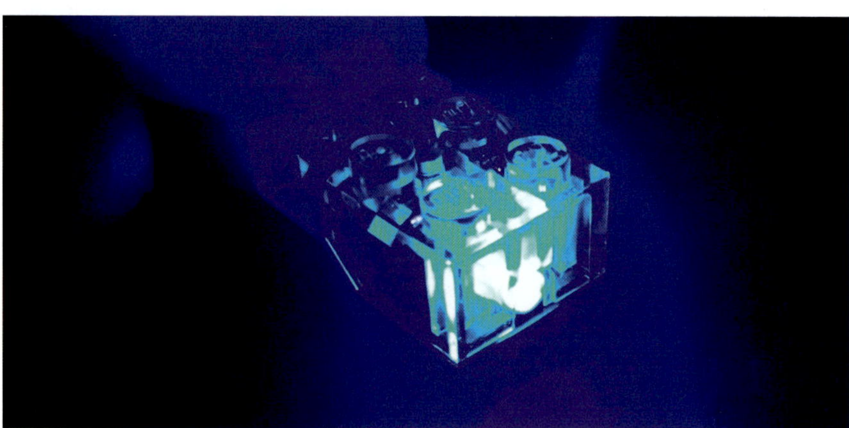

8.2 Power Functions – 9-V-Blockbatterie

Dieser Adapter ist als Ersatz für den Einsatz einer Batteriebox gedacht. Die 9-V-Blockbatterie zusammen mit einem Anschlussclip an einem Power-Functions-Steckverbinder bietet kleinste Einbaumöglichkeiten für kleinere LEGO-Modelle. Die nachfolgende Variante verwendet eine 9-V-Batteriebox mit Ein-/Ausschalter.

Damit der Ausgang der Batteriebox als Stromversorgungsbasis verwendet werden kann, wird von einem LEGO-Verlängerungskabel der hellgraue Stecker verwendet. Da die Anschlusskabel in der Batteriebox fest verbaut sind und in der Regel nicht ausgetauscht werden können, müssen diese in den LEGO-Stecker eingebaut werden.

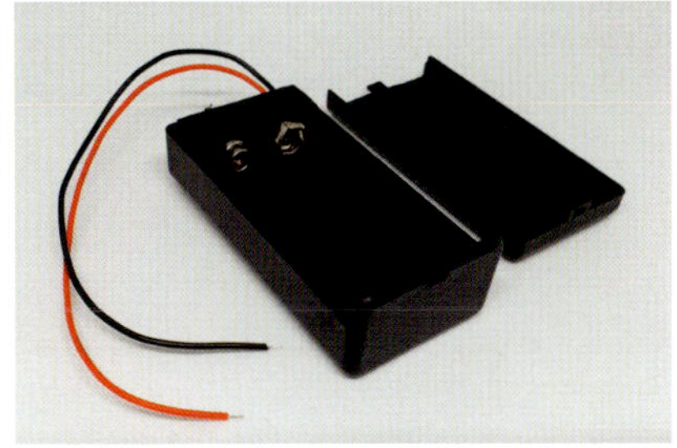

Abb. 8-7 9-V-Batteriebox

Schritt 1 – Öffnen des Steckergehäuses

Mit einem feinen Schraubendreher vorsichtig zwischen Kabel und dem Kunststoffeinsatz an der Unterseite des Steckers hinein und vorsichtig durch leichte Hebelbewegungen nach oben drücken. Wenn sich der Boden leicht gelöst hat, den Schraubendreher in die seitlichen Schlitze einführen und ebenfalls mit leichten Hebelbewegungen von oben nach unten arbeiten, bis sich der Boden vollständig gelöst hat. Dabei abwechselnd die verschiedenen Schlitze verwenden.

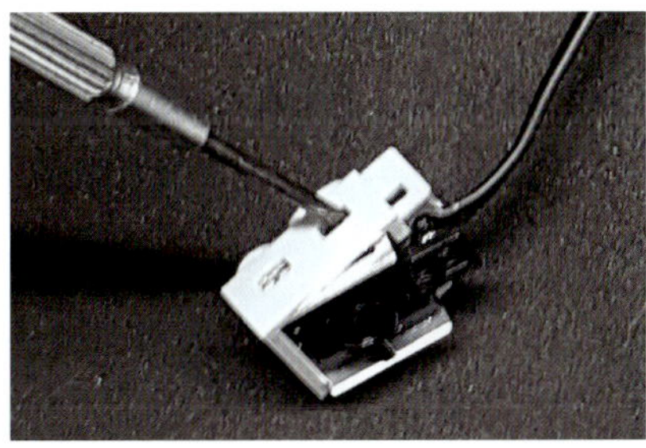

Abb. 8-8 Öffnen der Bodenplatte des Steckverbinders

Schritt 2 – Entfernen des Originalkabels

Nachdem sich der Boden gelöst hat, kann das Flachbandkabel vorsichtig entfernt werden.

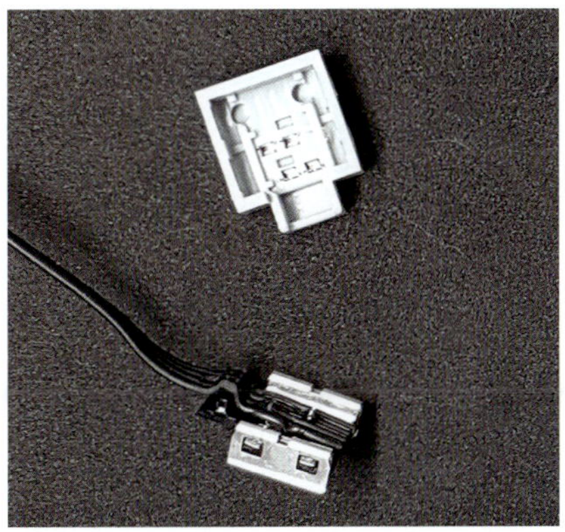

Abb. 8-9 Geöffneter Steckverbinder

Abb. 8-10 Bodenplatte mit entferntem Kabel

Abb. 8-11 Eingesetzte Kabel der Batteriebox

Schritt 3 – Einlegen der Anschlusskabel

Die beiden Anschlusskabel müssen in jeweils beide Anschlüsse eingelegt werden. Die inneren Kontakte versorgen die Unterseite des Steckers, die mit dem alten 9-V-System von LEGO verwendet werden kann. Daher wird das Kabel jeweils geknickt und ca. 10 mm wieder nach vorne geführt. Dabei die Kabel in die vorgesehenen Schneid-Klemmkontakte vorsichtig eindrücken.

Schritt 4 – Schließen des Steckergehäuses

Nun wird der Boden des Steckers wieder eingefügt. Dabei die den Anschlusskabeln gegenüberliegende Seite zuerst hinunterdrücken. Vorsichtig zwischen den Stegen und dem Pin mit einem stumpfen Gegenstand den Steckerboden hineindrücken, bis dieser einrastet.

Abb. 8-12 Einsetzen der Bodenplatte

Abb. 8-13 Eingesetzte und verriegelte Bodenplatte

Schritt 5 – Bohren des Deckels für Anbringung einer LEGO-Fliese

Damit die Batteriebox in der LEGO-Konstruktion befestigt werden kann, wird auf dem Deckel eine LEGO-Fliese vom Typ 88646 (Minifiguren-Bodenplatte) eingebaut. Hierfür kann die Schablone von der Webseite zum Buch, brickelectronic.de, als PDF-Datei heruntergeladen und ausgedruckt werden. Im Anschluss eine der Schablonen-Elemente ausschneiden und mit einem Klebeband auf dem Deckel der Batteriebox fixieren. Nun können wir mit einem spitzen Werkzeug die Mitte der Bohrungen markieren. Im Anschluss mit einem 4,8-mm-Bohrer an den Markierungen die Löcher für die vier Pins der LEGO-Fliese bohren. Die Platte auf der Noppenseite mit etwas Zweikomponenten-Kleber bestreichen und in die Bohrungen einsetzen.

Während der Kleber aushärtet, sollte die Fliese mit einer Mini-Schraubzwinge angepresst werden. Hierzu auf der Gegenseite des Deckels ein dünnes Holzbrett positionieren, damit die Zwinge eine Auflagefläche hat und den Deckel nicht beschädigt bzw. in Kontakt mit dem Kleber kommt.

Abb. 8-14 Deckel der Batteriebox mit eingeklebter LEGO-Fliese 88646

Das Ergebnis ist eine kompakte 9-V-Batteriebox. Diese hat allerdings keinen Überlastschutz wie die LEGO-Batterieboxen. LEGO-Batterieboxen verwenden hierfür einen Kaltleiter (PTC-Widerstand), der infolge eines zu hohen Stroms und der dadurch entstehenden Wärme hochohmig wird und wie eine Unterbrechung wirkt. Kühlt der Widerstand wieder ab, sinkt der Widerstand und der Strom fließt wieder normal. Der PTC wird einfach in eine der Leitungen eingesetzt.

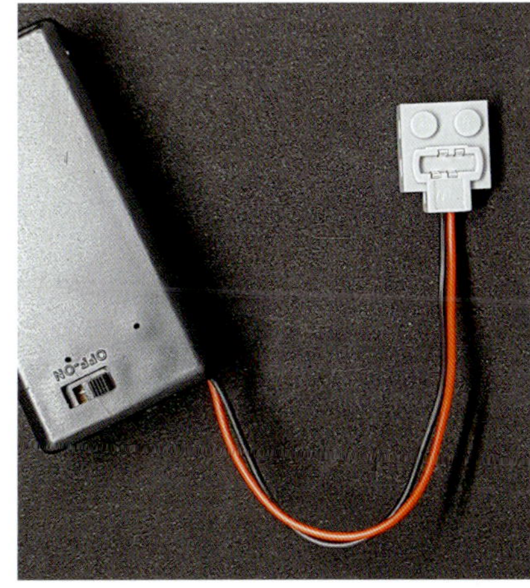

Abb. 8-15 Batteriebox mit angeschlossenem Power-Functions-Stecker

8.3 USB-Adapter für Power Functions

Abb. 8-16 Power-Functions-USB-Adapter an Batteriebox

Da USB 5V liefert, muss im Adapter ein Festspannungsregler eingebaut werden, der die mögliche Spannung zwischen 9V und 7,2V auf 5V herunterregelt. Die LEGO-Power-Functions-Batteriebox besitzt einen maximalen Ausgangsstrom von 800 mA, weshalb ein Spannungsregler mit 800 mA völlig ausreichend ist. Werden ausschließlich LEDs über den Adapter betrieben, können abzüglich eines Sicherheitspuffers rund 35 LEDs betrieben werden (ohne weitere Verbraucher wie z. B. Motoren).

Da der Spannungsregler nur eine saubere Gleichspannung von Akkus bezieht und durch LEGO-Stecker eine falsche Polung ausgeschlossen ist, müssen am Spannungsregler eigentlich keine Kondensatoren und Schutzdioden vorgesehen werden. Das heißt, wir können den Regler direkt in die USB-Buchse einbauen. Dank SMD-Technik und miniaturisierten Bauelementen bekommen wir die vorgeschriebenen Kondensatoren zusammen mit dem Regler in die Buchse.

Mit der Konstruktion in Verbindung mit einer LEGO-Batteriebox erfüllt der Adapter sicher den USB-2.0-Standard mit einer Stromabgabe von 0,5 A. Der USB-3.0-Standard mit 0,9 A wird durch die Strombegrenzung der LEGO-Batteriebox nicht erreicht.

Für den Adapter benötigen wir ein Power-Functions-Verlängerungskabel, von dem das hellgraue Steckerteil mit dem Adapter für die alte 9-V-Technologie entfernt wird. Dieses Steckerteil kann für die 9-V-Batteriebox verwendet werden.

Schritt 1 – Adapterstecker vorbereiten

Ein Power-Functions-Verlängerungskabel muss für den Adapter geopfert werden. Hierzu mit einem Seitenschneider das Kabel in der Mitte trennen. Wir verwenden den dunkelgrauen Steckerteil, da dieser mit der Unterseite an der Batteriebox angeschlossen wird.

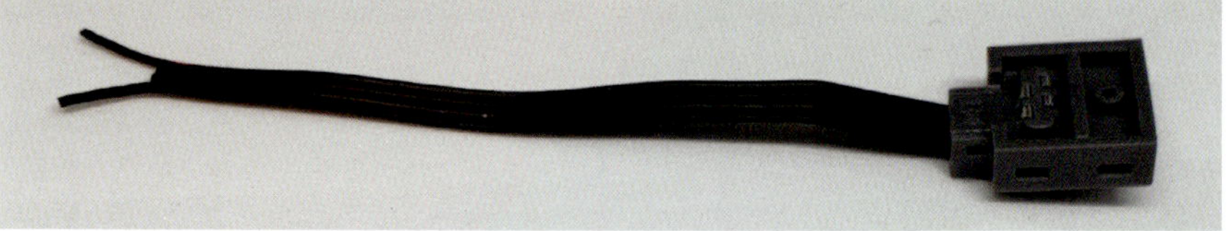

Abb. 8-17 Trennstellen zwischen den Adern am LEGO-Power-Functions-Kabel

Da nur die beiden äußeren Leitungen benötigt werden, mit einem Seitenschneider oder Messer vorsichtig zwischen den Adern auf ca. 15 mm Länge trennen und die inneren beiden Adern kürzen. Dabei darauf achten, dass genau zwischen den Adern getrennt wird, um eine Beschädigung der Isolierung zu vermeiden. Zum Schluss die beiden herausstehenden Kabelenden ca. 5 mm abisolieren und verdrillen.

Schritt 2 – Platine bestücken

Der Platz in einem USB-Buchsengehäuse ist begrenzt. Daher kommt als Bauform für den Spannungsregler nur ein SMD-Typ infrage. Aufgrund der Anforderungen von 5 V/800 mA wurde für das Beispiel ein AMS1117 von Advanced Monolithic Systems in einem SOT-223-Gehäuse gewählt. Der Regler wird Eingangsseitig mit einem 10-µF- (C2) und ausgangsseitig mit einem 22-µF-Kondensator (C1) gegen 0 V bzw. Masse beschaltet.

Der Zuschnitt und das Verlöten auf Basis einer Lochraster- oder Lochstreifenplatine sind recht schwierig. Daher ist ein passender Leiterplattenentwurf zweckdienlicher.

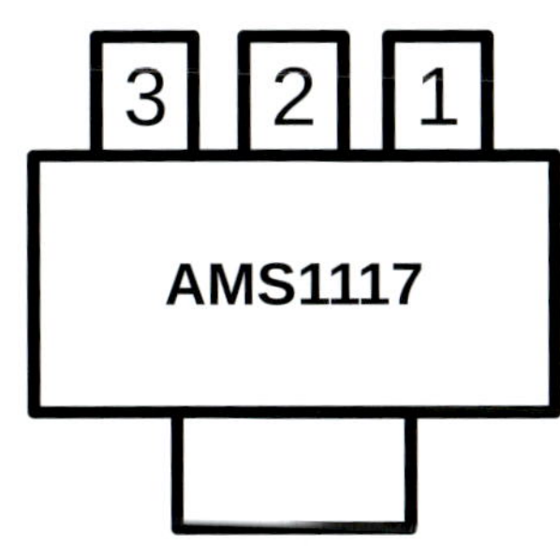

Abb. 8-18 Pin 1 = 0 V/Masse, Pin 2 = Ausgang (5 V/1 A), Pin 3 = Eingang (9 V)

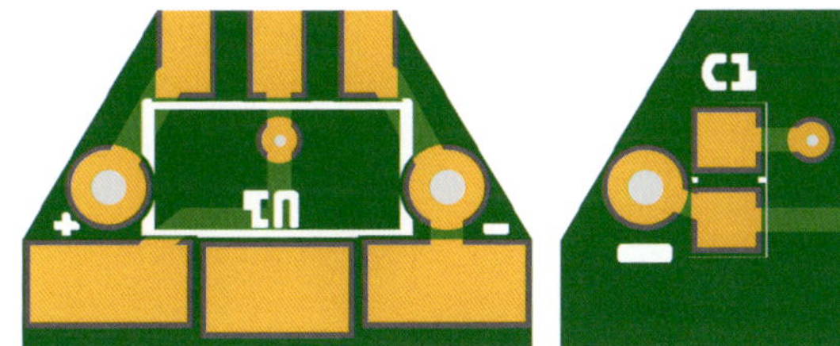

Abb. 8-19 Leiterplatte für LEGO-9-V- bis LEGO-5-V-USB-Adapter

Der Spannungsregler wird auf der Oberseite platziert, während die beiden Kondensatoren in SMD-Bauform auf der Unterseite der Platine verlötet werden.

Schritt 3 – USB-Buchse vorbereiten und Platine anlöten

Für die Stromversorgung werden an der Buchse nur die außen liegenden Pins 1 und 4 benötigt. Die Anschlussfahnen an Pin 2 und 3 werden mit einer Zange vorsichtig entfernt/herausgezogen.

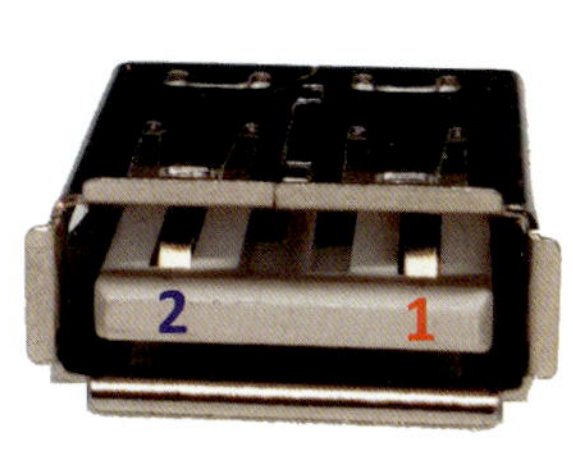

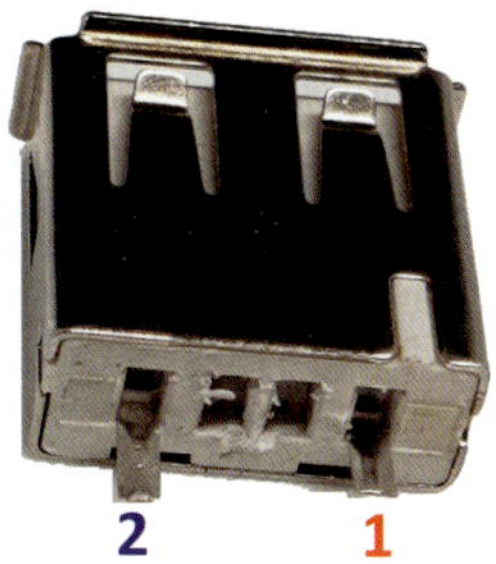

Abb. 8-20 Anschlüsse an der USB-Buchse

Abb. 8-21 Spannungswandler-Platine an Buchse angelötet und in Gehäuse eingesetzt

Die Anschlussfahnen der Buchse werden direkt mit der Platinen-Oberseite (breite Seite) verlötet.

Schritt 4 – Power-Functions-Kabel anlöten und Buchse einbauen

Die beiden äußeren LEGO-Power-Functions-Kabel werden mit den vorgesehenen Anschlüssen verlötet und dann durch die Kabeldurchführung gelegt. Den Deckel des USB-Steckergehäuses aufsetzen und zusammendrücken. Dabei darauf achten, dass die Kabel nicht gequetscht werden.

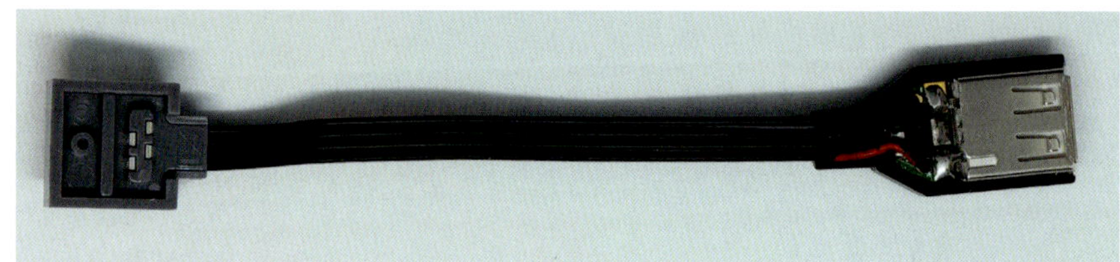

Abb. 8-22 USB-Buchse und Power-Functions-Kabel angeschlossen

Mit dieser Lösung können alle am Markt befindlichen USB-basierten Beleuchtungssysteme an eine LEGO-Batteriebox angeschlossen werden. Der Zusammenbau ist in rund 10 Minuten zu bewerkstelligen, und wir haben eine flexible Lösung. Mit handelsüblichen Stecker-Stecker- oder Stecker-Buchse-Kabeln können wir nun Verlängerungen herstellen oder am Markt erhältliche USB-Beleuchtungselemente anschließen.

Sollten für Control+/Powered Up Verlängerungskabel auf den Markt kommen, kann dieser Adapter mit den Kabelanschlüssen 3 (0 V) und 4 (9 V) des neuen Steckersystems ebenfalls realisiert werden.

8.4 Power Functions – Stiftleistenadapter

Um Power Functions an eigene Konstruktionen anzuschließen, empfiehlt sich ein Adapter auf eine 4-polige 2,54-mm-Buchse, die mit handelsüblichen Stiftleisten verbunden werden kann.

Ein Beispiel für den Einsatz finden Sie im Abschnitt 10.4 in Form der fahrtrichtungsabhängigen Lokbeleuchtung.

Abb. 8-23 4-polige Buchse mit Lötanschüssen

Schritt 1 – Power-Functions-Kabel vorbereiten

Als Basis dient ein Power-Functions-Verlängerungskabel, das in der Mitte des Kabels getrennt wird. Der dunkelgraue Steckerteil wird verwendet, damit der Adapter stapelbar verbaut werden kann.

Die einzelnen Stränge werden auf eine Länge von ca. 10 mm voneinander getrennt. Dabei darauf achten, dass die Isolation zu den Litzen nicht beschädigt wird. Also exakt an den markierten Stellen trennen:

Abb. 8-24 Trennstellen des LEGO-Kabels

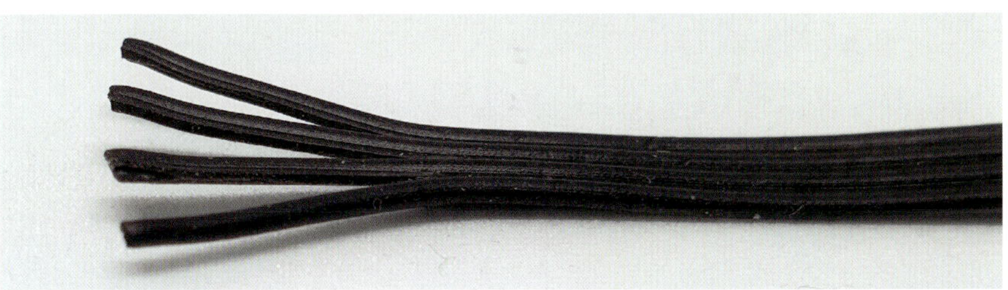

Abb. 8-25 Getrennte Kabelenden

Im Anschluss die Enden ca. 3 mm abisolieren, verdrillen und verzinnen. Über die Enden passende Schrumpfschlauchstücke nach hinten auf die Kabel schieben, sodass die freien Litzen herausschauen.

Abb. 8-26 Verzinntes Kabelende und übergestreifter Schrumpfschlauch

Schritt 2 – Kabel an Buchse anlöten

Nun die einzelnen Leitungen der Reihe nach mit den Anschlüssen der Buchse verlöten, die Schrumpfschläuche zurück über die Kontakte schieben und schrumpfen. Die Kante der Buchse, die die 9 V führt, mit einem roten Lackstift kennzeichnen. Wir können auch noch einen etwas größeren Schrumpfschlauch über alle vier Anschlüsse und etwas über die Buchse überlappend anbringen.

Abb. 8-27 Einsatzbereiter Adapter

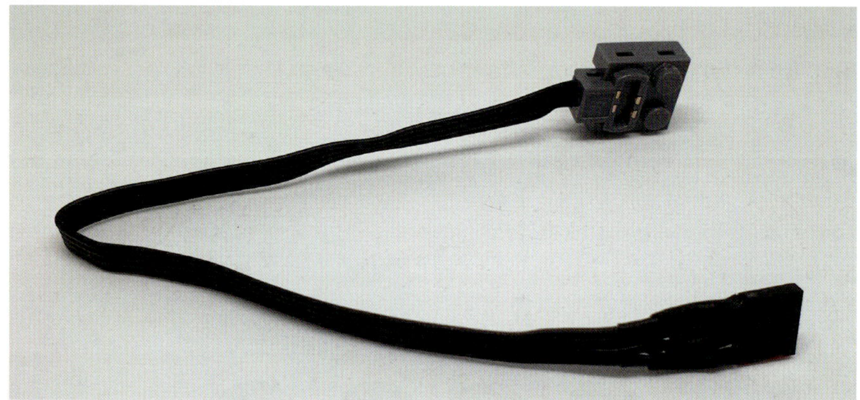

Eine Variante mit lediglich 2-poligem Buchsengehäuse, mit dem nur die beiden äußeren Kabelanschlüsse (9 V und 0 V) verbunden werden, ist denkbar, um als reine Stromversorgung (ohne die Steuerleitungen) zu fungieren.

8.5 USB-Anschlussbaustein

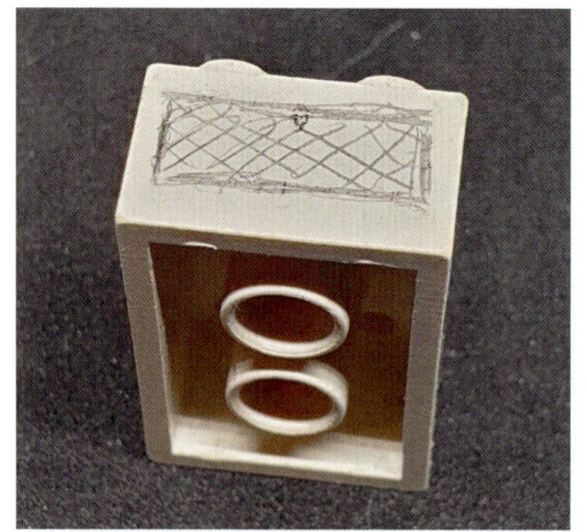

Abb. 8-28 Anzeichnen der Ausbruchstelle für die USB-Buchse

Bei Gebäuden oder größeren Stand-Modellen möchten wir gerne die Stromversorgung flexibel von außen zuführen. Hier war die Idee geboren, in einen 2 × 3-Stein einen USB-Anschluss zu integrieren und dann entsprechende Anschlüsse auf 2,54-mm-Buchsen für die interne Verkabelung bereitzustellen.

Schritt 1 – Ausbruch für USB-Buchse erstellen

Zunächst muss an einer der kleinen Stirnseiten ein entsprechender Ausbruch erfolgen, in den eine USB-Buchse eingebaut werden kann. Zunächst sollte der Ausbruch anhand der Buchsen-Maße angezeichnet werden.

Mit einem 1-mm-Bohrer werden an mehreren Stellen entlang der inneren Markierungslinie Bohrungen erstellt. Dann vorsichtig mit einem Seitenschneider die Stege durchtrennen und mit einer kleinen Feile die Schnittkannten sauber feilen.

Abb. 8-29 2×3-Stein mit Ausbruch

Schritt 2 – Entfernung eines Noppenhalters

Im Inneren muss eine der Röhren entfernt werden, damit das USB-Gehäuse Platz findet. Je nach Länge der USB-Buchse muss auch die zweite Röhre etwas abgetragen werden. Auch kann die USB-Buchse etwas breiter sein als der Innenabstand der Bausteinwände. Hier kann mit einem Fräser und der Handbohrmaschine vorsichtig etwas von den Wänden abgetragen werden, bis die Buchse sich einstecken lässt.

Abb. 8-30 2×3-Stein mit entferntem Noppenhalter (Röhre)

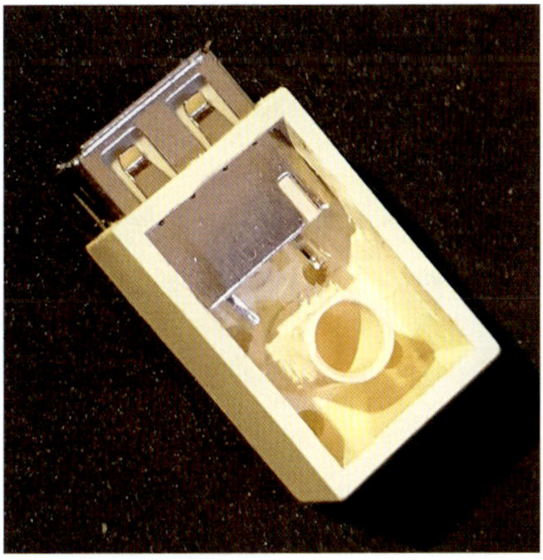

Abb. 8-31 Einstecktest der USB-Buchse

Schritt 3 – Bohrung(en) für Kabelausgänge erstellen

Auf der gegenüberliegenden Stirnseite können 1-mm-Bohrungen für die Stromversorgungskabel im Inneren des Modells angebracht werden. Im Beispiel werden vier Versorgungsstränge mit unterschiedlichen Kabellängen (10 cm, 20 cm, 30 cm) herausgeführt, um für verschiedene Szenarien Anschlüsse parat zu haben.

Schritt 4 – Kabel einlegen und an USB-Buchse anlöten

Die einen Enden der jeweiligen Kabel ca. 10 mm abisolieren und (farblich/nach Polarität getrennt) miteinander verdrillen und an den jeweiligen USB-Anschluss anlöten. Die beiden mittleren Anschlussfahnen der USB-Buchse werden nicht

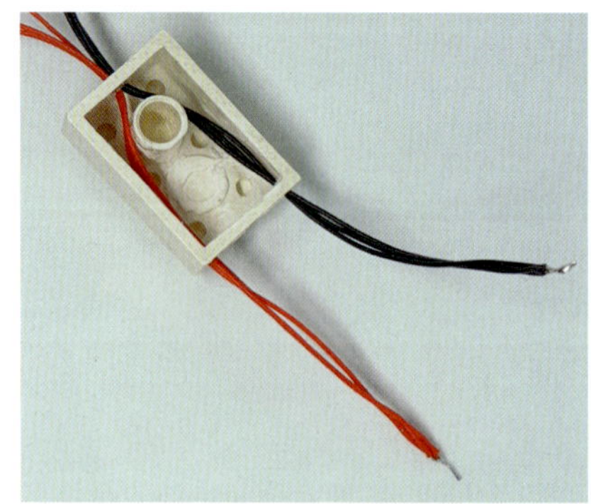

Abb. 8-32 Eingezogene und fürs Anlöten an USB-Buchse vorbereitete Kabel

benötigt und können mit einer kleinen Flachzange vorsichtig aus dem Gehäuse gezogen werden.

Nun die USB-Buchse in die Aussparung einstecken und die Kabel durch die Bohrungen paarweise (rot/schwarz) herausführen. Die USB-Buchse mit etwas Heißkleber oder UV-Kleber fixieren.

Schritt 5 – Buchsen an Anschlusskabel löten

Die herausgeführten Enden der Kabel nun mit entsprechenden Buchsen-Steckverbindern versehen.

Damit die Kabel gegen Herausziehen geschützt werden, können diese mit etwas UV- oder Heißkleber fixiert werden.

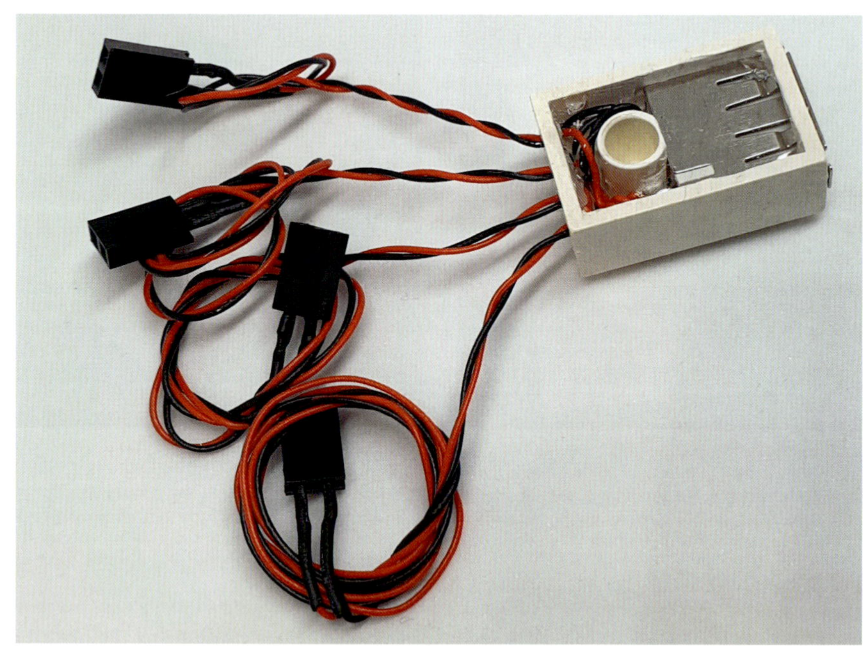

Abb. 8-33 Bausteinvariante mit vier verschiedenen Anschlusskabeln

Abb. 8-34 Alternativer »mittiger« Kabelausgang am Stein

Eine zweite Variante führt die Anschlusskabel zentral durch ein mittiges Loch an der Stirnseite des Steins.

Verwendet wir den Stein in Kombination mit den Elementen 4216 oder 88393, können die Leitungen direkt aus dem Stein in der Rille nach oben oder unten geführt werden. Das Konstrukt wirkt wie eine Art Kabelkanal in der Wand. Geschickt verbaut werden so die Leitungen unsichtbar.

Es ist empfehlenswert, mit 1-poligen Buchsen zu arbeiten, da diese durch Technic-Löcher hindurchgeführt werden können.

Abb. 8-35 Stein mit angesetztem 4216 zur Bildung eines Kabelkanals

Für Gebäude und große Raumschiffe sollten wir die Lösung mit hellgrauen, dunkelgrauen, sandfarbenen und schwarzen Steinen parat haben. Letztendlich kann die Konstruktion je nach Anforderung recht schnell hergestellt und in entsprechende Steine eingebaut werden, die eine Mindestgröße von 2 × 3 besitzen.

Bei der Gestaltung können wir je nach Einbausituation auch abweichen und die Kabel z. B. auch an den Seiten herausführen.

8.6 Rundumleuchte

LEGO-Technic-Baufahrzeuge haben teilweise sogenannte Rundumleuchten. Diese dienen nicht selten auch zum Bewegen der Vorderachsen, also zum Steuern der Fahrtrichtung. Die nachfolgenden vier Varianten ergeben sich hierbei für den Zweck, ein rotierendes Licht einzubauen.

Abb. 8-36 Konstruktionen für Rundumleuchten bei Technic-Modellen

Rundumleuchte (Variante 1)

Bei dieser Variante wird der Rundstein (3941) umgekehrt eingebaut und mit einer Gleiterfliese verschlossen. Die Elektronik bzw. die LEDs werden von oben eingesetzt.

Rundumleuchte (Variante 2)

Bei Variante 2 wird der Rundstein auf der Noppenseite oben mit einer runden Fliese (4150) abgeschlossen. In diesem Fall wird die Elektronik von unten eingesetzt.

Auch in Leuchttürmen finden wir rotierende Lichter – mehr dazu in Abschnitt 10.8.

Für den RC-Modellbau gibt es fertige Lösungen in einem montierbaren Gehäuse. Im Gehäuse befindet sich eine runde Leiterplatte mit mehreren LEDs sowie einem programmierten Mikrocontroller.

Die Leuchten können mit einer Spannung von 4,8 bis 6 V betrieben werden. Ein direkter Betrieb über LEGO-Batterieboxen (ohne Spannungsbegrenzung) ist daher nicht möglich. Für USB-Betrieb mit 5 V und Batterieboxen mit maximal 3 AA- bzw. AAA-Batterien/-Akkus (4,5 V) sowie Knopfzellen-Batterieboxen mit 2 × 3-V-Zellen (6 V) ist die Lösung ideal.

Bei Anschluss an gesteuerten Systemen wie dem PFx-Baustein sollte nur der Effekt »Ein/Aus« verwendet und die Intensität nicht verringert werden, da sonst die Versorgungsspannung ggf. unter die erforderlichen 4,8 V sinkt.

Die Rundumleuchten haben drei Anschlüsse, um den Baustein mit Strom zu versorgen und vorprogrammierte Effekte zu aktivieren.

- Rot = +
- Braun = 0 V
- Orange = Steuerleitung

Bei jedem Impuls auf die Steuerleitung wird einer der Effekte aktiviert: ein, aus, schnelles Rotieren, langsames Rotieren, stoßweise Blitzpakete, ständiges Blitzen.

Allerdings ist das hierfür benötigte Steuersignal ein spezieller Impuls bzw. ein Rechtecksignal mit einem definierten Puls-Pausen-Verhältnis. Das heißt, ein einfaches Umschalten mit einem Taster ist ohne entsprechende Elektronik nicht möglich.

Schritt 1 – Öffnen des Gehäuses

Einen kleinen Schraubendreher vorsichtig zwischen die transparente Kappe und den schwarzen Sockel schieben und leicht hebeln, bis sich der Schlitz verbreitert. Diesen Vorgang an verschiedenen Stellen rundherum wiederholen, bis sich die Kappe löst. Die Kappe abnehmen und beiseitelegen.

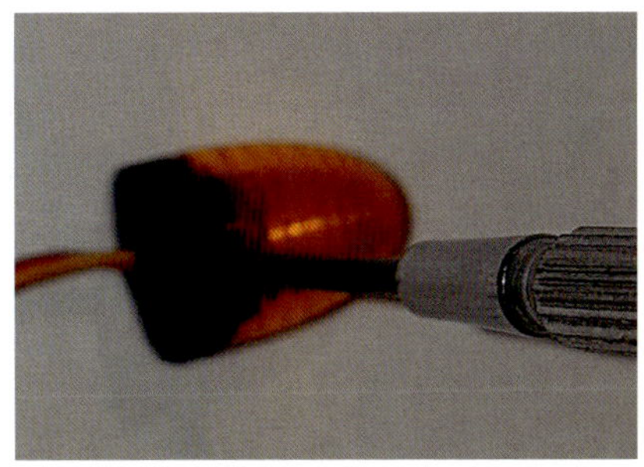

Abb. 8-37 Entfernen der Elektronik aus dem Gehäuse

Schritt 2 – Entfernen der Elektronik

Nun kann die runde Platine vorsichtig herausgezogen werden. Diese wurde mit etwas Heißkleber im Sockel fixiert.

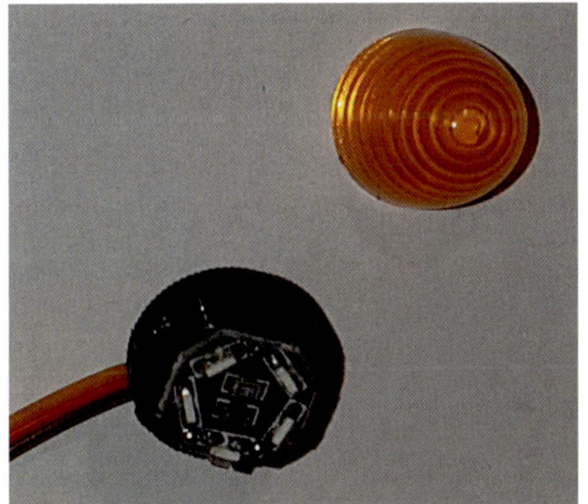

Abb. 8-38 Sockel mit Platine

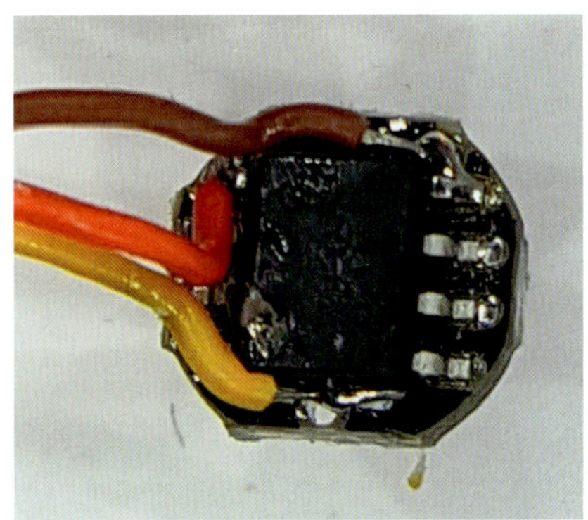

Abb. 8-39 Entfernte Platine (Unterseite) mit den Anschlusskabeln

Tipp

Erstellen Sie ein Foto mit den Original-Anschlusskabeln, um nach dem Entfernen die korrekte Anschlussposition zu kennen.

Schritt 3 – Tausch der Anschlusskabel

Die Lötstelle der Anschlusskabel an der Platine mit dem Lötkolben erhitzen und das Kabel entfernen und im Tausch 0,5-mm-Anschlusskabel anlöten.

Schritt 4 – Vorbereitung 2 × 2-Rundstein

Damit die Elektronik in den Rundstein eingepasst werden kann, muss die innen liegende Röhre mit der Achsenaufnahme um 3 mm gekürzt werden.

Dies kann mithilfe eines Schleifaufsatzes der Minibohrmaschine erfolgen, der einen Durchmesser von 6 mm besitzt. Alternativ kann auch ein 120°-Kegelsenker verwendet werden.

Abb. 8-40 Innere Röhre im Rundstein mit Kegelsenker reduzieren

Abb. 8-41 Reduzierte Röhre im Rundstein

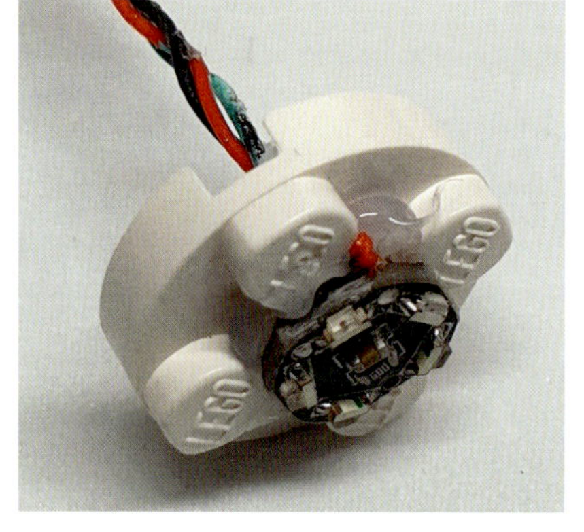

Abb. 8-42 Auf 2 × 2-Rundplatte befestigte Elektronik mit Kabelführung über Achsenloch

Schritt 5 – Einbau der Elektronik

Es gibt mehrere Varianten, wie die Rundumleuchten-Elektronik eingebaut werden kann. Die einfachste Möglichkeit ist, die Elektronik auf eine runde 2 × 2-Platte zu kleben und die Kabel zuvor durch das Achsenloch zu führen.

Soll die Platte jedoch auf eine Technic-Achse gesteckt werden, ist die Durchführung der Kabel durch das Achsenloch ungünstig. Daher können alternativ zwischen den Noppen Löcher gebohrt und die Kabel neben dem Achsenloch nach unten herausgeführt werden (Abb. 8-42).

Eine weitere Variante ist, die Elektronik in den Rundstein einzubauen. Die Kabel werden dann über die Noppenseite herausgeführt. Auch hier empfiehlt sich, die Kabel nicht über das Achsenloch herauszuführen, wenn die Rundumleuchte auf eine Achse aufgesteckt werden soll. Dies ist in der Regel bei Technic-Modellen der Fall.

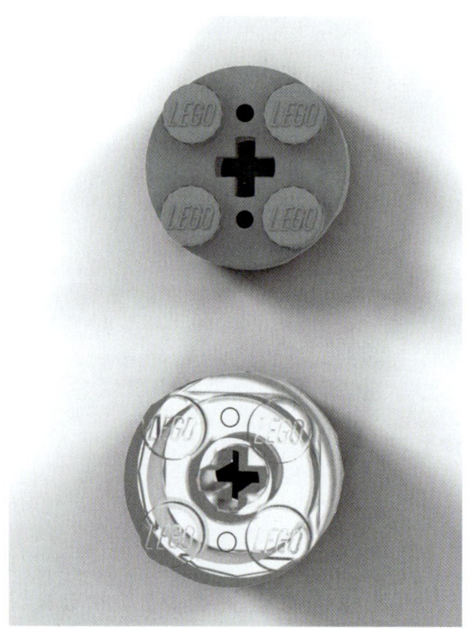

Abb. 8-43 Bohrungen für Kabeldurchführung (Platte oder Stein)

Schritt 6 – Buchsen an Kabel montieren

Mit 1-poligen Buchsen an den Kabeln können diese auch durch 4,8-mm-Technic-Löcher geführt werden. Die Steuerleitung wurde ebenfalls herausgeführt, um später eine Steuerelektronik anschließen zu können.

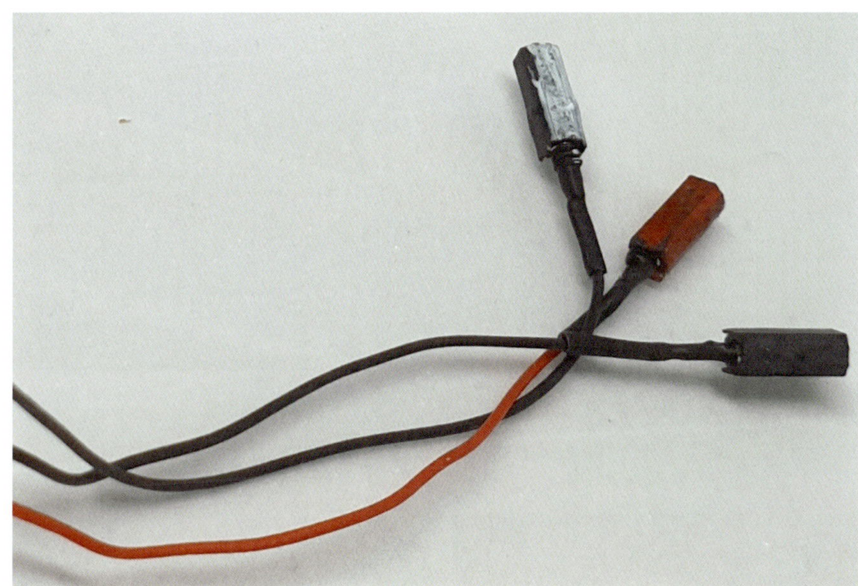

Abb. 8-44 1-polige Buchsen an Anschlusskabel

8.7 LEGO-Laternenmast

Der Laternenmast (2039) wird seit 1987 produziert und ist Bestandteil in jedem Creator-Expert-Gebäude-Bausatz. Die Bauform 2039 hat gegenüber der aktuellen Bauform (11062) den Vorteil, dass in dessen Sockel bereits das Loch tiefer in den unteren Teil der Masten hineingeführt ist und die Bohrung kürzer ausfällt. Die häufigste Farbe ist Weiß und Schwarz, doch auch in den Farben Dunkelgrau, Rot, Pink, Violett und Helltürkis wurde das Element in der Vergangenheit produziert. Der Sockel hat eine Fläche von 2 × 2, während das obere Ende des Masts einen Pin hat. Um die Kabel für eine LED vom Sockel bis zum oberen Pin zu leiten, muss der Mast durchbohrt werden. Hierfür ist ein Bohrer mit mindestens 80 mm nötig, da der Mast sieben Höheneinheiten (69 mm) besitzt. Eine Bohrung von 1,5 mm ist ausreichend, wenn zwei Nanolitzen hindurchgeführt werden.

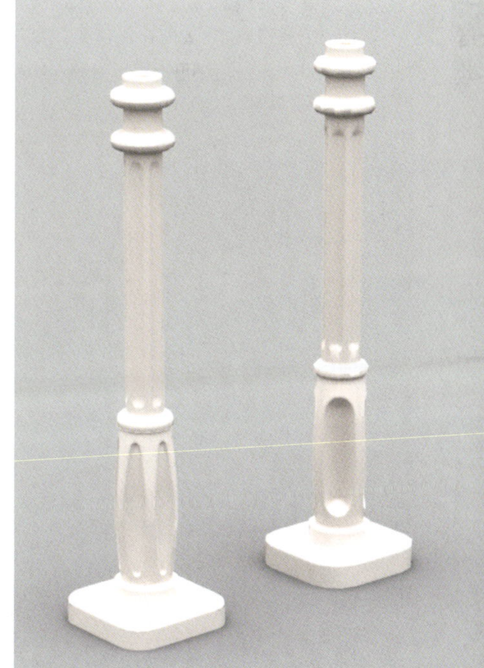

Abb. 8-45 Lampenmasten 2039 (links) und 11062 (rechts)

Schritt 1 – Mast stabil in einen Schraubstock spannen

Abb. 8-46 Eingespannter Mast

Schritt 2 – Mit einer Nadel die Mitte für die Bohrung anstechen

Abb. 8-47 Vorgestochenes Bohrloch zur Positionierung des Bohrers

Abb. 8-48 Durchbohren des Masts

Schritt 3 – Mit einem langen Bohrer über die Bohrsäule vorsichtig durch den Mast bohren

Der dünne Bohrer kann sich im Kunststoff festsetzen. Daher sollte vorsichtige gebohrt und der Bohrer immer wieder zurück aus dem Bohrloch gezogen werden. Dies immer nach ca. 5 mm Bohrfortschritt. Zudem ist es empfehlenswert, die Bohrung bis zur Mitte des Masts von unten und von oben zu fertigen, damit sich nicht der gesamte Bohrer im Mast befinden muss. Die Drehzahl des Bohrers sollte nicht hoch sein, damit durch die Reibung der Kunststoff nicht schmilzt. Perfekt wäre der Zugriff auf eine professionelle Bohrsäule mit Drehzahlregelung.

Der Bohrer kann aus der Mitte geraten und insbesondere den oberen, dünnen Abschnitt der Masten brechen. Dies ist beim zweiten Versuch passiert. Daher möglichst senkrecht ca. 20 mm mit einem kurzen Bohrer von oben vorbohren, bis 30 mm mit dem langen Bohrer nachbohren. Dann von der Sockelseite aus nach oben bohren, bis die Bohrungen sich treffen.

Ich empfehle gebrauchte günstige Masten für die ersten Versuche zu besorgen.

Schritt 4 – Kabel durch den Sockel führen

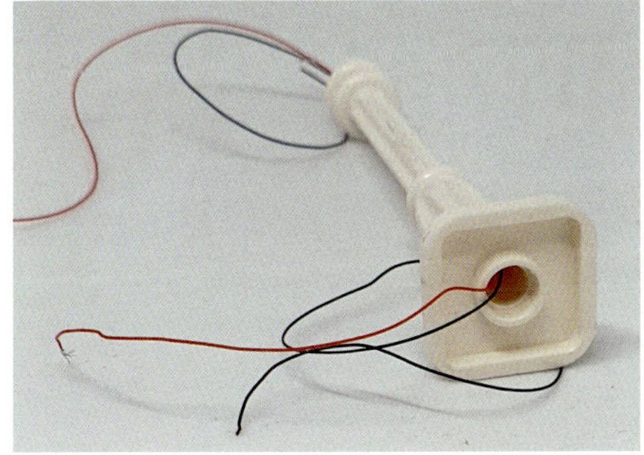

Abb. 8-49 Kabel durch Mastenbohrung geführt

Schritt 5 – LED anlöten und Kabel zurückziehen, bis LED fixiert ist

Die einfache Variante ist der transparente Minifigurenkopf auf dem Mast, der von einer 2 × 2-Schüssel abgedeckt wird. Der Minifigurkopf hat Aufnahmekapazität für eine 3-mm-LED. Das Licht sollte jedoch schön abstrahlen. Weshalb eine LED mit großem Abstrahlwinkel ideal wäre, d. h. ein diffuses LED-Gehäuse in Flachkopf- oder Konkavbauform. Über die Kabelenden jeweils ein Stück Schrumpfschlauch schieben und dann die vorbereiteten Drähte an die LED (rot = Anode, schwarz = Kathode) anlöten.

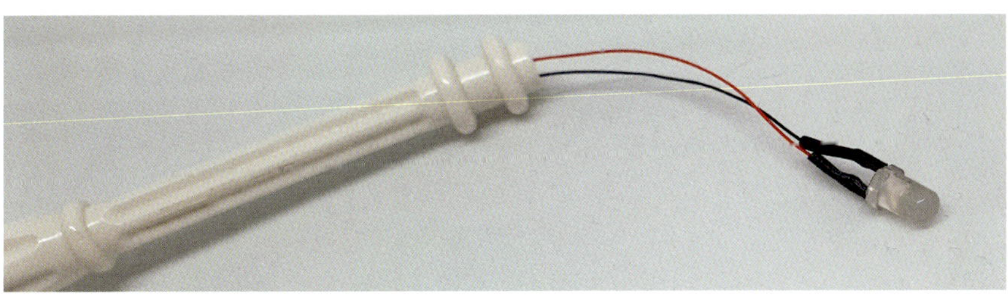

Abb. 8-50 An Kabel angelötete 3-mm-LED (weiß, diffuses Gehäuse)

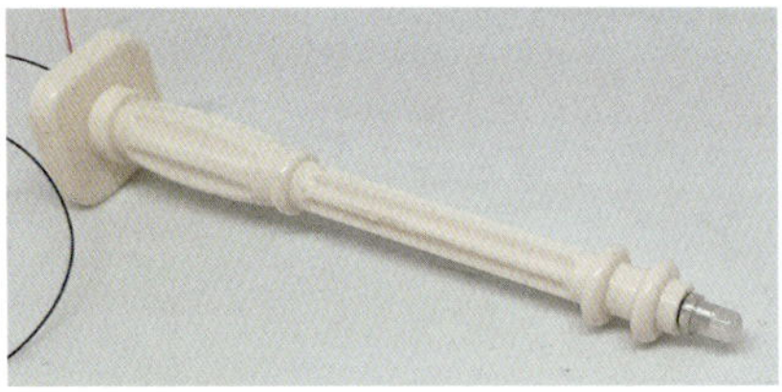

Abb. 8-51 Angesetzte LED im Kopf des Masts

Das Kabel vorsichtig am Sockel herausziehen, bis die LED am Kopf des Masts bündig liegt. Mit etwas Heißkleber können wir die LED zusätzlich am Kopf fixieren.

Schritt 6 – Buchse anlöten

Die Kabelenden am Sockel können entweder so aus dem Loch herausgeführt werden, oder wir führen seitlich am Sockel eine kleine Bohrung aus, um die Kabel herauszuführen.

Die Enden der Kabel an eine Anschlussbuchse anlöten oder an einen DUPONT-Stecker crimpen. Da die LED einen Vorwiderstand benötigt, dieser aber nicht in die LEGO-Konstruktion passt, wurde hier der Widerstand an den Anschluss der Buchse angelötet und mit einem etwas größeren Schrumpfschlauch zusammen mit dem Anschlusskabel isoliert.

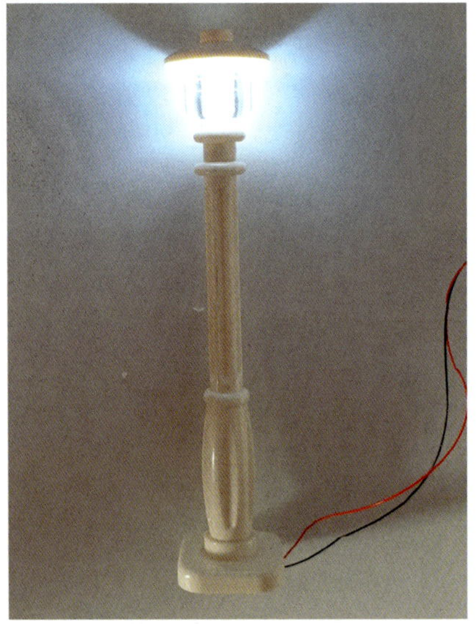

Abb. 8-53 Straßenlampe mit eingeschalteter LED

Abb. 8-52 Buchse mit angelötetem Vorwiderstand

Komplizierter wird es, wenn mehrere Leuchtkörper an einem Mast existieren. Auf den Mast wird ein 1×1 modifizierter Stein mit Noppen an allen Seiten verwendet. Mittels eingesteckten Megafon-Elementen werden die Ausleger realisiert. Leider können durch diese keine Kabel gelegt werden. Eine entsprechende Bohrung würde die Stabilität erheblich negativ beeinflussen. Hier müssen die Kabel außen weitergeführt und wieder in den Lampenkörper geführt werden. Arbeiten Sie mit einer Kabelfarbe, die der Mastfarbe entspricht.

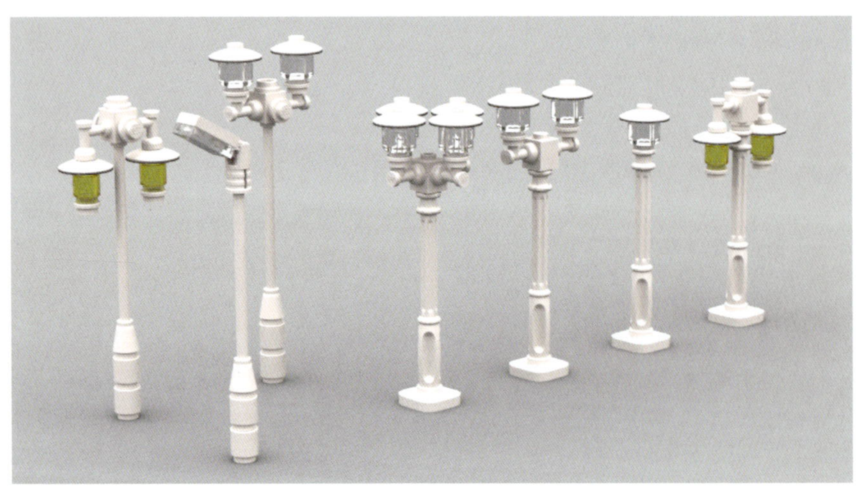

Abb. 8-54 Straßenlampen-Konstruktionen

8.8 Ampel

Eine Ampel kann auf verschiedene Arten konstruiert werden. Zudem gibt es unterschiedliche Varianten wie Fußgängerampel und Ampeln für den regulären Straßenverkehr. Eine Auswahl von Konstruktionen ist in Abbildung 8-55 zu sehen.

Der Ampelmast kann mit einem Laternenmast (11062/2039) realisiert werden. Die von LEGO z. B. im City-xtra-Set (40311) verwendete Konstruktion ist für Beleuchtungszwecke leider nicht verwendbar, da wir den 3-mm-Stab nur sehr schwer durchbohren können. Aber anstatt der Stäbe können auch 3-mm Röhren verwendet werden. Diese sind perfekt, um die Anschlusskabel vom Boden in die Ampelkonstruktion zu legen.

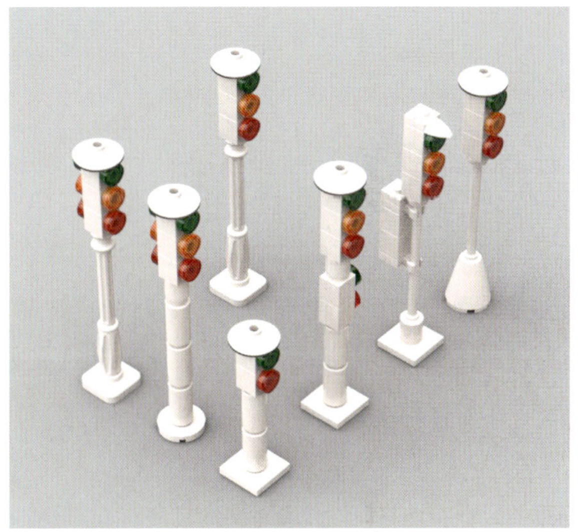

Abb. 8-55 Ampel-Konstruktionen

Der Konverterstein (Stein mit Noppe an einer Seite, 87087) ist mit einer nach vorne zeigenden hohlen Anschlussnoppe ideal, um eine LED einzusetzen. Leider besitzt die Noppe nach oben keine Bohrung, um die Kabel weiter durchzuleiten. Auch die Konvertersteine mit zwei Noppen an einer Seite (47905) oder drei Noppen (26604) besitzen keine hohle Noppe an der Oberseite. Nur der Hydrantenstein (4733) besitzt diese Eigenschaft. Da für Ampeln nur der 87087 und 47904 infrage kommt, müssen die oberen Noppen mit einem 3-mm-Bohrer (oder auch etwas kleiner) durchbohrt werden.

Abb. 8-56 Konvertersteine mit durchbohrter Noppe

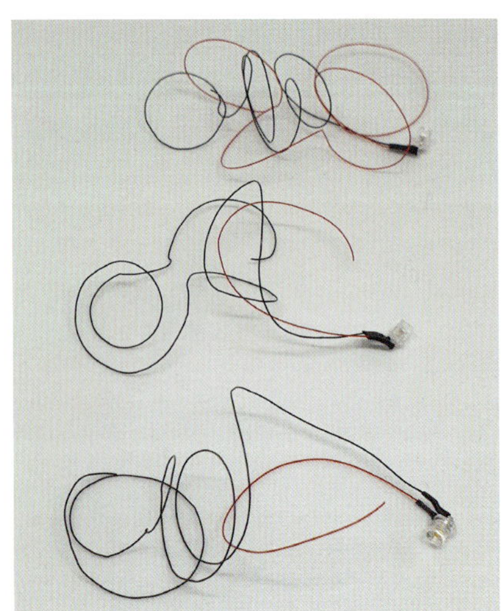

Abb. 8-57 3-mm-LEDs mit flachem Kopf und angelöteten Kabeln

Schritt 1 – LEDs vorbereiten und mit Kabeln versehen

Um drei LEDs anzusteuern, werden sechs Kabel benötigt. Selbst bei Micro-Litzen ist dies zu viel für die Bohrung im Mast. Doch die LEDs können ja einen gemeinsamen Anoden- oder Kathodenanschluss besitzen – abhängig von der Art der Ansteuerung.

Häufig werden die Kathoden zusammengefasst, und die Anode wird gesteuert. Der PFx-Baustein arbeitet z. B. mit einer kathodenseitigen Steuerung und einer gemeinsamen Anodenversorgung, wobei hier bereits ein 200-Ω-Widerstand auf den Anschlussadaptern verbaut ist. Bei drei identischen LEDs (UF/IF) können diese mit der Anode bereits vor Ort zusammengeschaltet und nur ein Kabel hierfür durch den Mast gelegt werden. Bleiben noch die drei Kabel für die Kathoden.

Schritt 2 – LED in obersten Konverterstein einsetzen

Im obersten Element (hier muss die Noppe oben nicht durchbohrt werden) wird die erste LED eingesetzt und mit etwas UV-Kleber fixiert.

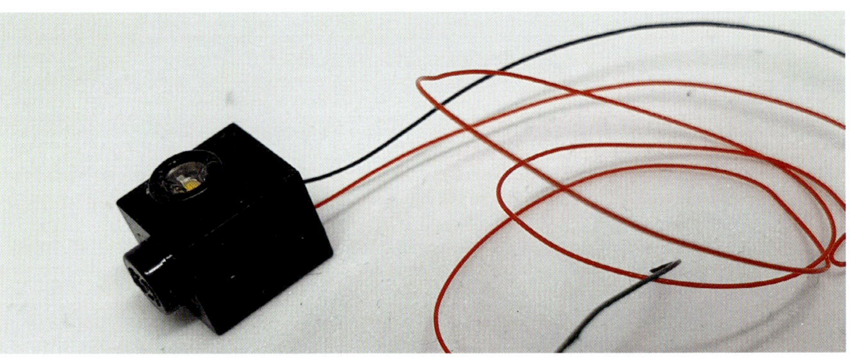

Abb. 8-58 In Konverterstein eingesetzte LED

Schritt 3 – Zweiten Konverterstein anfügen und LED einsetzen

Nun werden die beiden Kabel durch die durchbohrte Noppe des nächsten Steins geführt, und der Stein wird angesteckt.

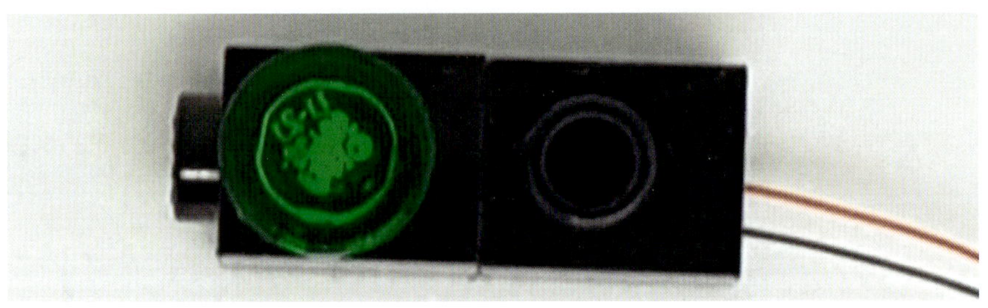

Abb. 8-59 Zweiter Stein für gelbes Signal

Im zweiten Stein nun wieder eine LED einfügen und die Kabel des ersten Steins zusammen mit den Kabeln dieser LED durch die Noppe des dritten Steins führen.

Abb. 8-60 Einsetzen der LED in den zweiten Stein

Schritt 4 – Dritten Konversterstein anfügen und LED einsetzen

Abb. 8-61 Dritter Stein für das rote Signal

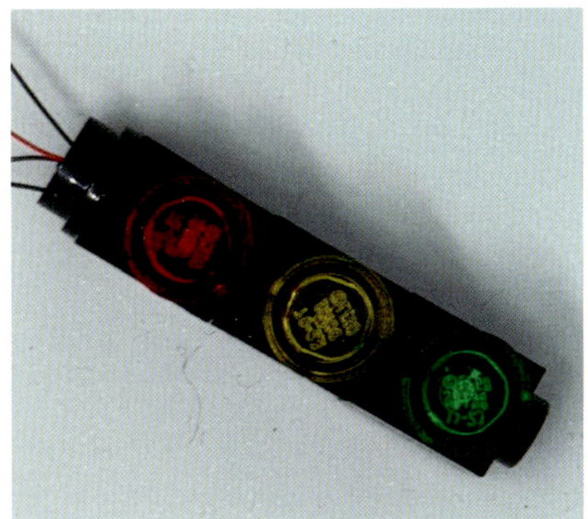

Abb. 8-62 Komplette Signalteil für die Ampel

Schritt 5 – Kabel durch Mast führen

Die drei Anodenkabel ca. 2 cm nach dem letzten Stein zusammenlöten und nur ein langes Kabel (identisch mit den Kathodenkabeln) durch die Röhre führen. Die Lötstelle mit einem Schrumpfschlauchstück isolieren.

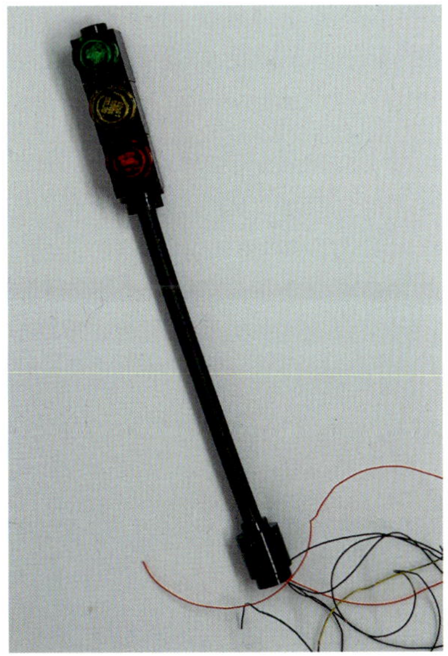

Abb. 8-63 Komplete Ampel mit Mast

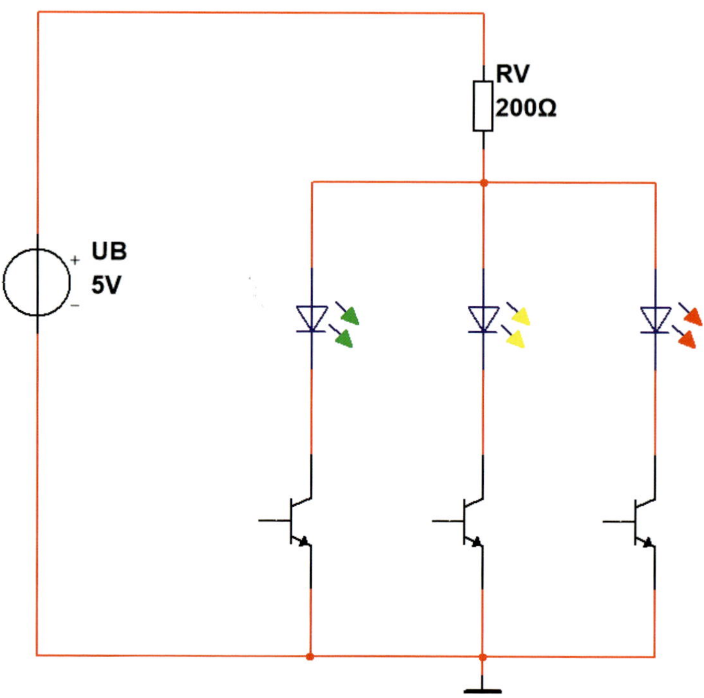

Abb. 8-64 Anschlussschema der Ampel-LEDs an den PFx-Baustein

Eigene Ansteuerung kann über programmierbare Mikrocontroller erfolgen. Diese gibt es in kompakten 8-Pin-SMD-Gehäusen, und sie bieten vier programmierbare Ausgänge, mit denen wir LEDs ansteuern können. Ideal, um eine Ampel mit einem Baustein zu steuern. Eine komplette Kreuzung verursacht da schon etwas mehr Aufwand.

- vier Ampeln (zwei jeweils identisch geschaltet)
- acht Fußgängerampeln (jeweils vier identisch geschaltet)

Hier werden zehn Steuersignale benötigt, die insgesamt 28 LEDs steuern.

Der ATtiny 2313/4313 oder PIC 16F819-I/P hat 18 I/O-Anschlüsse und kann eine komplette Ampelanlage steuern. Mit den acht offenen I/O-Ports können wir zusätzliche Spielereien realisieren, wie z. B. kleine Drucktaster (Fußgänger) abfragen, die die Ampelsequenz oder zusätzliche Ampeln für abbiegende Spuren steuern. Die Ausgänge der Mikrocontroller verkraften maximal eine LED und sollten daher auf Treiberbausteine wie z. B. ULN2803 geführt werden.

8.9 Laserschwerter

Die beliebten Lichtschwerter in Star-Wars-Sets sind ein begehrtes Beleuchtungsobjekt. Aber nicht nur als Lichtschwert sind die Griffe verwendbar, sondern auch als Basis für Wandfackeln.

Abb. 8-65 Lichtschwerter in Aktion (siehe auch Seite 165)

Schritt 1 – Bohren des Laserschwertgriffs

Um die Kabel durch den Griff zu führen, muss eine mittige Bohrung erstellt werden, die bei Verwendung von Mikro-Litzen 1 mm betragen sollte. Damit verbleiben 2 mm Wandstärke für den Griff. Um den Bohrer genau in der Mitte sicher anzusetzen, können wir mit einer Nadel die Mitte vorsichtig anstechen (mit einer dritten Hand und der beleuchteten Lupe ist dies einfacher). Im Anschluss bohren Sie mit einer Hobby-Bohrmaschine oder einem Handbohrer das Loch.

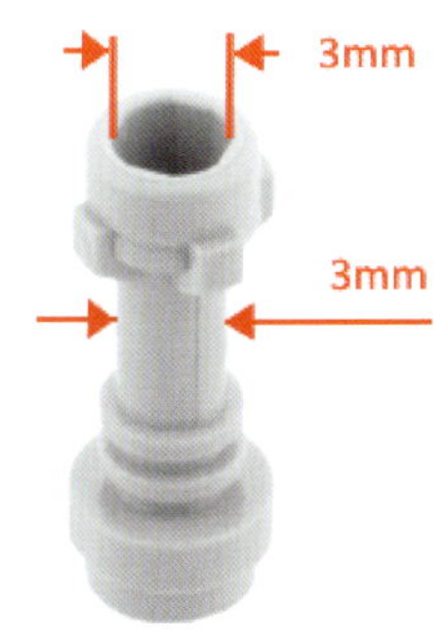

Abb. 8-66 Abmessungen eines Laserschwertgriffs

Abb. 8-67 Bohrung am hinteren Teil des Laserschwertgriffs

Abb. 8-68 Bohrungen am vorderen Teil des Laserschwertgriffs

Schritt 2 – Vertiefen des Stabanschlusses zum Einbetten der LED

Die Tiefe des Lochs beträgt ca. 2,7 mm, die der transparente Stab benötigt, um stabilen Halt zu finden. Daher muss hier die Bohrung etwas vertieft werden. Mit einem 2-mm-Bohrer vorsichtig ca. 1 mm das Bohrloch vertiefen. Bei Griffen mit hellerem Kunststoff sollte die Bohrung mit etwas schwarzem Lack abgedeckt werden.

Schritt 3 – Kabel durch Laserschwertgriff führen

Die Mikro-Litzen sollten je nach Einbausituation entsprechend lang gewählt werden und durch die Bohrung des Laserschwertgriffs geführt werden.

Abb. 8-69 Kabel im Laserschwertgriff

Schritt 4 – SMD-LED anlöten und in Griff einsetzen

Die LED wird an die Kabelenden, die aus der vertieften Bohrung (Vorderseite des Griffs) ragen, angelötet. Idealerweise werden die Kabel seitlich an die LED geführt.

Nach dem Anlöten werden die Kabel vorsichtig nach hinten gezogen, bis die LED in der Bohrung liegt.

Abb. 8-70 Anlöten einer LED (0603) an die Kabelenden

Abb. 8-71 Im Griff eingesetzte LED

Schritt 5 – Buchsen an Kabel anlöten

Nun werden die Buchsen an die Kabelenden angelötet. Unmittelbar danach sollten wir die Funktion der LED testen. Ist der Test erfolgreich, kann die LED mit etwas UV-Kleber fixiert werden.

Schritt 6 – Stab auf Griff befestigen

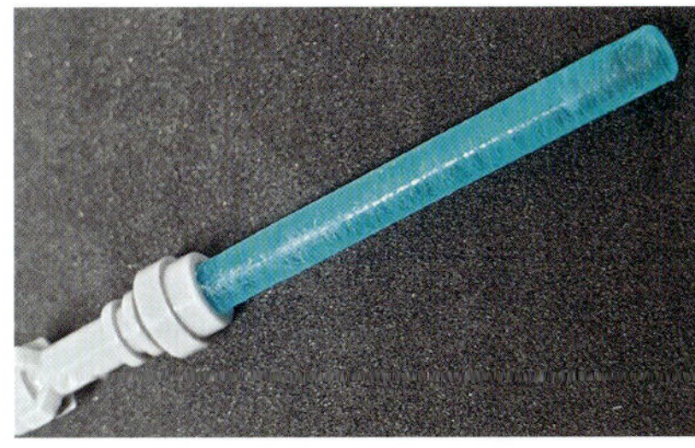

Abb. 8-72 In Griff eingesteckter transparenter Stab

Abschließend kann der transparente Stab in den Griff gesteckt werden … Möge die Macht mit euch sein.

Es gibt im Internet Anleitungen, wie Leitungen auch durch den Arm in eine Minifigur geführt und dort im Oberkörper zwei kleine Knopfzellen zur Stromversorgung integriert werden. Dies hat jedoch eine erhebliche Beschädigung der Minifigur zur Folge. Insbesondere Sammler werden so eine Modifikation nie in Betracht ziehen. Natürlich können wir uns aus den günstigsten Sets Figuren für solche Eingriffe zulegen.

Alternativ wäre auch eine moderate Anpassung lediglich zur Durchführung der Kabel durch den Arm, innen durch den Oberkörper und durch ein Bein. Dann kann die Minifigur über eine Technic-Platte mit Löchern bzw. Fliesen mit Loch positioniert und die Kabel können unter dem Boden verdeckt weitergeführt werden.

Schritt 7 – Bohrungen am Unterkörper

Zuerst wird eines der Beine entfernt und durch den Pin der Hüfte eine Bohrung von 1 mm erstellt. Im Bein von unten ebenfalls eine 1-mm-Bohrung erstellen, um vom unteren Hohlraum zum oberen Bereich zu gelangen. Damit das Bein beweglich bleibt und die Kabel nicht abtrennt, muss ein Schlitz von hinten nach vorne eingefügt werden, in den die Kabel durchgeführt werden.

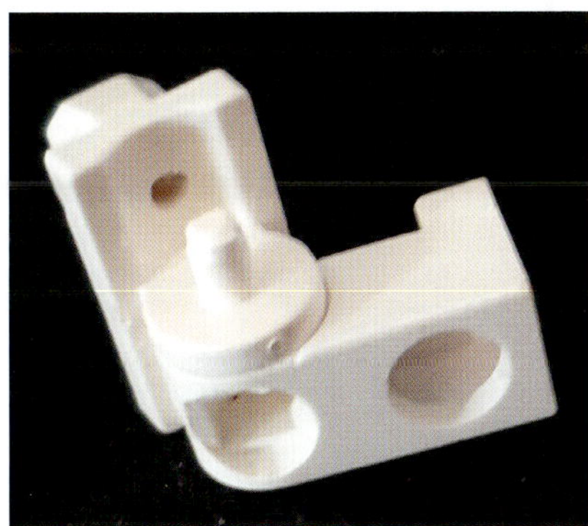

Abb. 8-73 Bohrung im Hüft-Pin

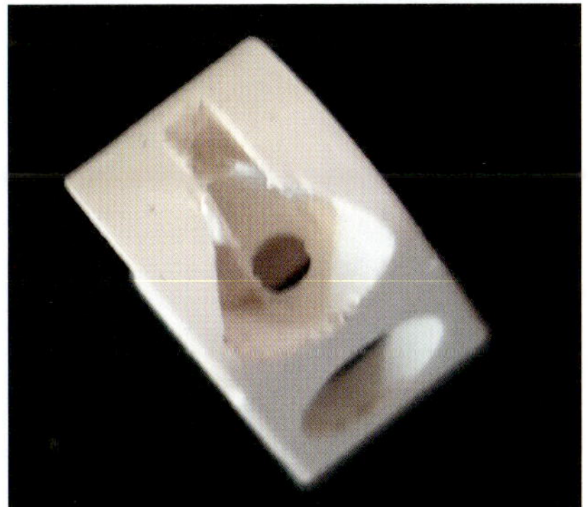

Abb. 8-74 Bohrung im Bein und Schlitz zur Kabeldurchführung

Schritt 8 – Oberkörper

Um die Kabel zur Hand und zum Laserschwert zu führen und dabei den Arm beweglich zu halten, führen wir sie über den Oberarm-Clip durch den Arm und durch den Ellenbogen. Dort bohren wir in Richtung des Oberarm-Clips. Hier werden die beiden Kabel durchgeführt – idealerweise in der Farbe des Arms. Wenn beide Kabel eine identische Farbe besitzen, sollte das Anodenkabel mit einem roten Lackstift an den Enden markiert werden.

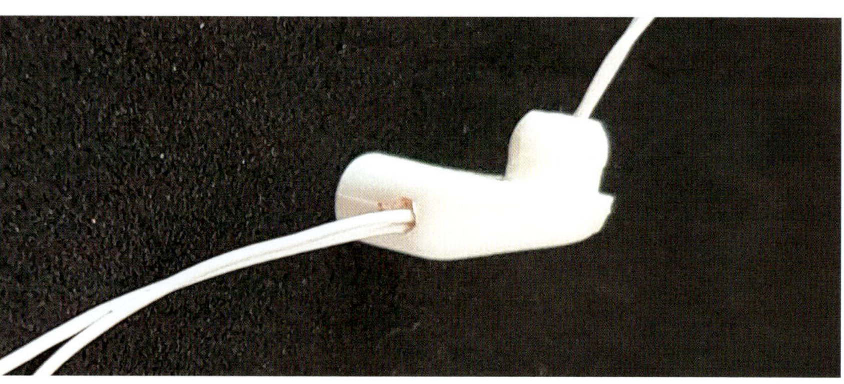

Abb. 8-75 Bohrung am Ellbogen zum Schulter-Clip und eingelegte Kabel

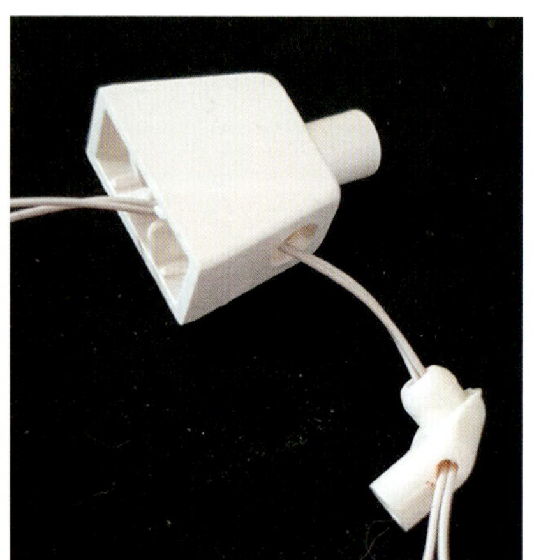

Abb. 8-76 Kabeldurchführung im Oberkörper

Nun werden die Kabelenden aus dem Oberarm-Clip in das seitliche Loch durchgesteckt, und der Arm wird eingesteckt.

Schritt 9 – Unterkörper

Nun werden die Kabel, die aus dem Oberkörper kommen, durch die Bohrung an den Hüften geführt und die Hüften in den Oberkörper eingesteckt.

Die Kabel aus der Hüfte durch das vorbereitete Bein führen und das Bein vorsichtig aufstecken. Die Kabel sollten durch den Schlitz geführt werden, damit diese nicht abgeklemmt werden.

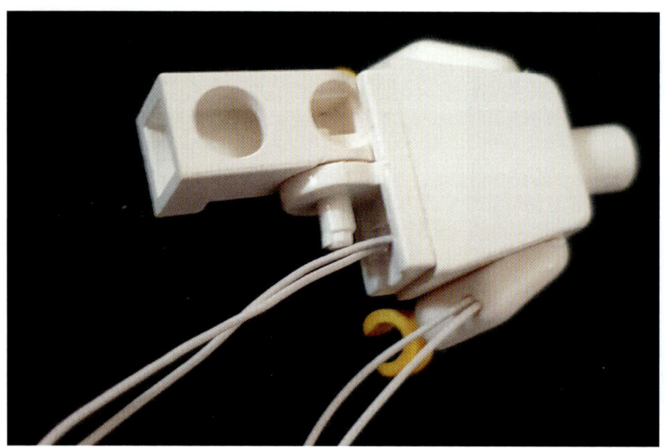

Abb. 8-77 Kabeldurchführung aus Körper durch Hüfte zum Bein

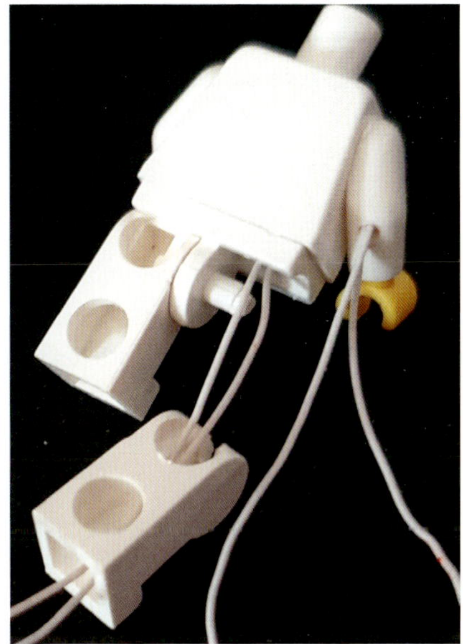

Abb. 8-78 Kabeldurchführung im Bein

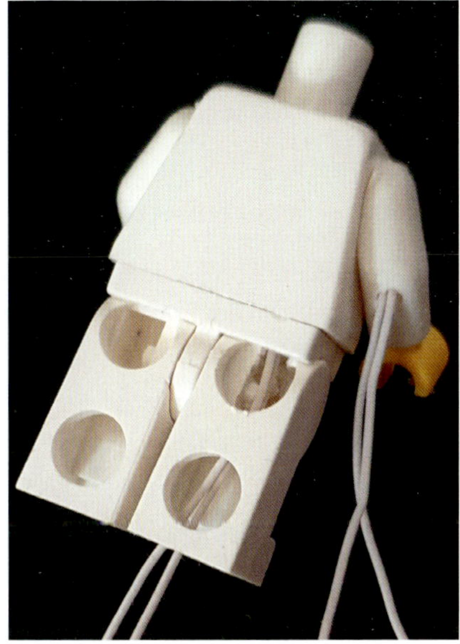

Abb. 8-79 Kabel vom Arm bis zum Bein durchgeführt

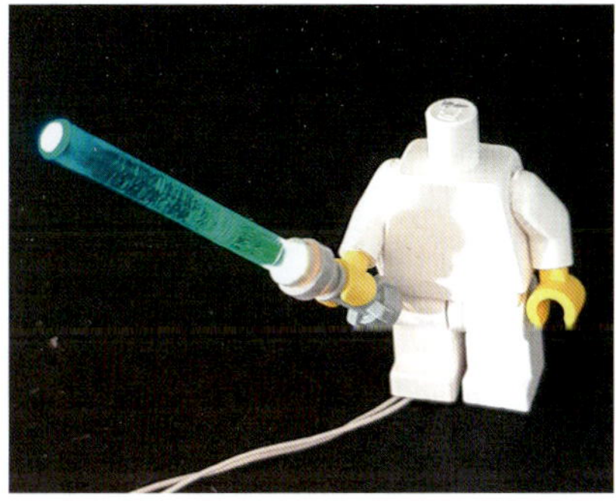

Abb. 8-80 Komplette Minifigur-Basis mit beleuchtetem Lichtschwert

8.10 Taster in 2 × 2-Fliese

Um eine LED auf Knopfdruck aufleuchten zu lassen und etwas Action für den Spieleinsatz ins Modell zu bekommen, lässt sich auf eine 2 × 2-Fliese ein Micro-Tastschalter montieren.

Schritt 1 – Löcher für Tasterkontakte bohren

Zuerst werden im entsprechenden Abstand der Tasterkontakte Bohrungen in die Fliese gefertigt. Durch diese Löcher werden die Anschlussfahnen des Tasters später einfach durchgesteckt.

Abb. 8-81 Bohrungen für Microtaster-Anschlüsse

Abb. 8-82 Bohrung für Anschlusskabel

Schritt 2 – Löcher für Anschlusskabel bohren

Auf zwei gegenüberliegenden Seiten der Fliese wir je eine Bohrung in der Mitte erstellt, wo später je ein Anschlusskabel durchgeführt wird (Abb. 8-82).

Schritt 3 – Taster einsetzen

Nun werden die Kontakte des Tasters auf der Oberseite der Fliese in die Löcher eingesteckt und in der Fliese umgebogen. Mit dem Lötkolben können die Kontakte noch etwas in den Kunststoff hineingedrückt werden, damit die Kontakte ein wenig versenkt sind und das Klemmen der Fliese nicht zu sehr beeinträchtigen (Abb. 8-83).

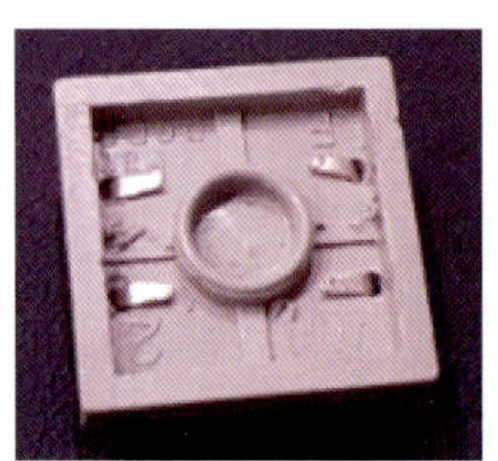

Abb. 8-83 In Fliese eingesetzter Microtaster

Schritt 4 – Kabel anschließen

Durch die beiden seitlichen Bohrungen wird nun je ein Kabel in die Fliese gelegt und mit den Kontakten verlötet.

Abb. 8-84 An den Microschalterkontakten angelötete Kabel

Abb. 8-85 Montierter Taster auf der Fliesen-Oberseite

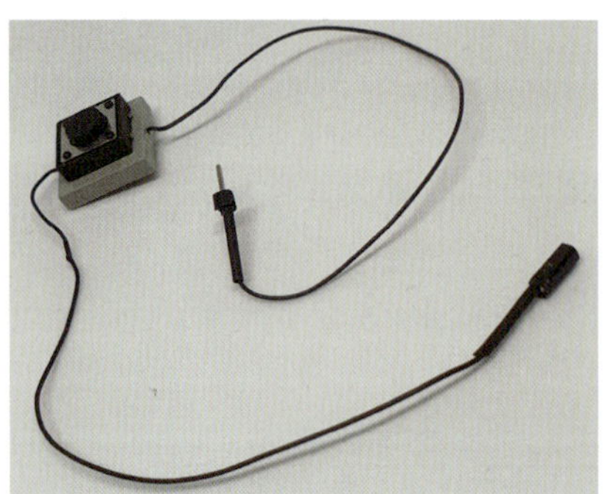

Abb. 8-86 Komplette Taster-Fliese

Schritt 5 – Buchse/Stecker anlöten

Zum Abschluss wird an ein Kabel eine 1-polige Buchse und an das andere Kabel ein Stecker angelötet und mit einem Stück Schrumpfschlauch isoliert. Das Kabel kann nun in eine Verbindung eingefügt werden, um für die Dauer des Tastendrucks den Kontakt zu schließen und eine LED leuchten zu lassen.

> Der Taster kann auch an den Eingang eines Mikrocontrollers angeschlossen werden (allerdings sollte diesem eine sogenannte Entprellungs-Schaltung vorangestellt sein), um Effekte ein- und auszuschalten.

8.11 Lichterkette

Insbesondere zur Weihnachtszeit sind LED-Lichterketten in den Verkaufsregalen zu finden. Die günstigste Variante besteht aus einer kleinen Batteriebox und LEDs, die parallel an zwei lackisolierten Drähten in gleichmäßigem Abstand verlötet und transparent umhüllt sind. Die Handhabung ist zunächst unflexibel, da die Abstände zwischen den LEDs zu groß sind bzw. je nach Projekt nicht so viele LEDs benötigt werden, wie die Kette beinhaltet.

Schritt 1 – Trennen der LED-Segmente

Um diese Lösung zu flexibilisieren und den Einbau zu optimieren, wurden die Leitungen zwischen den LEDs und der Batteriebox zuerst getrennt. Sehr wichtig ist dabei, die Polarität der Drähte zu ermitteln und diese zu kennzeichnen. Dies kann durch Markierung des positiven Leiters (Anoden) vor und kurz nach der LED mit einem roten Lackstift erfolgen.

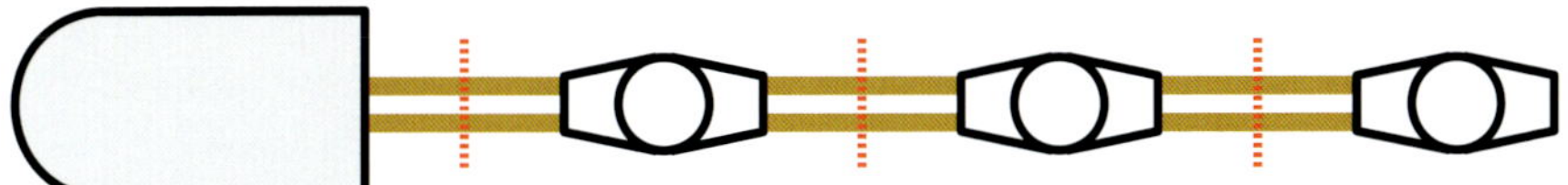

Abb. 8-87 Trennstellen an der LED-Kette

Dann die Leitungen jeweils auf 3 cm gekürzt und mit Steckern bzw. Buchsen ausgestattet.

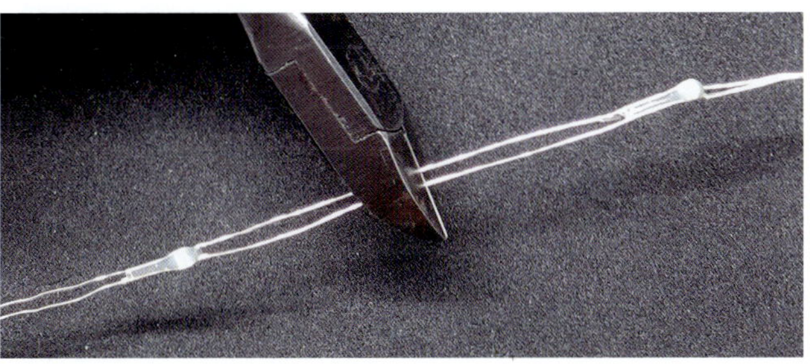

Abb. 8-88 Trennen der Segmente mit einem Seitenschneider

Schritt 2 – Vorbereiten der Kabelenden

Die Enden der Lackdrähte mit dem Lötkolben erhitzen und mit Lötzinn verzinnen. Dabei schmilzt die Lackschicht, und die Enden können dann an die Buchsen bzw. Stecker angelötet werden. Zuvor sollte auf den jeweiligen Draht ein Stück Schrumpfschlauch (1 mm) geschoben werden, um nach dem Anlöten der Verbindungselemente die Anschlüsse zu isolieren.

Schritt 3 – Anlöten der Buchsen bzw. Stecker

An der Batteriebox beginnen wir sinnvollerweise mit einer Buchse, dann folgen ein Stecker an die linke Seite der LED und wieder eine Buchse an der rechten Seite:

Abb. 8-89 Stecker und Buchsen an den getrennten Leitungen

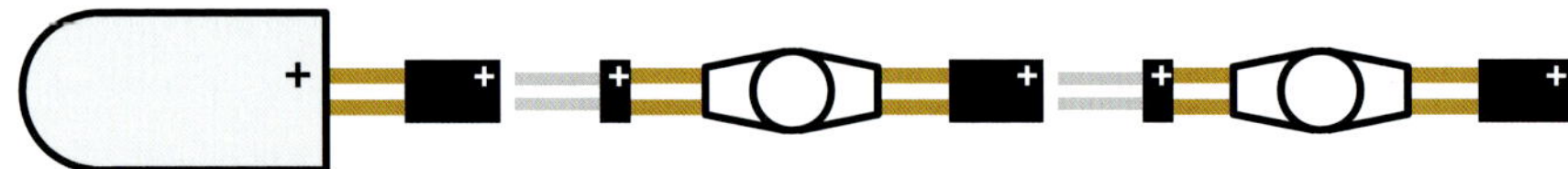

Somit kann die Anzahl der LEDs flexibel durch Zusammenstecken variiert werden. Die auf 3 cm gekürzten Kabel ergeben einen Abstand von ca. 7 cm zwischen den einzelnen LEDs. Die Länge kann natürlich beliebig gewählt werden. Bei 20 LEDs können wir einige mit kürzeren Anschlüssen und einige mit längeren Anschlüssen vorsehen.

Achtung

Die LEDs dürfen nur an die vorgesehene Spannungsversorgung angeschlossen werden. Das System ist auf eine Spannungsgröße ausgelegt. Weicht die Spannung nach oben ab, werden die LEDs zerstört. In der Regel gibt es 3-V- und 6-V-Varianten mit kleinen Batterieboxen.

Abb. 8-90 Modifizierte Lichterkette (Anschluss + ein Segment)

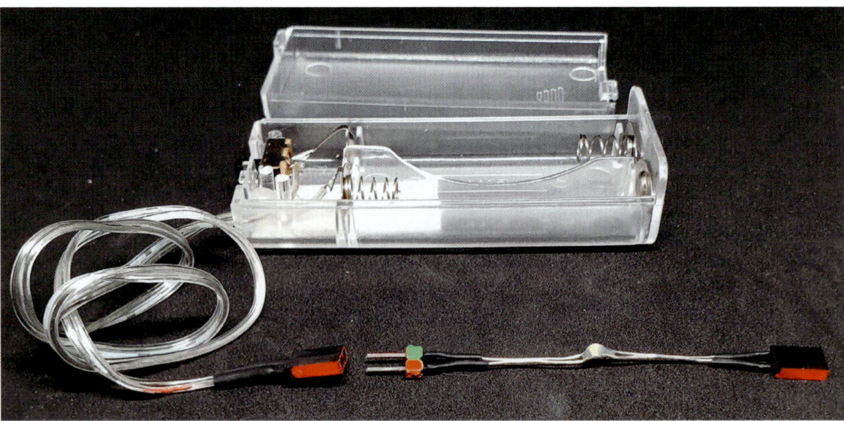

Tipp

Einzelne LED-Segmente können in Transparentlack getaucht werden. Somit bekommen wir aus einer Lichterkette gleich mehrere unterschiedliche Lichtfarben. Einfach den Kopf der LED in den Lack tauchen und trocknen lassen.

9 PFx Brick

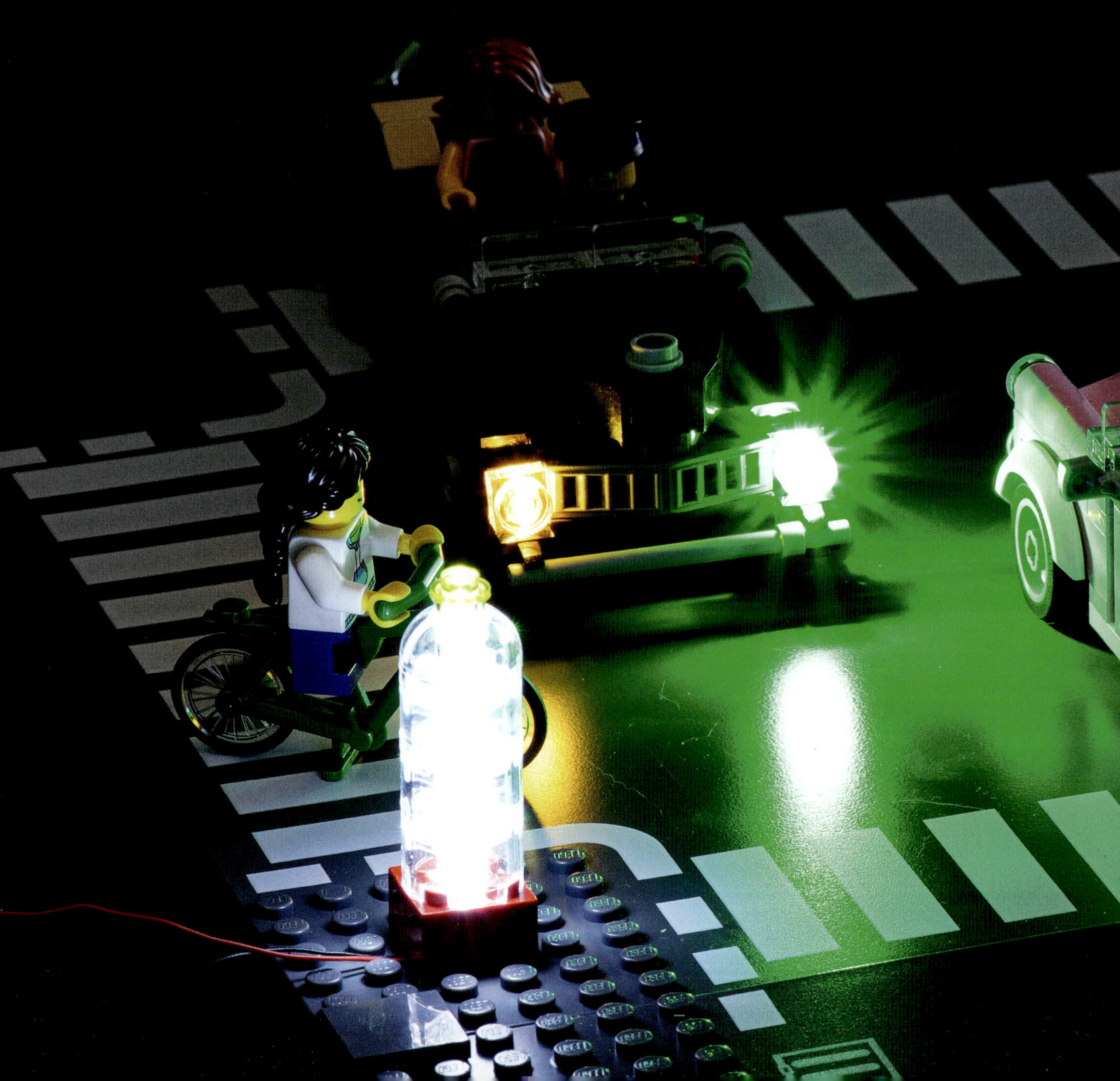

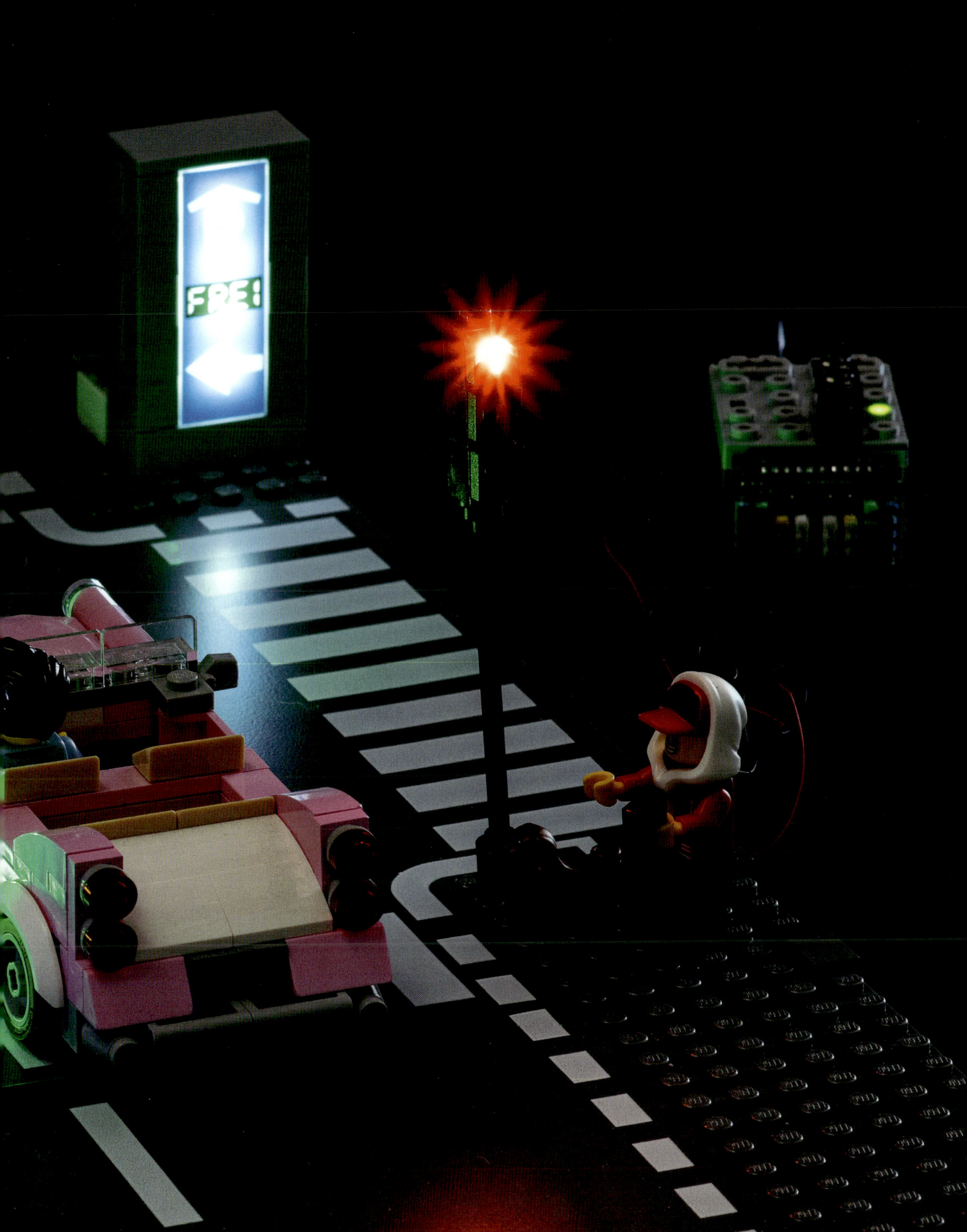

Der »PFx Brick« ist eine Komplettlösung für Motorsteuerung, Licht- und Soundeffekte. In diesem Kapitel sollen alle Informationen rund um die LED-Ansteuerung vermittelt werden, die dieser Baustein bietet. Zugleich ist das Kapitel auch eine gute Ideenquelle für vielerlei Lichteffekte und für mögliche Individuallösungen auf Basis von Mikrocontrollern wie PIC oder ATtiny.

Der PFx-Baustein kommt mit einer Vielzahl von Effekten zur Ansteuerung von LEDs daher. Da dies per Software erfolgt, können bei Updates neue Effekte hinzukommen oder bestehende Effekte erweitert werden.

Jeder Baustein kann über acht Kanäle die Anschluss-Boards sowie zwei über die Power-Functions-Anschüsse (A, B) verbundenen LEGO-LEDs ansteuern. Bei der Konfiguration wird zwischen »individuellen« und »zusammenhängenden« Effekten unterschieden.

9.1 Anschluss-Boards für LEDs

Die LED-Anschlussplatinen (LAB = Light Assessory Board) ermöglichen die Verbindung von beliebigen LEDs. Jeder Ausgang liefert bis maximal 100 mA. Die Anschlussplatinen sind bereits mit 200 Ohm Vorwiderständen für jeden Anodenausgang (+) bestückt, die direkt mit der Spannungsversorgung (4,8 V) verbunden sind. Die Ansteuerung hinsichtlich der Effekte bzw. Intensität erfolgt über den Kathodenanschluss. Das heißt, zwischen Masse und Kathode liegt ein Steuertransistor, der einen Spannungsabfall von 0,3 V bewirkt. Das wiederum heißt, die maximale mögliche Spannung an einer LED beträgt 4,5 V. Dies ist eine wichtige

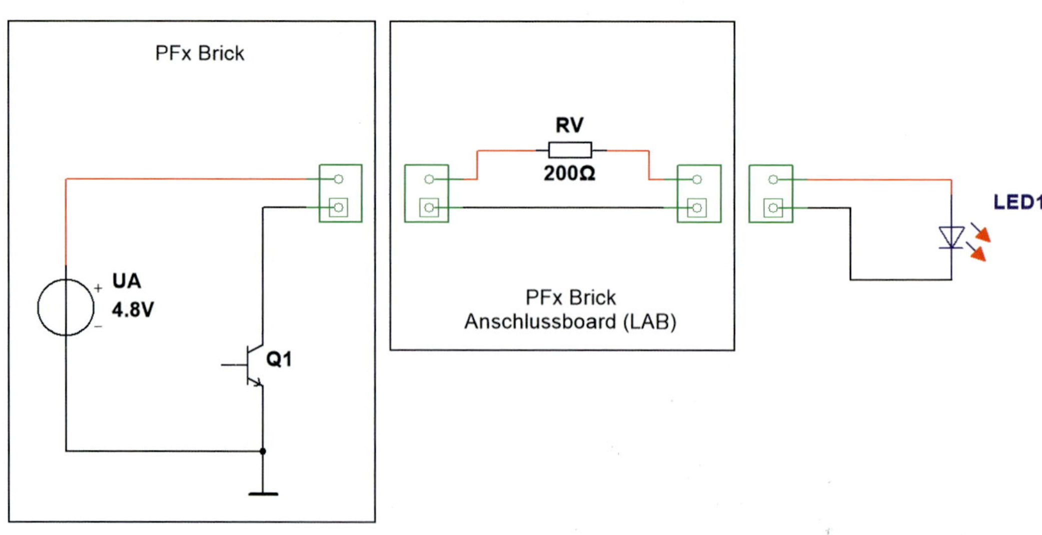

Abb. 9-1 Funktionsprinzip PFx-Brick- und LAB-Anschluss-Boards

Information, wenn spezielle LED-Anschlussszenarien oder eigene Anschlussplatinen entwickelt werden.

Der PFx-Baustein besitzt an der Stirnseite einen Schacht, in dem sich eine 10-polige Buchsenleiste mit 2,0 mm Rastermaß befindet. Über Pin 1 und Pin 10 werden 5 V bereitgestellt. Pin 2 bis 9 entsprechen den Open-Kollektor-Steuerausgängen 1 bis 8.

Das LAB wird in den Anschlussschacht an der Stirnseite des PFx-Bausteins gesteckt. Die Beschriftung der Platine sollte dabei nach oben/außen sichtbar sein.

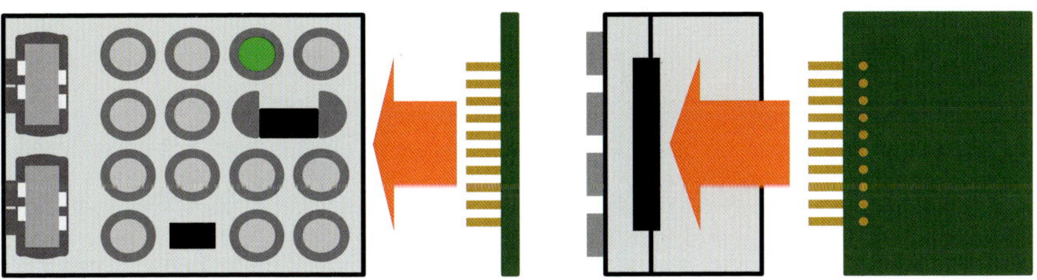

Abb. 9-2 Verbindung zwischen LAB und PFx Brick

Mit dem passenden Adapterkabel können die LAB auch dezentralisiert vom Baustein platziert werden.

Hinweis

Die Anschlüsse sind verpolungssicher belegt. Bei umgekehrtem Anschluss des Adapterkabels bzw. der LAP sind nur die logischen Zuordnungen der Ausgänge vertauscht.

PinLAB Boards

Die PinLAB Boards sind mit 2,54-mm-Pfostensteckern bestückt, an die DUPONT-Buchsen mit Crimp-Kontakten oder Board-to-Board-Steckverbinder angeschlossen werden können. Der rechte Anschluss ist immer der Anodenanschluss (+) für die LEDs, was auf dem Board auch gekennzeichnet ist.

Das PinLABsolo bietet 8 Ausgänge, die über die 8 Steuerkanäle bedient werden. Die Platine entspricht dem PinLABduo, jedoch mit halber Bestückung. Die Platine hat eine Größe von 30 mm × 17 mm und schließt mit der Stirnseite des PFx-Bausteins bündig ab.

Abb. 9-3 PinLABduo-Anschlussplatine für 16 LEDs

Mit dem PinLABduo stehen 16 Ausgänge zur Verfügung, die jeweils 2 Ausgänge über einen Steuerkanal bereitstellt. Das heißt, 2 LEDs mit identischem Effekt pro Kanal.

Mit 36 Ausgängen, die den Anschluss von 4 LEDs pro Steuerkanal ermöglichen, ist das PinLABquad die größte Ausbaustufe. Die Platine ist mit 30 mm × 31 mm auch höher und ragt nach unten über die Bausteinkante hinweg. Für den Einbau in kleinen LEGO-Modellen ist dieses Board eher ungeeignet. Für die Beleuchtung eines Gebäudes, in dem viele LEDs benötigt werden, ist dieses Board ideal. Auch kann die Platine mit dem Verlängerungskabel unabhängig vom Baustein platziert werden.

Hinweis

Bei den Anschlussplatinen pinLABsolo, pinLABduo oder pinLABquad ist auf die korrekte Polarität beim Anschluss der LED zu achten:

Abb. 9-4 Anschluss von LEDs an PinLAB-Platinen

Während der Experimente bezüglich der fahrtrichtungsabhängigen Zugbeleuchtung hat sich aus der Diskussion heraus eine neue PinLAB-Variante ergeben. Das PinLAB-2c ermöglicht den Anschluss und die Ansteuerung von bis zu 8 Zweifarb-LEDs mit gemeinsamer Anode. Zusätzlich gibt es in der Mitte der Platine einen 5-poligen Anschluss zur Verwendung für Warnsignal-Systeme, die bei Polizei, Feuerwehr oder Rettungswagen zum Einsatz kommen. Insbesondere die nordamerikanischen Varianten können hier verbunden werden Der 5-polige Anschluss hat allerdings einen Pinabstand von 1,5 mm.

Abb. 9-5 PinLAB-2c-Anschlussplatine für Zweifarb-LEDs

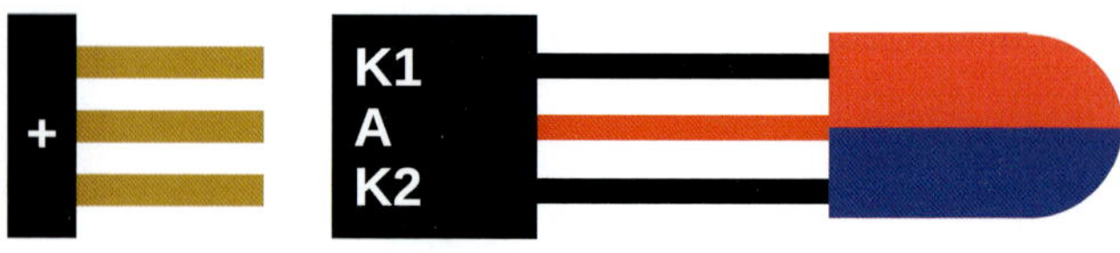

Abb. 9-6 PinLAB-2c-Anschlussbelegung für Zweifarb-LEDs

Eine spezielle Platine mit 4 LEDs und 5-poligem Anschluss – passend zur LAB-2c-Anschlussplatine – kann einfach zwischen Noppen gelegt und transparente Fliesen können darüber gesteckt werden. Die Kabel werden einfach nach unten zwischen den Platten weitergeführt. Eine sehr elegante Lösung für Einsatzfahrzeuge jeder Art.

Abb. 9-7 Lichtleiste für Lichtsignale bei Einsatzfahrzeugen

Abb. 9-8 Beispiel für den Einbau der Lichtleiste

PicoLAB Boards

Die PicoLAB Boards ermöglichen den Anschluss von Brickstuff-PicoLEDs, die 0,8-mm-JST-SUR Steckverbinder einsetzen. Diese sehr kleinen Stecker passen durch jedes LEGO-Loch und sind verpolungssicher – allerdings ist das Einsetzen und Verbinden eine Herausforderung, da wir insbesondere beim Entfernen nicht am Kabel ziehen sollten. Zur Not hilft eine Pinzette mit abgewinkelter Spitze beim Herausziehen am Steckergehäuse.

Das PicoLABduo ermöglicht den Anschluss von 16 LEDs, wobei je 2 Ausgänge mit einem Steuerausgang verbunden sind.

Abb. 9-9 PicoLABduo-Anschlussplatine für 16 LEDs von Brickstuff

EliteLAB Boards

Das EliteLABduo ist für Anschlüsse von bis zu 16 eLites der Firma LifeLites vorgesehen und mit 2-poligen JST-ZR-Buchsen ausgestattet.

Abb. 9-10 EliteLAB-Anschlussplatine für 16 eLites

MicroLAB

Über das MicroLAB können LED-Verteiler-Platinen des Brickstuff-Systems angeschlossen werden, das hierfür 2-polige 1,0-mm-2-pin-JST-SH-Buchsen verwendet.

Abb. 9-11 MicroLAB-Anschlussplatine für 8 Verteilerplatinen von Brickstuff

Die Verteilerplatinen gibt es mit Eins-zu-zwei-, Eins-zu-Vier- und Eins-zu-neun-Verteilung auf PicoLEDs.

Hier noch mal der Hinweis, dass ein PFx-Ausgang maximal 100 mA liefern kann. Das heißt, bei Anschluss von LEDs mit 20 mA Durchlassstrom sind maximal 5 LEDs möglich und ein 9er-Verteiler würde voll bestückt den Anschluss überlasten.

Abb. 9-12 Brickstuff-Adapter zur Dezentralisierung und Erweiterung von LED-Anschlüssen

Abb. 9-13 Adapter zwischen Brickstuff und LifeLites (eLites)

Zum Anschluss der Verteilerplatinen werden entsprechende Verbindungskabel benötigt, die es in 1,5", 6", 12" und 24" Länge gibt. Interessant ist auch der Eins-zu-zwei-Verteiler/-Adapter von Brickstuff zum Anschluss von LifeLite-eLite-LED-Lösungen, die einen dezentralen Anschuss von 2 LEDs an einen PFx-Brick-Kanal ermöglichen.

Dieses Beispiel zeigt, wie einige Hersteller – die irgendwie auch Konkurrenten sind – im Sinne des Anwenders Brücken bauen, um für das jeweilige Beleuchtungsprojekt flexibel adäquate Beleuchtungsmitteln zu wählen.

usbLAB

Mit der usbLAB-Verteilerplatine können vier USB-Systeme angesteuert werden. Das heißt, 4 Kanäle des PFx-Bausteins werden für eine Platine verwendet. Je nach Einsteckposition steuern die Kanäle 1 bis 4 oder 5 bis 8 die USB-Ports an. Somit können im Handel verfügbare LED-Beleuchtungselemente über den Baustein angesteuert werden.

Abb. 9-14 usbLAB-Anschlussplatine für 4 USB Ports

duoLAB

Um zwei Anschlussplatinen an einen PFx-Baustein anzuzuschließen, können wir die sogenannten duoLAB Boards verwenden. Diese gibt es mit seitlichem oder rückseitigem Anschluss. Beide Platinen können auch über ein Verlängerungskabel dezentralisiert vom Baustein platziert werden. Interessant ist diese Lösung für größere Modelle mit vielen Effekten.

Abb. 9-15 duoLAB mit rückseitigem Anschluss am PFx Brick, rechts mit picoLABduo- und usbLAB-Verteilerplatine

9.2 Individuelle Lichteffekte (individual)

Fügt jeder ausgewählten LED den konfigurierten Effekt zu. Jeder Effekt verfügt über unterschiedliche Parameter, die unterhalb der Auswahl der Lichtausgänge eingeblendet werden. Für alle Effekte besteht die Grundeinstellung, in der die Ausgänge gewählt werden können, auf die der Effekt angewendet werden soll.

Die nachfolgenden Screenshots der PC-App sind in Englisch. Die iOS-App ist bei Redaktionsstand bereits in Deutsch verfügbar. Es ist geplant, zu einem späteren Zeitpunkt auch die PC- und Mac-Apps mehrsprachig anzubieten. Daher werden hier bereits die deutschsprachigen Begriffe der iOS-Version im Text verwendet.

Light Action: Individual Applies an effect to each of the selected lights.
Effect: Broken Light Flickering faulty light.
Lights: 1 2 3 4 5 6 7 8 All A B

Der Hersteller hat auf seiner Webseite einen Bereich bereitgestellt, um die jeweiligen Effekte mittels animierter GIF-Grafiken zu vermitteln:

https://fxbricks.com/pfxbrick/lightfxdetail/

Für alle nachfolgenden Effekte legt die Option »Aktivierung« fest, wie der Effekt ausgelöst wird. Mit »Umschalten« werden bei jedem Auslösen die Ausgänge entweder eingeschaltet oder ausgeschaltet. »Einschalten« schaltet immer nur »ein« und »Ausschalten« immer nur »aus«. In diesem Fall erfolgt das Ein- und Ausschalten immer über getrennte Steuerkontrollen der Fernbedienungen bzw. App-Kontrollen. Das »Einschalten für eine bestimmte Dauer« (Turn On for Duration) schaltet die Einstellung »Dauer« (Duration) frei, in der Sie die Einschaltdauer des Lichteffekts zwischen 0,5 Sekunden und 5 Minuten in verschiedenen Stufen wählen können.

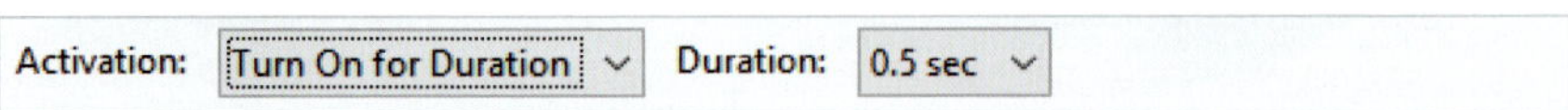

9.2.1 Ein/Aus (On/Off)

Ein- bzw. Ausschalten der angegebenen Ausgänge/LEDs.

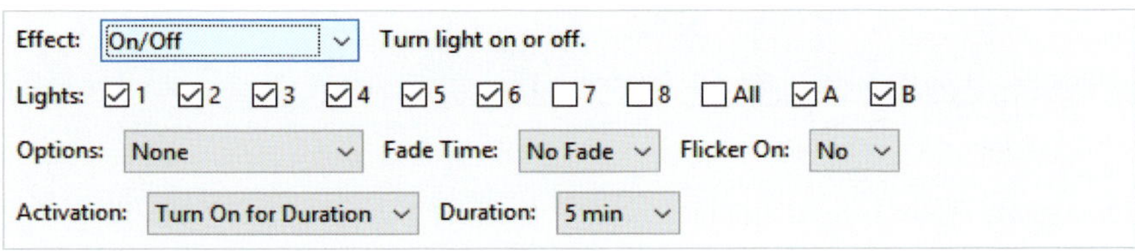

Das Ein- und Ausschalten der gewählten Ausgänge kann mit zusätzlichen Verhaltensaspekten belegt werden.

Die *Optionen* ermöglicht die Kopplung des Lichteffekts mit verschiedenen Motoraktionen bezogen auf Motor an Anschluss A oder B.

Die *Blend-Zeit* (Fade Time) ermöglicht ein langsames Aufblenden des Lichts bis zur vollen Leuchtstärke bzw. Abblenden bis zum ausgeschalteten Zustand, wobei ein Zeitwert von 50 ms bis 10 Sekunden in verschiedenen Schrittgrößen möglich ist.

Das *Flackern beim Einschalten* (Flicker On) ermöglicht z. B. die Simulation einer Leuchtstoffröhre, die beim Einschalten dieses optische Verhalten aufweist.

9.2.2 Zufälliges Flackern (Random Flicker)

Über einen Zufallsgenerator wird ein Flackern erzeugt, wie es bei Fackeln, Feuerstellen, Kerzen oder offenen Kaminen zu sehen ist. Auch beim Schweißen tritt diese Art von Effekt auf – hier kommen wir der Realität mit einer blauen LED sehr nahe. Gewitterblitzen kann ebenfalls mit diesem Effekt simuliert werden. Das Licht variiert bei diesem Effekt per Zufall die Lichtstärke.

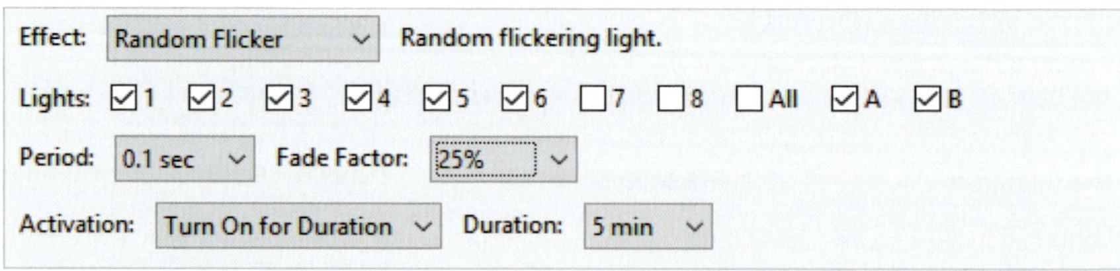

Bei diesem Effekt kann die *Periodendauer* (Period) zwischen 0,05 Sekunden und 3 Sekunden in verschiedenen Stufen gewählt werden.

Der *Blend-Faktor* (Fade Factor) bestimmt, ob das Licht hart oder sanft flackert. Soll das Aufflackern weich erfolgen, kann dieses Verhalten mit einem Wert zwischen 1% und 400% in verschiedenen Stufen erfolgen.

9.2.3 Zufälliges Blinken (Random Blink)

Ein interner Zufallsgenerator lässt die LED zufällig aufleuchten. Im Gegensatz zum Flackern wird hier ein reines zufälliges Ein- und Ausschalten erzeugt. Interessant ist dieser Effekt z. B. bei Computerkonsolen/Konsolen in Raumschiffen.

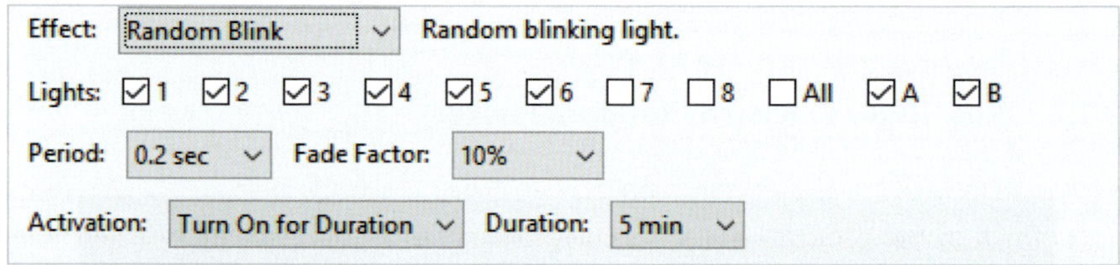

Mit der *Periodendauer* (Period) kann die Grundfrequenz des Signals bestimmt werden. In diesem Rhythmus wird per Zufallsgenerator ermittelt, ob der Ausgang ein- oder ausgeschaltet wird.

Der *Blend-Faktor* (Fade Factor) ermöglicht ein weiches Aufblenden des Lichts bis zur vollen Leuchtstärke bzw. Abblenden bis zum ausgeschalteten Zustand.

9.2.4 Leuchtturm (Lighthouse)

Simuliert ein rotierendes Licht, wie es bei Rundumleuchten oder Leuchtturmlichtern zu sehen ist. Dabei wird das Licht auf- und abgeblendet. Wenn wir zu einem Leuchtturm schauen, kommt der Lichtkegel in das Blickfeld, was als zügiges Ansteigen der Lichtstärke wahrgenommen wird. Steht der Lichtkegel gerade zum Blickwinkel (Foto), ist die maximale Lichtstärke erreicht. Tritt dann das Licht wieder aus dem Blickfeld aus, fällt die Lichtstärke rapide wieder ab.

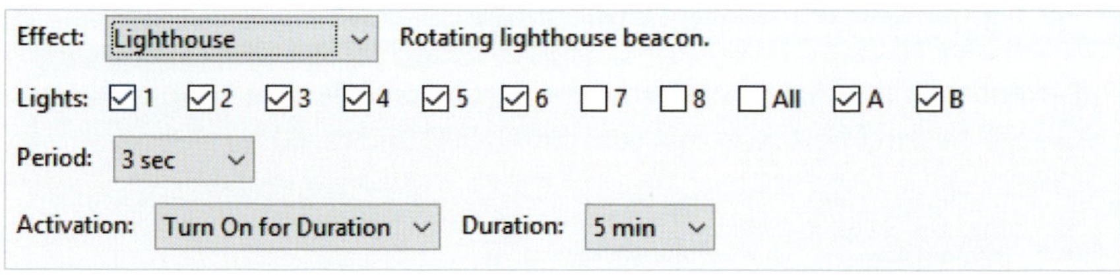

Mit der *Periodendauer* (Period) wird der Rhythmus für das Einblenden des Lichts bei maximaler Lichtstärke definiert. Das heißt, die Zeit die das Licht für eine Umdrehung bis zum Betrachter benötigt.

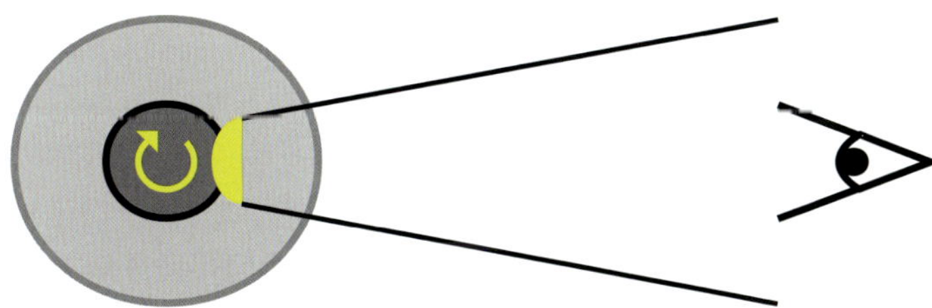

Abb. 9-17 Blickpunkt auf Leuchtturmlicht

Abb. 9-16 Leuchtturm zum Zeitpunkt des Lichts direkt im Blickfeld

9.2.5 Defektes Licht (Broken Light)

Der Effekt simuliert ein defektes Licht, wie wir es aus unheimlichen Szenen diverser Hollywood-Streifen kennen. Für Sets der »Monster Fighters« oder dem »Scooby Doo Spukschloss« ist dieser Effekt perfekt in Verbindung mit grünen oder violetten bzw. UV-LEDs.

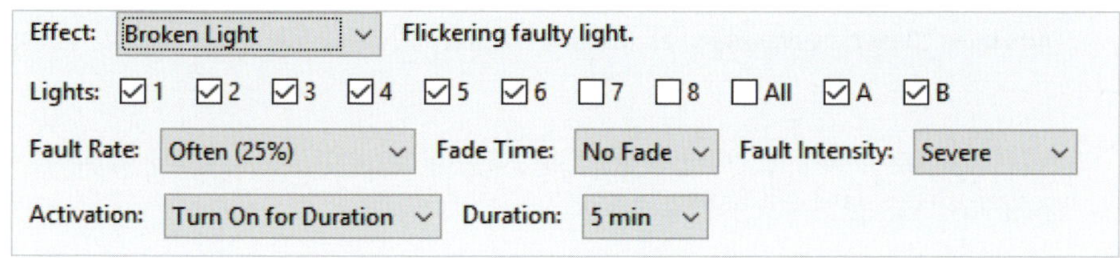

Die *Fehler-Rate* (Fault Rate) legt fest, wie häufig das Licht ausfällt, und kann in vier Stufen von *Selten* (5 %) bis *Sehr häufig* (50 %) eingestellt werden.

Mit der *Blend-Zeit* (Fade Time) kann das Licht weicher oder härter eingestellt werden.

Die *Fehler-Intensität* (Fault Intensity) legt fest, wie stark der Ausfall ist. Das heißt, fällt das Licht komplett aus (Maximum) oder ist es nur ein Defekt, der die Leuchtkraft reduziert (*Leicht*).

9.2.6 Triebwerk-Glühen (Engine Glow)

Pulsierendes Glühen/Raumschiffantriebe. Im oberen Bereich schwankt die Lichtstärke bei diesem Effekt zwischen voller Intensität und ca. 60 %.

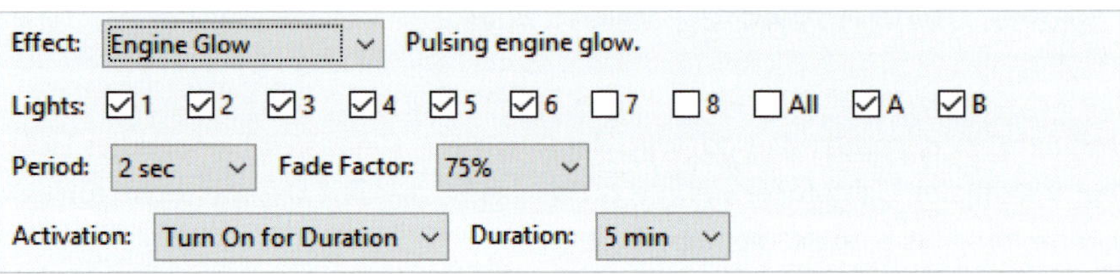

Mit der *Periodendauer* (Period) kann die Grundfrequenz des Signals bestimmt werden, in der das Licht pulsiert.

Der *Blend-Faktor* (Fade Factor) ermöglicht ein weiches oder härteres Auf- oder Abblenden des Lichts.

9.2.7 Photon Torpedo

Der Photonen-Torpedo-Effekt ist ein einzelner Lichtimpuls, dessen Helligkeit stetig bis zur vollen Lichtstärke ansteigt und dann abrupt erlischt. Kurz vor Ende steigt die Helligkeit rapide an.

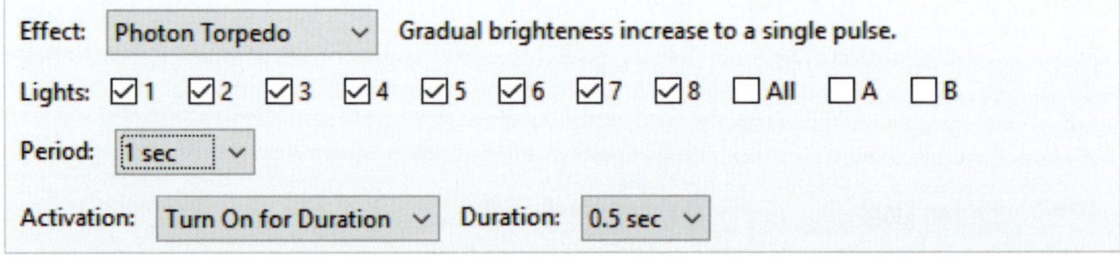

Mit der *Periodendauer* (Period) kann die Grundfrequenz des Signals bestimmt werden, in der das Licht blinkt.

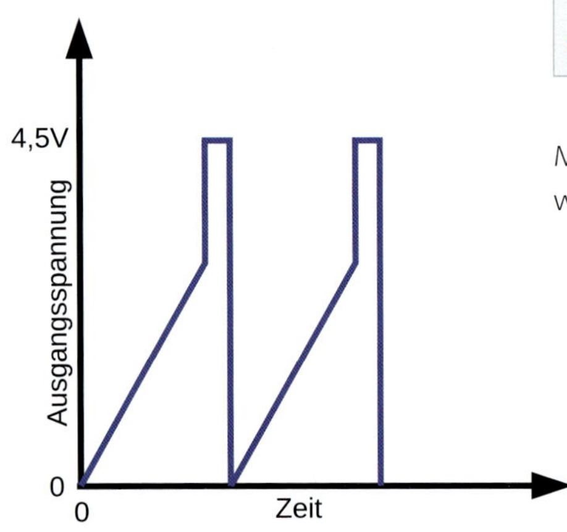

Abb. 9-18 Ausgangssignal des Photon-Torpedo-Signals

9.2.8 Laser-Puls (Laser Pulse)

Der Laser-Puls gibt einen einzelnen Lichtimpuls aus.

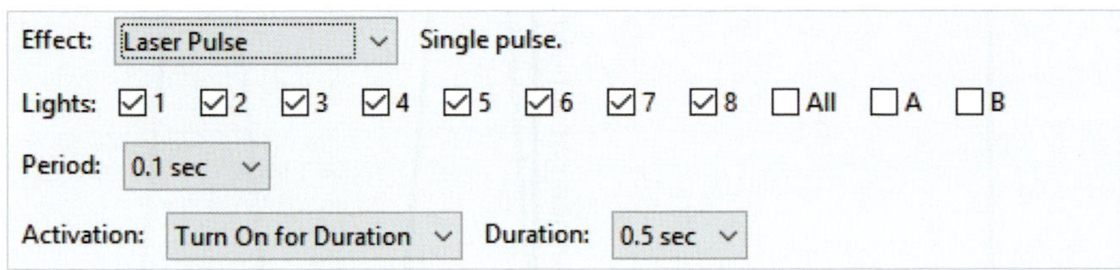

Mit der *Periodendauer* (Period) kann die Länge des Lichtimpulses bestimmt werden.

9.2.9 50-%-Blinker + (50% Flasher +)

Der 50-%-Blinker-Effekt hat ein festes Tastverhältnis von 50 %. Das bedeutet, das Ein-Aus-Verhältnis ist identisch. Mit der Periodendauer kann die Blink-Geschwindigkeit eingestellt werden. Bei diesem Effekt wird mit der positiven Phase des Signals gestartet.

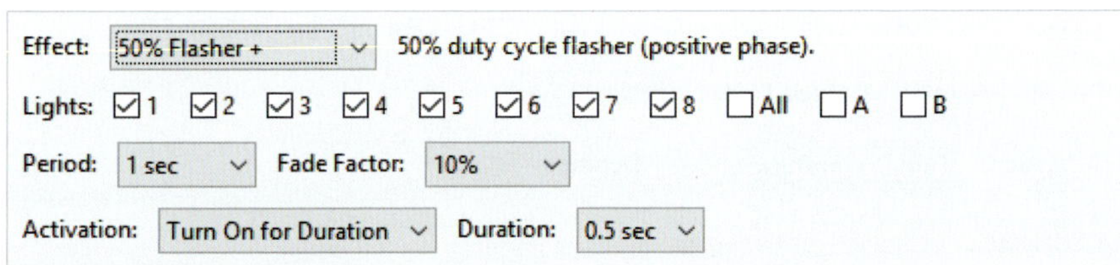

Die *Periodendauer* (Period) ist in Schritten zwischen 0,1 Sekunden bis 20 Sekunden einstellbar. Dies ergibt einen Frequenzbereich von 10 Hz bis 0,05 Hz. Die Frequenz errechnet sich mit $f = 1/T$ aus der eingestellten Periodendauer.

Der *Blendfaktor* (Fade Factor) ermöglicht einen sanften Übergang zwischen voller Leuchtstärke und ausgeschaltetem Zustand. Ist der Blendfaktor ausgeschaltet, sind die Flanken des Steuersignals senkrecht. Je größer der Blendfaktor, desto flacher der Anstieg bzw. der Abfall des Signals.

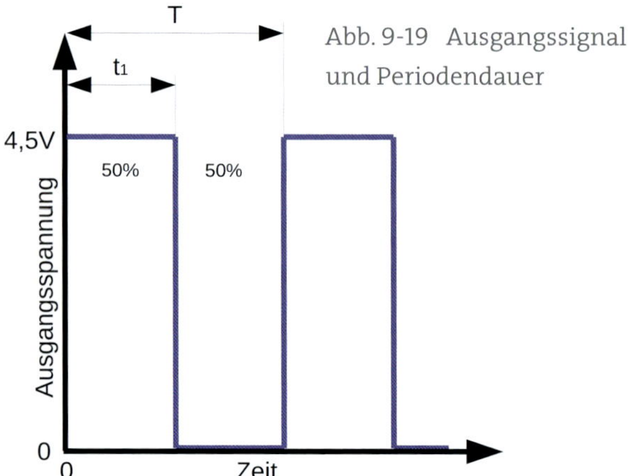

Abb. 9-19 Ausgangssignal und Periodendauer

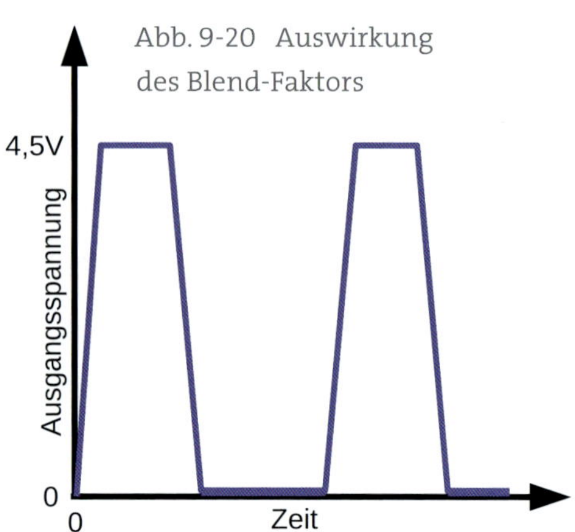

Abb. 9-20 Auswirkung des Blend-Faktors

9.2.10 50-%-Blinker - (50% Flasher -)

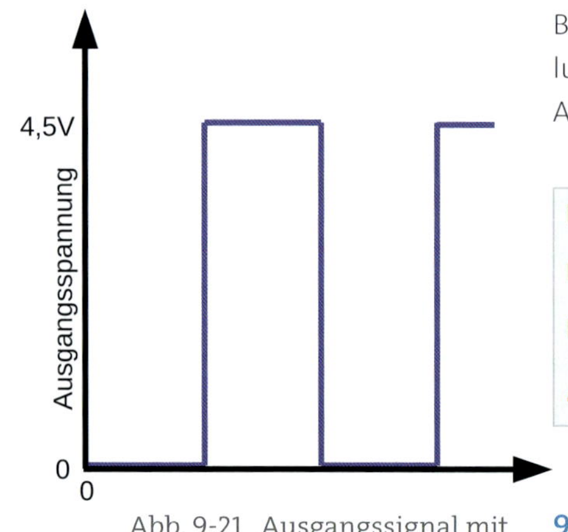

Abb. 9-21 Ausgangssignal mit negativer Startphase

Bei diesem Effekt wird mit der negativen Phase des Signals gestartet. Die Einstellungsmöglichkeiten und das Verhalten sind identisch mit dem Blink-Effekt aus Abschnitt 9.2.9.

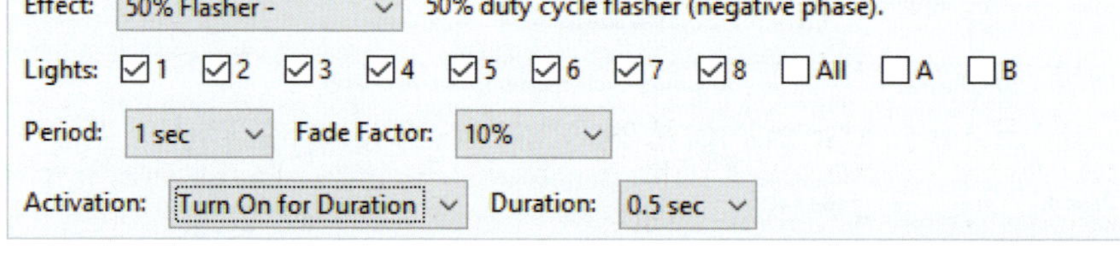

9.2.11 Stroboskop + (Strobe +)

Ein Stroboskop ist ein Gerät, das Lichtblitze in regelmäßigen Abständen abgibt. In dunkler Umgebung wird durch den Effekt eine Bewegung als Abfolge stehender Bilder erscheinen. Diese Variante beginnt mit der positiven Phase des Steuersignals.

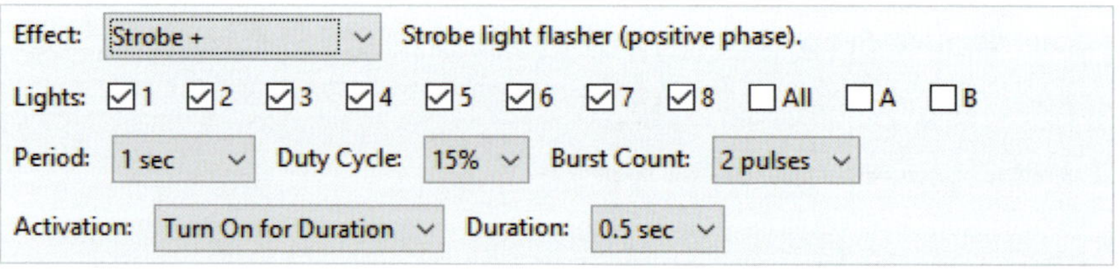

Mit der *Periodendauer* (Period) kann die Grundfrequenz des Signals bestimmt werden, in dem das Licht blitzt. Ein Wert zwischen 0,1 Sekunde und 20 Sekunden kann hierfür in Schritten gewählt werden.

Mit dem *Tastgrad* (Duty Cycle) kann das Verhältnis zwischen aktiver und inaktiver Phase eingestellt werden. Der Wert kann zwischen 1% und 99% in Schritten gewählt werden, wobei ein hoher Wert für eine sehr lange Aktivphase und ein kleiner Wert für eine lange Inaktivphase steht.

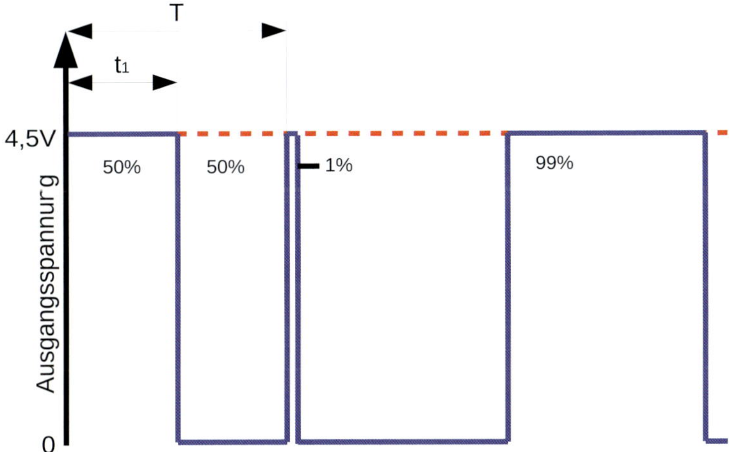

Abb. 9-22 Beispiele für verschiedene Tastgrade

Mit der *Anzahl der Impulse* (Burst Count) werden die während der aktiven Phase abgegebenen Lichtblitze bestimmt. Es können zwischen 1 und 4 Lichtblitze pro Aktivphase definiert werden, die sich gleichmäßig auf die t1-Zeit verteilen. Bei einem Tastgrad von 1% erfolgen die Impulse sehr kurz aufeinander.

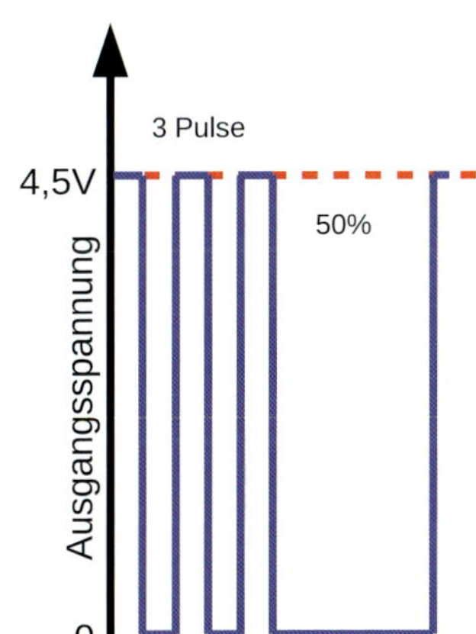

Abb. 9-23 Impulse in der aktiven Phase des Signals

9.2.12 Stroboskop - (Strobe -)

Diese Variante beginnt mit der negativen Phase des Steuersignals und entspricht dem Effekt aus 9.2.11.

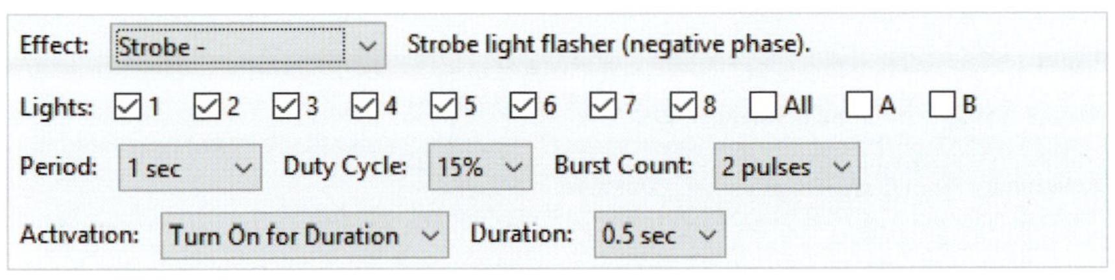

Abb. 9-25 Lokomotive mit Gyralite

9.2.13 Gyralite +

Dieser aus dem nordamerikanischen Raum stammende Lichteffekt ist als Stirnlicht bei Lokomotiven bekannt. Die Lichter kreisen/rotieren/schwenken und ergeben einen pulsierenden Effekt, der aus der Ferne besser wahrgenommen wird als ein starr nach vorne gerichteter Scheinwerfer. Eine ähnliche Variante sind die »Mars Lights«. Allerdings werden seit einiger Zeit die Lokomotiven nicht mehr mit diesen Scheinwerfern ausgestattet. Dafür mit sogenannten »Ditch Lights«, die zusätzlich zum Scheinwerfer montiert werden.

https://www.youtube.com/watch?v=M4aTvJvsHkg

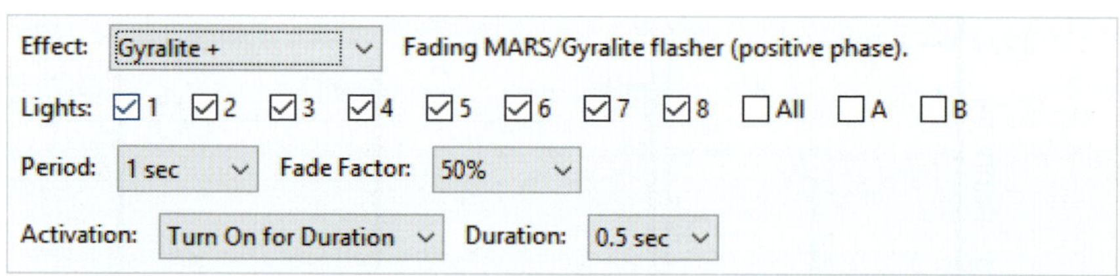

Mit der *Periodendauer* (Period) kann die Grundfrequenz des Signals bestimmt werden, in der das Licht pulsiert. Ein Wert zwischen 0,1 Sekunde und 20 Sekunden kann hierfür in Schritten gewählt werden.

Der *Blendfaktor* (Fade Factor) ermöglicht einen sanften Übergang zwischen voller Leuchtstärke und ausgeschaltetem Zustand. Dabei kann der Faktor einen Wert zwischen 1% und 400% annehmen, wobei ein hoher Wert einen weicheren Übergang verursacht.

9.2.14 Gyralite -

Diese Variante beginnt mit der negativen Phase des Steuersignals und entspricht dem Effekt aus Abschnitt 9.2.13.

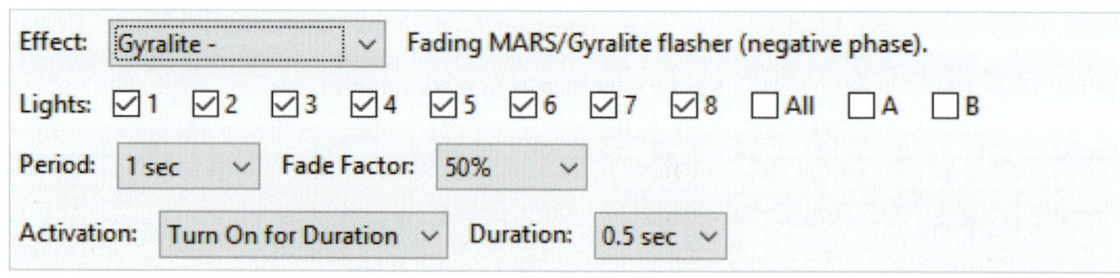

9.2.15 Audio-moduliert (Sound Modulated)

Disco-Gänger (heute Klub-Gänger) kennen die von der Musik abhängigen Lichteffekte, auch als »Lichtorgel« bekannt. Hier wird der Helligkeitswert eines Ausgangs über die Amplitude des aktuell abgespielten Audiosignals bestimmt.

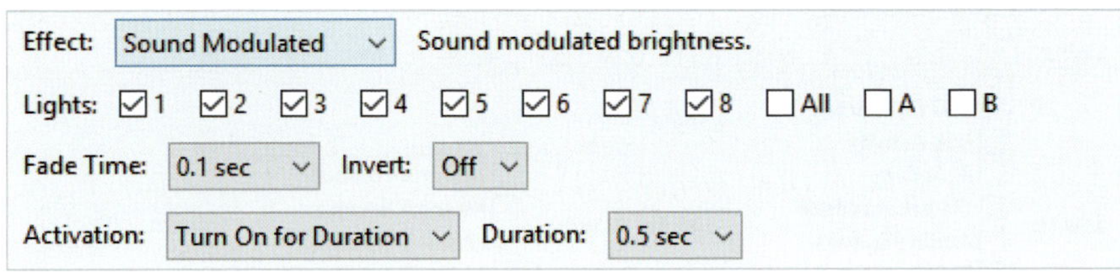

Mit der *Blend-Zeit* (Fade Time) kann das Licht weicher oder härter eingestellt werden. Der Wert ist zwischen 50 ms und 10 s in Schritten wählbar.

Mit der *Invertierung* (Invert) auf »Ein« (On), kann der Ausgang bei einer Amplitude von 0 volle Helligkeit liefern und bei maximaler Amplitude die geringste Leuchtkraft haben bzw. aus sein.

9.2.16 Geschwindigkeits-moduliert (Speed Modulated)

Bei diesem Effekt wird die Helligkeit durch die Geschwindigkeit eines Motors bestimmt. Je höher die Drehzahl, desto heller das Licht (Invertierung = aus).

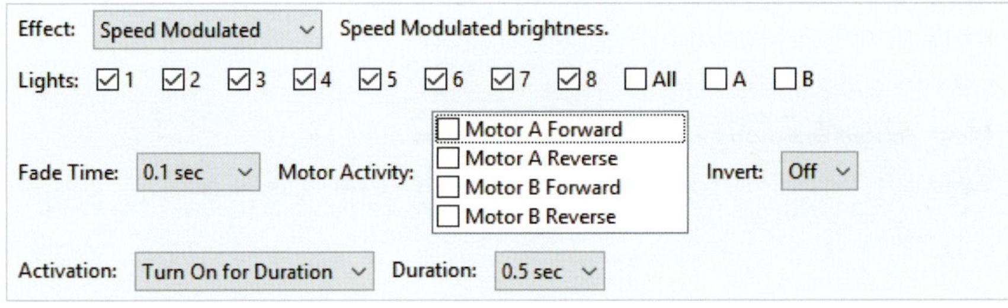

Mit der *Blend-Zeit* (Fade Time) kann das Licht weicher oder härter eingestellt werden. Der Wert ist zwischen 50 ms und 10 s in Schritten wählbar.

Mit der *Motor-Aktivität* (Motor Activity) wird die Quelle der Modulation bestimmt, die entweder ein Motor an Anschluss A oder B sein kann, und ob die Modulation bei Vorwärts- oder Rückwärtsbetrieb reagieren soll.

Mit der *Invertierungs*-Funktion (Invert) kann der Effekt umgekehrt werden, d. h., bei eingeschalteter »Invertierung« ist bei höchster Drehzahl das Licht dunkel und bei geringster Drehzahl heller.

9.2.17 Statusanzeige (Status Indicator)

Verschiedene Zustände des Bausteins können als Quelle den Ausgängen zugeordnet werden, um diese zu visualisieren.

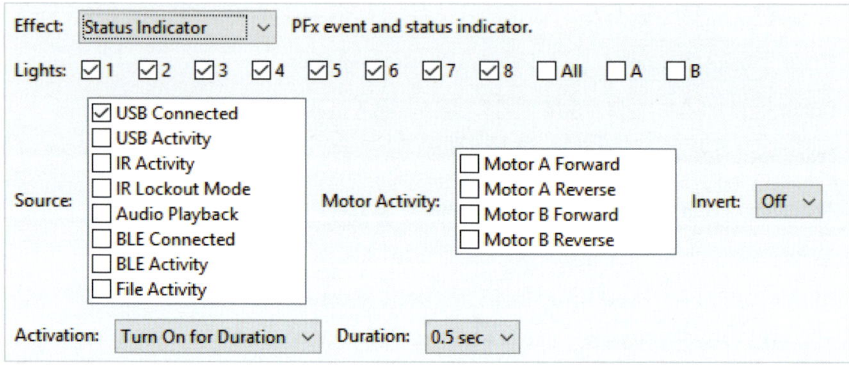

Die *Quelle* für die Anzeige können USB-, Infrarot- und Bluetooth-Zustände bzw. -Aktivitäten sowie Dateiaktivität und das Abspielen einer Audiodatei sein. Die Option *Invertiert* (Invert) beeinflusst, ob der inaktive Zustand ein Leuchten verursacht (On) oder der aktive Zustand (Off).

9.2.18 Erhöhe Helligkeit (Increase Brightness)

Mit diesem Effekt wird für die gewählten Ausgänge die Helligkeit um eine Stufe erhöht.

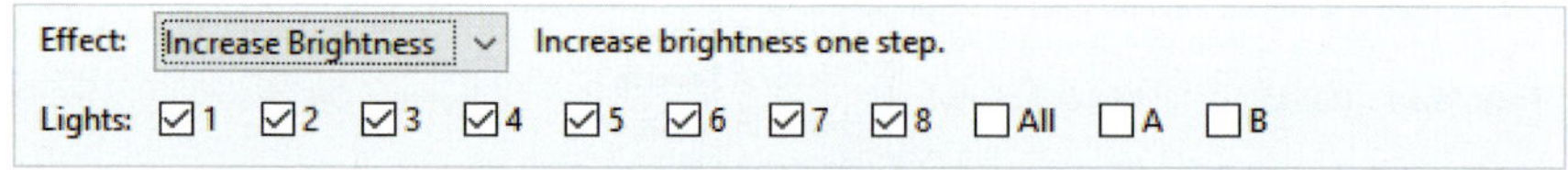

9.2.19 Verringerung der Helligkeit (Decrease Brightness)

Mit diesem Effekt wird für die gewählten Ausgänge die Helligkeit um eine Stufe verringert.

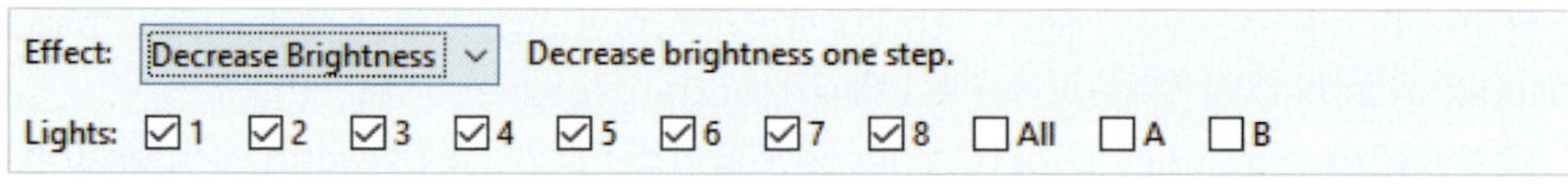

9.2.20 Helligkeitswert setzen (Set Brightness)

Um den Helligkeitswert beliebiger Ausgänge auf einen gewünschten Wert zu setzen, kann bei diesem Effekt einfach ein Schieberegler auf einen bestimmten Wert eingestellt werden. Am linken Ende ist die Helligkeit auf null, am rechten Ende ist die maximale Helligkeit erreicht.

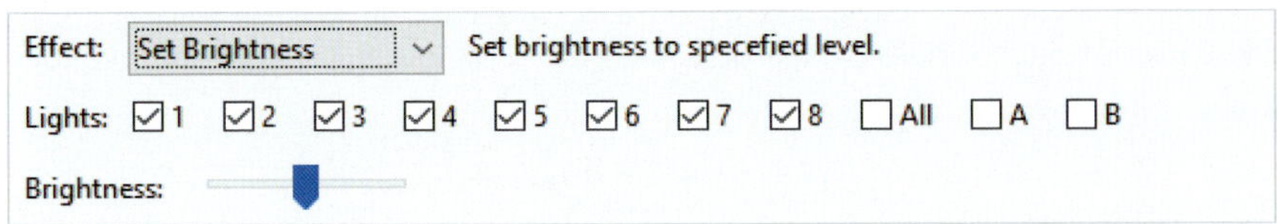

9.3 Kombinations-Effekte

Wendet über alle 8 Ausgänge einen vordefinierten Effekt an. Die Auswahl der Ausgänge ist gesperrt, und alle Kanäle sind ausgewählt. Die Power-Functions-Ausgänge A und B sind von diesen Effekten ausgeschlossen.

9.3.1 Linearer Durchlauf (Linear Sweep)

Der lineare Durchlauf lässt einen Punkt durch die Anzahl der gewählten LEDs wandern.

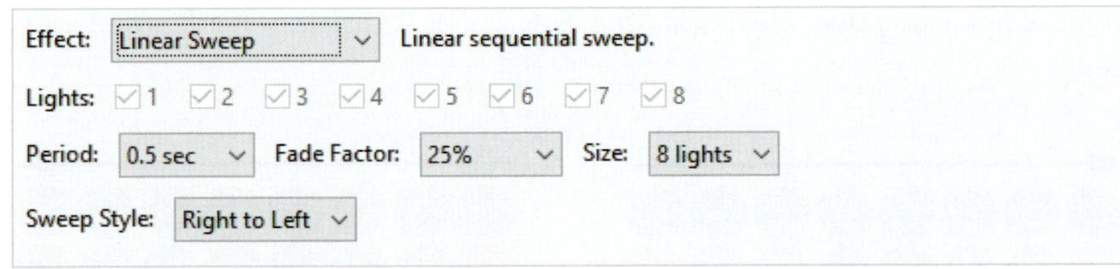

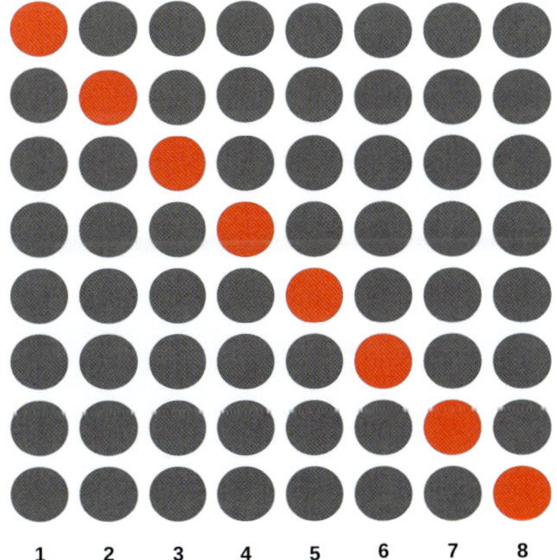

Die *Periodendauer* (Period) definiert die Geschwindigkeit, mit der der Leuchtpunkt wandert. Diese kann zwischen 0,1 Sekunden (schnell) und 20 Sekunden (langsam) eingestellt werden.

Der *Stil* beeinflusst, ob der Leuchtpunkt von links nach rechts (Ausgang 1 nach 8) oder von rechts nach links (Ausgang 8 nach 1) wandert.

Mit dem *Blend-Faktor* (Fade Factor) kann das Ein- und Ausblenden weicher oder härter erfolgen. Je höher der Prozentwert, desto weicher wird das Licht ein- und ausgeblendet. Der Effekt wird auch als »Nachleuchten« wahrgenommen, da die vorherige LED noch leicht leuchtet, während die aktuelle LED volle Leuchtstärke hat.

Der Effekt kann über die *Größe* (Size) für 4, 5, 6, 7 oder 8 Ausgänge konfiguriert werden.

9.3.2 Balkenanzeige (Bargraph Sweep)

Die Balkenanzeige schaltet nach und nach die LEDs in der Kette ein und wieder aus.

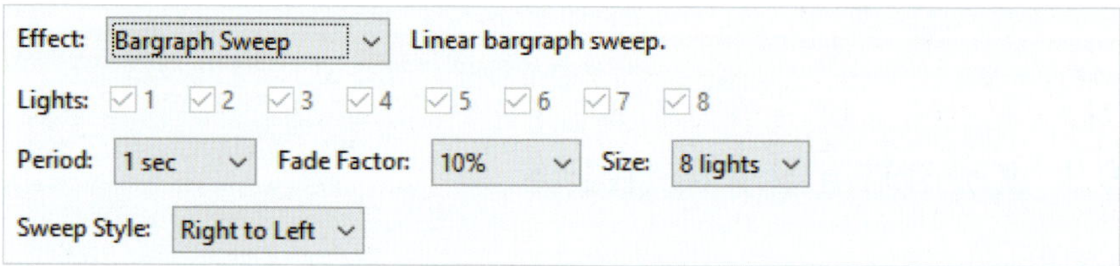

Die *Periodendauer* (Period) definiert die Geschwindigkeit, mit der der Leuchtpunkt wandert. Diese kann zwischen 0,1 Sekunden (schnell) und 20 Sekunden (langsam) eingestellt werden.

Der *Stil* (Sweep Style) beeinflusst, ob der Balken sich von links nach rechts (Ausgang 1 nach 8) oder von rechts nach links (Ausgang 8 nach 1) füllt.

Mit dem *Blend-Faktor* (Fade Factor) kann das Ein- und Ausblenden weicher oder härter erfolgen. Je höher der Prozentwert, desto weicher wird das Licht ein und ausgeblendet.

Der Effekt kann über die *Größe* für 4, 5, 6, 7 oder 8 Ausgänge konfiguriert werden.

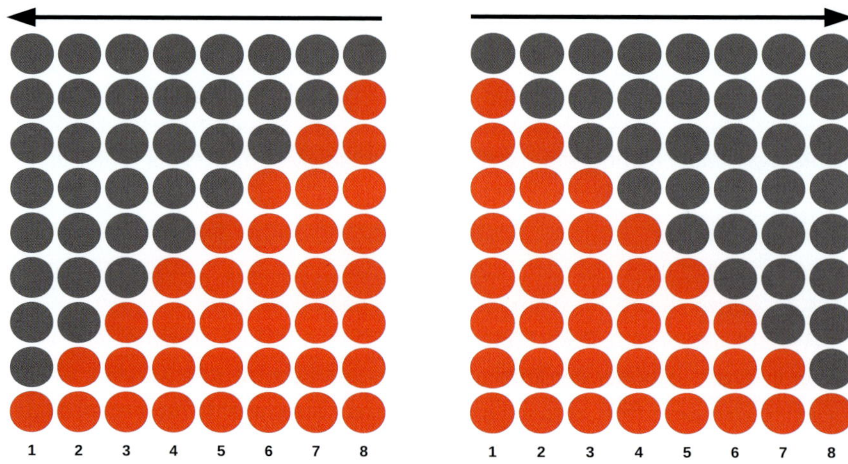

9.3.3 Bidirektionaler Durchlauf (Bi-Directional Sweep)

Der Lichteffekt kann als »Knight-Rider«- oder »Zylonen«-Effekt benannt werden: ein Lichtpunkt, der stetig zwischen links und rechts hin und her wandert und dabei einen Schweif hinter sich herzieht.

Abb. 9-26 Knight Rider KIT (Foto von *commons.wikimedia.org*)

Effect: Bi-Directional Sweep — Linear 'Knight Rider' style bi-directional sweep.

Lights: 1 2 3 4 5 6 7 8

Period: 1.5 sec — Fade Factor: 25% — Size: 8 lights

Abb. 9-27 Effekt des Zylonen-Auges (Foto von *commons.wikimedia.org*)

Einstellbar ist die *Periodenzeit* (Period) zwischen 0,1 Sekunden und 20 Sekunden, was die Geschwindigkeit des Effekts beeinflusst und den Lichtpunkt schneller oder langsamer von links nach rechts und wieder zurück wandern lässt.

Der *Blend-Faktor* (Fade Factor) mit Werten zwischen 1% und 400% beeinflusst die Länge des Schweifs, den der hellste Punkt hinter sich herzieht. Wird der Blend-Faktor deaktiviert, wandert lediglich ein einzelner Punkt ohne Schweif. Die Anzahl der Ausgänge, die für den Effekt verwendet werden, ist zwischen 8 bis 4 in 1er-Schritten wählbar.

Den Ablauf des Effekts können Sie sich wie folgt vorstellen. Die LEDs werden wie dargestellt der Reihe nach aktiviert und dann langsam ausgeblendet. Das Ausblenden überlappt das Einschalten der nächsten LED, was wie eine Art Schweif erscheint.

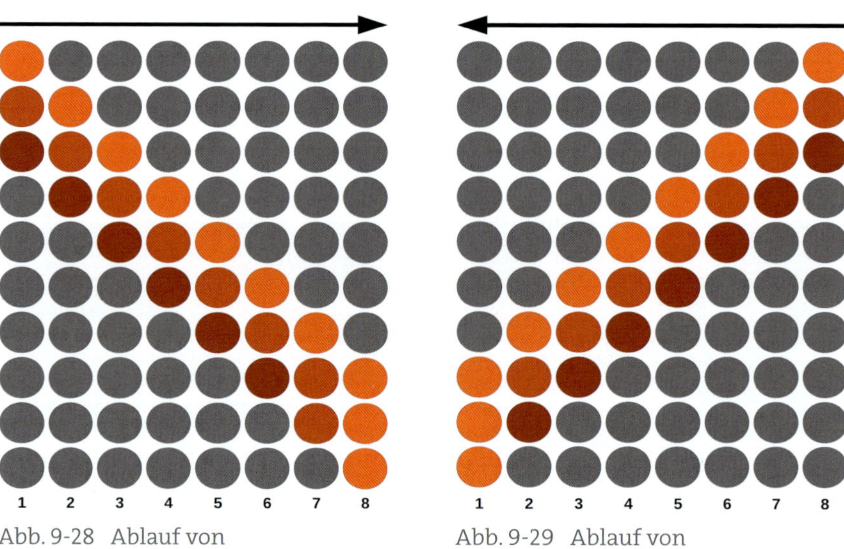

Abb. 9-28 Ablauf von links nach rechts

Abb. 9-29 Ablauf von rechts nach links

9.3.4 Zwillings-Blinker (Twinsonic Flashers)

Twinsonic ist ein Markenname der »Federal Signal Corporation«, die vor allem für die Fahrzeuge der Polizei und Rettungskräfte im nordamerikanischen Raum die Warnsignaleinrichtungen produziert. Twinsonic ist eine historische Produktreihe mit sich drehenden Lampen, wie sie in älteren Hollywood-Streifen bis in die 90er zu sehen sind.

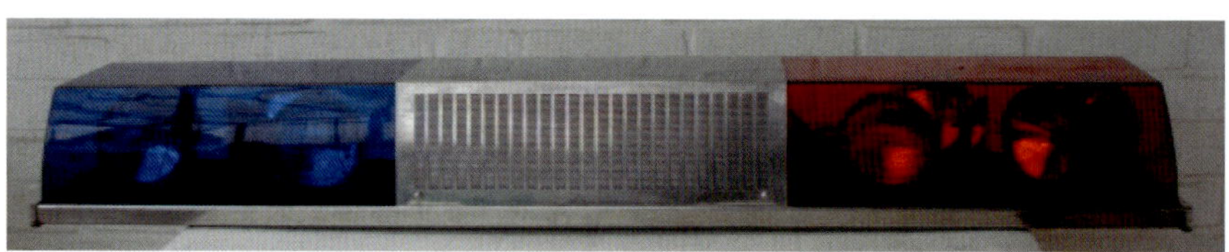

Abb. 9-30 Lichtsignalaufsatz eines US-amerikanischen Polizeifahrzeugs

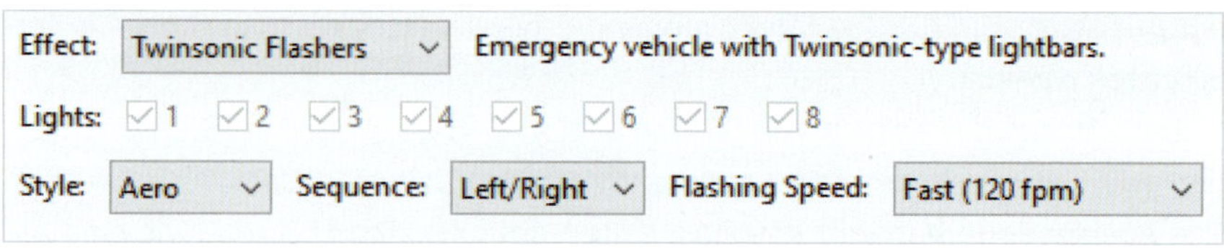

Der Effekt hat verschiedene *Stile*: *Einzeln*, *Doppelt*, *Aero* und *Kombiniert*.

Die *Sequenz* (Sequence) kann zwischen *Solid*, *Links-Rechts*, *Innen-Außen* gewählt werden. Damit wird die Reihenfolge bei der Ansteuerung der Ausgänge beeinflusst. Die Ausgänge 2 und 3 entsprechen »Innen«, 1 und 4 »Außen«. »Links«

sind die Ausgänge 1 und 2, »Rechts« 3 und 4 zugeordnet. Die Einstellung »Solid« spricht die Ausgänge 1 bis 4 gleichzeitig an.

Die *Blink-Geschwindigkeit* (oder eher die Drehgeschwindigkeit der Lichtelemente) kann zwischen 150 bpm (sehr schnell), 120 bpm, 90 bpm und 60 bpm (langsam) eingestellt werden.

Ausgang 7 liefert ein stetiges Blinken (Warnblinker). Ausgang 8 wird bei diesem Effekt nicht verwendet.

9.3.5 Whelen-Blinker (Whelen Flashers)

Der Hersteller Whelen ist Namensgeber für diesen Effekt-Typ. Die Firma stellt in den USA Signal- und Warnlichtsysteme u. a. für die Polizei, Feuerwehr und Rettungsfahrzeuge her. Nahezu jeder kennt aus Filmen die blitzenden und blinkenden Leuchtsignale der amerikanischen Polizeifahrzeuge. Die Effekte sind durchaus unterschiedlich und beinhalten auch versteckte Informationen über die Einsatzart.

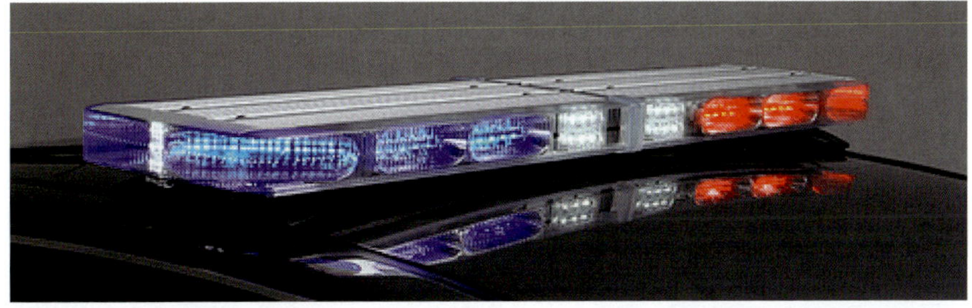

Abb. 9-31 Whelen-Signalmodule

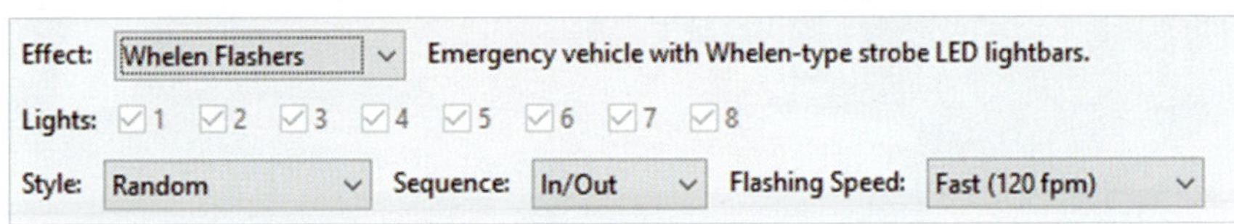

Die *Stile* können auf der Whelen-Webseite begutachtet werden:

http://www.whelen.com/_automotive/media/flash_patterns/index.htm

Die *Sequenz* kann zwischen *Solid*, *Links-Rechts*, *Innen-Außen* gewählt werden. Damit wird die Reihenfolge bei der Ansteuerung der Ausgänge beeinflusst. Die Ausgänge 2 und 3 entsprechen »Innen«, 1 und 4 »Außen«. »Links« sind die

Ausgänge 1 und 2, »Rechts« 3 und 4 zugeordnet. Die Einstellung »Solid« spricht die Ausgänge 1 bis 4 gleichzeitig an.

Die *Blink-Geschwindigkeit* (oder eher die Drehgeschwindigkeit der Lichtelemente) kann zwischen 150 bpm (sehr schnell), 120 bpm, 90 bpm und 60 bpm (langsam) eingestellt werden.

Ausgang 7 liefert ein stetiges Blinken (Warnblinker). Ausgang 8 wird bei diesem Effekt nicht verwendet.

Die Ausgänge des PFx-Bausteins sind wie folgt vorgesehen:

9.3.6 Times Square

Der Times-Square-Effekt gliedert sich in verschiedene Teileffekte, die nacheinander angewendet werden. Der Name ist angelehnt an die verschiedenen Lichteffekte der Werbung auf dem »Times Square«.

Abb. 9-32 Times Square mit Effektbeleuchtung um Reklametafeln

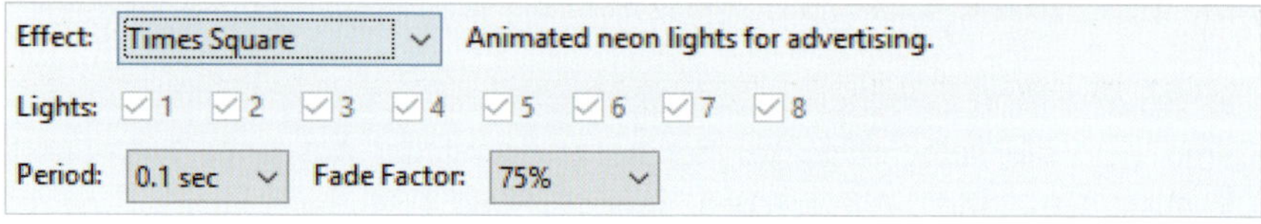

Die Geschwindigkeit kann mit der *Periodendauer* (Period) beeinflusst werden, die zwischen 0,1 Sekunden und 20 Sekunden in Schritten einstellbar ist.

Der *Blend-Faktor* (Fade Factor) definiert, ob die einzelnen Lichter weich oder hart ein- bzw. ausgeblendet werden. Der Wert kann zwischen 1% und 400% gewählt werden.

9.3.7 Rauschen (Noise)

Das Rauschen ist die Basis für die Ermittlung einer echten Zufallszahl.

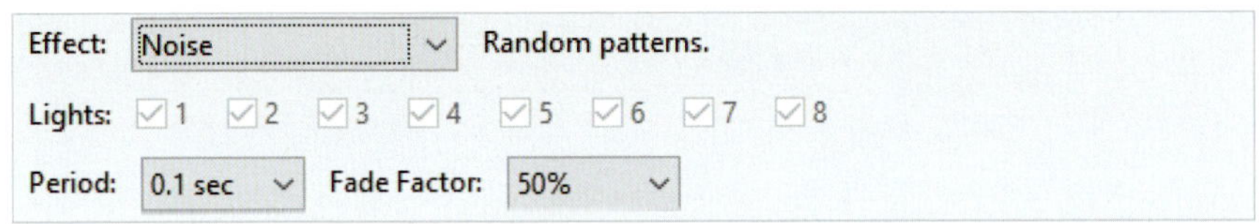

Die Geschwindigkeit kann mit der *Periodendauer* (Period) beeinflusst werden, die zwischen 0,1 Sekunden und 20 Sekunden in Schritten einstellbar ist.

Der *Blend-Faktor* (Fade Factor) definiert, ob die einzelnen Lichter weich oder hart ein- bzw. ausgeblendet werden. Der Wert kann zwischen 1% und 400% gewählt werden.

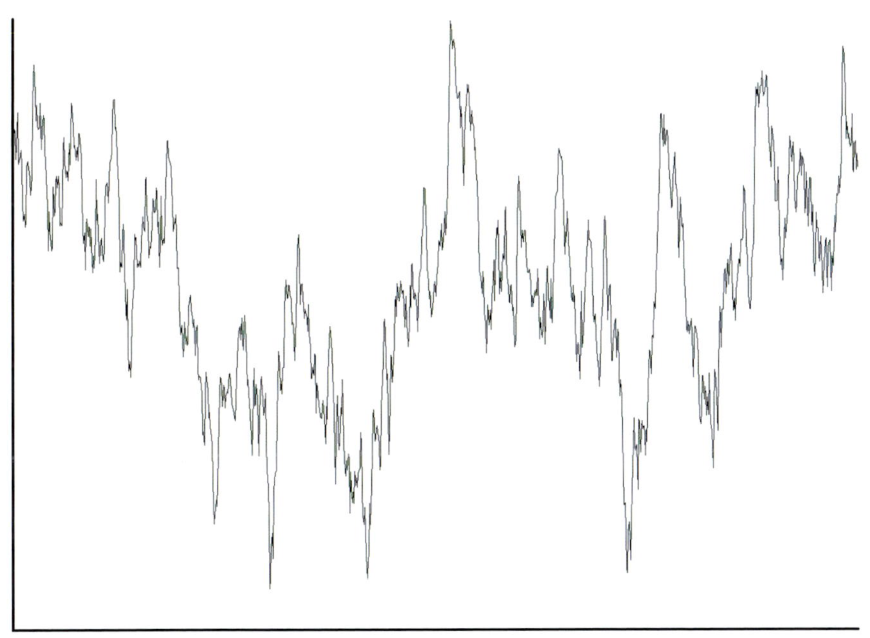

Abb. 9-33 Rosa Rauschsignal als Basis für Zufallszahlengenerator

9.3.8 Funkelnde Sterne (Twinkling Stars)

Sterne senden in der Regel immer Licht aus. Mal stärker und mal schwächer. Wenn wir den Sternenhimmel beobachten, registrieren wir jedoch eine leichte Veränderungen der Helligkeit, die als Funkeln wahrgenommen wird. Dieses Funkeln entsteht durch unsere Atmosphäre, die das Licht durch die verschiedenen Luftschichten und deren Veränderungen beeinflusst. Dieser Effekt wird hier erzeugt und die Helligkeit der LEDs leicht variiert.

Abb. 9-34 Sternenhimmel

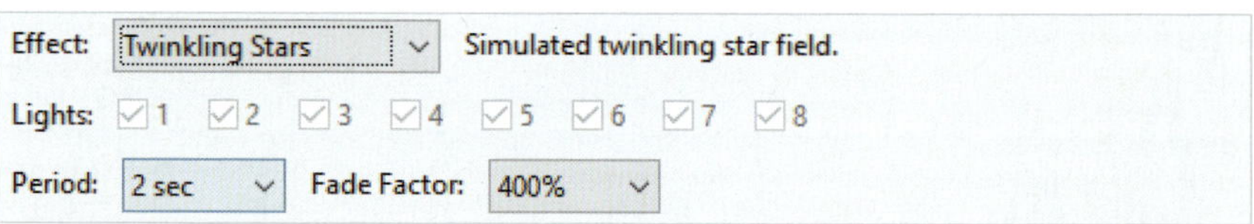

Die Geschwindigkeit der Helligkeitsänderung kann mit der *Periodendauer* (Period) beeinflusst werden, die zwischen 0,1 Sekunden und 20 Sekunden in Schritten einstellbar ist.

Mit dem *Blend-Faktor* (Fade Factor) kann festgelegt werden, wie sanft die Änderung der Helligkeit verläuft.

9.3.9 Ampeln (Traffic Lights)

Ampeln sind einer der umfangreichsten Effekte, da es weltweit verschiedene Verhaltensmuster und Zusatzsignale gibt. Eine typische Ampelanlage an einer Straßenkreuzung inklusive Fußgängerampeln zeigt die Abbildung. Die Zahlen entsprechen den Anschlüssen an einer Anschlussplatine des PFx-Bausteins.

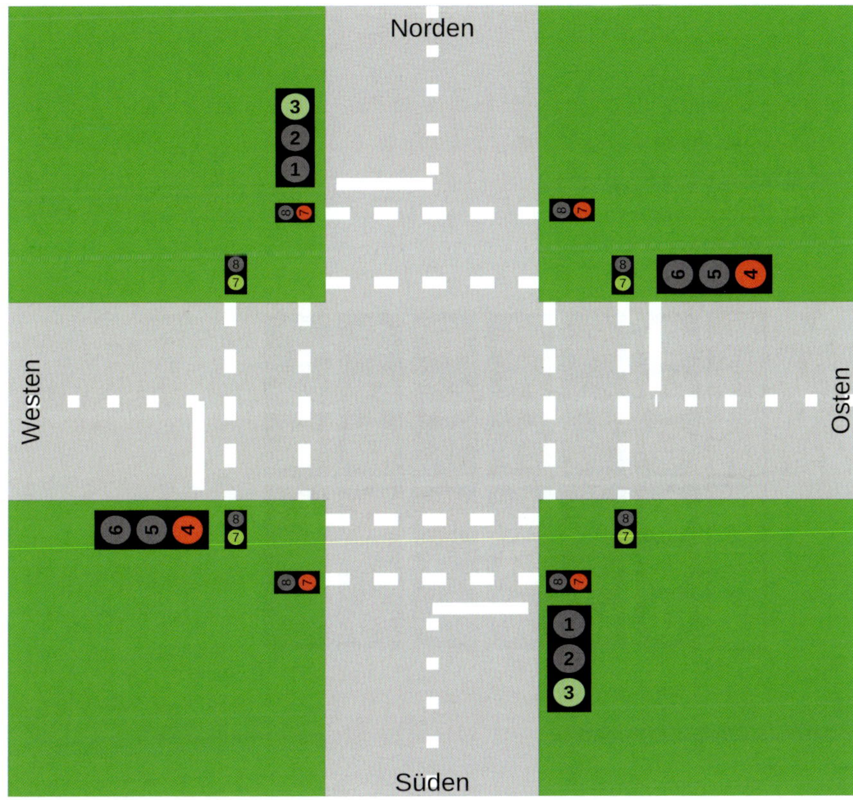

Abb. 9-35 Ampelanlage an einer Straßenkreuzung

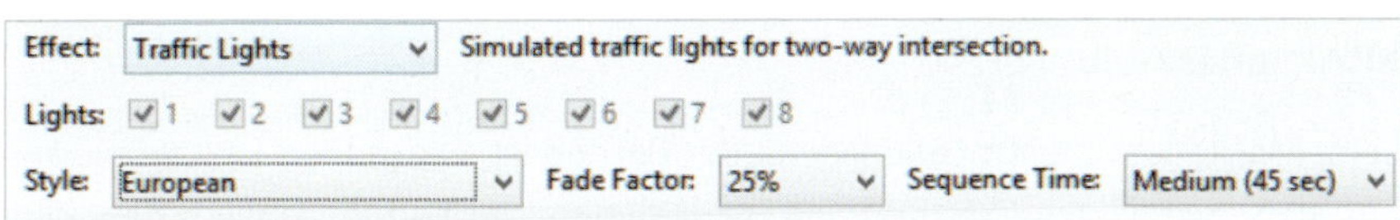

Mit dem *Blend-Faktor* (Fade Factor) wird das Ein- und Ausblenden der LEDs beeinflusst. Ein hoher Faktor (400 %) verursacht ein sehr weiches Ein- und Ausblenden. Bei geringem oder deaktiviertem Wert ist der Übergang hart.

Die Geschwindigkeit der Ampelschaltung kann über die *Sequenz-Zeit* (Sequence Time) beeinflusst werden. Der Wert kann zwischen 60 Sekunden (*Langsam*) und 20 Sekunden (*Sehr schnell*) in vier Stufen bestimmt werden.

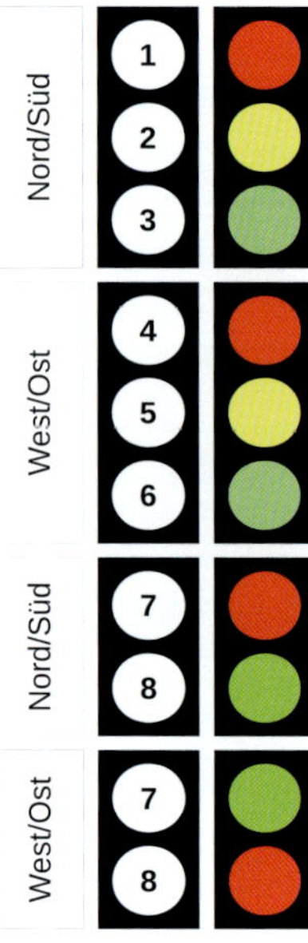

Abb. 9-36

Das generelle Anschlussschema für die LEDs mit dem Anschluss-Board und die Zuordnung zu den Richtungen sind wie folgt definiert:

Die *Stile* beeinflussen die Ampelsequenzen und die Schaltfolge der verschiedenen Ausgänge (Abb. 9-36):

Blinkendes Grün (Flashing Green)

Die grünen Signale blinken (Ausgang 3 und 6) zu Beginn der Grünphase für 10–15 Sekunden. Das Verhalten wird teilweise in nordamerikanischen Regionen verwendet, um das Linksabbiegen während dieser Zeit zu verhindern. Wenn das grüne Signal nicht mehr blinkt, muss beim Abbiegen auf den entgegenkommenden Verkehr geachtet werden. Diese Signalform wird jedoch immer weniger genutzt, da neuere Ampeln zusätzlich ein grünes Signal mit Pfeil nach links verwenden (Abb. 9-37).

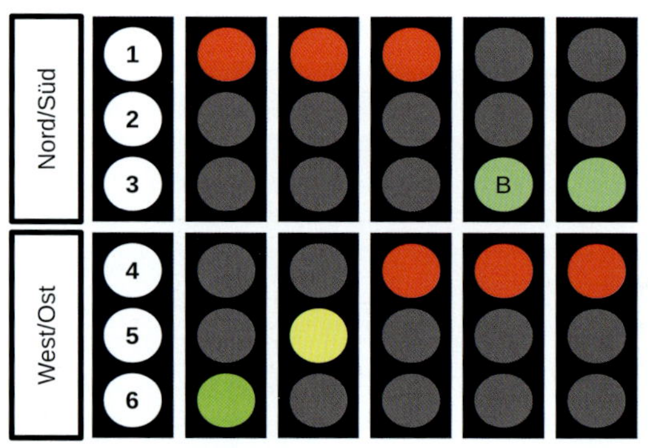

Abb. 9-37

Blinkendes Grün + Fußgänger (Flashing green + Pedestrian)

Die grünen Signale blinken (Ausgang 3 und 6).

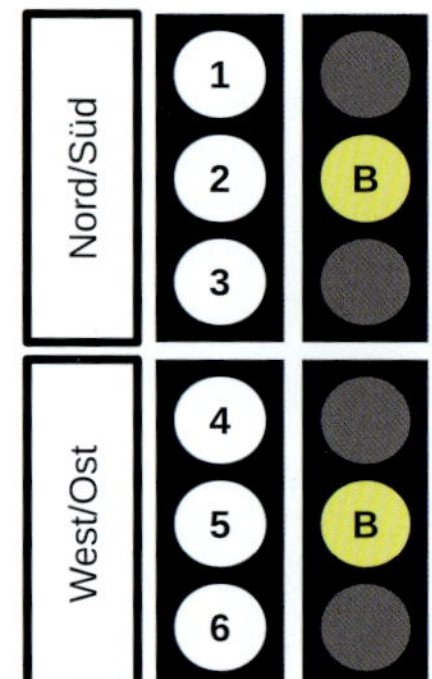

Abb. 9-38

Blinkendes Gelb

Signalisiert, dass die Ampelanlage außer Betrieb ist. Die gelben Signale blinken auf allen Seiten der Kreuzung, auch auf denen, die Vorrang haben. Dies wird in Österreich, der Schweiz, Italien, Litauen, Polen und teilweise in Deutschland verwendet. Dieser Effekt kann durch den Effekt »Blinken« auf Ausgang 2 und 5 realisiert werden (Abb. 9-38).

Blinkendes Rot (N/S)/Gelb (OW)

Lässt die roten LEDs an den Ampeln im Norden und Süden (Ausgang 1) und die gelben im Westen und Osten (Ausgang 5) blinken. In den USA besteht für die Richtungen mit gelb blinkenden Ampeln Vorfahrtsrecht gegenüber den Richtungen mit rotem Blinklicht (Abb. 9-39).

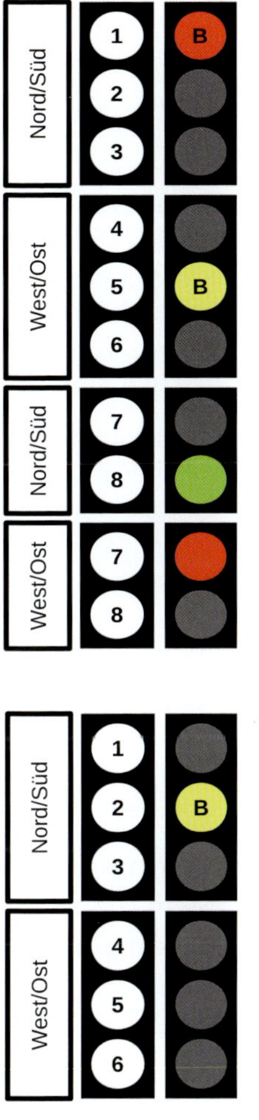

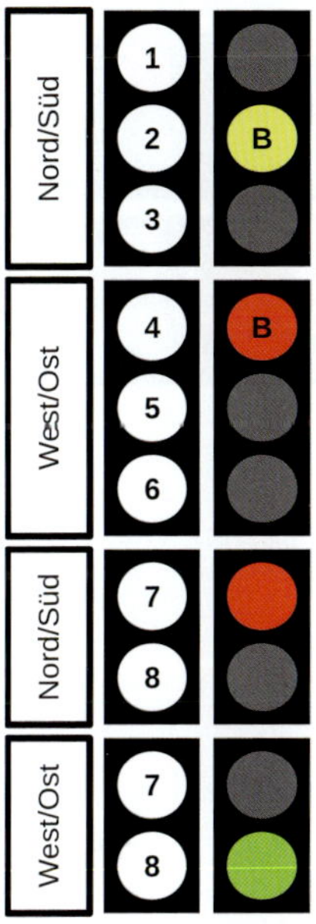

Abb. 9-39

Abb. 9-40

Blinkendes Rot (O/W)/Gelb (NS)

Lässt die roten LEDs an den Ampeln im Westen und Osten und die gelben im Norden und Süden blinken. In den USA besteht für die Richtungen mit gelb blinkenden Ampeln Vorfahrtsrecht gegenüber den Richtungen mit rotem Blinklicht (Abb. 9-40).

Blinkendes Gelb (N/S)

Ist die Ampelanlage außer Betrieb, blinken in der Regel auf den Seiten der Kreuzung, die Vorfahrt gewähren müssen, die gelben Signale – bei diesem Effekt die Signale der Ampeln im Norden und Süden. Dieser Effekt kann durch den Effekt »Blinken« auf Ausgang 2 realisiert werden (Abb. 9-41).

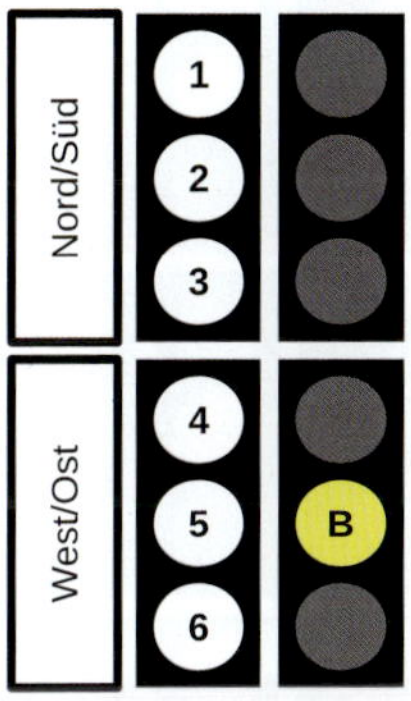

Abb. 9-41

Abb. 9-42

Blinkendes Gelb (O/W)

Ist die Ampelanlage außer Betrieb, blinken in der Regel auf den Seiten der Kreuzung, die Vorfahrt gewähren müssen, die gelben Signale – bei diesem Effekt die Signale der Ampeln im Westen und Osten. Dieser Effekt kann durch den Effekt »Blinken« auf Ausgang 5 realisiert werden (Abb. 9-42).

Standard

Der Ampelstil »Standard« schaltet von Grün über Gelb nach Rot, wobei es hier keine Übergänge gibt. Das Rotsignal springt direkt nach Grün, sobald der Gegenverkehr das Rotsignal erhalten hat (Abb. 9-43).

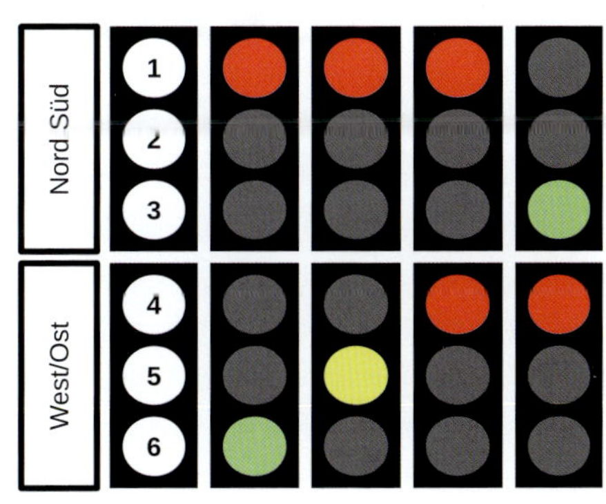

Abb. 9-43

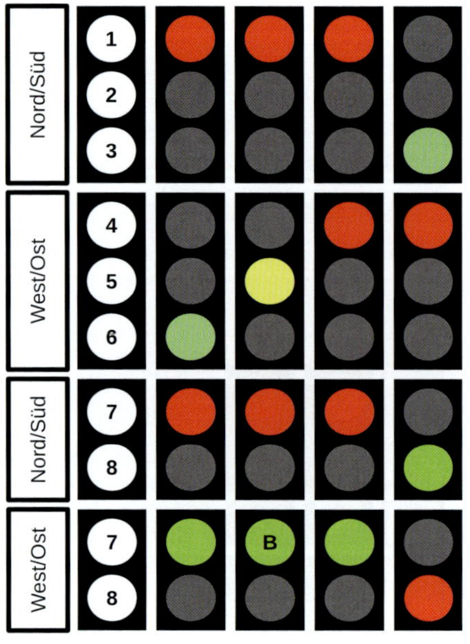

Abb. 9-44

Standard + Fußgänger (Standard + Pedestrian)

Der Ampelstil »Standard« schaltet von Grün über Gelb nach Rot, wobei es hier keine Übergänge gibt. Das Rotsignal springt direkt nach Grün, sobald der Gegenverkehr das Rotsignal erhalten hat. Die Fußgängerampel wechselt von Grün auf ein blinkendes Rot, um die permanente Rotphase anzukündigen. Bei Stopp des Gegenverkehrs springt die Fußgängerampel direkt von Rot auf Grün (Abb. 9-44).

Hinweis

Bei der Fußgängerschaltung gibt es eine kleine Diskrepanz zur Realität, da die beiden Ausgänge 7 und 8 für beide Richtungen verwendet werden. Daher blinkt die grüne LED zusammen mit der roten LED gleichzeitig!

Europäisch (European)

In Deutschland, Großbritannien, Österreich, Ungarn, Schweiz, Polen, Norwegen, Russland und Schweden leuchten im Übergang von Rot nach Grün die Signale Rot und Gelb gleichzeitig. Dies signalisiert, dass gleich die Erlaubnis zur Fahrt erteilt wird. Von Grün nach Rot wird Gelb alleinstehend aktiviert, um die gleich folgende Rotphase anzukündigen, und springt dann zu Rot (Abb. 9-45).

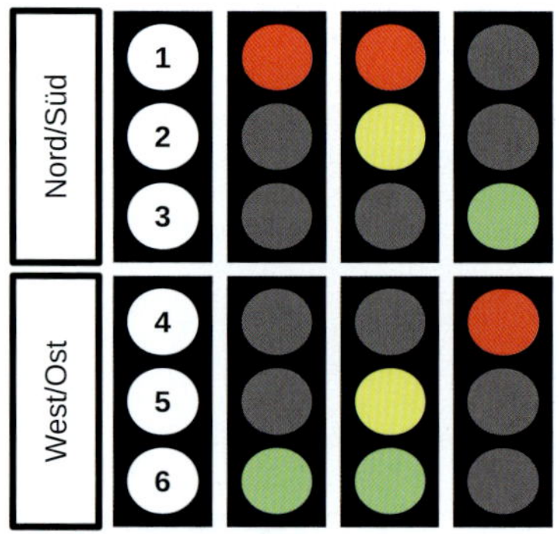

Abb. 9-45

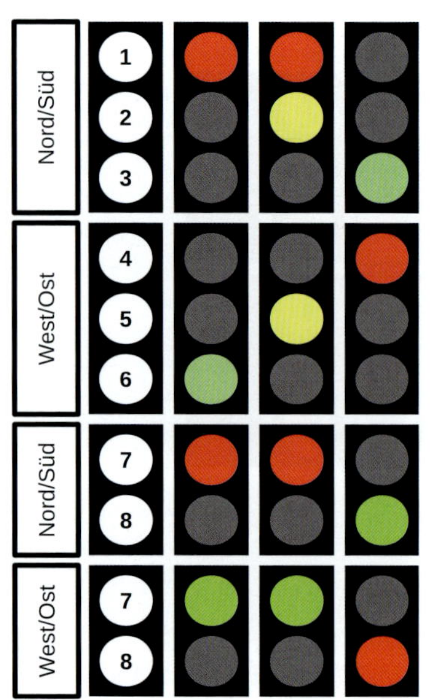

Abb. 9-46

Europäisch + Fußgänger (European + Pedestrian)

In Deutschland, Großbritannien, Österreich, Ungarn, Schweiz, Polen, Norwegen, Russland und Schweden leuchten im Übergang von Rot nach Grün die Signale Rot und Gelb gleichzeitig. Dies signalisiert, dass gleich die Erlaubnis zur Fahrt erteilt wird. Von Grün nach Rot wird Gelb alleinstehend aktiviert, um die gleich folgende Rotphase anzukündigen, und springt dann zu Rot. Die Fußgängerampel erhält das Grünsignal erst, wenn der Gegenverkehr das Rotsignal erhalten hat. Wird das Gelbsignal für die Straße angezeigt, springt das Fußgängersignal bereits auf Rot (Abb. 9-46).

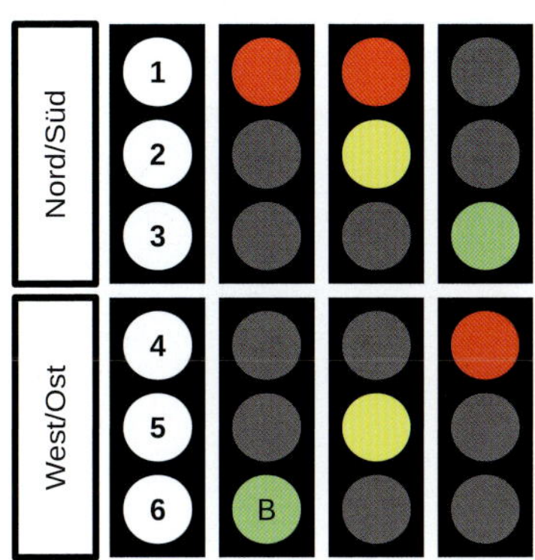

Abb. 9-47

Hinweis

Bei der Fußgängerschaltung gibt es eine kleine Diskrepanz zur Realität, da die beiden Ausgänge 7 und 8 für beide Richtungen verwendet werden. Normalerweise müsste beim Wechsel von Grün auf Rot zunächst bei dessen Übergangssignal Gelb für die Straße ebenfalls Rot gezeigt werden, was in dieser Konstellation jedoch nicht möglich ist.

International

Bei diesem Effekt blinkt vor der Gelbphase das grüne Licht viermal auf. Bei Rot auf Grün wird beim Wechsel Rot auf Gelb gleichzeitig aktiviert. Dieses Verhalten wird in den Ländern Österreich, Polen, Litauen, Lettland, Mexiko, Kroatien, Slowenien, Türkei, Israel, Russland und in der Volksrepublik China angewendet (Abb. 9-47).

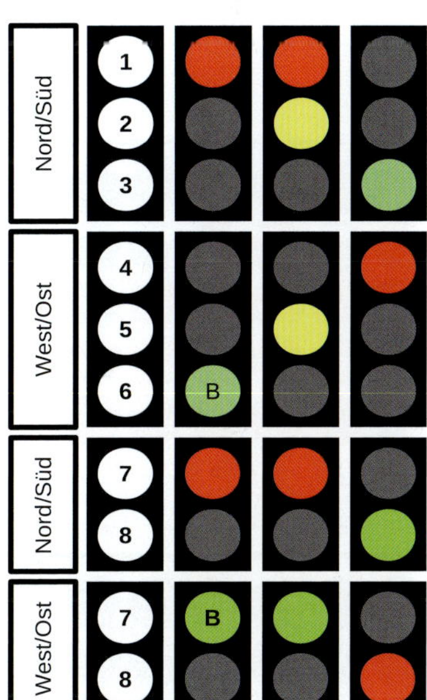

Abb. 9-48

International + Fußgänger (International + Pedestrian)

Bei diesem Effekt blinkt vor der Gelbphase das grüne Licht viermal auf. Bei Rot auf Grün wird beim Wechsel Rot auf Gelb gleichzeitig aktiviert. Dieses Verhalten wird in den Ländern Österreich, Polen, Litauen, Lettland, Mexiko, Kroatien, Slowenien, Türkei, Israel, Russland und in der Volksrepublik China angewendet (Abb. 9-48).

International 2

In Belgien, Dänemark, Frankreich, Griechenland, Irland, Italien, Luxemburg, Niederlanden, Australien, Taiwan, Brasilien und den USA springt das Ampelsignal von Grün direkt auf Rot (Abb. 9-49).

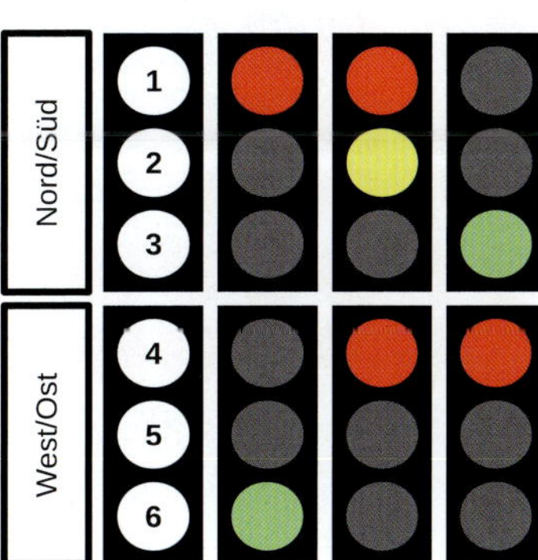

Abb. 9-49

9.3.10 Pegelanzeige (Sound Bar)

Pegelanzeigen sind in Stereoanlagen oder Mischpulten zur Aussteuerungsmessung eines Audiosignals zu finden. Der Effekt ist fest mit dem Audio-Ausgang des PFx-Bausteins verbunden und wird über das dort abgespielte Signal beeinflusst.

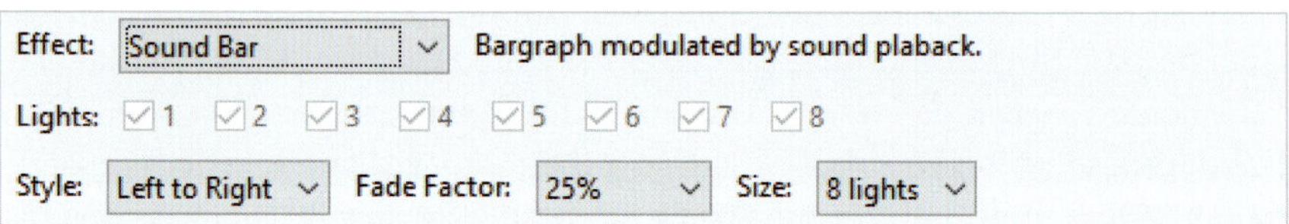

Die Richtung des Effekts kann über die *Stil*-Einstellung (Style) eingestellt und von »Rechts nach Links« (Right to Left) oder »Links nach Rechts« (Left to Right) sowie von »Außen nach Innen« (Out to In) und »Innen nach Außen« (In to Out) erfolgen.

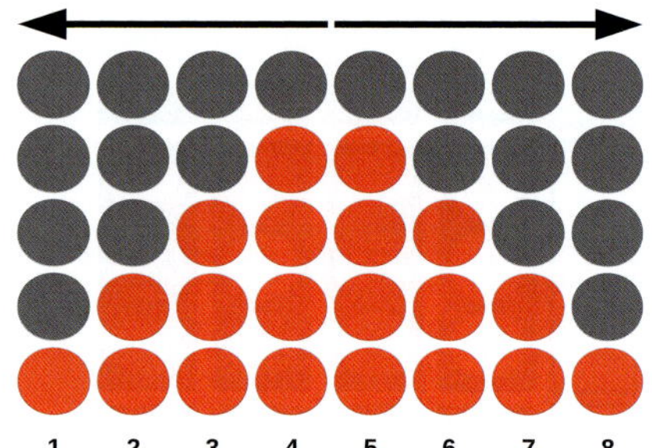

Abb. 9-50 Effekt-Stil von innen nach außen

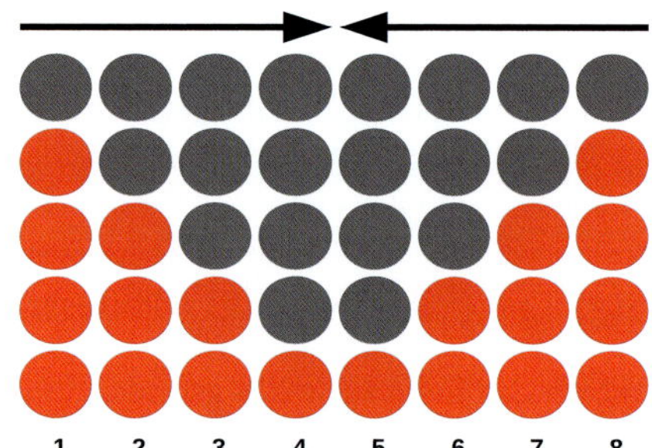

Abb. 9-51 Effekt-Stil von außen nach innen

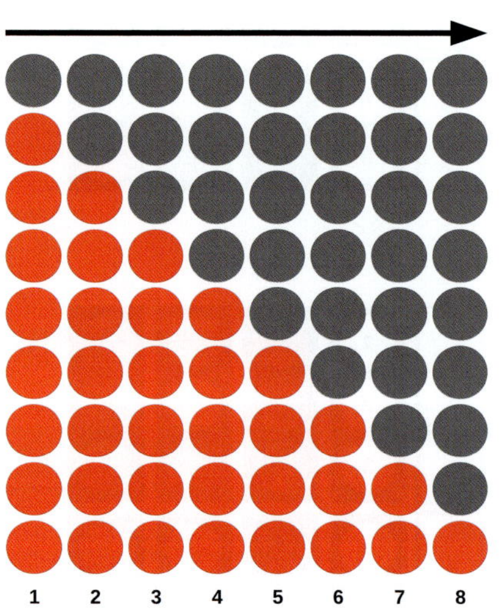

Abb. 9-52 Effekt-Stil von links nach rechts

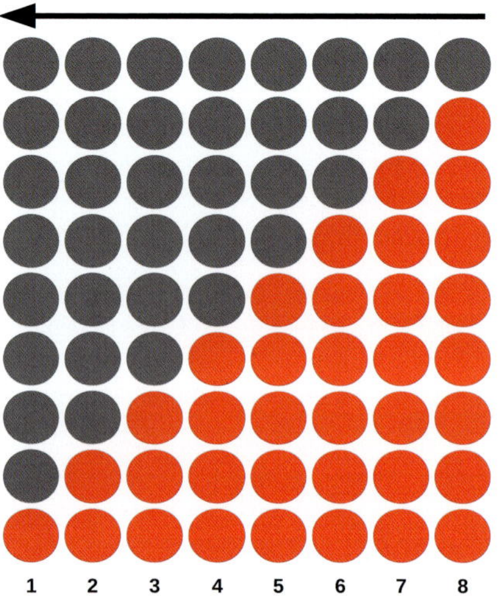

Abb. 9-53 Effekt-Stil von rechts nach links

Über die *Größe* (Size) kann die Anzahl der Ausgänge, die für den Effekt verwendet werden sollen, zwischen 8 und 4 Ausgängen gewählt werden.

Der *Blend-Faktor* (Fade Factor) definiert, ob die einzelnen Lichter weich oder hart ein- bzw. ausgeblendet werden. Der Wert kann zwischen 1% und 400% gewählt werden.

9.3.11 Abwechselnde Blinker (Alternating Flashers)

Der Effekt wird abwechselnd auf alle geraden und ungeraden Ausgänge angewendet. Das heißt, die Ausgänge werden abwechselnd aktiviert und deaktiviert.

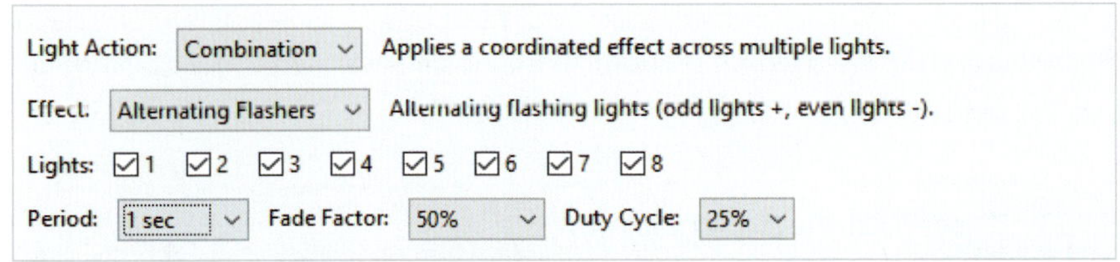

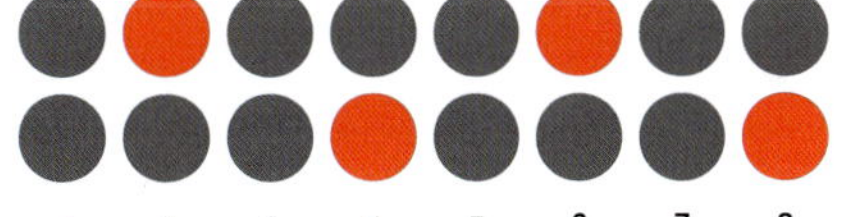

Abb. 9-55 Ausgänge mit ungeraden Zahlen

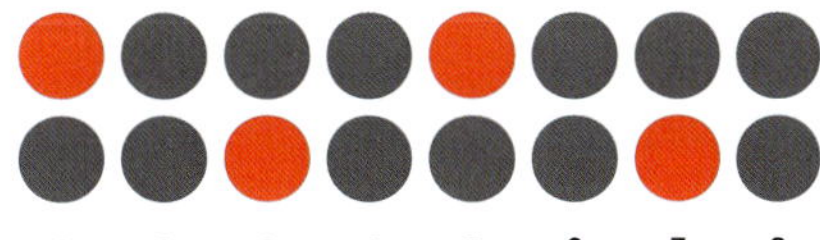

Abb. 9-54 Ausgänge mit geraden Zahlen

Einstellbar ist die *Periodenzeit* (Period) zwischen 0,1 Sekunden und 20 Sekunden, was die Geschwindigkeit des Effekts beeinflusst.

Der *Blend-Faktor* (Fade Factor) definiert, ob die einzelnen Lichter weich oder hart ein- bzw. ausgeblendet werden. Der Wert kann zwischen 1% und 400% gewählt werden.

Mit dem *Tastgrad* (Duty Cycle) kann das Verhältnis zwischen aktiver und inaktiver Phase eingestellt werden. Der Wert kann zwischen 1% und 99% in Schritten gewählt werden, wobei ein hoher Wert für eine sehr lange Aktivphase und ein kleiner Wert für eine lange Inaktivphase steht.

Tipp

Wer einen Wechselblinker benötigt, um z.B. ein Polizeiauto mit Blaulicht zu realisieren, kann hier einfach jeweils einen geraden und ungeraden Ausgang mit einer LED verbinden und auf dem Dach des Fahrzeugs unter die blauen Fliesen platzieren.

9.3.12 Lava-Lampe (Lava Lamp)

Lava-Lampen waren in den 70ern beliebte Einrichtungsgegenstände und bestanden aus einer Glühlampe im Boden der Lampe, die einen darüber liegenden, flaschenförmigen Behälter beleuchtete und mit der Wärme zwei verschiedene Flüssigkeiten zu Lava-ähnlichem Effekt trieb.

Einstellbar ist die *Periodenzeit* (Period) zwischen 0,1 Sekunden und 20 Sekunden, was die Geschwindigkeit des Effekts beeinflusst.

9.3.13 Laser-Kanone (Laser Cannon)

Die Laser-Kanone simuliert einen Laserstrahl, der in Form eines Lichtpunkts mit einem Schweif von einer Seite zur anderen Seite der Lichterkette wandert.

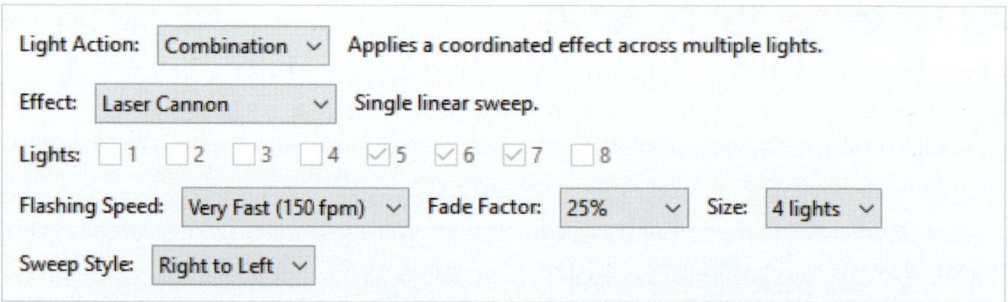

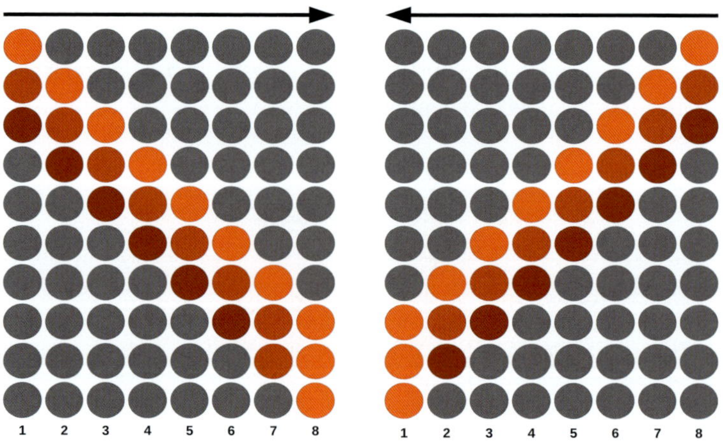

Abb. 9-56 Laserkanonen-Effekt mit Auswirkung des Blend-Faktors

Der *Blend-Faktor* definiert, wie breit der Schweif hinter dem Lichtpunkt ist. Je höher der Blend-Faktor, desto länger der Schweif bzw. die Länge des Laserstrahl-segments. Der Wert kann zwischen 1% und 400% gewählt werden.

Die »Größe« bestimmt, wie viele LEDs für den Effekt verwendet werden sollen. Es kann zwischen 4, 5, 6, 7 und 8 Ausgängen gewählt werden.

Die »Blinkgeschwindigkeit« legt fest, wie häufig der Laserstahl pro Minute abgeschossen wird: langsam (60 bpm), mittel (90 bpm), schnell (120 bpm) und sehr schnell (150 bpm). Bpm steht für »Bild pro Minute«, d.h., bei 150 bpm wird alle 0,5s ein Strahl abgefeuert – bei 60 bpm ein Strahl pro Sekunde.

Über den »Stil« kann festgelegt werden, ob der Laserstrahl von »Rechts nach links« oder »Links nach rechts« wandert.

9.3.14 Motorsport-Ampeln

Die Ampeln im Motorsport haben besondere Funktionen zur Anzeige von Count-downs für Trainingsrunden, Start und letzte Runde sowie Warnmeldungen.

Formel 1 (Formula 1)

In der Formel 1 gibt es zwei Signalanlagen – eine für die Rennstrecke und eine weitere für die Boxengasse. Die Signalanlage für die Rennstrecke setzt sich aus fünf Reihen und vier Zeilen zusammen. Die erste Reihe besteht aus fünf zusam-mengeschalteten gelben Signalen und die zweite Reihe aus fünf grünen Signalen. Die roten Signale werden pro Spalte zusammen geschaltet.

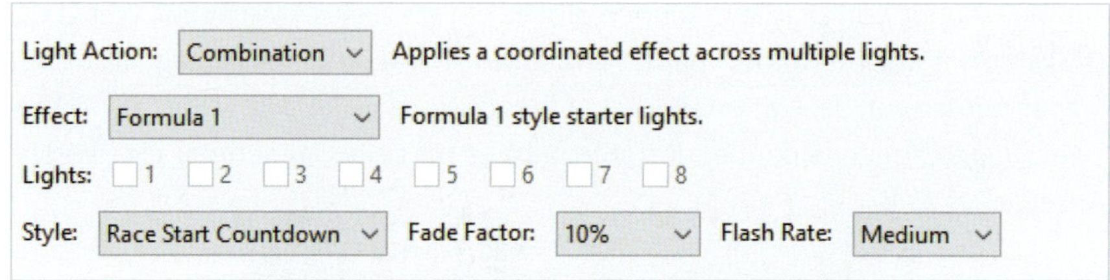

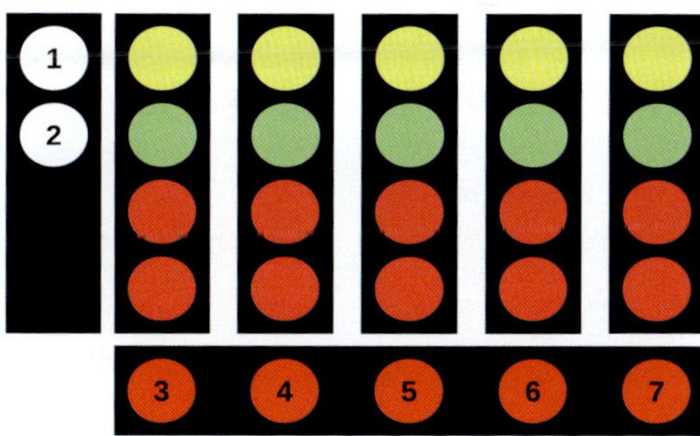

Abb. 9-57 Signale für die Rennstrecke

Abb. 9-58 Sequenz für Countdown der Einführungsrunde

Abb. 9-59 Sequenz für Countdown für den Rennstart

Folgende *Stile* sind für das Streckensignal einstellbar:

- **»Training Start«**
  Alle grünen Signale werden angezeigt (Ausgang 2).

- **»Training abgebrochen«**
  Alle gelben Signale (Ausgang 1) leuchten.

- **»Training Ende«**
  Alle roten Signale (Ausgänge 3,4,5,6,7) leuchten.

- **»Countdown Einführungsrunde«**
  Hier schalten zunächst alle roten Signale ein und dann von links nach rechts aus. Mit dem Erlöschen der letzten roten Signale (Ausgang 7) werden alle grünen Leuchten (Ausgang 2) eingeblendet. Die Abschaltzeit der Signale beträgt 15 Minuten (Ausgang 3), 5 Minuten (Ausgang 4), 3 Minuten (Ausgang 5), 1 Minute (Ausgang 6) und 15 Sekunden (Ausgang 7) (Abb. 9-58).

- **»Countdown Rennstart«**
  Hier werden die roten Signale im 1-Sekunden-Abstand von links nach rechts eingeschaltet. Nach 0,2 bis 3 s nach Einblenden der letzten roten Leuchten (7) erlöschen alle Leuchten, und der Start erfolgt (Abb. 9-59).

- **»Rennabbruch«**
  Alle roten Signale (Ausgänge 3,4,5,6,7) leuchten und alle gelben Signale blinken.

Dragster »Weihnachtsbaum« (Dragster)

Für die Freunde von Dragster-Rennen gibt es ein spezielles Startsignal. Wer LEGO Dragster mit Rückziehmotor baut, wird daran Freude finden. Die Regeln für das Signal werden von der National Hot Rod Association (NHRA) festgelegt. Da immer zwei Dragster gegeneinander antreten, gibt es für beide Teilnehmer eine eigene Anzeige.

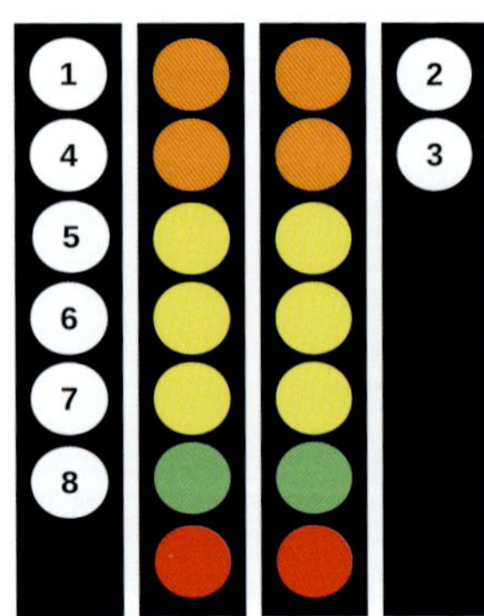

Light Action: Combination – Applies a coordinated effect across multiple lights.

Effect: Dragster – Dragster starter signal lights.

Lights: 1 2 3 4 5 6 7 8

Style: Standard Fade Factor: 10%

Abb. 9-60 Vereinfachter Grundaufbau des Dragster-Signals nach NHRA

Im oberen Bereich befinden sich vier orangene Signale, die die Vorbereitungsphase anzeigen. Diese schalten von oben links nach rechts, dann rechts unten nach links unten. Die obere Reihe signalisiert, dass die Teilnehmer 7 Zoll vor der Startlinie passiert haben. Hat das Teilnehmerfahrzeug die Startlinie erreicht, wird das Signal in der zweiten Linie angezeigt. Sind beide Teilnehmer an der Startlinie, wird der Countdown eingeleitet. Dies kann mit einem Lauflicht-Effekt realisiert werden, der die Ausgänge 1 bis 4 nacheinander einschaltet (Abb. 9-61).

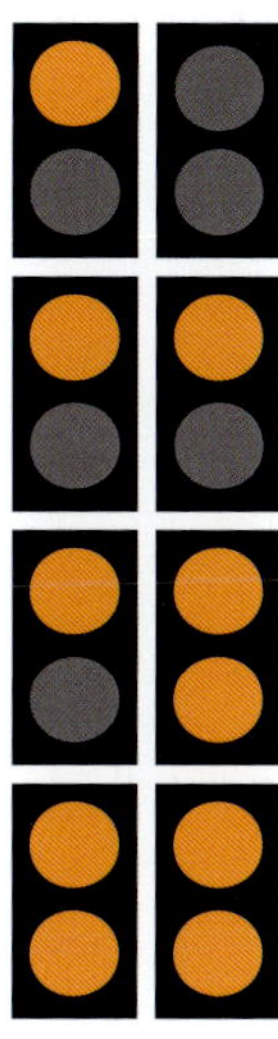

Abb. 9-61 Countdown-Vorbereitung

Die gelben Signale dienen dem Countdown für den Start. Die gelben Signale werden von oben nach unten im Abstand von 0,5 Sekunden zugeschaltet. Zwischen dem letzten gelben Signal und dem grünen Signal vergehen nochmals 0,5 Sekunden. Eine zweite »professionelle« Variante zeigt alle gelben Signale auf einmal an und nach 0,4 Sekunden das grüne Signal. In der Realität wird der Start überwacht, und wenn einer der Teilnehmer zu früh startet (bevor das Signal auf Grün steht), wechselt die Anzeige auf dessen Seite auf Rot. Dies ist hier aufgrund der fehlenden Messung nicht möglich (Abb. 9-62).

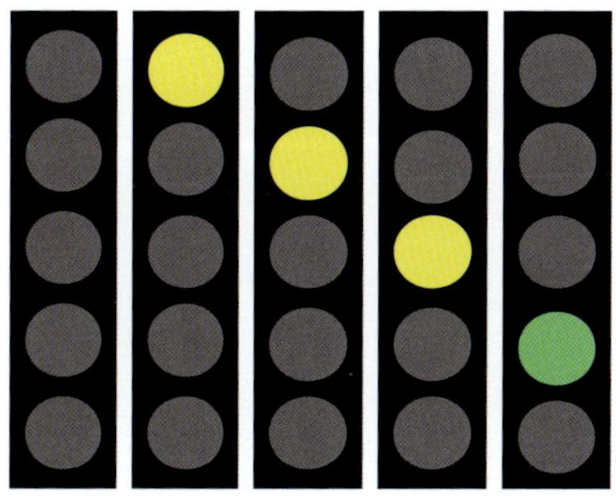

Abb. 9-62 Start Countdown

Als *Stil* stehen drei verschiedene Varianten zur Verfügung, wobei das Vorbereitungssignal »simuliert« vor jedem Countdown nach dem gezeigten Muster im 1-Sekunden-Takt angezeigt wird:

- Dragster »Professional 0.4« (0,4 Sek für grünes Signal nach Gelb)
- Dragster »Professional 0.5« (0,5 Sek für grünes Signal nach Gelb)
- Dragster »Standard« (0,5 Sek für grünes Signal nach gelbem Countdown)

Das folgende Beispiel zeigt den möglichen Aufbau eines Dragster-Startsignals mit der Möglichkeit, einen PFx-Baustein einzubauen und die Kabel durch die Konstruktion zu führen. Dies wird mit diversen Technic- und modifizierten Bausteinen und Platten ermöglicht.

Abb. 9-63 Beispiel für ein Dragster-Signal mit Anbau zum Verbergen eines PFx-Bausteins

9.3.15 Flugleitsignale

Während der Recherchen zu Lichteffekten im realen Leben stoßen wir automatisch auch auf das Thema »Landebahn«. Neben der statischen Beleuchtung der Landebahn selbst (Mitte, Begrenzung ...) sind noch die Anzeige für die Befeuerung zur Kennzeichnung des Landebahn-Beginns sowie die Anzeige für den Gleitwinkel des Flugzeugs relevant.

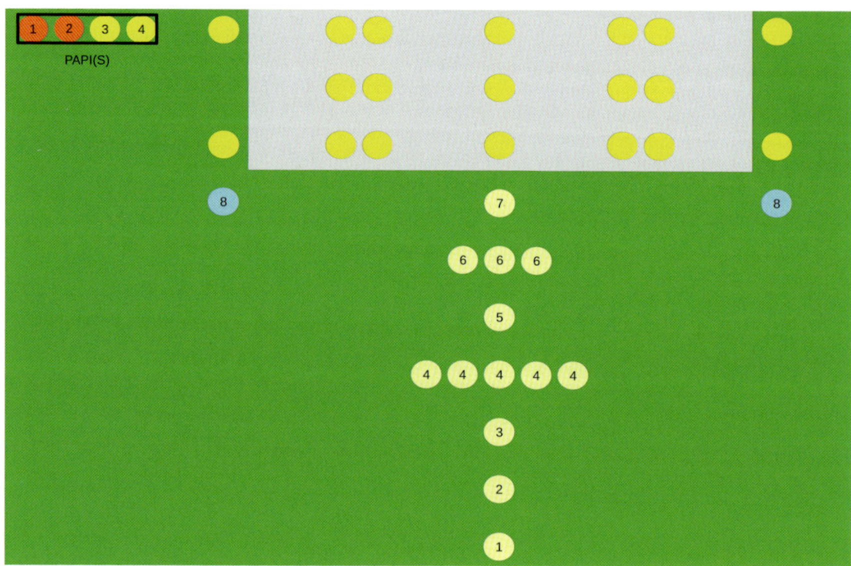

Abb. 9-64 Landbahn-Lichtelemente

Landebahn Pfeil (Runway)

Zu Beginn des Rollfelds wird die Landebahn durch einen stilisierten Pfeil aus Leuchtmitteln markiert. Dabei Blitzen die Lampen in Richtung der Landebahn zyklisch auf. Die Lampen selbst leuchten jedoch ständig und erhöhen nur kurzfristig ihre Leuchtstärke. Rechts und links des Landbahnbeginns sind aufblitzende Lampen positioniert. Die Helligkeit der Ausgänge wird von 1 bis 7 nacheinander kurz erhöht. Am Ende wird auf Ausgang 8 ein Blitzsignal ausgegeben. Der Landebahnbeginn wird auch durch eine Reihe grüner statischer Leuchten markiert.

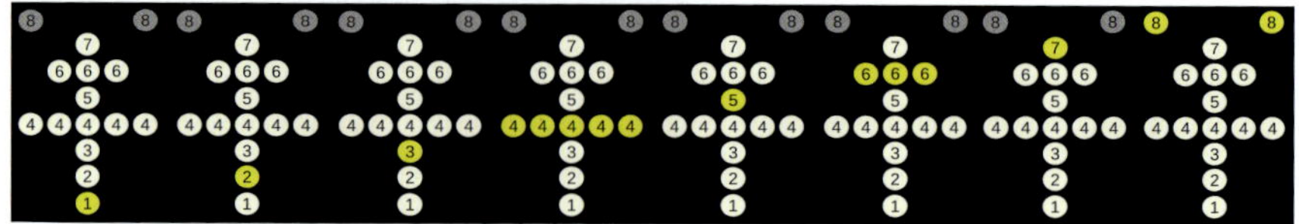

Abb. 9-65 Ablauf der Landebahnmarkierungsbefeuerung

Light Action: Combination Applies a coordinated effect across multiple lights.
Effect: Runway Airport runway approach lights.
Lights: 1 2 3 4 5 6 7 8
Flash Rate: Medium Fade Factor: 10% Brightness: Maximum

Der Aufbau einer Landebahnbefeuerung ist eine Herausforderung, da einige Kabel verlegt und versteckt werden müssen. Ohne große Veränderungen werden runde 1×1-Platten mit SMD-LEDs versehen und die Kabel zwischen den Noppen der Grundplatte (16×32) an den Rand geführt und dort an den PFx-Baustein angeschlossen. Dieser kann auch in einem »Generatorhäuschen« versteckt werden. Die Kabel sollten grün sein, um möglichst wenig aufzufallen. Zur Fixierung können immer wieder über den Kabeln 2×2-Fliesen oder Platten in Grün platziert werden.

Abb. 9-66 Möglicher Aufbau der Landebahnbefeuerung mit Kabelführung unter Fliesen

Eine zweite Variante wäre, die Beleuchtung fest zu verbauen und die Grundplatte mit Bohrungen zu versehen, die die Kabel auf die Unterseite bringen. Dort werden diese ebenfalls bis zum Rand geführt und mit UV-Kleber an der Unterseite fixiert. Im Beispiel wurde dieser Weg gewählt, um die Vorgehensweise bei einer solchen Lösung zu zeigen. Für die Anschlussdrähte der weißen 3-mm-LEDs wurden in der Basisplatte 0,8-mm-Löcher gebohrt. Die Löcher wurden so gebohrt, dass die Anoden und Kathoden horizontal immer auf einer Linie liegen.

Abb. 9-67 Bohrungen in der Basisplatte für 3-mm-LEDs

Im Anschluss werden die LEDs in die Löcher gesteckt und mit etwas UV-Kleber fixiert.

Abb. 9-68 Basisplatte mit eingefügten 3-mm-LEDs

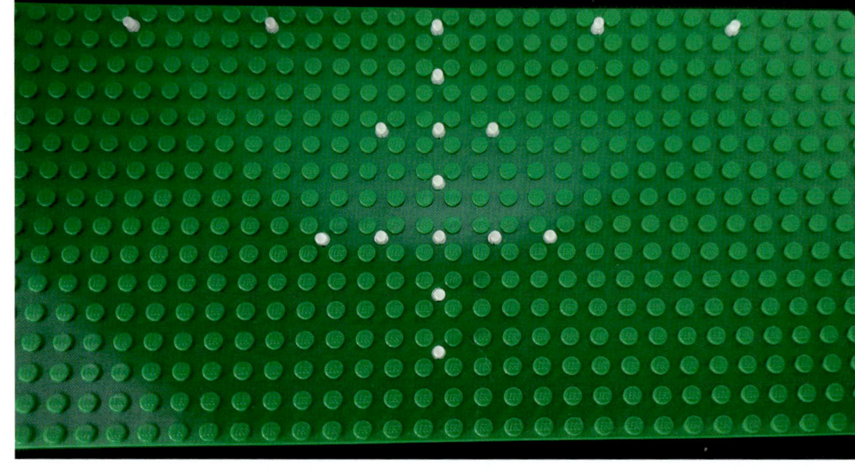

Abb. 9-69 Über LED platzierte 1×1-Platten

Über die LEDs werden die runden 1×1-Platten (85861) zwischen die Noppen gesteckt. Darauf können nun transparente 1×1-Platten oder Fliesen in der entsprechenden Farbe platziert werden.

Auf der Rückseite der Grundplatte werden nun die LEDs gemäß dem »Landebahn-Lichtelemente(-Anschlussschema)« verdrahtet. Die Anoden und Kathoden werden »in Linie« zusammengeschaltet und die Anschlussleitungen zu Seite bis zum Rand gelegt und mit UV-Kleber fixiert. Die drei grünen Landebahn-Begrenzungsleuchten sind ebenfalls zusammen verbunden.

Abb. 9-70 Verdrahtung der LEDs auf der Rückseite der Grundplatte

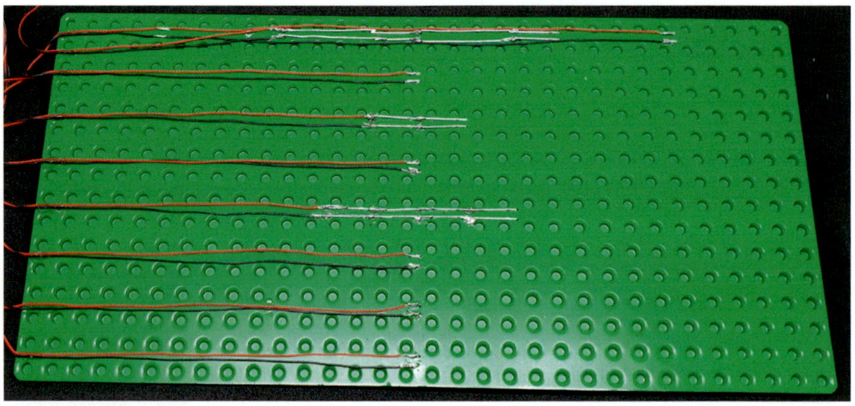

Die grünen LEDs werden an eine statische Stromversorgung angeschlossen. Hier direkt an 3 V, um die Vorwiderstände zu umgehen. Bei 5 V muss an der Anschlussbuchse ein Vorwiderstand eingefügt werden.

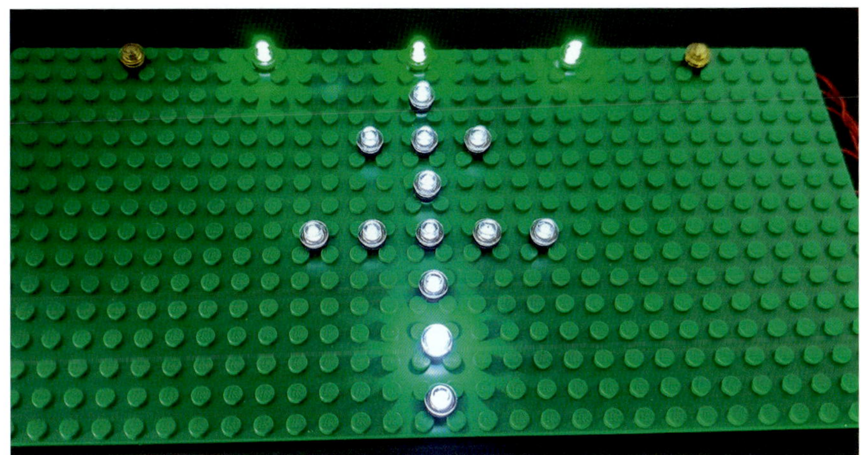

Abb. 9-71 Am PFx Brick angeschlossene LEDs im Betrieb

9.4 Programmierbare Effekte

Häufig sind sequenzielle Abfolgen bei der Ansteuerung der Ausgänge erforderlich und gewünscht. FxBricks hat mit der Version ICD 3.37 (Firmware 1.4) die Möglichkeit integriert, Sequenzen mit den verschiedenen Basiseffekten über verkettete Textanweisungen zu definieren. Die Anweisungen können in Form einer Textdatei definiert und in den Baustein geladen werden. In diesem Abschnitt wird vorrangig das Skripten mit Lichteffekten behandelt.

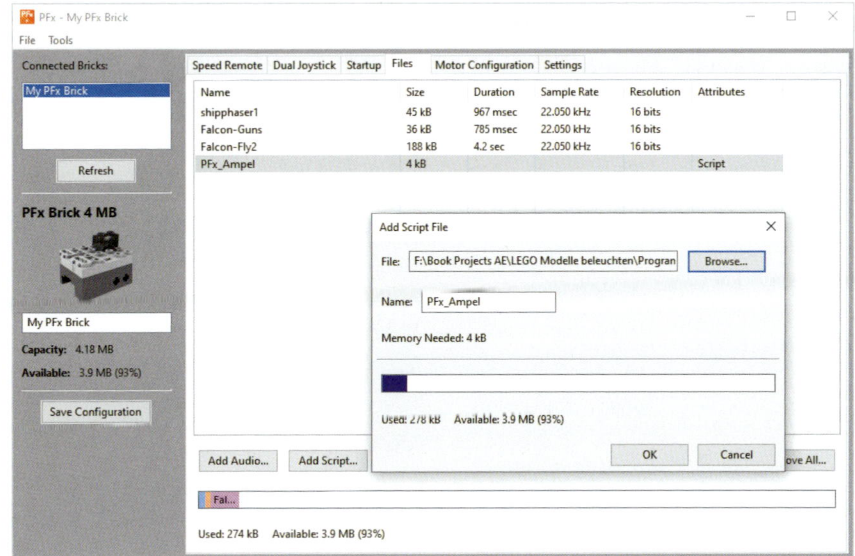

Abb. 9-72 Upload eines Skripts über den Dateibereich

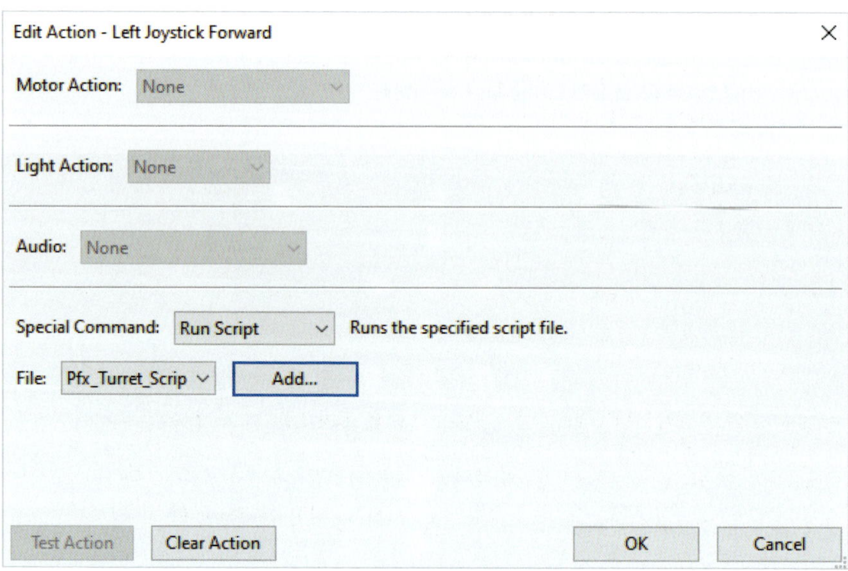

Abb. 9-73 Verknüpfung einer Skript-Datei mit einer Aktion

9.4.1 Kommentare

Kommentare innerhalb der Datei werden mit dem Rautezeichen # oder // am Zeilenbeginn markiert. Kommentare dürfen nicht innerhalb von Anweisungszeilen verwendet werden.

```
# Gültiger Kommentar
// Gültiger Kommentar
light 1 on # Kein gültiger Kommentar
```

9.4.2 Schlüsselwörter

Die Skript-Syntax verwendet Case-sensitive-Schlüsselwörter, d. h., auf exakte Schreibweise inkl. Groß-Klein-Schreibung muss geachtet werden. Es sind diverse primäre Schlüsselwörter verfügbar, die als initiale Befehle verwendet und mit sekundären Schlüsselwörtern als Anweisungen ergänzt werden.

Primäre Schüsselwörter:

```
light <Kanäle> <Anweisungen>
motor <Kanäle> <Anweisungen>
sound <Anweisungen>
ir <Parameter>
wait <Parameter>
repeat
run
stop
```

Sekundäre Anweisungen und Parameter-Schlüsselwörter:

```
play, fade, all, on, off, flash, loop, left, right, up, down,
ch, speed, fx, vol, bass, treble, bright, joy, beep, button
```

9.4.3 Anweisungen für Licht-Effekte

```
light <Kanäle> <Anweisungen>
```

`<Kanäle>` können als einzelne Zahlenangabe für den Ausgang 1 bis 8 angegeben werden oder als eine Liste von Ausgängen, die in eckigen Klammern `[ ]` geschrieben wird. `[2,3,8]` spricht z. B. die Ausgänge 2, 3 und 8 des PFx Brick gleichzeitig an. Mit dem Schlüsselwort `all` als Kanalangabe werden alle 8 Ausgänge gleichzeitig angesprochen.

`<Anweisungen>` sind Kombinationen aus verschiedenen Schlüsselwörtern und Werten:

Tab. 9-1 Anweisungen für Lichteffekte

Anweisung	Funktion
`on`	Einschalten eines Kanals bzw. der Kanäle
`off`	Ausschalten eines Kanals bzw. der Kanäle
`fade <Zeit>`	Fade Time (0 bis 10.0 Sekunden)
`flash <Ein-Zeit> [Aus-Zeit]`	Periodisches Blinken (0.05 bis 60.0 Sekunden)
`bright <Wert>`	Helligkeitswert (0 bis 255)
`fx <id> [Parameter]`	Führt einen vordefinierten Licht-Effekt aus. Die `id` des jeweiligen Effekts sowie die Parameter können aus dem ICD-Dokument entnommen werden (`LIGHT_FX_ID`). Wenn die Kanalangabe auf all gesetzt ist, werden die `ids` der Kombinationseffekte verwendet.

Ein paar Beispiele:

```
light 1 on
light [1,4,8] off fade 0.5
light [2,4] flash 0.1 0.4 fade 0.1
light all bright 128
light [6,7] fx 0x0C [1,0,3,0,0]
```

9.4.4 Ausführungs-Steuerung

Um die Programme auszuführen und über Steuerkontrollen anzusprechen, stehen weitere Anweisungen zur Verfügung:

Tab. 9-2 Anweisungen für Ausführung und Steuerung

Anweisung	Funktion
`wait <Zeit>`	Pause (0.05 Sekunden bis unbegrenzt)
`wait sound <fileID>`	Pause, bis das Abspielen der angegebene Sound-Datei beendet wurde

`wait ir <Parameter>`	Pause, bis ein Infrarot-Ereignis empfangen wird. Als Parameter kann jede beliebige Kombination aus den folgenden Anweisungen verwendet werden:
	`joy, speed, up, down, left, right, button`
	`ch <Wert>`

`repeat`	Wiederholt das aktuelle Skript
`run <fileID>`	Führt das Skript mit der angegebenen `fileID` aus
`run <file>`	Führt die angegebene Datei und das darin enthaltene Skript aus
`stop`	Beendet das Skript an der aktuellen Zeile

Ein paar Beispiele:

```
wait 3.0
wait sound 5
wait ir joy left up
wait ir speed ch 4 left button
stop
run 3
run "MyScript.txt"
```

9.4.5 Beispiel

Das etwas größere Skript-Beispiel zeigt eine Ampel-Sequenz, wie sie bereits als kompletter Effekt im PFx-Baustein enthalten ist.

Listing 9-1 Steuerscript für eine Ampelsequenz

```
# Ampel-Sequenz
#
# Kanal 1: Rot, Kanal 2: Gelb, Kanal 3: Grün
# Kanal 4: Stehen, Kanal 5: Gehen
# Alle Licht-Kanäle zurücksetzen

light all off
# Rotphase
light [1,4] on
light [2,3,5] off fade 0.2
wait 8.0
# Grünphase
light [1,4] off fade 0.2
light [3,5] on
wait 8.0
# Fußgänger Warnung
light 5 off fade 0.1
light 4 flash 0.4 fade 0.1
wait 5
# Gelbphase
light 3 off fade 0.2
light [2,4] on
wait 4
# Starte die Sequenz erneut
repeat
```

9.5 Erweiterungen

Der PFx-Baustein ist auf eine komplikationslose und schnelle Anbindung von LEDs über die Anschlussplatinen ausgelegt – in der Regel pro Anschuss eine LED. Jeder Ausgang kann bis zu 100 mA treiben, was theoretisch auch mehrere LEDs pro Anschluss ermöglicht. Es gibt jedoch Szenarien, in denen wesentlich mehr LEDs mit einem Effekt gesteuert werden sollen. Hierfür sind einige der nachfolgenden Komponenten hilfreich.

9.5.1 Opto-Isolator-Adapter

Damit mit dem Ausgang eines PFx-Bausteins weitere Elektronik angesteuert werden kann, müssen der Open-Collector-Ausgang und die fehlende Schaltungsmasse ersetzt werden. Hierfür bieten sich fast-speed Optokoppler an, deren LED im Steuerteil einfach an einen Ausgang des PFx Brick angeschlossen wird. Der Ausgang des Optokopplers wird mit der eigenständigen Stromversorgung und dort mit deren Masse und Versorgungsspannung verbunden. Die Ausgänge des Optokopplers (in der Regel ebenfalls Open-Collector) werden über einen Pull-up-Widerstand für z. B. die Ansteuerung von Treiberstufen bereitgestellt.

Die Beispielplatine wurde für eine 2 × 3-Plattengröße konzipiert und wird mit einem Dual-Optokoppler des Typs VO4661-X007T von Vishay sowie den zugehörigen Pull-up-Widerständen (100 kOhm) und einem 100-nF-Kondensator bestückt. Damit das Signal direkt an einen Treiberbaustein weitegeführt werden kann, muss es noch invertiert werden. Dies erfolgt mit je einem Baustein vom Typ BU4SU69G2 von Rohm pro Kanal. Dieser befindet sich in einem SSOP-5-Gehäuse und kann platzsparend auf der Platine untergebracht werden.

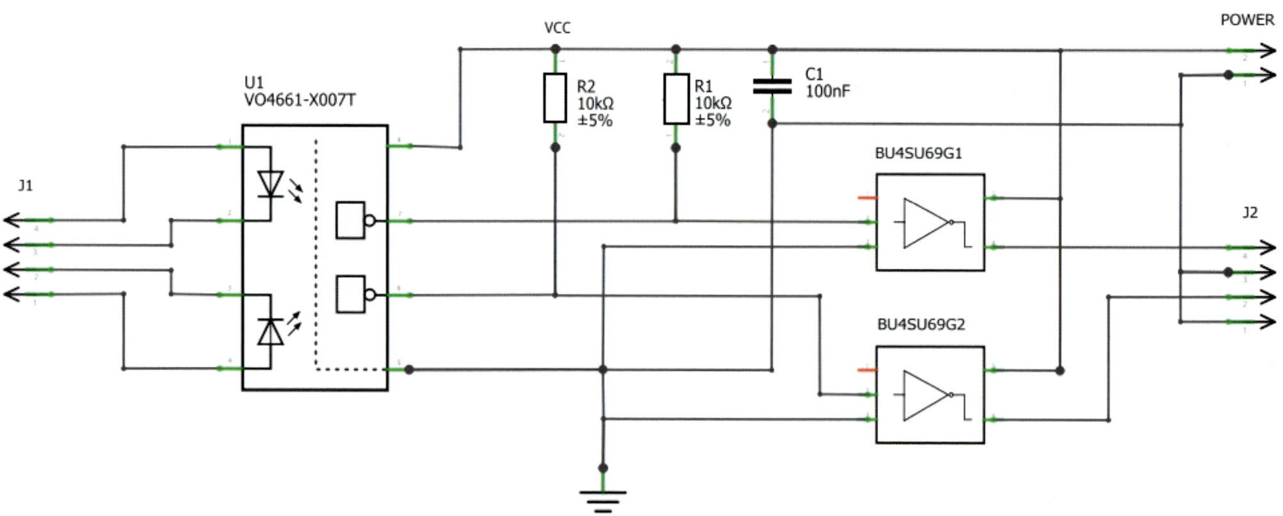

Abb. 9-74 Schaltung der externen Adapterplatine für zwei PFx-Brick-Kanäle

Links befinden sich zwei Eingänge für die Steuer-LED (Kathoden sind an den beiden inneren Anschlüssen), während auf der rechten Seite ein 2-poliger Anschluss für die Versorgungsspannung und ein 4-poliger Anschluss für die beiden Steuerausgänge zur Verfügung steht. Die Platine ist nur für den Anschluss an einem PFx-Baustein konzipiert, da die Vorwiderstände für die LEDs auf den LAB-Anschlussplatinen bereits vorhanden sind.

Anstatt eines Zwischenadapters kann auch eine spezielle Anschlussplatine (LAB) erstellt werden, und mit zwei Dual-Optokopplern können 4 Kanäle des PFx

Abb. 9-75 2-fach Optokoppler-Adapter für PFx-Brick-Ausgänge

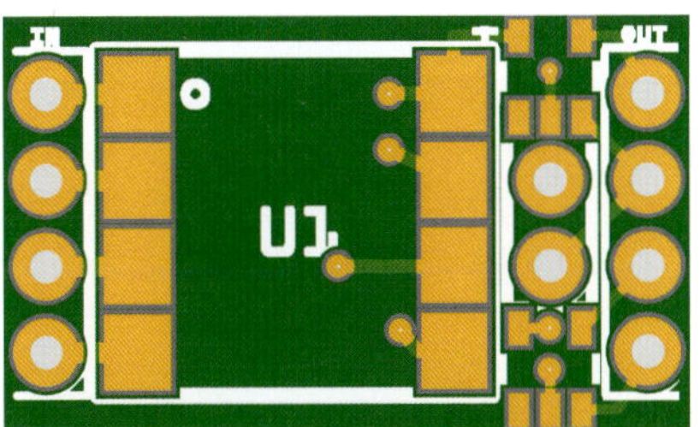

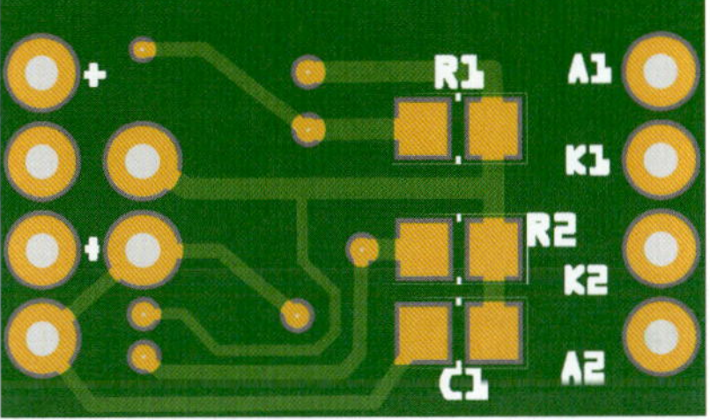

Abb. 9-76 Optokoppler-Adapterplatine für PFx Brick

Brick entsprechend bereitgestellt werden. Zusammen mit dem DualLAB und zwei dieser Platinen können alle 8 Kanäle isoliert bereitgestellt werden. Ähnlich wie beim LABusb kann die Platine umgekehrt angeschlossen entweder die rechten oder linken vier Kanäle vom Anschluss abgreifen.

Abb. 9-77 Schaltplan des LABiso für den PFx Brick

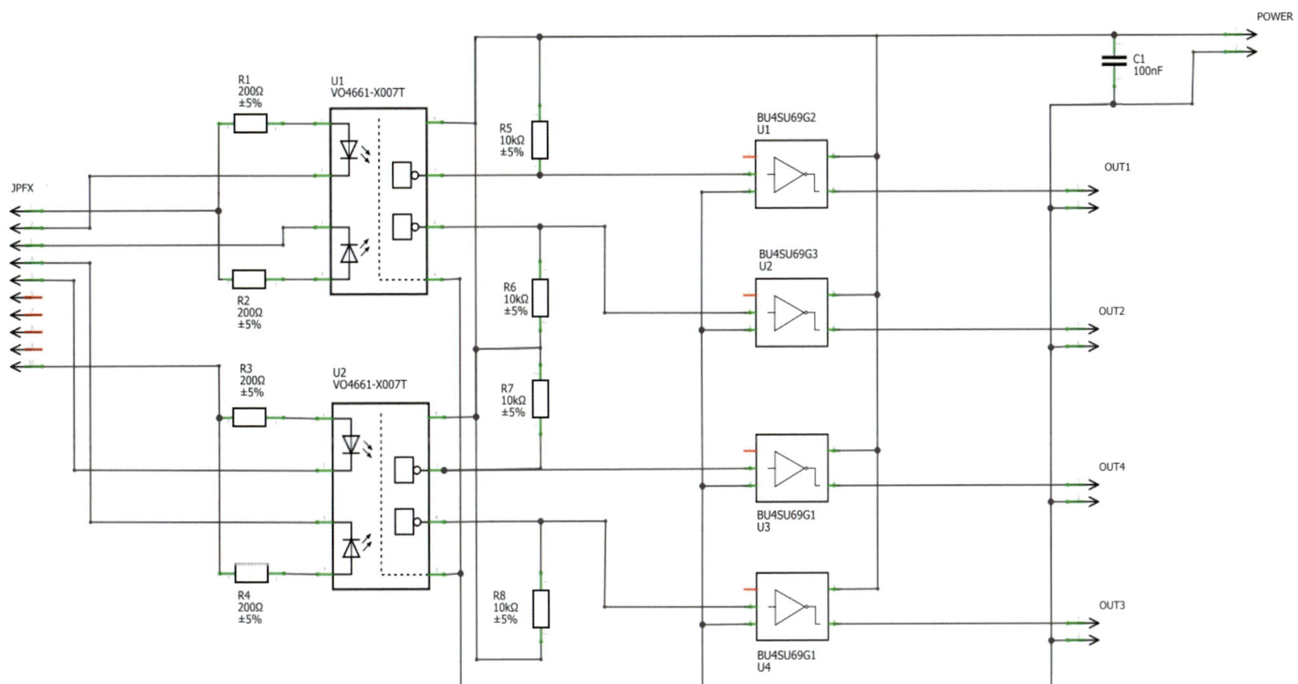

Eine Basisplatine mit Steckverbinder für eigene Konstruktionen steht zum Download auf brickelectronic.de zur Verfügung. Werden eigene Konstruktionen an den PFx-Baustein angeschlossen, kann dies zum Garantieverlust führen, wenn dadurch der Baustein beschädigt wird!

Auf der Rückseite werden die Widerstände für die Optokoppler-Eingänge R1 bis R4 (je 200 Ohm Widerstand) und die Pull-up-Widerstände (10 kΩ) für die Ausgänge R5 bis R8 aufgelötet. C1 ist ein 100nF Kondensator. Auch hier werden pro Kanal ein BU4SU69G2 der Firma Rohm benötigt, um das Ausgangssignal des Optokopplers zu invertieren und somit wieder korrekt darzustellen.

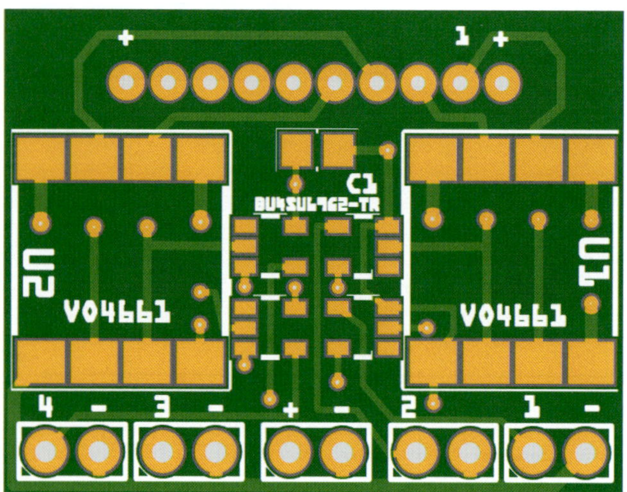

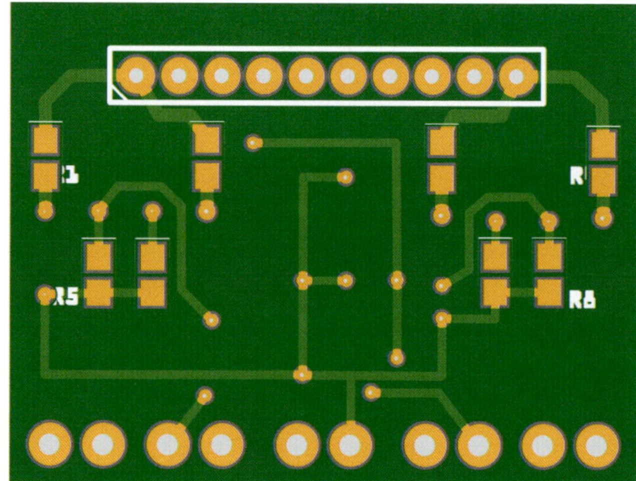

Abb. 9-78 PFx-Adapterplatine für vier isolierte Ausgänge

Am mittleren Anschluss wird die eigene Stromversorgung angeschlossen. Die Spannungsversorgung kann dank der CMOS-Inverter bis 15V betragen und deckt somit alle Spannungen von 5V bis 9V LEGO Power Functions ab. Rechts und links befinden sich die Ausgänge der Kanäle 1 bis 4, wobei der Minuspol immer am rechten Anschluss zu finden ist.

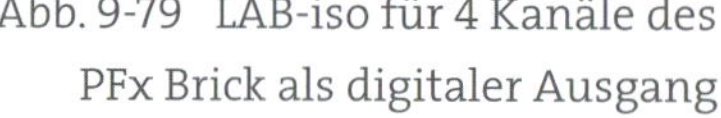

Abb. 9-79 LAB-iso für 4 Kanäle des PFx Brick als digitaler Ausgang

Die Kombinationsmöglichkeiten sind vielfältig, und auch für eigene Experimente ist die Lösung ideal, da wir einfach die Ausgänge mit einem Steckbrett verbinden können. Stromversorgung vom Steckbrett zur Anschlussplatine – und nun können wir eigene Konstruktionen aufbauen, ohne den PFx Brick zu beschädigen. Es besteht nur die Gefahr, die Optokoppler bzw. die Inverter auf der Adapterplatine durch Kurzschluss zu beschädigen.

Abb. 9-80 LAB-iso mit 6-V-Stromversorgung und Treiberplatine in Aktion

Abb. 9-81 LAB-iso an einem Steckbrett für Experimente

9.5.2 Treiberplatine für mehr LEDs

Die Optokoppler-Lösungen ist darauf ausgelegt, dass deren Ausgänge auf digitale Logik-Bausteine oder Treiberstufen zur Erhöhung der Ausgangsleistung geführt werden. Möchten wir mit einem Effekt gleichzeitig eine hohe Anzahl von LEDs ansteuern, begrenzt diese der PFx-Baustein auf 100 mA pro Ausgang. Wird der PFx-Baustein über eine Batteriebox betrieben, stehen zudem nur 800 mA zur Verfügung. Das heißt, dass die LEDs für den Effekt mit einer unabhängigen und leistungsstarken Stromversorgung betrieben werden sollten.

Ein typischer Vertreter für Leistungstreiber ist die ULN-Serie, die Open-Collector-Ausgänge mit jeweils 500 mA Lastkapazität pro Treiberstufe bereitstellen. Die Eingänge sind für 5-V-TTL-Steuerspannung ausgelegt. Bei 12 LEDs und 20 mA werden 240 mA Leistung benötigt – d. h., eine Treiberstufe reicht bereits für diesen Zweck aus. Die Kathode wird mit dem Ausgang eines Treibers verbunden, während die Anoden über den Vorwiderstand mit der Versorgungsspannung verknüpft sind.

Tab. 9-3 Auswahl an Treiber-Bausteinen

Baustein	Hersteller	Technologie (Eingang)	Ausgangs-Leistung
BA12003DF	Rohm Semiconductor	TTL, CMOS (5 V)	7 × 500 mA/50 V
ULN2001	STMicroelectronics	DTL, TTL, PMOS, CMOS	7 × 500 mA/50 V
ULN2003	STMicroelectronics	TTL, CMOS (5 V)	7 × 500 mA/50 V
ULN2004	STMicroelectronics	CMOS, PMOS (6–15 V)	7 × 500 mA/50 V
ULN2803	STMicroelectronics	TTL, CMOS (5 V)	8 × 500 mA/50 V
ULN2804	STMicroelectronics	CMOS, PMOS (6–15 V)	8 × 500 mA/50 V
ULN2064B	STMicroelectronics	TTL, CMOS (5 V)	4 × 1,5 A/50 V
ULN2066B	STMicroelectronics	CMOS, PMOS (6–15 V)	4 × 1,5 A/50 V
SN75423	Texas Instruments	TTL, CMOS (5 V)	8 × 500 mA/50 V
SN75424	Texas Instruments	CMOS, PMOS (6–15 V)	8 × 500 mA/50 V
LB1204M	ON Semiconductor	TTL, CMOS (5 V)	4 × 1,5 A/65 V
M54532P	Mitsubishi	TTL, CMOS (5 V)	4 × 1,5 A/50 V

Die Beispielplatine besitzt zwei Eingänge, die direkt mit den Ausgängen der Platine aus 9.5.2 verbunden werden können. Beide Platinen werden mit derselben Stromversorgung verbunden. Aufgrund der vielen Anschlüsse und des trotz SMD-Bauweise größeren IC-Gehäuses ist die Größe auf eine 2 × 4-Platte ausgelegt. Insbesondere in größeren Modellen wie Raumschiffen bekommen wir von den Platinen bei Bedarf einige unter.

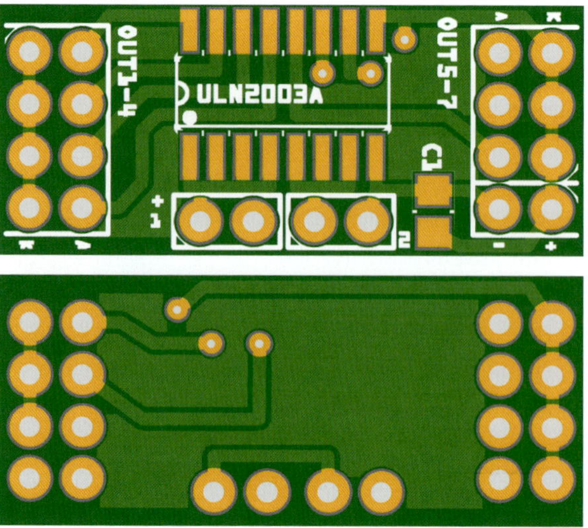

Abb. 9-82 Treiberplatine für zwei Kanäle an vier und drei 500-mA-Ausgängen

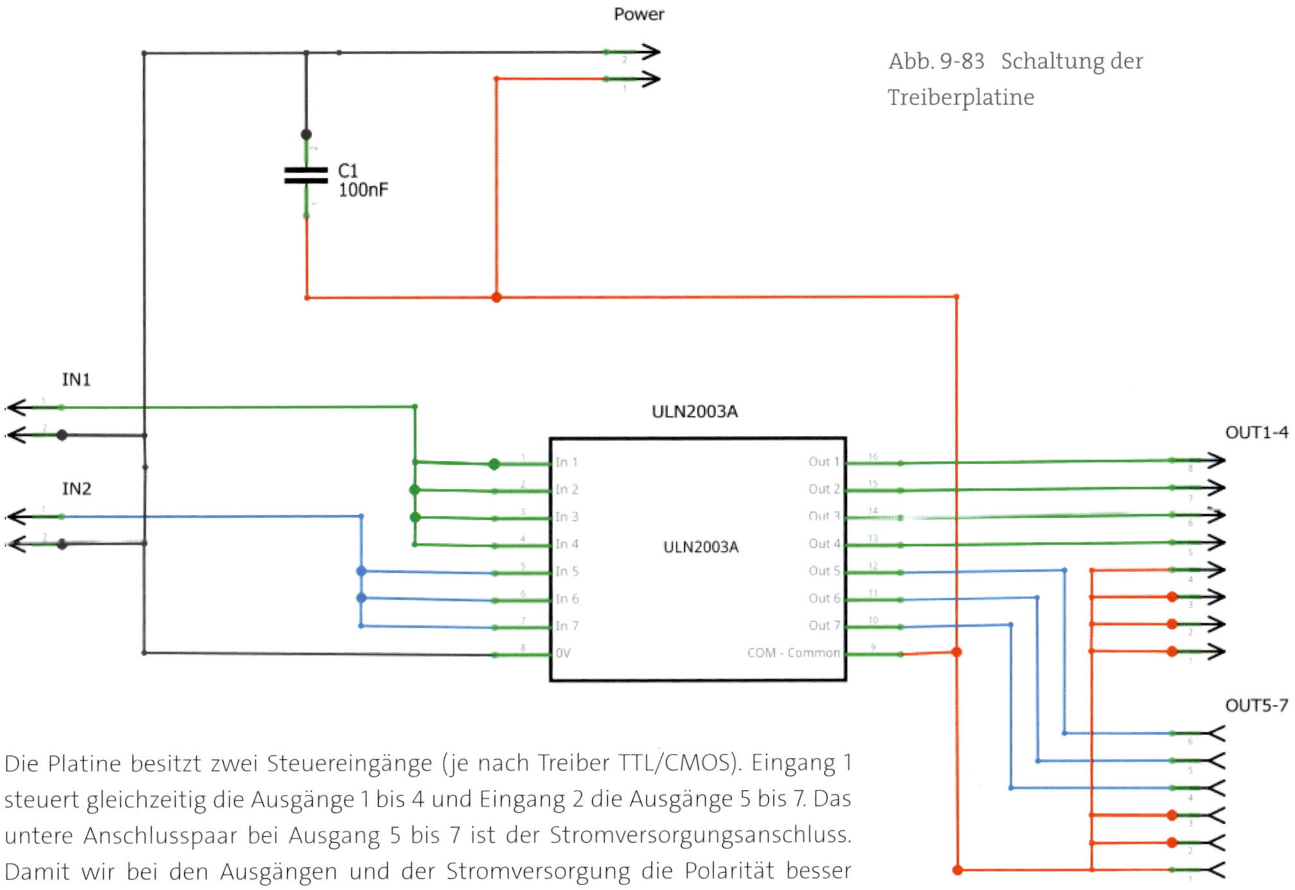

Power

C1
100nF

IN1

IN2

ULN2003A

In 1
In 2
In 3
In 4
In 5
In 6
In 7
0V

Out 1
Out 2
Out 3
Out 4
Out 5
Out 6
Out 7
COM - Common

OUT1-4

OUT5-7

Abb. 9-83 Schaltung der Treiberplatine

Die Platine besitzt zwei Steuereingänge (je nach Treiber TTL/CMOS). Eingang 1 steuert gleichzeitig die Ausgänge 1 bis 4 und Eingang 2 die Ausgänge 5 bis 7. Das untere Anschlusspaar bei Ausgang 5 bis 7 ist der Stromversorgungsanschluss. Damit wir bei den Ausgängen und der Stromversorgung die Polarität besser erkennen kann, wurden je zwei Stiftleisten in rot und schwarz eingelötet. Bei den Steuereingängen können wir an einer Seite mit rotem Lackstift den Pluspol kennzeichnen.

Abb. 9-84 Komplette Adapterplatine in 2 × 4-LEGO-Platte eingebaut

Die Treiber werden bei höherer Belastung heiß. Im Normalfall würden Kühlkörper aufgesetzt, doch da wir »kompakt« bleiben wollen, sollte die angegebene maximale Leistung um die Hälfte unterschritten werden. Kleine Kühlkörper gibt es z.B. von fischer Elektronik (ICK SMD A 10 SA, 10 mm × 6,3 mm), die mit Wärmeleitkleber (WLK5) auf den Treiber-IC aufgeklebt werden.

Achtung: Wärmeleitkleber sind in der Regel sehr gesundheits- und umweltgefährdend. Unbedingt bei der Verarbeitung das Sicherheitsdatenblatt beachten.

9.5.3 Lichtleiter-Adapterplatine

Um mit Lichtleiter arbeiten zu können, wurde das nachfolgende LABfibre entwickelt. Auf der Anschlussplatine wurden 3-mm-LEDs verbaut, die in Lichtleiter-Anschlusselementen der Firma Signal Construct montiert sind. Die LEDs werden mit den typischen 200-Ohm-Vorwiderständen angesteuert. Auf die LAB-Standardbreite der Leiterplatte von 30 mm können 5 LEDs nebeneinander montiert

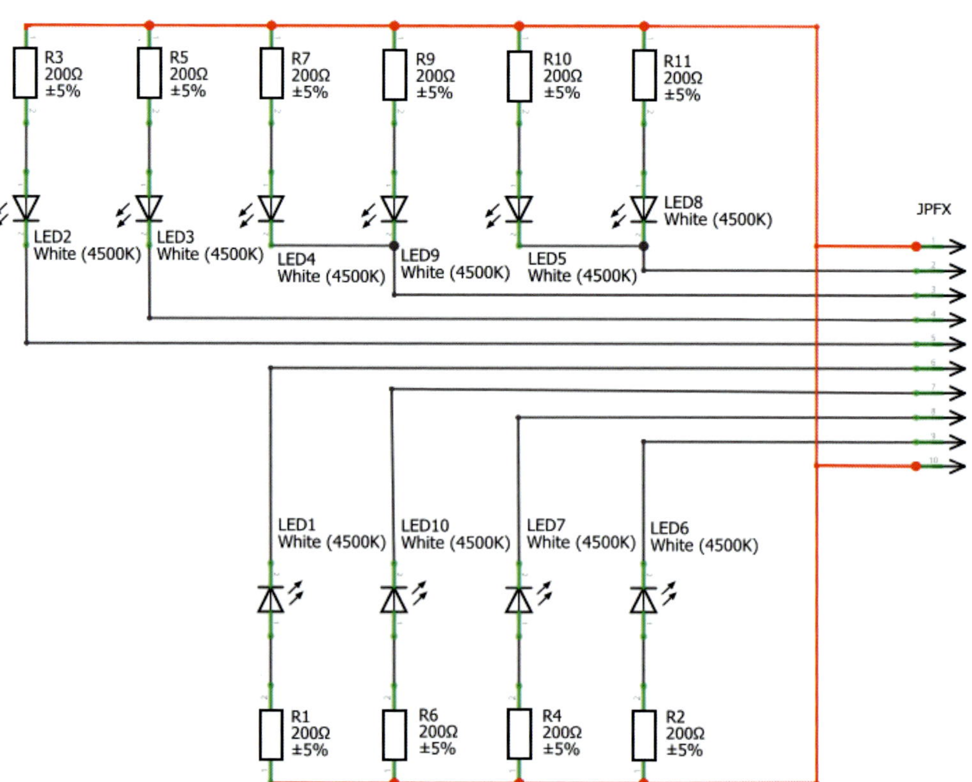

Abb. 9-85 Schaltung der Lichtleiter-Adapterplatine

werden. Das heißt, hier sind 5-stellige Adapter für 3 mm (5DUPH35××) oder 2 mm (5DUPH25××) möglich. xx steht für die möglichen LED-Farben (05 = Rot, 15 = Gelb, 25 = Grün). In die Adapter können flexible Lichtfasern eingesteckt werden.

In die schwarzen Sockelelemente können handelsübliche 3-mm-LEDs mit rundem Kopf eingebaut werden. Die Anschlussdrähte werden einfach durch den Boden der Sockelelemente und die dafür vorgesehenen Löcher und dann in die Platine gesteckt und verlötet. Im Beispiel wurden verschiedene Farben von Blau, UV, Orange, Gelb, Grün, Rot bis Weiß eingebaut. Bei den Lichtleitern empfiehlt es sich, Typen mit schwarzer Isolierung zu verwenden. Diese gibt es auch mit mehreren kleineren Fasern in einer Umhüllung. Wichtig ist, dass das Bündel einen Durchmesser hat, der in die 2-mm- bzw. 3-mm-Löcher der weißen Aufsätze passt. Damit die Fasern nicht herausrutschen, verkleben Sie sie am besten im weißen Anschlusselement mit UV-Kleber.

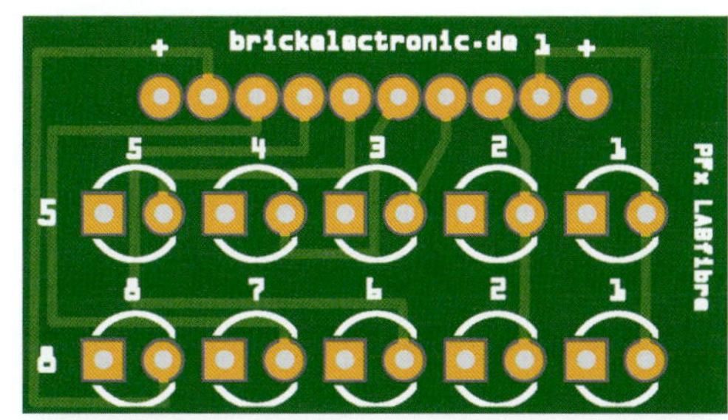

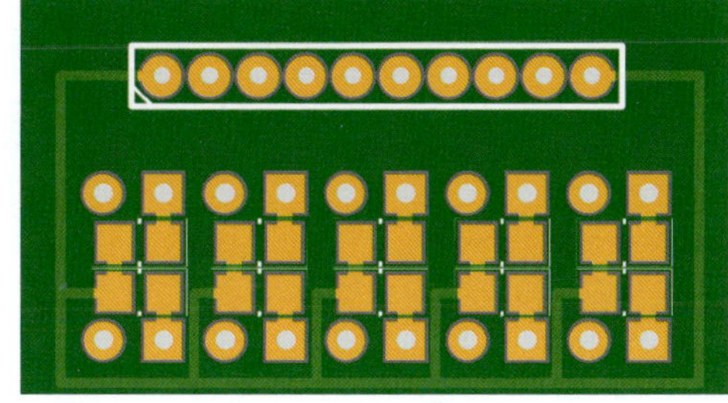

Abb. 9-86 PFx-Brick-Anschlussplatine für Lichtleiter-Adapter

Abb. 9-87 LAB-fibre am PFx Brick

Abb. 9-88 LAB-fibre mit angeschlossenen Lichtfaser

10 Beleuchtungstechniken und Beispiele

LEGO-Themen gibt es viele, wobei sich gerade bei AFOL einige wichtige Kerngebiete etabliert haben. Diese haben immer wieder ähnliche Aspekte für Beleuchtungen.

Um ein Beleuchtungsprojekt zu planen, ist zunächst zu prüfen, welche Möglichkeiten ein LEGO-Modell hierfür bietet. In der Regel sind viele transparente Elemente (außer Fensterscheiben) Kandidaten für Lichtquellen. Bei kleineren Modellen sind es häufig transparente 1×1-oder 1×2-Platten oder -Fliesen. In Technic-Modellen werden ebenfalls für Scheinwerfer transparente runde 1×1- oder 1×2-Fliesen verwendet. Wichtig ist, bei der Planung festzulegen, in welcher Form die Stromversorgung realisiert wird und wo im Modell diese platziert werden kann.

Wo können Kabel hindurchgeführt werden und wo gibt es ggf. Schnittstellen, an denen Teile des Modells getrennt werden und somit auch Kabel-Verbindungen trennbar sein müssen. Diese Fragestellung kommt zum Beispiel bei Zügen oder Gebäuden auf.

Dieses Kapitel soll Beispiele und Möglichkeiten vermitteln, wie bei verschiedenen Themen Beleuchtungen eingebaut werden können. Vieles kann wieder kombiniert werden, um andere Situationen zu meistern. Mit der Zeit und mit jeder erfolgreichen Umsetzung bekommen Sie mehr Erfahrung und neue Ideen.

10.1 Beleuchtung von Gebäuden

Die Beleuchtung von Gebäuden ist ein großes Thema in der LEGO-Welt. Insbesondere die Creator-Expert-Gebäude bieten viele Möglichkeiten und auch etwas Platz für Kabelführung und ggf. Elektronik.

10.1.1 Deckenbeleuchtung

Der wohl wichtigste Bestandteil einer Gebäudebeleuchtung ist die Innenbeleuchtung von Räumen über die Decke. Hierfür stehen zunächst die 1×2- bzw. 1×4-Platten mit den eingesetzten LED-Platinen aus Abschnitt 7.1.5 zur Verfügung.

Abb. 10-1 Das Creator-Expert-Feuerwehr-Haus (10197) mit Leuchteffekten

Für größere Gebäudedecken kann auch eine 1 × 6-Platte mit einer Platine bestückt mit drei LEDs realisiert werden.

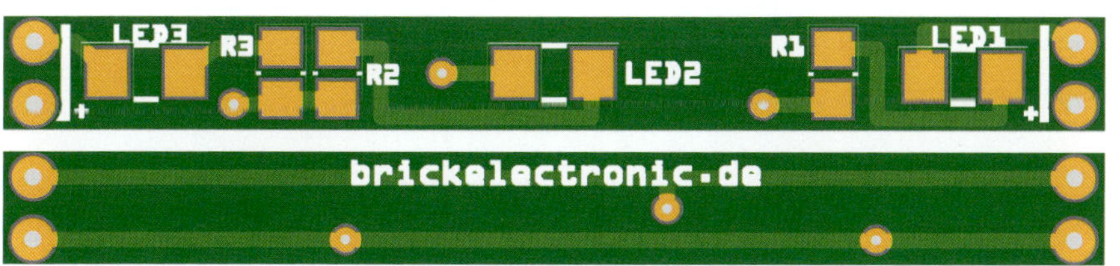

Abb. 10-2 Leuchtmittel mit drei LEDs für 1 × 6-Platten

Das Beispiel im Foto zeigt das Dach des Feuerwehr-Hauses (10197) mit zwei 1×4-Leuchtmitteln (2 LEDs) in den drei Abschnitten. Im mittleren Segment ist eine 1×2-Verteilerplatte mit abgewinkelten 2,54-mm-Steckverbindern platziert, an der die linken beiden Leuchtmittel sowie die Zuleitung für die Spannungsversorgung über eine speziell modifizierte 1×2-Platte mit Gegenkontakten für Federkontakte (siehe Abschnitt 10.1.2) angeschlossen sind. Die Zuleitung zum Verteiler dient hier dem Anschluss des rechten Leuchtmittels. Etwas zu lange Anschlusskabel werden mit 1×2-Platten und Platten mit Nut (32028, 4510) an der Decke fixiert.

Abb. 10-3 Stockwerksdecke mit befestigten Leuchtmitteln

Mit der invertierten Fliese 11203 können Kabel an der Deckenunterseite versteckt geführt und fixiert werden. Damit auch der Blick von unten keine offenen Kabel zeigt. Dies ist allerdings eine teure Angelegenheit, wenn die Decke mit Fliesen belegt wird. Alternativ können die Kabel auch zwischen den Noppen von Platten verlegt werden, die an der Deckenunterseite aufgebracht werden.

Abb. 10-4 1. Stock der Feuerwache mit aktiver Deckenbeleuchtung

Spezielle Deckenbeleuchtungen wie Kronleuchter werden durch entsprechende Konstruktionen wie z. B. dem Kaufhaus (10211) oder der Bank (10251) realisiert.

Konstruktionen wie Kronleuchter benötigen nicht immer große Mengen an LEDs, um diese zu beleuchten, auch wenn Sie zunächst den Gedanken haben, eine LED pro Segment zu verbauen. Im Inneren der Konstruktion befindet sich ein Rundstein mit aufgesetzter transparenter Kuppel. Darunter lässt sich hervorragend eine LED von 5 mm, 3 mm oder auch die 1×1-Plattenkonstruktion mit SMD-LED einsetzen.

Auch die Lösungen von *Brickstuff* oder *Light My Bricks* sind einfach einzulegen und mit der Kuppel zu fixieren. Die Kabel können über die Antenne gewickelt Richtung Gebäudewand geführt werden. Im Idealfall verwenden Sie graue Kabel, damit diese im Modell weniger auffallen.

Abb. 10-5 Kronleuchter im Kaufhaus (10211)

Abb. 10-6 1×1-Rundplatten-LED-Element im Zentrum des Kronleuchters

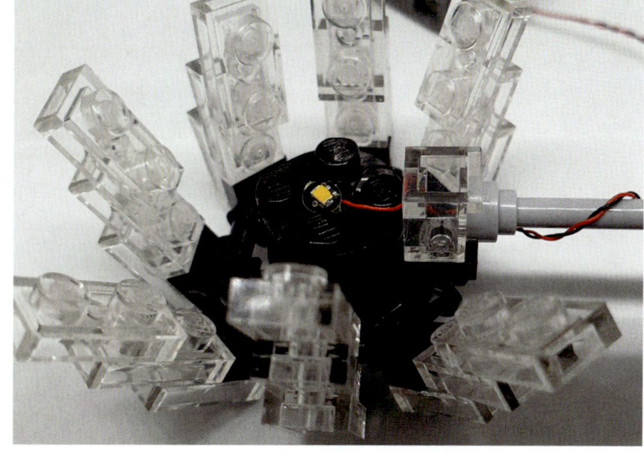

Abb. 10-7 Brickstuff-LED im Zentrum des Kronleuchters

Die 1×2-Plattenkonstruktionen brechen das zentrale Licht und führen zum gewünschten Effekt einer funkelnden Beleuchtung.

Abb. 10-8 Kronleuchter in Aktion

Eine weitere Form der Deckenbeleuchtung finden Sie im Ghostbusters-Hauptquartier (75827).

Abb. 10-9 Deckenleuchten im Ghostbusters-Hauptquartier

Hier wird in 3×4-Schüsseln ein 1×1-Plättchen (85861) und darauf eine transparente 2×2-Gleiter-Fliese (2654) gesetzt. In die 1×1-Fliese passt eine SMD-LED, die nach unten leuchtet und deren Anschlussdrähte über das Loch in der Noppe und der Schüssel nach oben geführt werden. Die Lösungen von Brickstuff und Light My Bricks sind hierfür ideal. Es können jedoch auch SMD-LEDs im PLCC-Gehäuse und angelöteten Kabeln eingebaut werden.

Eine dauerhafte und recht stabile Lösung ist das Einsetzen von zwei 1-mm-Drähten, die parallel am unteren Kranz der Platte hindurchgeführt werden. Hierfür werden zwei parallel liegende Bohrungen angefertigt und die Drähte hindurchgeschoben (Abb. 10-10).

Die Enden werden auf ca. 4 mm gekürzt und dann entlang des Kranzes gebogen (Abb. 10-11).

Auf die innen liegenden Drähte wird etwas Lötpaste aufgetragen – nur eine stecknadelkopfgroße Menge. Dann wird die LED aufgesetzt, sodass die Anschlüsse jeweils auf und entlang den Drähten liegen, d. h. die Anode auf einem Draht und die Kathode auf dem anderen Draht (Abb. 10-12).

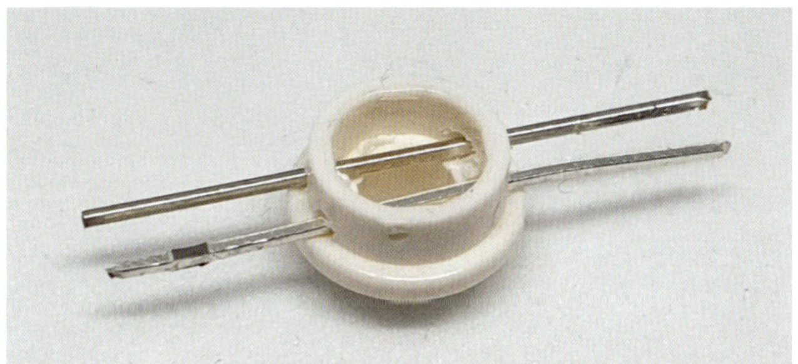

Abb. 10-10 Runde 1 × 1-Platte mit eingesetzten Drähten zum Anschluss der PLCC-LED

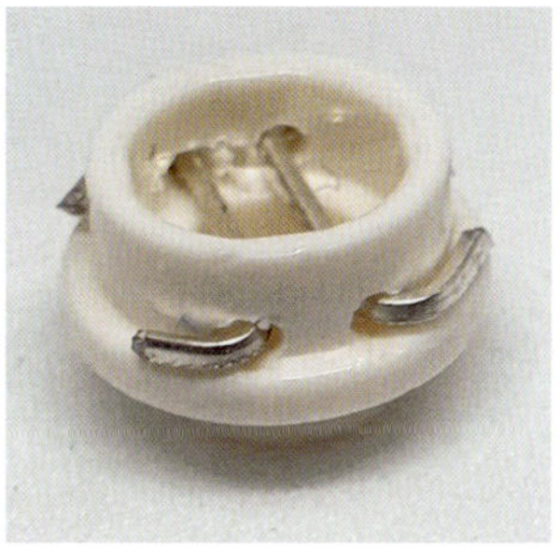

Abb. 10-11 Gekürzte und an der Platte entlang gebogene Drähte

Abb. 10-12 Auf Drähte aufgesetzte und angelötete LED

Nun wird die Platte vorsichtig gedreht und auf eine ebene Fläche gelegt, sodass die LED nicht herausfällt. Dann die Platte gut festhalten und vorsichtig mit einer sehr feinen Lötkolbenspitze durch die Öffnung der oberen Noppe nacheinander an die Drähte tippen, damit die Lötpaste schmilzt und sich mit den LED-Kontakten verbindet (Abb. 10-13).

Zwei dünne Kabel jeweils an einen der außen gebogenen Kontakte anlöten. Dabei Anode (rot) und Kathode (schwarz) korrekt verbinden. Die Kerbe an der LED zeigt die Kathode an – an dieser Seite das schwarze Kabel anlöten. Zum Abschluss noch zwei 1-polige 2,54-mm-Buchsen anlöten und mit einem Stück Schrumpfschlauch isolieren (Abb. 10-14 – 10-16).

Abb. 10-13 Sicht durch das Noppenloch auf die angelötete LED

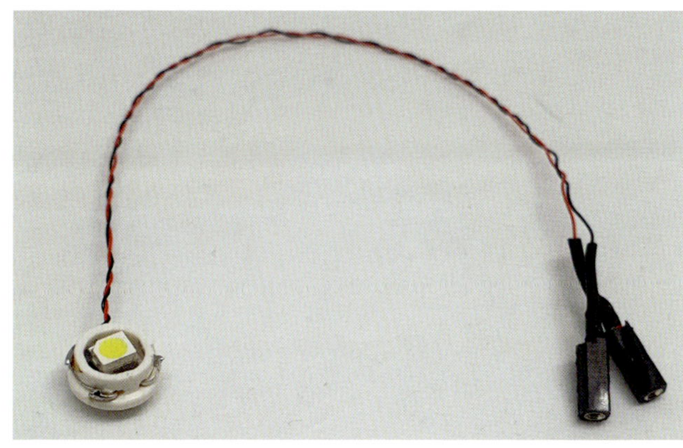

Abb. 10-14 Komplettes Leuchtmittel

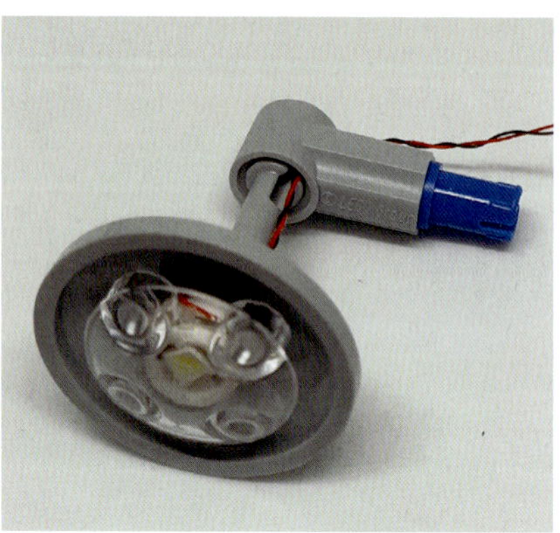

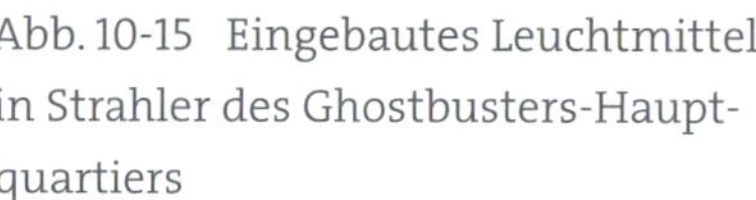

Abb. 10-15 Eingebautes Leuchtmittel in Strahler des Ghostbusters-Hauptquartiers

Abb. 10-16 Leuchtmittel in Aktion

Die Deckenkonstruktion ist dank Technic-Steinen ideal, um die Kabel der Lampen zu verlegen und auf Verteiler zu führen. Zudem sind die Etagen fest verbunden, weshalb wir uns keine Gedanken bei der vertikalen Verkabelung und der Weiterleitung von Etage zu Etage machen müssen. An geeigneten Stellen müssen nur die Versorgungsleitungen nach oben geführt werden. Möglichkeiten hierfür sind in Abschnitt 10.1.3 aufgeführt.

10.1.2 Stromführung zwischen Stockwerken

Der Übergang von Stockwerk zu Stockwerk bei abnehmbaren Gebäudeteilen ist für die Verkabelung eine Herausforderung. Die Übergänge sollten über Stecker-Buchsen an den passenden Stellen realisiert werden, damit diese bei Abnahme durch Trennen der Verbindung einfach möglich ist. Eine weitere Möglichkeit ist der Einsatz von modifizierten Elementen, in die Federkontakte und Kontaktgegenstellen eingebaut werden. In der folgenden Konstruktion wurden Elemente der Firma N&H Technology eingebaut.

Zuerst werden an zwei Federkontakte (SVPC-P-HO46MO) jeweils ein rotes und ein schwarzes Kabel am Ende angelötet (Abb. 10-17).

Mittig durch die Noppen wird eine Bohrung von 1,5 mm erstellt, in die die Federkontakte gesteckt werden. Die Öffnung mit dem Stift sollte oben bündig mit der Noppe sein. Im Anschluss können wir etwas UV-Kleber innen um den Kontakt spritzen und härten (Abb. 10-18).

Die beiden Kabel können durch eine seitliche Bohrung am Stein herausgeführt werden. Diese Seite wird später nach innen ins Gebäude zeigen. An die Enden der Kabel eine 2,54 mm-Buchse anlöten, damit diese später auf eine Verteilerplatte gesteckt werden kann (Abb. 10-19).

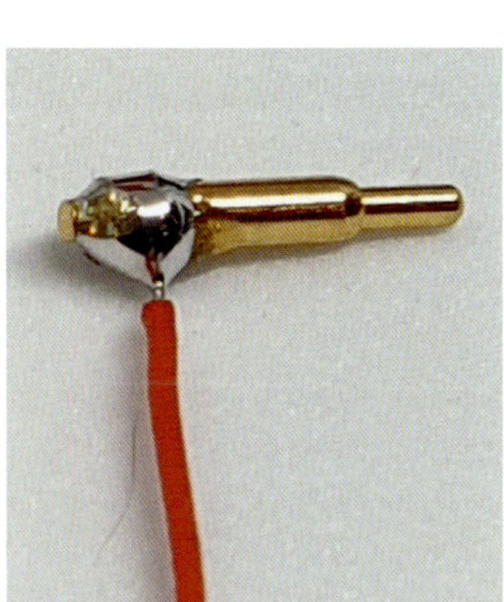

Abb. 10-17 Federkontakt mit angelötetem Kabel

Abb. 10-18 In Noppe eingesetzter Federkontakt im Inneren des Steins

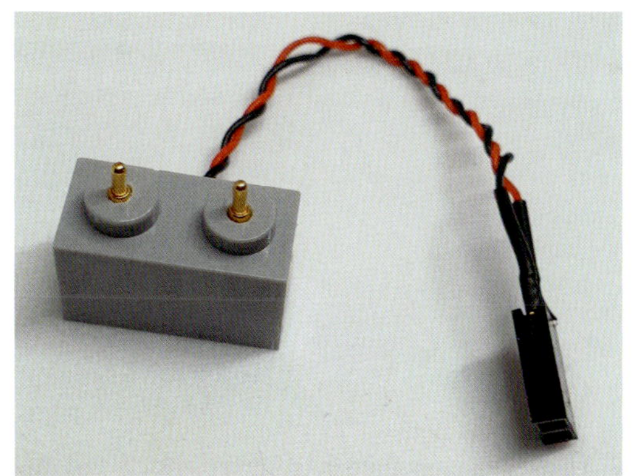

Abb. 10-19 Kompletter Stein mit Federkontakten und Anschlusskabel

Für die Kontaktgegenstelle wird eine LEGO-Platte verwendet, in deren Noppen-Innenseite sich bereits ein kleines Loch befindet. Darin passt der Gegenkontakt (HCS12320M1) hervorragend hinein. An die Gegenkontakte werden ebenfalls Kabel angelötet (auf die Stirnseite mit dem kleineren Durchmesser) (Abb. 10-20).

An der Platte werden parallel zu den Noppen seitlich Bohrungen für die Kabel gefertigt und die Kabel durchgeführt. Der Kontakt wird in das Loch gepresst und mit der Lötkolbenspitze senkrecht von oben vorsichtig eingeschmolzen. Die Kontaktoberfläche sollte nicht mehr über den Kunststoff hinausragen. Aber Vorsicht: Nicht zu tief oder zu lange einschmelzen, um eine Beschädigung der Noppe zu verhindern (Abb. 10-21).

Abb. 10-20 Gegenkontakt mit angelötetem Kabel

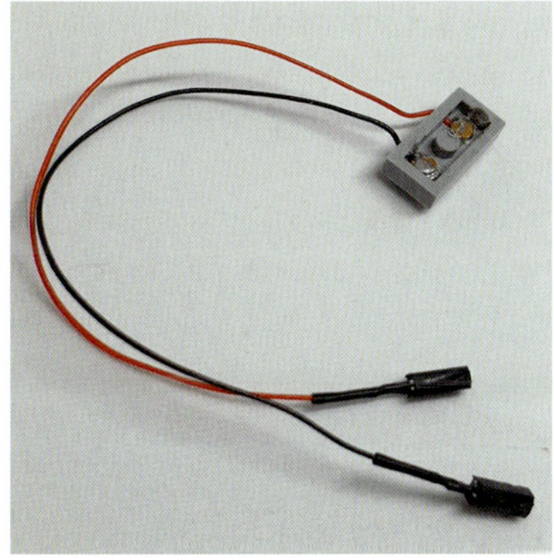

Abb. 10-21 Komplettes Gegenkontaktelement mit Anschlusskabeln

Beim Einbauen muss darauf geachtet werden, dass die Kontakte immer rot-zu-rot und schwarz-zu-schwarz stehen, da sonst eine falsche Polarität des Stroms zu den Verbrauchern geleitet wird und im schlimmsten Fall zur Zerstörung führt!

An der Unterseite wird die Gegenkontakt-Platte eingebaut. Beim Test des ersten Prototyps hat sich gezeigt, dass es durchaus besser ist, die Gegenkontakte in eine längere Platte (1 × 4 oder 1 × 6) einzubauen. Die längeren Platten sind besser gegen Herauslösen beim Abheben des Stockwerks geschützt. Zudem können die inneren Noppen der Platten entfernt werden, um den Halteeffekt an der Gegenstelle zu verringern.

Abb. 10-22 Gegenkontakt-Platte an der Unterseite eines Stockwerks

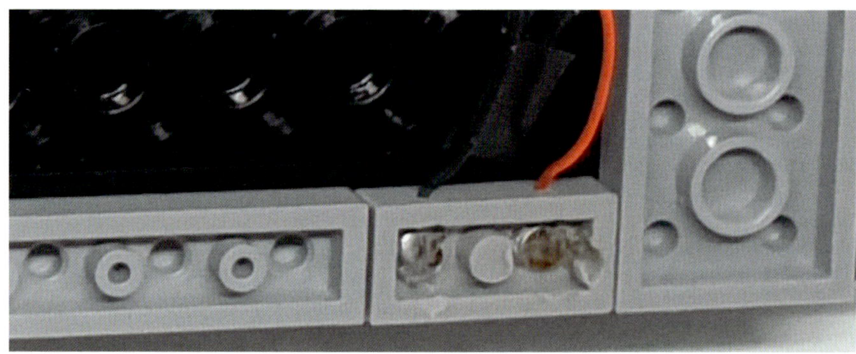

Der Stein mit den Federkontakten wird an der oberen Kante gegenüber der Gegenkontaktplatte eingebaut.

Abb. 10-23 Federkontakt-Stein an oberem Rand der Wand eingebaut

10.1.3 Verteiler

Verteiler benötigten wir immer, um Verzweigungen und mehrere LEDs an eine Versorgungsleitung zu bringen. In Abschnitt 7.3 werden einige Varianten vorgestellt. Für Gebäude sind in der Regel die Varianten auf einreihigen Platten günstig, da sie flach sind und an den Boden-Unterseiten der Stockwerke oder in Nischen platziert werden können.

So findet sich z.B. in der Rückwand der Feuerwehr in der Mitte eine Lüftung, die über zwei 1×1-Konvertersteine (Stein mit Noppe an einer Seite, 87087) und eine Gitter-Platte realisiert wird. Die Konvertersteine haben rückseitig (im Inneren des Gebäudes) eine Öffnung, in die je eine runde 1×1-Platte eingesetzt werden kann. Darauf kann dann eine 1×2- oder 1×4-Verteilerplatte gesetzt werden, um für weitere Beleuchtungen als Basisversorgung zu dienen. Genau derartige bauliche Möglichkeiten sollten Sie nutzen, um Elemente wie Verteiler oder Kabelführungen einzubauen.

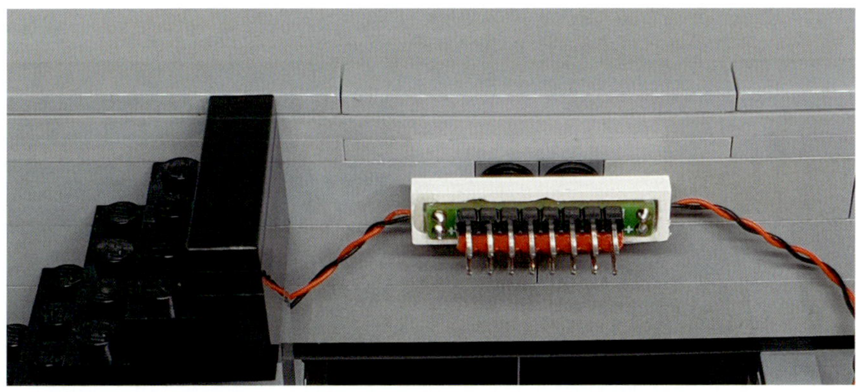

Abb. 10-24 Verteiler über runde 1×1-Platten an Rückseiten von Konvertersteinen befestigt

10.1.4 Kabeltunnel

Kabel können im einfachsten Fall mit kleinen Klebepads an der Wand fixiert werden. Das ist auch in Ordnung, wenn die Stellen nicht unmittelbar sichtbar sind.

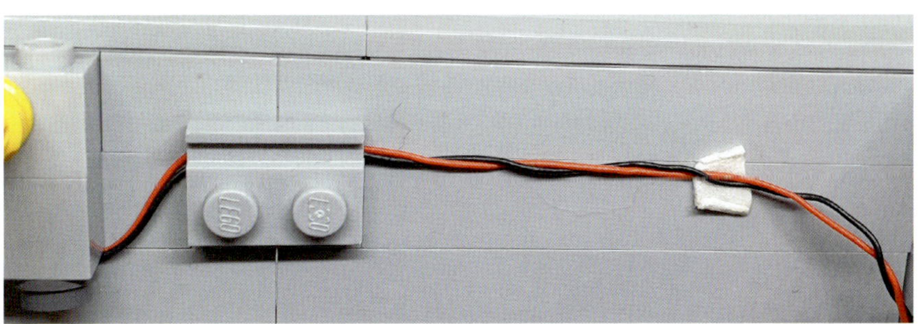

Abb. 10-25 Kabelfixierung mittels Klebepad (rechts) und modifizierter Platte (32028) links

Sollen die Kabel versteckt geführt werden, sind unsere besten Freunde Technic-Platten mit 4,8-mm-Löchern, Steine mit Nut (4216, 88393, 6056, 4217, 2653) sowie modifizierte Platten mit Führungsrille (32028, 4510, 30586). Die alten 1×2-Steine mit Schlitz für die Kabeldurchführung sind ebenfalls hilfreich (3134), um Kabel zwischen Räumen am Boden weiterzuführen.

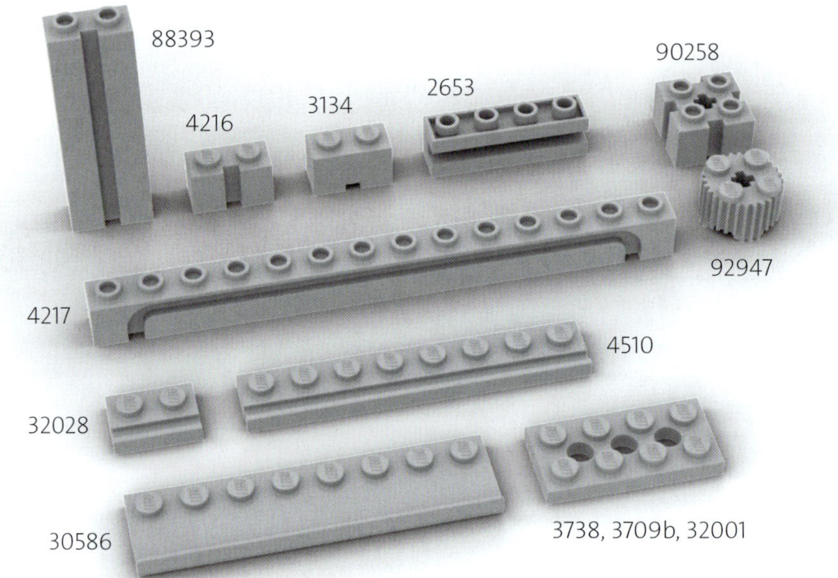

Abb. 10-26 Elemente zur versteckten Kabelführung

Abb. 10-27 Kabelführung vom Boden nach oben mit Verblendung

Befinden sich Säulen als Stützkonstruktionen im Gebäude, können diese ebenfalls genutzt werden, um Kabel vertikal zu führen (durch das Achsenloch).

Im folgenden Beispiel wird im Fundament zum Anschluss einer Stromversorgung und Weiterleitung an die Leuchtmittel ein 2×3-Stein mit USB-Anschluss eingebaut. Die Kabel werden dann nach oben zur Gebäude-Oberkante geleitet. Zur Verblendung der Kabel werden 1×2-Steine mit Nut (88393 bzw. 4216) zusammengesteckt und senkrecht eingebaut. Die Kabel werden dabei in der Nut nach oben geführt (Abb. 10-27).

Am oberen Nutstein werden runde 1×1-Platten aufgesteckt, damit die Kabel ohne Quetschung in deren Rillen nach rechts oder links geführt werden können. Rechts und links können in der Wand waagrecht modifizierte Platten mit Nut (32028, 4510) in die Wand eingebaut und die Kabel in der Nut weitergeführt werden. Mit etwas Geschick werden die Kabel so nahezu unsichtbar, und die Konstruktion verschmilzt sozusagen mit dem Gebäude – die passende Farbwahl vorausgesetzt (Abb. 10-28).

Zum Abschluss wurde eine 2×2-Platte über die runden 1×1-Platten und die Wand gesetzt, um die Konstruktion zu fixieren. Darüber werden Fliesen entsprechend dem üblichen Stockwerks-Abschluss gesteckt. Rechts wurde als Beispiel noch ein 1×4-Stein mit Nut (2653) eingebaut, um die Kabel nach rechts weiterzuführen. Links wurde bewusst eine Nutplatte weggelassen, damit Sie sehen, wie die Kabel in der Nut eingelegt sind.

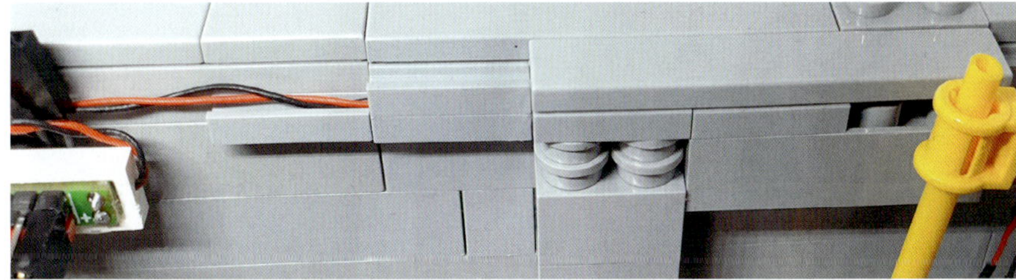

Abb. 10-29 Kabelführung an der Stockwerk-Oberkante

Ein weiterer Trick, mit dem Kabel einfach fixiert werden können, sind runde 1×1-Platten. Zwischen der Noppe und bis zum Rand existiert eine Lücke, an der wir Kabel sehr gut vorbeileiten und zudem fixieren können, wenn die Platte gegen einen Stein bzw. eine andere Platte stößt.

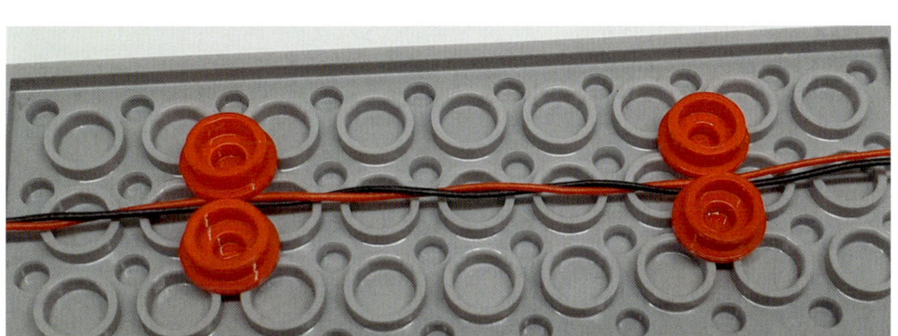

Abb. 10-30 Runde 1×1-Platten zum Fixieren von Kabeln

Abb. 10-28 Kabelausleitung und -verzweigung an der Stockwerk-Oberkante

10.1.5 Beleuchtung von Lampen im Innenraum

Weiterhin finden sich in Innenräumen Tisch- und Stehlampen aller Art. Häufig werden hierfür als Basis Fernrohre (64644), Kelche (2343, 33061) oder auch konische Rundsteine (4589) verwendet, auf die transparente Platten (4073, 85861) und Schirme (4740) oder Kuppeln (553, 15395) gesetzt werden.

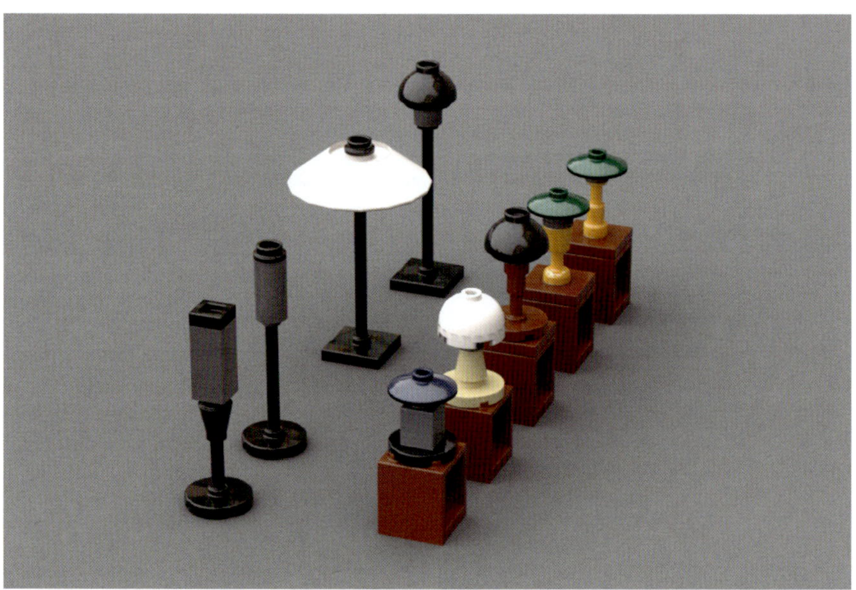

Abb. 10-31 Beispiele für Tisch und Stehlampen für Innenräume

Um die Kabel vom Leuchtkörper unsichtbar zum Boden zu führen, müssen diese zunächst durch die Füße geführt werden. Die zuvor genannten Elemente besitzen zum Glück bereits Löcher durch die Mitte, um Kabel hindurchzuführen. Allerdings passen durch deren Löcher auch nicht die kleinsten Stecker – d. h., hier werden dauerhafte Beleuchtungsmittel gebaut. Bei kleineren Tischlampen mit Schirm wird auf den Fuß eine transparente 1×1-Platte gesetzt. In der Platte wird eine SMD-LED eingebaut, die nach oben strahlt. Die Kabel werden durch den Fuß nach unten geführt und dann an 1-polige Buchsen angeschlossen, um diese später weiter durch 3-mm-Löcher zu führen.

Eine Ausnahme bildet die Lampenkonstruktion mit einem konischen 1×1-Stein als Lampenfuß. Durch das Achsenloch bekommen wir 1-polige 2,54-mm-Buchsen und die Steckverbinder von Brickstuff (Abb. 10-32).

Der konische Rundstein kann auf eine modifizierte runde 2×2-Fliese mit einer Noppe in der Mitte gesetzt werden (18647), die bereits durchbohrt ist. Die eckigen 1×2- und 2×2-Platten mit einer Noppe (3794, 87580) müssen jedoch durchbohrt werden, um Kabel hindurchführen zu können (Abb. 10-33).

Abb. 10-32 Konstruktion einer Lampe mit konischem Rundstein als Fuß

Abb. 10-33 Lampe mit konischem Fuß in Aktion

Eine interessante Variante nutzt den 2 × 2-Stein mit zentriert eingebauter LED aus Kapitel 7. In den konischen Stein wird ein Stück Kunststoff-Lichtleiter eingesteckt, der das Licht von der LED zur transparenten 1 × 1-Platte unter dem Lampenschirm leitet.

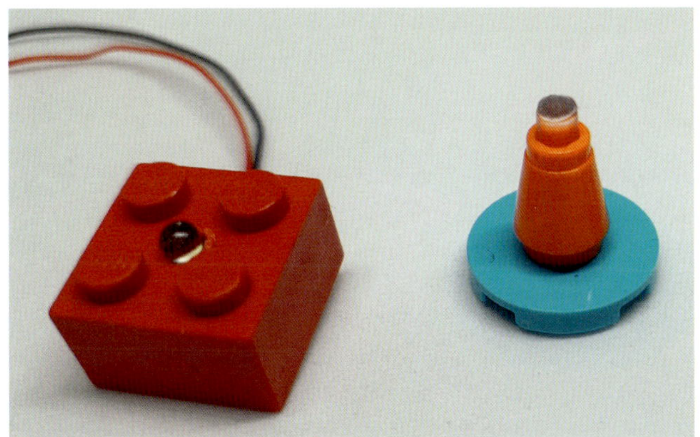

Abb. 10-34 2 × 2-Stein mit eingebauter LED und Aufbau mit Lichtleiter im Konus

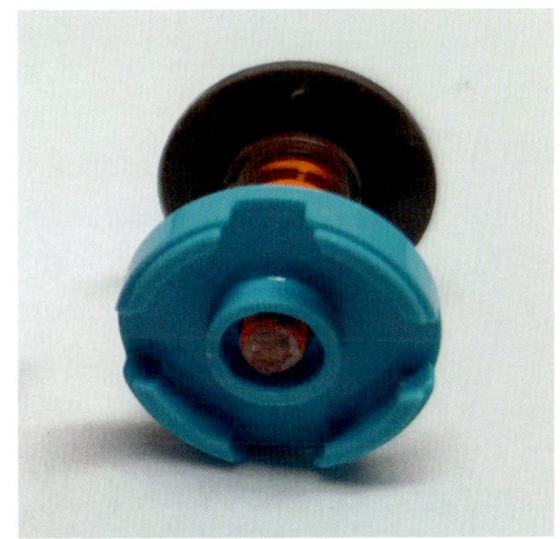

Abb. 10-35 Lampenelement mit Lichtleiter

Der 2 × 2-Stein kann in verschiedenen Farben gebaut werden, Braun als Holztisch, Grau als Metall- bzw. Beton-Variante. Der Aufbau ist sehr schnell erledigt. Auf dieser Basis können wir so einige Konstruktionen bauen, da es die Lichtleiter in unterschiedlichen Stärken gibt (Abb. 10-36).

Abb. 10-36 Lampe mit Lichtleiter und Lichtstein in Aktion

Eine weitere, gerne verwendete Konstruktion ist ein Kelch als Lampenfuß. Durch dessen vorhandene Bohrung wird ein Kabelpaar geführt (ein Stecker passt hier nicht durch – ist also eine permanente Modifikation).

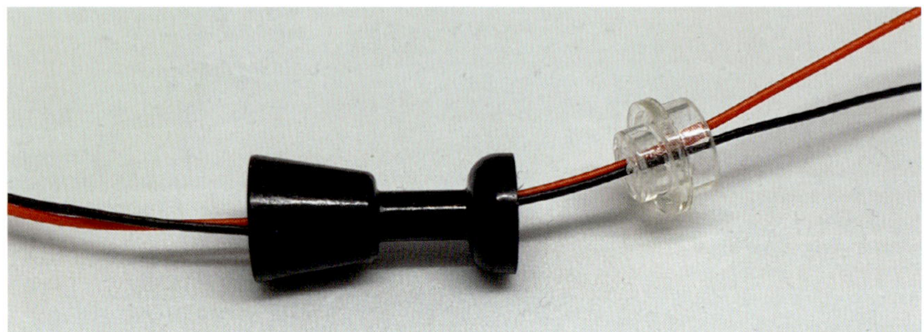

Abb. 10-37 Kabel durch Kelch und runde transparente 1×1-Platte durchgeführt

Der Kelch kann theoretisch in beide Richtungen verwendet werden, d. h., entweder wird die LED im Kelch oder im Kelchfuß eingebaut. In beiden Fällen werden transparente runde 1×1-Platten aufgesteckt. Die Platte erhält in der Mitte der Noppe eine 1-mm-Bohrung für die Kabel.

Die LED wird an die Kabelenden angelötet, sodass diese senkrecht nach oben strahlt. Im Anschluss werden die Kabel vorsichtig zurückgezogen, bis die LED in der Platte sitzt. Diese wird dann mit etwas UV-Kleber fixiert (Abb. 10-38).

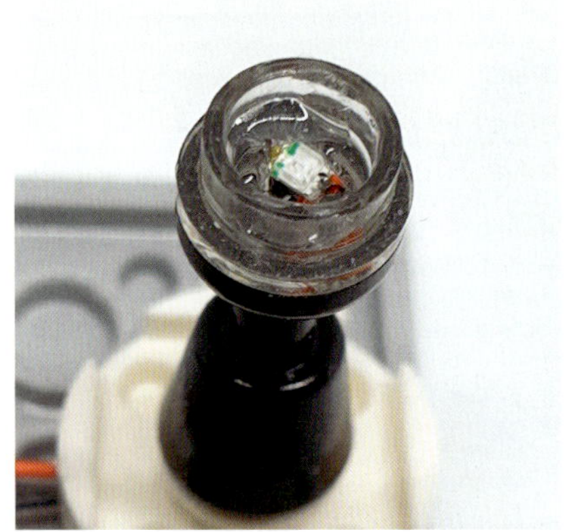

Abb. 10-38 LED in der 1×1-Platte eingebaut

Nun kann auf die Fliese ein Lampenschirm montiert und der Fuß auf einen Tisch gesteckt werden. Wird am Kelchfuß eine weitere 1×1-Platte eingesteckt, sollte die Variante mit Loch im Pin verwendet werden, um die Anschlusskabel einfach hindurchzuführen. Es empfiehlt sich auch hier, 1-polige Buchsen an die Kabelenden anzulöten.

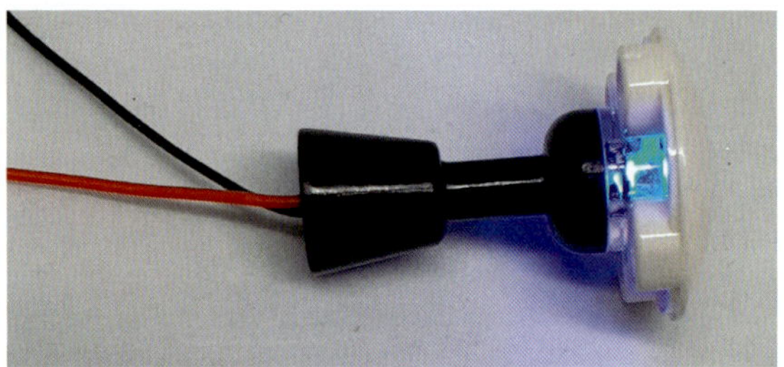

Abb. 10-39 Komplette Lampe mit Gleiter-Fliese als Lampenschirm

10.1.6 Fackeln

Fackeln sind in mittelalterlichen oder antiken Szenen relevante Lichtquellen. Hier können ähnlich wie bei der Laserschwert-Lösung aus Abschnitt 8.9 SMD-LEDs in die Elemente eingebaut werden. Das Licht strahlt dann in die aufgesteckten Flammenelemente.

Abb. 10-40 Beispiele für Fackeln mit Wandhalterungen

Eine Variante ohne Veränderungen an den LEGO-Elementen verwenden die LED-Leuchtmittel von Brickstuff oder Light My Bricks. Die kleine runde Platine wird direkt auf das kleinere Ende eines Fernrohrs (64644) gelegt. Darüber wird ein runde 1×1-Platte in schwarz mit Bohrung in der Noppe (85861) aufgesteckt.

Abb. 10-41 Fernrohr mit eingesetzter LED von Brickstuff bzw. Light My Bricks

Auf die Noppe (mit dem Loch) wird nun eine 1×1-Fliese mit kleiner Noppe (20482) gesteckt, die mit ihrer kleinen Bohrung ein Flammenelement (64647) aufnehmen kann. Die LED strahlt von unten auf die Flammen und bringt diese »indirekt« zum Leuchten. Die Fackel kann an einer Fliese mit Clip befestigt werden. Die Kabel führen Sie dabei nach unten zwischen Clip und Fernrohr. Ein Konverterstein kann dann das Kabel aufnehmen und verdeckt weiterführen.

Abb. 10-42 Kabelführung der Fackelkonstruktion und Anbringung an eine Wand

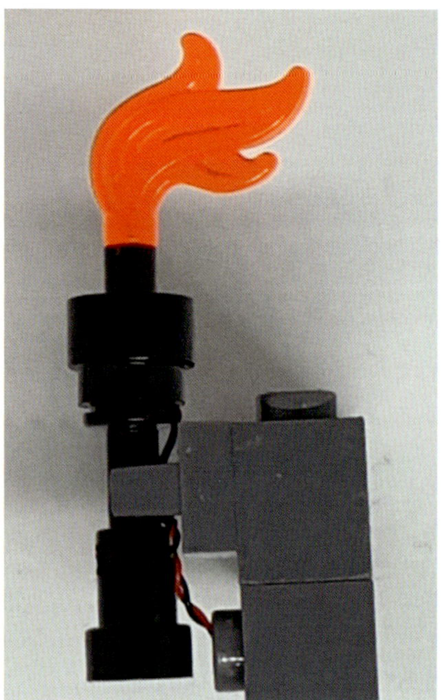

Abb. 10-43 Beleuchtete Fackel mit Fernrohr als Basis

Fackeln können mit flackernden LEDs beleuchtet werden, wie sie in den LED-Kerzen Verwendung finden. Diese beinhalten eine Elektronik, die ein unrhythmisches Aufleuchten der LED verursacht.

10.1.7 Kamine und Öfen

Bei Kaminen können transparente Elemente von unten oder hinten beleuchtet werden. Kleine Umbauten, um LEDs oder Kabel zu platzieren sind notwendig, d. h. Technic-Steine oder Konvertersteine mit Löchern, um Kabel durchzuführen bzw. LEDs einzustecken, die dann auf die Elemente, die das Feuer darstellen, strahlen.

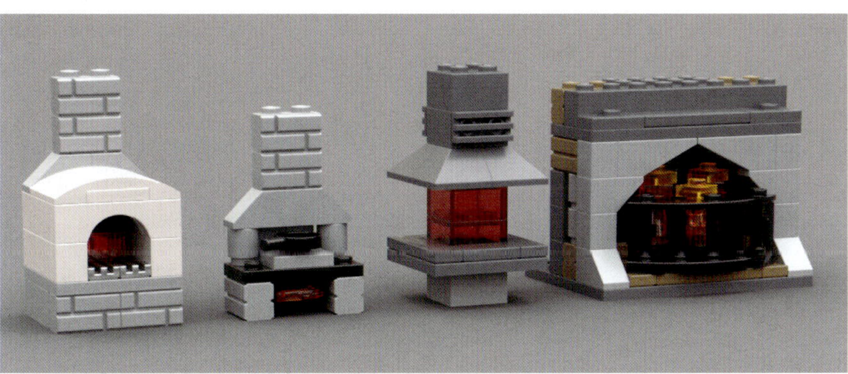

Abb. 10-44 Steinbackofen, Kochstelle, moderner Kamin, offener Kamin

Im Pizza-Steinbackofen (erstes Modell von links) wurde auf der Rückseite einfach ein 1×2-Technic-Stein eingebaut, in den eine flackernde LED eingesteckt wird. Im Inneren des Backofens wurde vor den Technic-Stein ein roter, transparenter 1×2-Stein eingebaut.

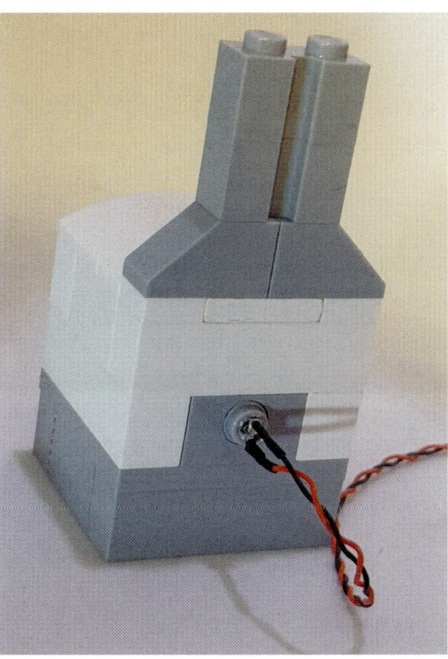

Abb. 10-45 Pizza-Ofen mit selbst-flackernder 3-mm-LED

10.1.8 Gebäude-Außenlampen

Die Außenbeleuchtung wird durch Wandleuchten oder Strahler bzw. Straßenlampen realisiert. Diese werden sehr oft mit Konvertersteinen an den Fassaden befestigt. Bei fast allen Varianten werden Sie SMD-LEDs verwenden müssen. Hier empfiehlt sich der Einsatz von fertigen Lösungen der Anbieter Brickstuff oder Light My Bricks, da die LED-Elemente flexibel eingebaut, aber auch wieder entfernt werden können.

Abb. 10-46 Beispiele für Wandleuchten an Fassaden

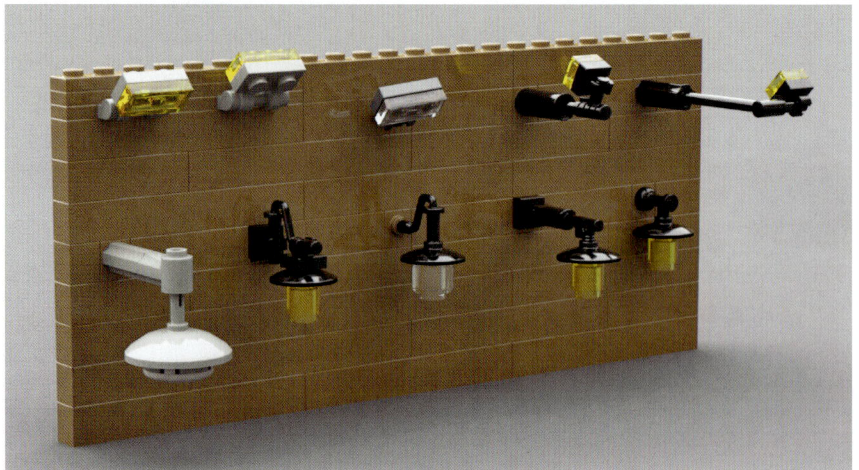

Abb. 10-47 Beispiele für hängende Fassadenlampen und Strahler

Ein einfaches Beispiel für eine Wandlampe verwendet einen Konverterstein, auf den ein transparenter 1×1-Rundstein gesetzt wird. In die Konstruktion kann einfach eine 3-mm-LED eingebaut werden, deren Anschlusskabel durch den Konverterstein nach hinten geführt wird (Abb. 10-48 und 10-49).

Verwenden wir in der Wand ebenfalls einen Konverterstein, kann dieser die Leitungen aufnehmen und weiterleiten. Wichtig bei allen Leuchtmitteln, deren Kabel durch Konvertersteine geführt werden sollen, ist die Verwendung von 1-poligen Anschlussbuchsen/Steckern (sofern keine JST-SUR-Miniaturstecker zum Einsatz kommen) (Abb. 10-50).

Abb. 10-48 Wandleuchte mit 3-mm-LED in Konverterstein

Abb. 10-49 Wandleuchte mit Brickstuff-LED

Abb. 10-50 Wandleuchte an Konverterstein in Wand

Eine weitere interessante Lösung basiert auf der Verwendung einer runden 1×1-Fliese mit Pin (20482). In der Fliese wird eine SMD-LED eingefügt, und die Kabel werden über die hohle Noppe herausgeführt. Die LED wird mit etwas UV-Kleber fixiert.

Abb. 10-51 An Anschlussleitungen angelötetes SMD-LED

Abb. 10-52 In Fliese eingesetzte und fixierte LED

Auf die Fliese können nun beliebige transparente 1×1-Platten oder auch 1×1-Steine gesteckt werden, um diese zu beleuchten. Der Pin der Fliese kann an verschiedene Elemente gesteckt werden, z. B. an Roboterarme wie 10058, 93061, 59230, 98313, die wiederum an Platten mit Halter wie 60478, 92692, 48336, 2540, 18649, 3839, 2432 gesteckt werden (Abb. 10-53 und 10-54).

Auch ein Halter mit Clip (48729) kann verwendet und dieser wiederum in Konvertersteine oder Noppen mit Loch gesteckt werden (Abb. 10-55).

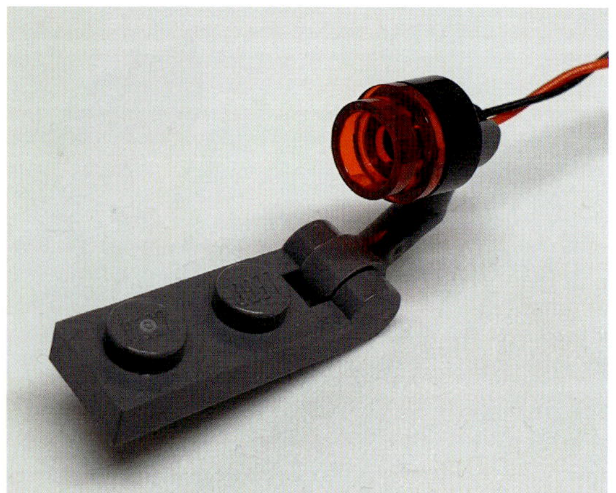

Abb. 10-53 Leuchtmittel an Arm 93061 und Platte 60478

Abb. 10-54 Leuchtmittel an Arm 93061 und modifizierter Fliese 2432

Abb. 10-55 Leuchtmittel in Halter mit Clip 48729 an einem 1×2-Technic-Stein

Auf der Suche nach weiteren Möglichkeiten konnte das Leuchtmittel auch in das Auge der Boost-Katze (17101) eingesetzt werden. Leider bietet der Boost Hub keine weiteren Anschlüsse mehr, um die LEDs über den Stein anzusteuern. Eine andere Funktion müsste dafür geopfert werden.

Abb. 10-56 Leuchtmittel im Auge der LEGO-Boost-Katze »Frankie«

Die für Alarmleuchten gerne verwendeten transparenten Rundsteine mit Kuppelkopf und einem 3-mm-Stab (58176) haben zwar einen Hohlraum zwischen Stab und Außenwand, aber selbst die kleinen Brickstuff-LED-Platinen passen hier nicht hinein. Hier können wir nur indirekt beleuchten. Eine Variante ist das Einstecken des Rundsteins in einen Konverterstein. In den Konverterstein wird eine LED eingesetzt, die auf den Stab des Rundsteins strahlt. Dieser leitet das Licht wie einen Lichtleiter in den Rundstein.

Abb. 10-57 Transparent-Stein (58176) in Konverterstein mit eingesteckter 5-mm-LED

10.1.9 Untergrund

Bei eher stationärem Aufbau einer LEGO-Stadt inklusive Straßen stellt sich die Frage, wohin all die Kabel und Steuer-Elektronik kommen sollen. Zu den Gebäuden kommen noch Ampelanlagen, Hinterhöfe, Hofeinfahrten etc. Eine Möglichkeit ist, einen modularen Unterbau zu verwenden, auf den die 32 × 32- oder 16 × 32-Grundplatten aufliegen und die untereinander Verbindungstunnel bereitstellen, über die Kabel durchgeführt werden können. Die nachfolgende Konstruktion bildet einen Rahmen um die Grundplatten der Gebäude.

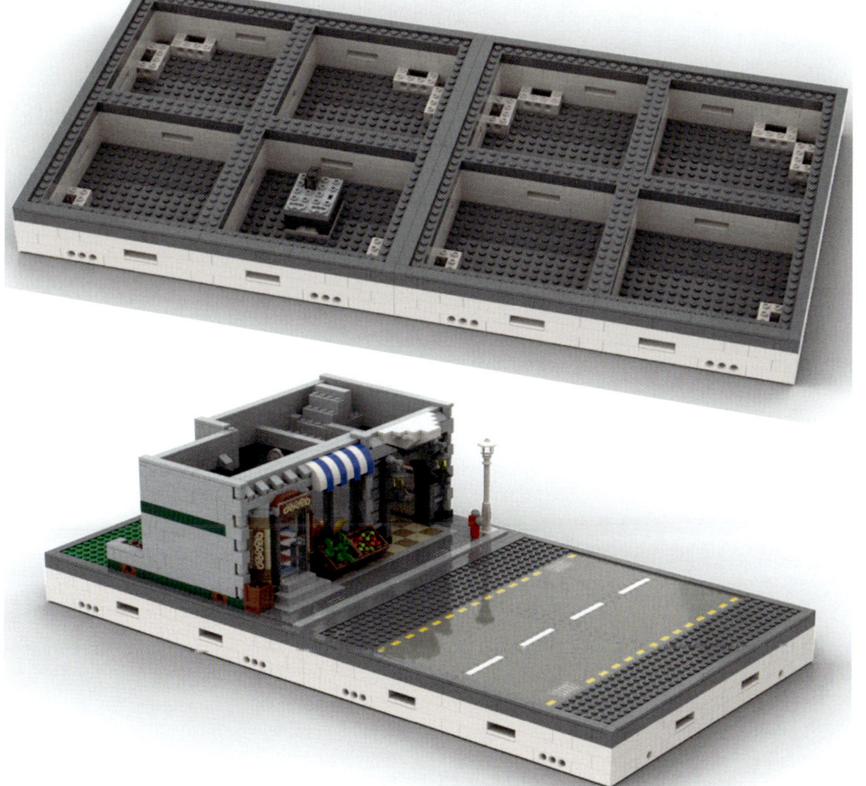

Abb. 10-58 Möglicher Unterbau für Creator-Expert-Gebäude

Abb. 10-59 Untergrundsystem mit aufgesetztem Gebäude und Straßengrundplatte

Da der Unterbau eine Umrandung mit einreihigen Fliesen verwendet, können die Gebäude nicht mehr direkt aneinandergesteckt werden. Um die Lücke zu schließen, könnte eine »Blind-Konstruktion« mit 1×2-Technic-Steinen und entsprechend der Fassadenfarbe abgestimmten Steinen an Vorder- und Rückseite gebaut werden.

Abb. 10-60 Mögliche Verbindungskonstruktion zwischen Gebäuden

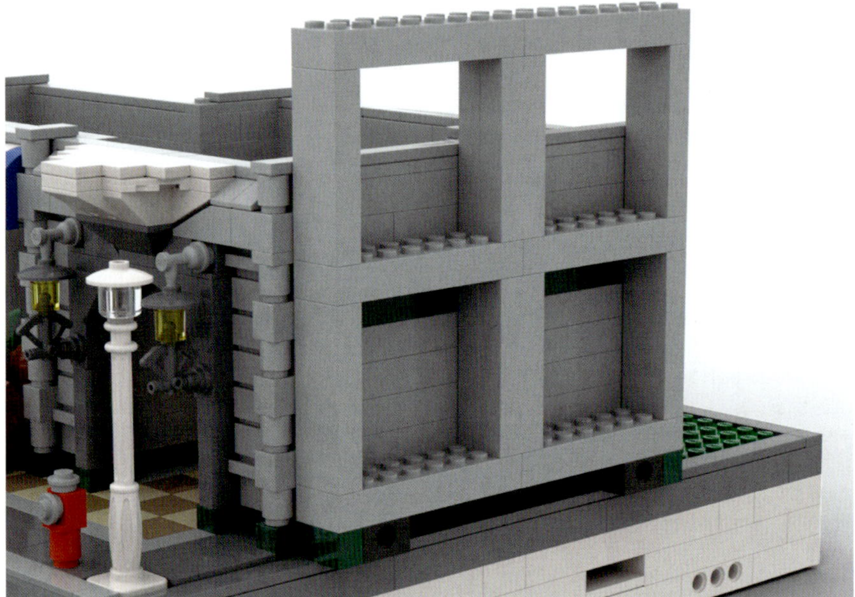

10.2 Beleuchtung von Technic-Modellen (Kfz/Lkw)

Die Mehrzahl der Technic-Modelle stellen Fahrzeuge dar. Das heißt, die Beleuchtung orientiert sich primär an Kfz/Lkw. Eventuell gibt es noch ein paar Scheinwerfer mehr oder Signalanlagen (Feuerwehr, Polizei, Rettungsdienst, THW, Schwerlasttransporte) auf dem Dach.

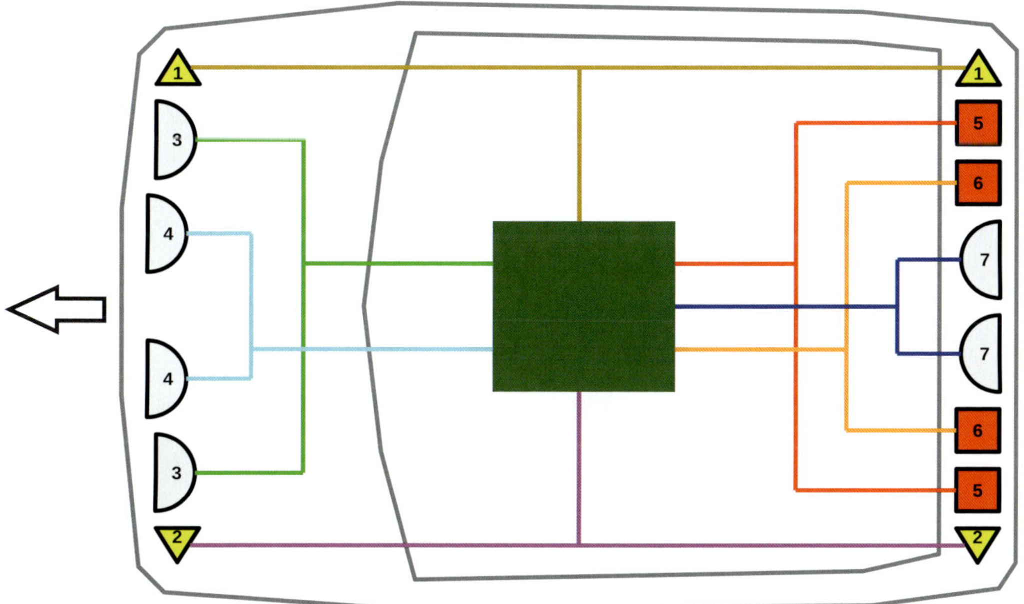

Abb. 10-61 Kfz-Beleuchtungsschema

Für die Vielzahl von Funktionen und Abhängigkeiten ist ein Eigenbau recht aufwendig und nur durch den Einsatz von Mikrocontrollern möglich. Hier ist der PFx Brick eine echte Alternative, da wir verschiedene Aktionen an Motoren und Servos mit Licht- und Sound-Effekten koppeln können.

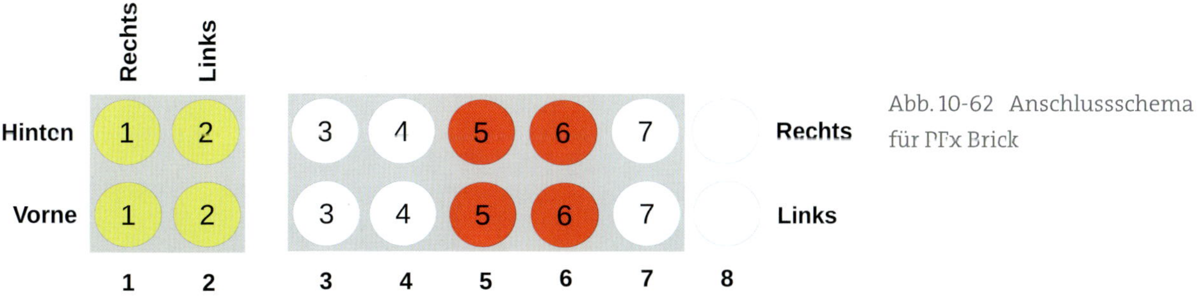

Abb. 10-62 Anschlussschema für PFx Brick

Steht das Fahrzeug, d. h., der Motor bekommt keine Spannung, werden die Bremsleuchten (5) aktiviert. Die Abblendlichter (4) und die Rückleuchten (6) werden zusammen ein- bzw. ausgeschaltet. Die Fernlichter (3) sind zuschaltbar. Die Rückscheinwerfer (7) werden aktiviert, sobald der Motor sich entgegen der Fahrtrichtung dreht.

Wird in einem Fahrzeug zur Lenkung der Servo-Motor (88004) eingesetzt, kann der Blinker ggf. über die Position des Servos aktiviert werden. Der Servo hat einen 90°-Bewegungsbereich mit 15 Teilschritten.

1. Blinken aktivieren (rechts oder links) mit Schalter
2. Blinken deaktivieren, wenn der Servo wieder in Mittelstellung geht (0)

Blinken beim Einschlagen der Lenkachse kann z. B. abhängig von der Servo-Ansteuerung erfolgen. Auch der Einsatz von Hall-Sensoren und kleinen Magneten ist denkbar, um die Position der Lenkung abzufragen und die Blinker zu aktivieren.

Eine weitere Möglichkeit bei bestimmten Technic-Modellen ist die Verwendung von Miniatur-Gabel-Lichtschranken. Diese müssen so positioniert und befestigt werden, dass bei entsprechendem Einschlag der Lenkung die Lichtschranke unterbrochen wird und dabei die Blinklichter aktiviert werden. Im Beispiel wurde der Sensor-Stein an der Lenkung des Gabelstaplers (42079) eingebaut.

Abb. 10-63 Blinker links inaktiv

Abb. 10-64 Blinker links aktiv

Der Sensor-Stein (ITR9608) wird mit einem 1×2-Technic-Stein (3700) kombiniert (auch ein 32064 mit Achsenloch wäre möglich). An einer der Seiten wird mittig ein 1mm-Loch gebohrt, um die Anschlusskabel hindurchzuführen. Damit der Lichtschrankenstein etwas im Stein versenkt werden kann, muss innen, ca. 2 mm tief, der Rand etwas abgetragen werden (bis die Wandstärke ca. 1 mm beträgt) (Abb. 10-65).

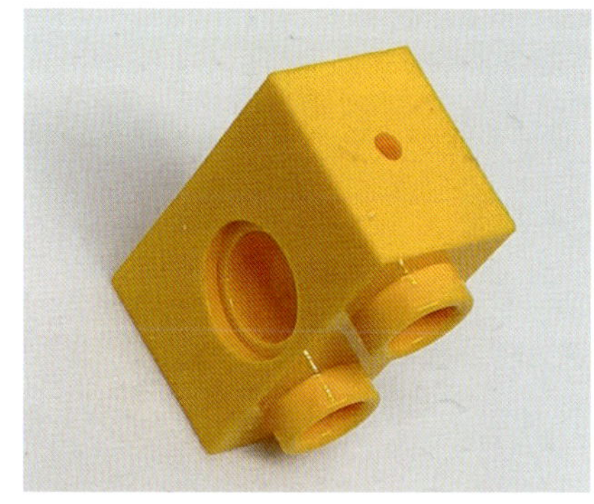

Abb. 10-65 1×2-Technic-Stein (3700) mit seitlicher Bohrung für Anschlusskabel

An den Sensor werden die Anschlusskabel angelötet, wobei die Kathode der Infrarot-LED und der Emitter des Fototransistors zusammen an eine Leitung (schwarz) angeschlossen werden. Die Anode der Infrarot-LED wird mit dem roten Kabel verbunden, während der Kollektor des Fototransistors an das blaue Kabel angelötet wird. Die Anschlüsse des Sensors werden auf ca. 4 mm gekürzt, die Kabel angelötet und mit Schrumpfschläuchen isoliert (Abb. 10-66).

Dann alle drei Kabel durch die Bohrung von innen nach außen durchführen (Abb. 10-67).

Das Lichtschrankenelement in den LEGO-Stein einstecken und dabei vorsichtig die Kabel nach außen ziehen. An der Kante zwischen LEGO-Stein und Lichtschranke UV-Kleber auftragen und härten (Abb. 10-68).

Abb. 10-66 Anschlusskabel an der Gabellichtschranke

Abb. 10-67 Einbau der Gabellichtschranke in den Technic-Stein

Abb. 10-68 Kompletter Gabellichtschrankenstein

Falls der Schlitz innen am Fototransistor zu lang ist und der LEGO-Pin bei vollständigem Eindringen Licht hindurchlässt, dann muss der Schlitz oben etwas verkürzt werden. Hierzu vorsichtig etwas UV-Kleber in den Schlitz einbringen, härten und dann mit etwas schwarzem Lackstift abdecken.

Über die herausgeführten Kabelenden je einen 5-mm-Schrumpfschlauch führen und an eine 3-polige 2,54-mm-Buchse anlöten. Damit die Anschlüsse zur nachfolgenden Steuerplatine passen, ist folgende Reihenfolge einzuhalten:

1. rot (Anode)
2. blau (Kollektor)
3. schwarz (Kathode/Emitter)

Die Steuerplatine wurde für eine 2 × 3-LEGO-Platte konzipiert. Darauf befinden sich ein 3-poliger Anschluss für den Sensor, ein 2-poliger Anschluss für die Stromversorgung und zwei 2-polige Anschlüsse für die Blinker-LEDs. Das heißt, pro Fahrzeugseite wird eine Steuerplatine benötigt. Die Infrarot-LED im Sensor wird über den Widerstand R4 angesteuert. Der Kollektor des Fototransistors wird auf einen Eingang des Schmitt-Trigger-Inverters verbunden, der den Rechteck-Generator realisiert und als Ein- bzw. Ausschalter für den Generator dient. Der Rechteckgenerator besteht zudem aus dem Kondensator C2, dem Festwiderstand R7 und dem Trimmer TR1. Mit dem Trimmer kann die Blinkgeschwindigkeit justiert werden. Der Ausgang des Generators (NAND U1) wird auf die beiden Gatter U2 und U3 geführt die als Inverter geschaltet sind (d. h., beide Eingänge eines Gatters sind zusammen geschaltet). Für die LEDs der Blinker sind die Vorwiderstände R1 und R2 auf der Platine vorgesehen. Bei 5V Stromversorgung und weißen LEDs mit 3,1V Durchlassspannung werden 100-Ohm-Widerstände benötigt. Da ein

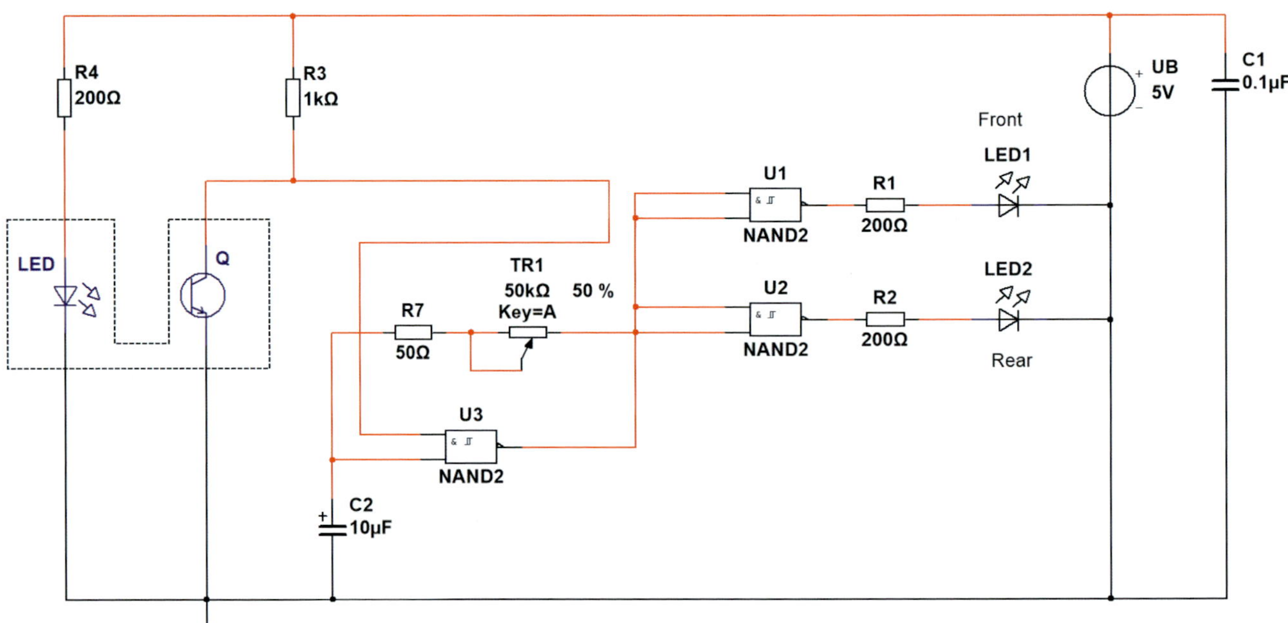

Abb. 10-69 Schaltung zur Auswertung einer Gabellichtschranke und LED-Blinkersteuerung

Standard-CMOS-Baustein verwendet wird, kann die Schaltung auch an 9 V betrieben werden, wobei die Werte der Widerstände entsprechend angepasst werden müssen. Für die weißen LEDs sind für die Vorwiderstände 330 Ohm zu verwenden.

Für Technic-Pins sind Gabellichtschranken mit 5 mm Innenabstand perfekt. Doch auch das Außenmaß muss zur Kombination mit einem 1 × 2-Stein passen. Die Gabellichtschranke ITR9608-F mit einem Außenmaß von 13 mm × 6 mm und einem Spalt von 5 mm war der einzige Typ, der infrage gekommen ist. Die Infrarot-LED hat eine Durchlassspannung von 1,2 V bei 20 mA. Bei 5 V ist ein Vorwiderstandswert von 190 Ohm und bei 9 V sind 390 Ohm erforderlich. R3 dient als Pull-Up-Widerstand, da der Fototransistor mit dem Emitter an Masse und der Kollektor die Masse durchschaltet. Wird der Lichtstrahl unterbrochen, schaltet der Transistor durch – d. h., die Kollektor-Emitter-Strecke wird niederohmig. Dieser Zustand entspricht logisch 0 und bewirkt die Aktivierung des Oszillators und der Weitergabe des Taktsignals an die an U3 angeschlossenen als Treiber geschalteten NAND-Gatter. Ist der Lichtstrahl nicht unterbrochen, wird der Transistor hochohmig, und 5 V gelangt über den Pull-Up-Widerstand an einen Eingang des NAND-Gatters U3, der das Taktsignal abschaltet.

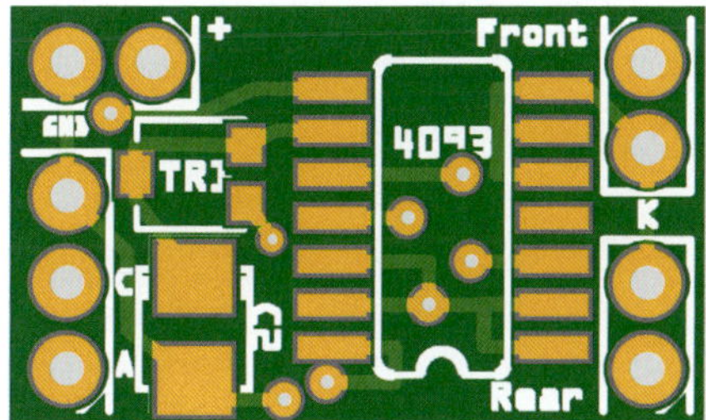

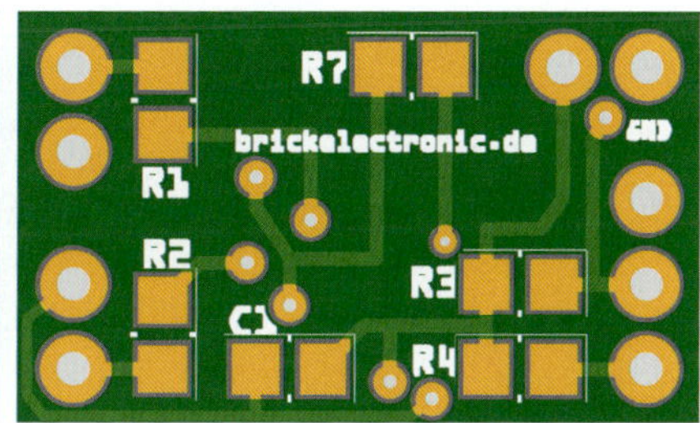

Abb. 10-70 Platine für Blinker-Steuerung mittels Gabellichtschranke

Die Platine kann in eine 2 × 3-Platte eingeklebt werden. Im Beispiel wurde das klassische Gelb der Technic-Reihe als Plattenfarbe verwendet.

Abb. 10-71 Steuerelektronik auf 2 × 3-Platte

Da die Platinen mit Strom versorgt werden müssen, sind zunächst die Suche nach einem geeigneten Einbauort und die Art der Stromversorgung zu klären. Die 2×4-Knopfzellen-Variante passt im Heck des Gabelstaplers unter die Verkleidung. Mit zwei Technic-Pins und Verbindern (6536) wird die Platine in Position gehalten – die Abdeckung fixiert die Platine gegen Herausfallen).

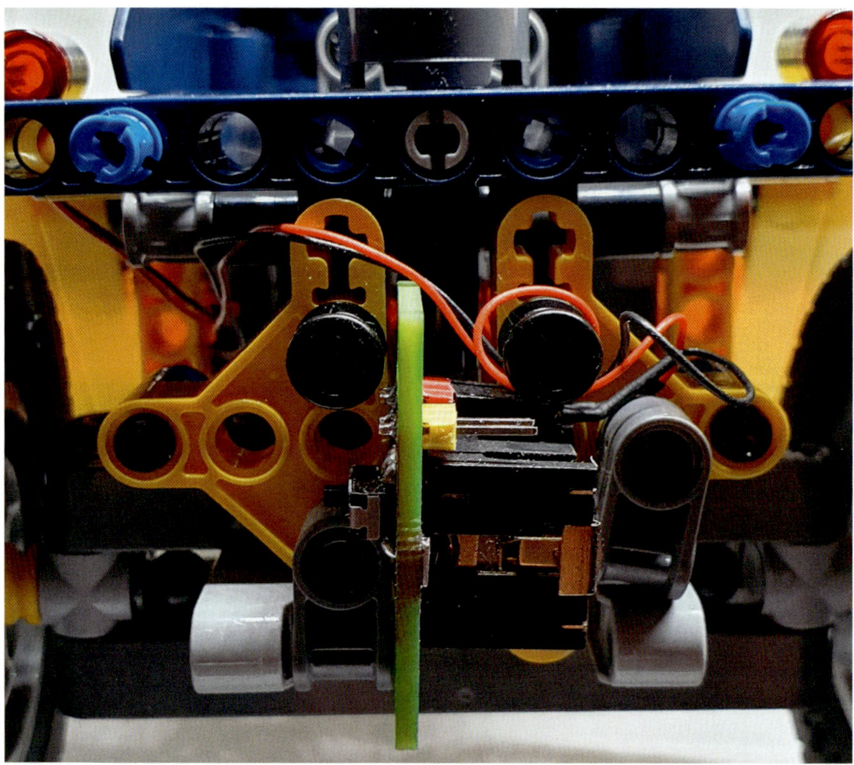

Abb. 10-72 Einbau der 2×4-Stromversorgung im Heck des Gabelstaplers

Für die Blinker wurde weiße 3-mm-LEDs ohne Kragen verwendet und von hinten in die Technic-Pins eingesteckt. Ein möglicher Einbauort für eine Steuerplatine ist der vordere Radkasten. Zu dieser Position werden die Kabel des hinteren Blinkers und der Stromversorgung unter dem gelben Paneel nach vorne zum Radkasten geführt und an die Platine angeschlossen.

Abb. 10-73 Angeschlossene Steuerplatine vor Einbau

Die 2 × 3-Platte mit der Steuerelektronik wird nun vorsichtig an den gelben Liftarm in den Radkasten, der nach vorne zeigt, eingesteckt.

Abb. 10-74 Blinkersteuerung eingebaut im vorderen Radkasten

Nun können beim Lenken die entsprechenden Blinker aktiviert werden. Die Rückleuchten und die Scheinwerfer können bei der Gelegenheit ebenfalls mit 3-mm-LEDs realisiert werden, die jedoch direkt an die Stromversorgung angeschlossen werden. Hierfür benötigten wir noch je einen 4er-Verteiler hinten und vorne, wobei für die LEDs an der Führerkabine beide LEDs zusammen auf den vorderen Verteiler führen muss.

Abb. 10-75 Blinker in Aktion bei eingeschlagener Achse

10.3 Beleuchtung von Raumschiffen

Ebenfalls weit verbreitete Themen sind Space und Star Wars bzw. alles was sich um Raumschiffe & Co. dreht. Der auf der Titelseite gezeigte Millenium Falcon verwendet einige der im Folgenden gezeigten Effekte und Techniken. Insbesondere bei Großmodellen der UCS-Serie können eine ganze Menge an LEDs verbaut werden und viele Effekte zum Einsatz kommen.

10.3.1 Triebwerke

Abb. 10-76 Beleuchtung der Saturn-Rakete (Jason Alleman)

Triebwerke von Raumschiffen sollen intensives Licht besitzen, das überstrahlt – fast schon blendet. Denn schließlich werden hier gigantische Energien freigesetzt. Zudem ist die Intensität von der Geschwindigkeit abhängig, bzw. manche Antriebe pulsieren. Runde Raketenantriebe bzw. Triebwerke wie bei den Star-Wars-Sternenzerstörern verwenden Felgen und Räder mit runden, transparenten Satellitenschüsseln oder transparente Minifigurenköpfe, die von hinten bzw. innen mit LEDs beleuchtet werden können.

In der Saturn-Rakete (21309) sind 3 × 3 transparent-orange Satellitenschüsseln (43898) in dunkelgraue Waschzuber (64951) eingesetzt, um die Antriebe zu realisieren. Hier kann pro Triebwerk eine LED in den Pin eingesetzt werden. Die Kabel verlaufen erst durch die Löcher der Waschzuber, dann seitlich heraus und werden dann in das Innere des Raketenkörpers geführt. Jason Alleman hat das Beispiel 2017 mit einem Prototyp des PFx-Bausteins bereits realisiert und in einem Video festgehalten (*https://youtu.be/fgVS4lG7Ruo*).

Abb. 10-77 Kabelführung für LEDs und Einbau des PFx Brick, der Lautsprecher und der Batteriebox in Saturn-Rakete

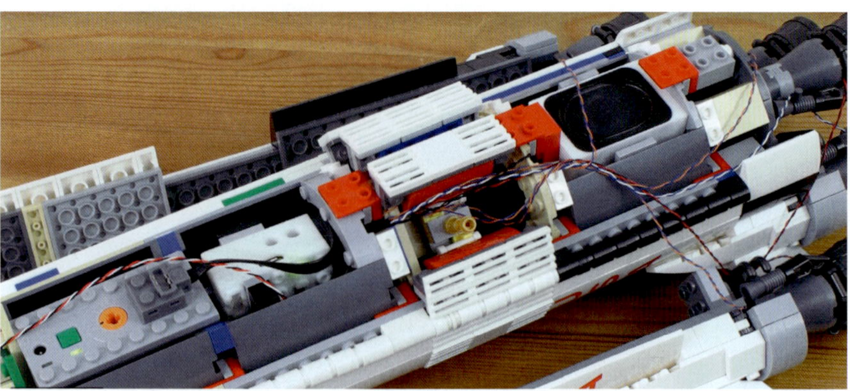

Der PFx-Baustein wird für die LEDs in den Triebwerken mit dem Effekt »Engine Glow« konfiguriert und produziert das pulsierende Licht.

Ein Pulsieren kann auch mit einer Schaltung bestehend aus zwei Operationsverstärkern realisiert werden. Allerdings sind der Schaltungsaufwand und die Menge an Bauelementen recht hoch. Einfacher und kompakter ist der Einsatz eines Mikrocontrollers mit 8 Pins wie dem ATtiny85. Hier können wir den Effekt über Pulsweitenmodulation für die Anschlüsse PB0 (Pin 5) oder PB1 (Pin 6) realisieren. Das folgende Skript zeigt exemplarisch die Programmierung eines PWM-Signals mit dem pulsierenden Effekt. Parameter wie Grundleuchtstärke (PWM_min) und maximale Leuchtstärke (PWM_max) sowie die Geschwindigkeit (PWM_speed) in ms, können einfach durch Anpassung der Werte beeinflusst werden.

Listing 10-1 ATtiny85 PWM-Programm für pulsierende LEDs

```
#define F_CPU 8000000UL  // Interne Taktfrequenz

#include <avr/io.h>
#include <util/delay.h>

int main(void)
{
  // Minimalwert für Lichtstärke
  unsigned char PWM_min = 50;
  // Maximalwert für Lichtstärke
  unsigned char PWM_max = 255;
  // PWM-Zähler und Initialisierung auf Minimalwert
  unsigned char PWM_val = PWM_min;
  // Richtungsflag
  unsigned char PWM_dir = 0;
  // Geschwindigkeit des Effekts in ms
  unsigned char PWM_speed = 1;

  // PB0 auf PWM-Ausgang konfigurieren
  DDRB |= (1<<DDB0);
  // Phasenkorrekter PWM-Modus
  TCCR0A = (1 << COM0A1) | (1 << WGM00);
  // Taktquelle und Start des PWM
  TCCR0B = (1 << CS01);

  while (1)
  {
    // Prüfung auf Grenzwerte und Umschaltung der
    // Zählerrichtung
```

```
    if ((PWM_val == PWM_max) || (PWM_val == PWM_min))
    {
      // Richtungsflag ändern
      PWM_dir ^= 0x01;
    }

    // Geschwindigkeit (Verzögerung)
    _delay_ms(PWM_speed);

    // Neuen Wert schreiben
    OCR0A  = PWM_val;

    if (PWM_dir) {
       // Erhöhe den Zähler/PWM-Wert
      PWM_val++;
    }
    else {
       // Verringere den Zähler/PWM-Wert
      PWM_val--;
    }
}
```

Eine weitere Form von Antrieben finden wir beim Millenium Falcon. Für alle Millenium-Falcon-Sets, wie 7965 (2011), 75105 (2015) und 75212 (2018), wird der Antrieb mit geriffelten Schläuchen konstruiert. Hier könnten LED-Stripes eingelegt werden, allerdings sind Varianten mit einer Breite von 4,8 mm sowie 5 V extrem schwierig zu bekommen – häufig sind dies Sonderanfertigungen. Eine recht einfache Alternative zu LED-Stripes sind 3-mm-Lichtfasern, deren Außenflächen abstrahlen – sogenannte »Side Glow«-Typen. Diese lassen sich perfekt in Technic-Pins einstecken.

Damit die Lichtfasern mit Licht beliefert werden können, wird an deren Stirnseiten je eine LED mit flachem Kopf verwendet (idealerweise zylindrisch ohne Kragen). Im Beispiel wurden die Seiten der LEDs mit etwas schwarzem Lackstift verdeckt. In den Technic-Stein wird ein Technic-Pin vom Typ 2780 eingesetzt und die LED von der flachen Seite aus eingesteckt.

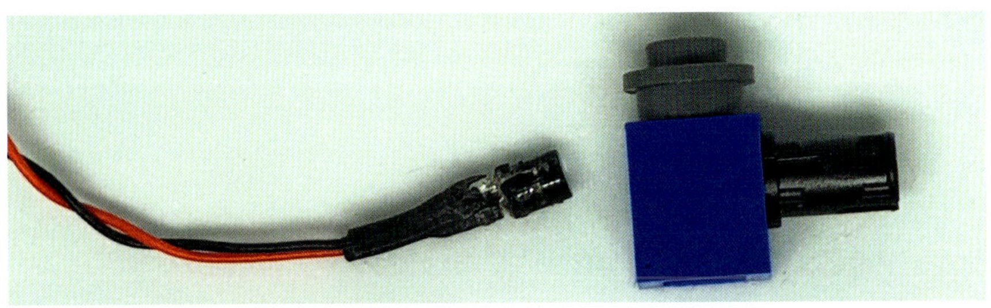

Abb. 10-78 Vorbereitete LED für Einbau in Technic-Pin

Die Lichtfaser wird nun in die herausragende Seite des Pins eingesteckt (Achtung: LED dabei nicht wieder herausdrücken).

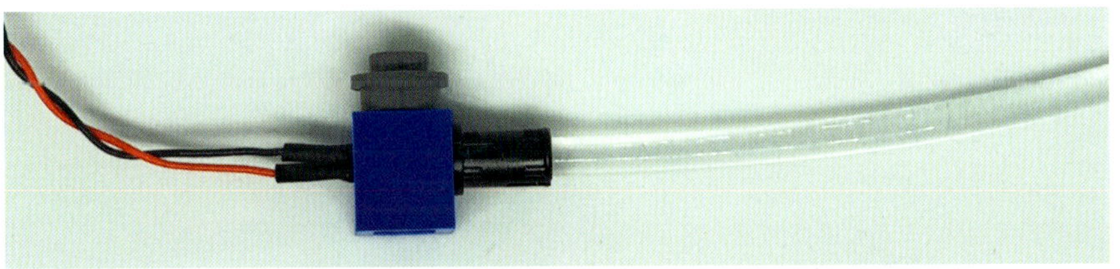

Abb. 10-79 Eingesteckter Lichtleiter und LED in Technic-Pin/-Stein

Die transparente Röhre wird nun über die Lichtfaser geführt und auf den Pin gesteckt.

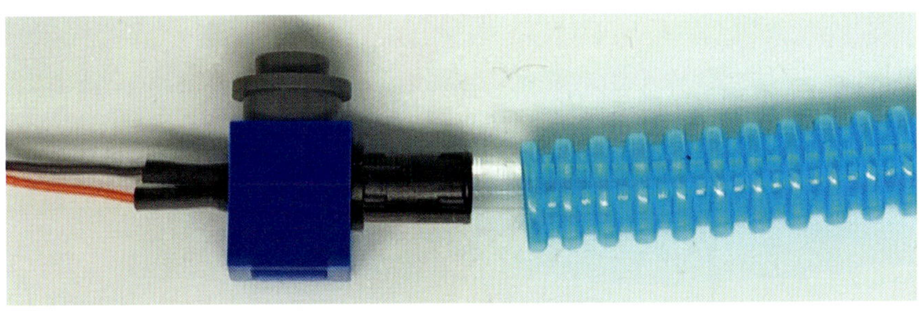

Abb. 10-80 Röhre über Lichtleiter auf Technic-Pin stecken

Zum Abschluss wird nun auf der Gegenseite der Pin mit dem Technic-Stein und einer LED aufgesteckt.

Abb. 10-81 Komplettes Antriebselement für den Falken

Das gesamte Konstrukt wird nun einfach an die vorgesehenen Stellen am Falken eingebaut, und die Kabel werden zwischen den Elementen in das Innere hineingeführt. Dort können wir sie an einen PFx Brick, einen Mikrocontroller mit entsprechendem Programm oder ein statisches Versorgungsystem anschließen.

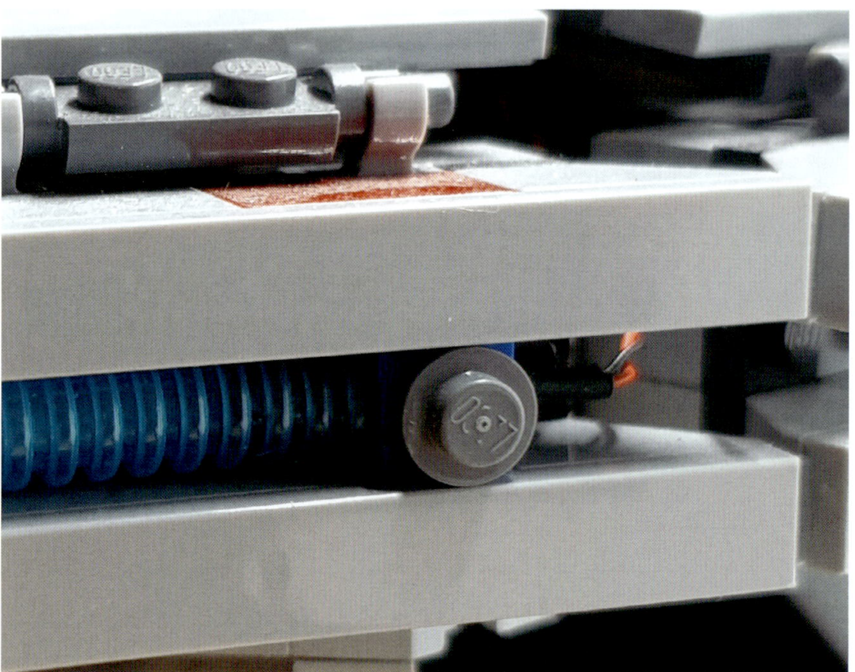

Abb. 10-82 Einbau des Antriebs in den Falken

Abb. 10-83 Eingebauter Antrieb in Aktion

Tipp

Beim Bugatti Chiron (42083) gibt es am Heck zwei Minifiguren-Shooter, in die eine rote 3-mm-Röhre eingesteckt wurde. Auch hier könnten wir mit einem Side-Glow-Lichtleiter und zwei roten LEDs die Beleuchtung realisieren.

Eine weitere, häufig genutzte Konstruktion von Raumschiff-Antrieben sind Räder oder Felgen, die mit transparenten Schüsselelementen versehen werden. In der nachfolgenden Abbildung sind links die Antriebskonstruktionen des Star-Wars-UCS-Sternenzerstörers (10030), gefolgt vom First Order Destroyer (6211) zu sehen. An dritter Position oben sind ein Triebwerk der Saturn-Rakete (21309) und darunter ein Antriebselement des Super Star Destroyers (10221) abgebildet. Alle weiteren Konstrukte sind Eigenbauten mit verschiedenen Rädern, Felgen und Plastikrädern aus der Power-Miners-Serie.

Abb. 10-84 Von links 10030, 6211, 21309 (3. v. l. oben), 10221 (unten), vier eigene Konstrukte

Da Felgen in der Regel mit 4,8-mm-Technic-Pins aufwarten, in die LEDs eingesetzt werden können, ist deren Verwendung relativ einfach.

Mit eingesetzten Technic-Pins 4274 können wir auch 3-mm-LEDs verwenden.

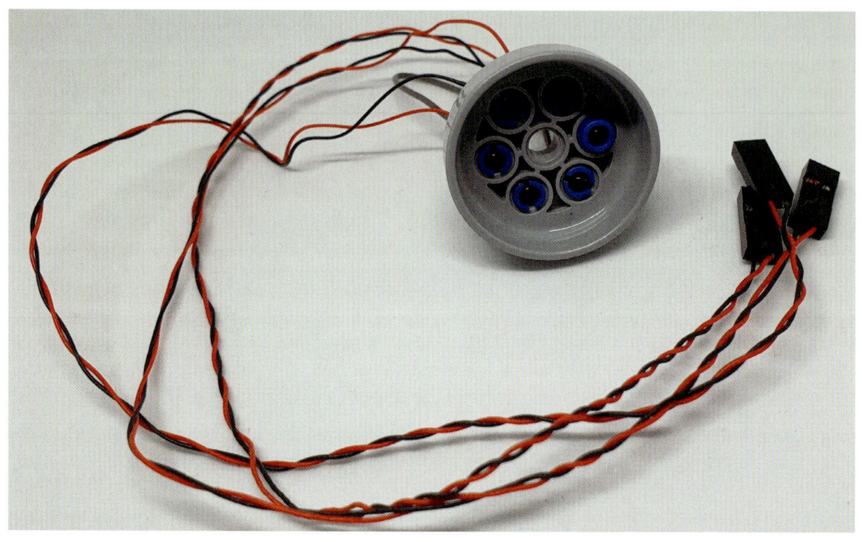

Abb. 10-85 3-mm-LEDs über Technic-Pins 4274 in Felge 60208 eingesetzt

Etwas komfortablere Varianten sind entsprechend dem Innendurchmesser der Felgen konzipierte runde Platinen mit LEDs. In Abschnitt 11.5 finden Sie eine Aufstellung aller Felgen und Räder inkl. Maßangaben sowie ermittelte Platinendurchmesser, die in verschiedenen Größen zum Einsatz kommen können. Absoluter Vorteil dieser Lösung ist, dass sie flexibel ein- und ausgebaut werden kann und kein Element beschädigt wird.

Die 27-mm-Variante mit 4 bzw. 6 LEDs kann bereits in viele verschiedene Elemente eingesetzt werden. In der Mitte ist immer eine 4,8-mm-Bohrung, um Achsen, Stäbe und Pins hindurchzuführen.

Abb. 10-86 Beispiele für den Einsatz der 27-mm-Platine in verschiedene Elemente

Über die Felgen und auf die durchgeführten Achsen werden dann die Satellitenschüsseln aufgesteckt, und zur Streuung des Lichts wird eine rund zugeschnittene Diffusionsfolie eingesetzt. Mit dem PFx-Baustein können nun die Triebwerke pulsieren, oder wir schließen die Platine einfach an einer 5-V-Stromversorgung an, um ein Dauerleuchten zu erhalten.

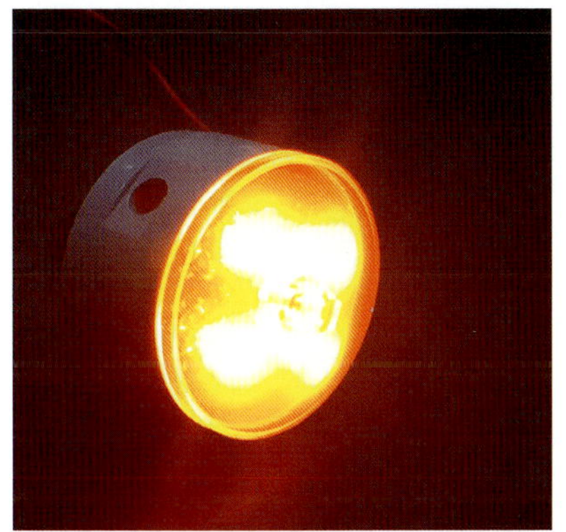

Abb. 10-87 Eingesetzte Platine hinter Satellitenschüssel in Aktion

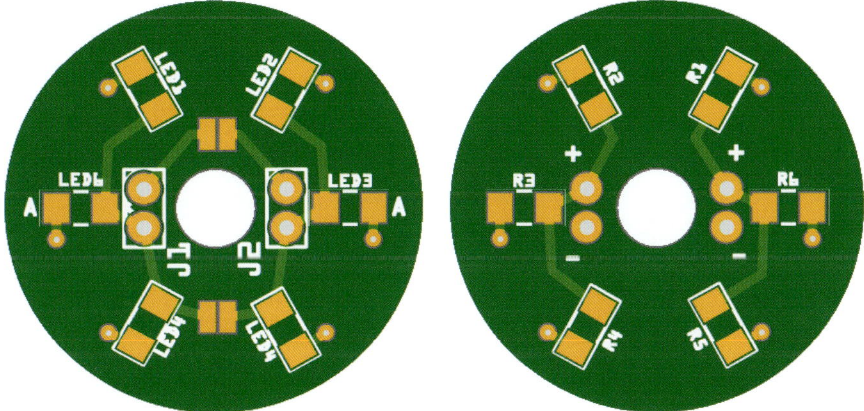

Abb. 10-88 Platine mit 27-mm-Durchmesser und 6 LEDs

Einer der größten Durchmesser beträgt 60 mm. Um hier eine ausreichende Lichtabgabe zu erhalten, sollten 12 LEDs verwendet werden. Das sind bei 20 mA insgesamt 240 mA, die pro Antrieb/Platine bereitgestellt werden müssen. Bei drei Antrieben wie im Star Wars Star Destroyer (10030) sind das bereits 720 mA. Hier sind wir schon nahe am Maximum einer LEGO-Batteriebox. Werden die LEDs über eine Effektsteuerung betrieben, muss die Ansteuerung diese Leistung ermöglichen. Das ist beim PFx-Baustein mit max. 100 mA Treiberleistung pro Ausgang also definitiv zu viel. Selbst wenn die LEDs auf zwei Ausgänge aufgeteilt werden, reicht die Leistung immer noch nicht.

Hier muss definitiv eine Verstärkung des Steuersignals erfolgen. Da die Platine ausreichend Platz bereithält, können direkt Treiberbausteine verbaut werden. Ein typischer Vertreter ist der ULN2003 mit Open-Collector-Ausgänge und jeweils 500 mA Lastkapazität pro Treiberstufe. Die Eingänge sind für 5-V-TTL-Steuerspannung ausgelegt. Bei 12 LEDs und 20 mA werden 240 mA Leistung benötigt – d. h., eine Treiberstufe reicht bereits für diesen Zweck aus. Die Kathode wird mit dem Ausgang eines Treibers verbunden, während die Anoden über den Vorwiderstand mit der Versorgungsspannung verknüpft sind. Die Beispielplatine besitzt zwei unabhängige Steuereingänge, über die wir die geraden und ungeraden LEDs separat steuern können. Über OUT1 und OUT2 werden zwei Stufen des Treibers verwendet, um die Steuersignale für weitere separate LEDs optional zur Verfügung zu stellen.

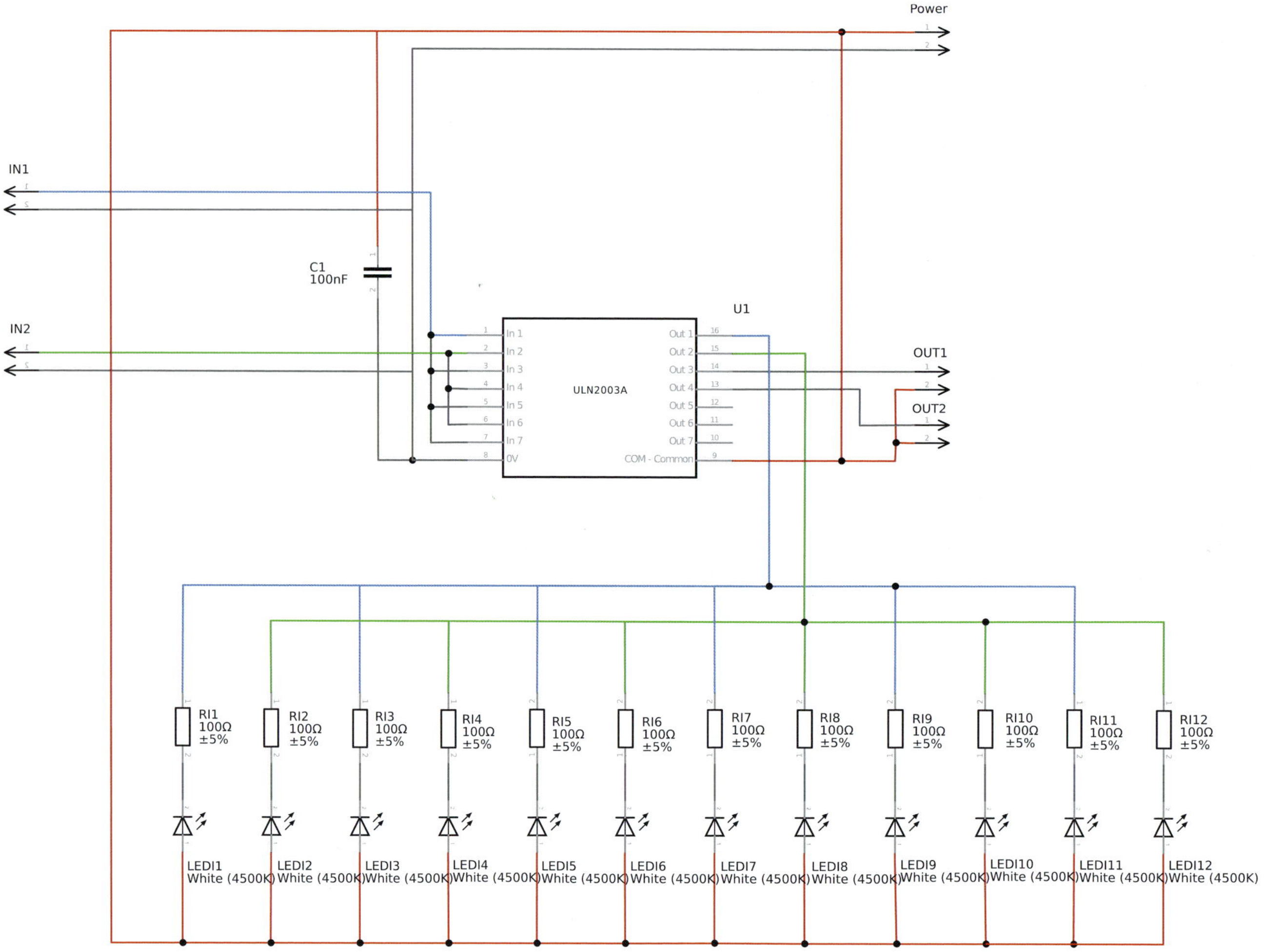

Abb. 10-89 Schaltung für Felgenplatinen mit 12 LEDs und Treiber

Abb. 10-90 45-mm-Platine mit 12 LEDs und Treiberbaustein

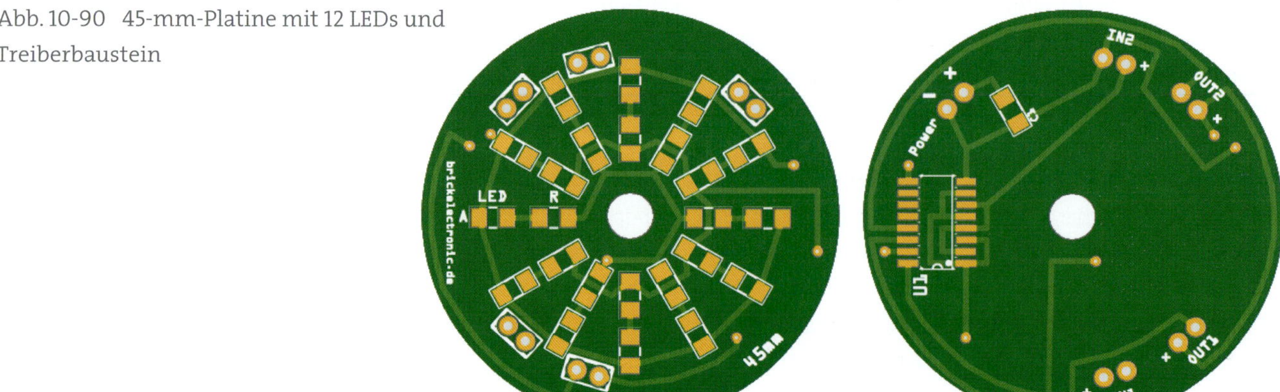

Abb. 10-91 45-mm-Platine in 44772 Felge mit Satellitenschüssel (4285)

Bei größeren Durchmessern können auch zwei Reihen LEDs platziert werden. Hier können die LEDs im inneren und äußeren Ring separat gesteuert werden. Auch bekommen wir auf einer 45-mm-Platine noch einen ATtiny85 unter, um eine unabhängige Effektsteuerung zu realisieren. Da jedoch große Modelle häufig mehrere Triebwerke besitzen und diese synchron pulsieren (sollen), ist dies wiederum ungünstig.

10.3.2 Laser

Laserstrahlen wie im Todesstern (10143, 10188, 75159) werden über transparente Antennen und runde 1×1-Steine realisiert. Dies sind hervorragende Lichtleiter. Das heißt, wir müssen im einfachsten Fall nur in die Rundsteine 3-mm-LEDs einsetzen, die in die Richtung der Antennen strahlen.

Da die Antennen und Rundsteine in neon-grün-gelb gefärbt sind, gibt es einen besonderen Beleuchtungskniff. Alle Neonelemente reagieren intensiv auf UV-Licht. Daher können wir in runde 1×1-Platten 3-mm-LEDs (Anleitung im Abschnitt 7.1.4) einbauen.

Da die Basis hier dunkelgraue Platten verwendet, sollten auch graue bzw. dunkelgraue Kabel für die Zuleitungen verwendet werden. Die runden Platten werden einfach an die Stelle der Rundsteine gesteckt und darauf die ursprüngliche Konstruktion.

Abb. 10-92 Eingebautes Leuchtmittel mit 3-mm-UV-LED

Führen Sie die Kabel zur Mitte unter die Satellitenschüssel nach hinten und dort über die hellgraue Schüssel zum Rand. Dort bündeln Sie die Anschlüsse und führen sie einem Verteiler zu.

Im mittleren Strahl ist der eingesetzte weiße Stab für den Lichttransport hinderlich. Daher wurde dieser entfernt. In den ersten 2 × 2-Rundstein wird von oben eine 3-mm-UV-LED eingesetzt. Die Kabel müssen hier möglichst dünn sein, um sie mit der Achse durch das Achsenloch zu führen. Zudem sind zwei 1-polige Buchsen als Kontakte zu verwenden, um diese einzeln durch das Achsenloch nach hinten zu führen.

Abb. 10-93 Super Laser des Todessterns komplett beleuchtet

Für die Laserbatterien werden jeweils runde 1 × 1-Plättchen in transparent rot mit eingesetzten 3-mm-LEDs bestückt (Abschnitt 7.1.4). Die Kabel werden möglichst in die Mitte der Anordnung geführt.

Die Lasergeschütze bestehen aus vier Segmenten, die jeweils die obere und untere Reihe zusammen abfeuern. Das heißt, die jeweiligen LEDs können zusammen angesteuert werden.

Die Wechselblinker aus Abschnitt 10.5.2 können verwendet werden, um die obere Reihe und untere Reihe abwechselnd aufleuchten zu lassen. Allerdings sind 8 LEDs zu viel, um mit dem Ausgang des Wechselblinkers parallel angesteuert zu werden. Daher benötigen wir eine Treiberstufe.

Sich drehende Elemente sind eine Herausforderung für Beleuchtungen. Zu den kleinsten Varianten gehören die 2 × 2-Drehscheiben (3680 und 3679). Der Drehteller (3679) kann in der Mitte vorsichtig mit einer 1-mm-Bohrung versehen werden, durch die Kabel geführt werden können (Abb. 10-94).

Diese Konstruktion ist permanent und an den Einsatzzweck gebunden. Im Falle der Lasergeschütze müssen die Kabel jedoch noch weiter durch die Scheibe nach unten geführt werden. Das heißt, in der Mitte der Scheibe (6177) muss eine 4,8-mm-Bohrung eingefügt werden.

An der Unterseite werden die 2 × 4- und 2 × 6-Platten gegen Technic-Varianten ausgetauscht (Abb. 10-95).

Abb. 10-94 Kabeldurchführung durch Scheibe 6177 und 2 × 2-Drehteller (3779)

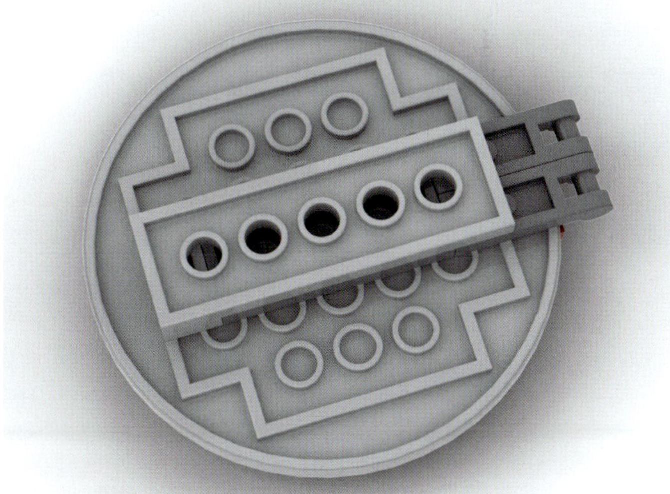

Abb. 10-95 Geänderte Konstruktion an der Unterseite der Scheibe

Die Kabel können nun oben über die Drehscheibe nach vorne und dann noch oben zu den Laserelementen geführt werden. Im Gegensatz zum Foto sollten besser hellgraue Kabel verwendet werdenn, damit diese nicht so auffällig sind.

Die LEDs können mit einer gemeinsamen Anode oder Kathode angeschlossen werden. Sollen alle vier Laser gleichzeitig leuchten, können wir mit nur zwei Kabeln arbeiten und den Verdrahtungsaufwand minimieren.

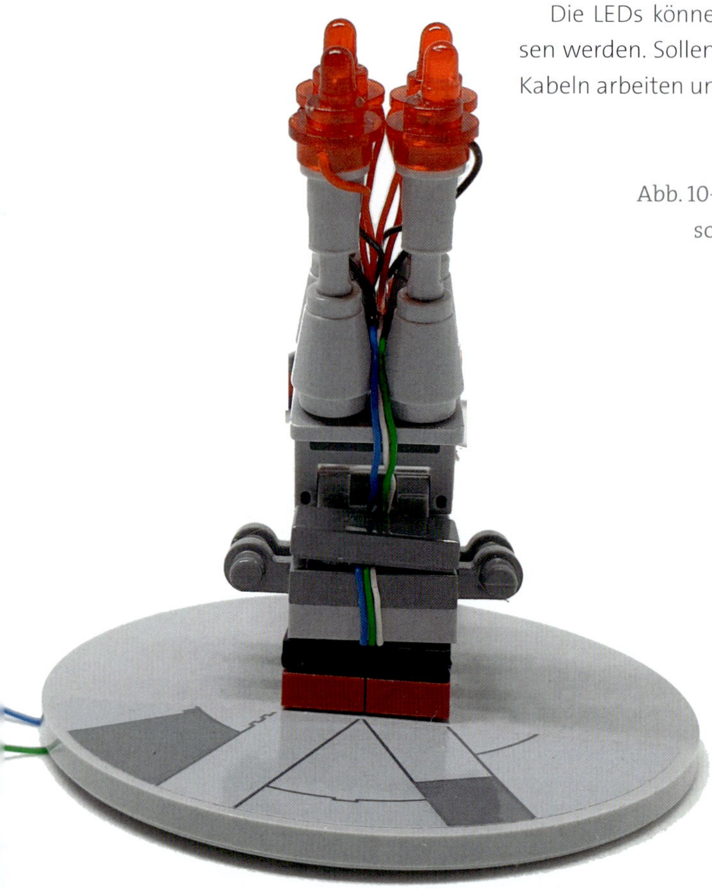

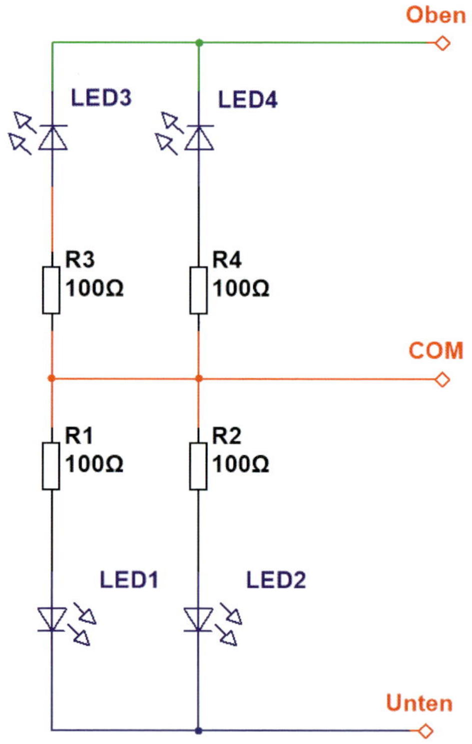

Abb. 10-96 Anschlussschema für Laser

Abb. 10-97 Beleuchtetes Laser-Geschütz des Millenium Falcon (75105)

Hinweis

Alle 4×4-Drehscheiben mit Basis 3403, 30516 oder 61485 haben bereits einen Durchgang, durch den Kabel von unten nach oben geführt werden können.

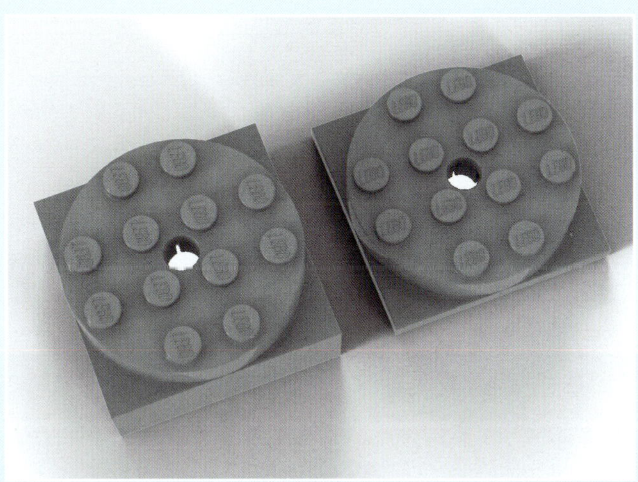

Abb. 10-98 4×4-Drehscheibenvarianten

Bei allen Drehscheiben gilt jedoch, dass diese mit zentral durchgeführten Kabeln nicht unbegrenzt gedreht werden können, da die Kabel ständig mitgedreht werden.

Eine mögliche Lösung für kontinuierlich drehbare Konstruktionen sind sogenannte Schleifringelemente (Slip Ring) in Miniaturbauform. Diese können zwei oder auch mehrere Leitungen über einen Stator an einen Rotor (drehbarer Teil) weitergeben. Das trifft beispielsweise auf das Creator-Expert-Riesenrad (10247) oder die Karusselle (10257, 10196) zu. Für die kleinen 2×2-Drehscheiben gibt es jedoch keine Lösung.

Abb. 10-99 Miniatur-Schleifringelement der Firma B-Command

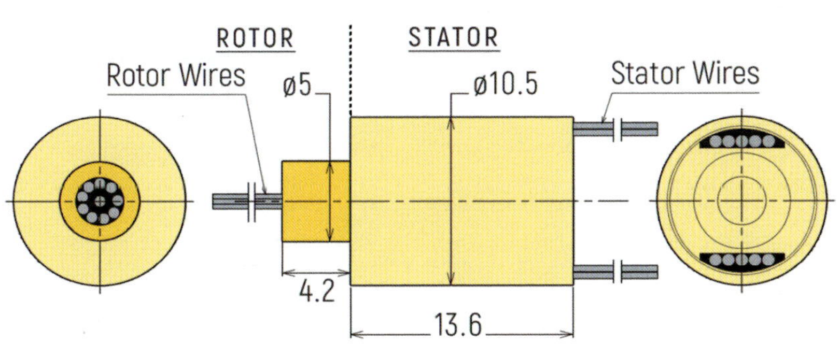

Abb. 10-100 Miniatur-Schleifring von B-Command mit 5-mm-Rotor

10.4 Beleuchtung von Lokomotiven/Waggons

Ein beliebtes Themengebiet bei vielen AFOL sind Züge. Eine realitätsnahe Beleuchtung, also beispielsweise die der Lok und die Innenbeleuchtung der Waggons, stellt uns vor einige Herausforderungen, die die folgenden Abschnitte behandeln.

10.4.1 Lok-Beleuchtung

LEGO hat für Lokomotiven einige Elemente entwickelt, die die Spitzensignale in verschiedener Form realisieren. In der Regel sind zwei »Scheinwerfer« vorgesehen. Ein Dreilicht-Spitzensignal ist eher unbekannt. Die Tabelle zeigt die möglichen Elemente, die bei diversen Sets zum Einsatz gekommen sind. Grundsätzlich kann jedoch jeder Konverterstein mit hohlen Noppen oder Technic-Stein verbaut werden, um LEDs in das Modell einzufügen.

Tab. 10-1 LEGO-Standardelemente für Lokomotiven

Bild	Nr.	Bezeichnung	Hinweise
	87619	Train Front Sloping Base with 4 Studs	3-mm-LED in die hohlen Noppen
	2916	Train Front Sloping Base	Eine LED in das Prisma.
	55768	Lego Train Front 6 × 14 × 7 2/3	Eine LED in das Prisma.
	2928	Train Light Prism 1 × 4 Holder	
	2919	Train Light Prism 1 × 4 für 55768, 2928 und 2916	Aufgrund der Gelbfärbung kann hier keine zweifarbige LED verwendet werden!
	15536	Train Front 6 × 14 × 7 1/3	5-mm-LED hinter dem Gehäuse in Technic-Steine

→

Bild	Nr.	Bezeichnung	Hinweise
	45706	Lego Train Front 6 × 10 × 3 2/3 Triple Curved with Green Stripe and Train Logo Pattern	Eine LED in das Prisma
	46309	Lego Electric, Train Light Prism für 45706	Aufgrund der Gelbfärbung kann hier keine zweifarbige LED verwendet werden!
	4170	Train Light Prism 1 × 6 Holder	Je eine LED in die Prismen.
	4171	Electric Train Light Prism 1 × 3 für 4170	Eine LED von hinten auf das Prisma

Da die Zugmaschine vorwärts- oder rückwärtsfahren kann, ändert sich abhängig von der Fahrtrichtung auch die Farbe des Spitzensignals. Die hintere, der Fahrtrichtung entgegengesetzte Seite leuchtet immer rot (Schlusslicht), während die Lichter in Fahrtrichtung die Scheinwerferfunktion (weiß) erhalten. Ein solches Verhalten an der Drehrichtung des Motors zu erkennen und die Farbe zu ändern, ist eine Herausforderung, die mithilfe von zweifarbigen LEDs und etwas Elektronik realisiert werden kann.

Power Functions

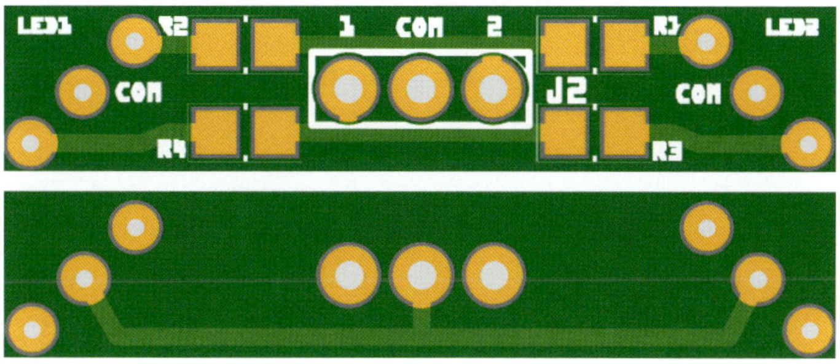

Eine Beleuchtung der Vorder- und Rückleuchten einer Lokomotive mit den Stein 87619 können Sie mit vier 3-mm-Duo-LEDs mit roter und weißer LED-Farbe sowie gemeinsamer Kathode umsetzen. Damit der Einbau möglichst stressfrei bleibt, habe ich eine kleine Platine konstruiert, die neben den beiden LEDs auch die Vorwiderstände sowie einen 3-poligen Pfostenstecker zum Anschluss an die Steuerelektronik beinhaltet. Natürlich können die LEDs auch direkt mit Vorwiderständen und Anschlusskabeln versehen werden – insbesondere, wenn wir eigene Konstruktionen der Lok-Stirnseiten realisieren.

Abb. 10-101 LED-Anschlussplatine für 87619

An den beiden LED-Kontakten zu R1 und R2 sollte bei allen Bestückungen einheitlich der Anschluss für die weiße LED-Farbe und an R3 und R4 die rote LED-Farbe angeschlossen werden. Für R1/R2 werden 390-Ohm- und R3/R4-330-Ohm-Widerstände in Baugröße 0603 verwendet. Auf der Rückseite bringen wir einen 3-poligen Pfostenstecker (2,54 mm) an.

Verwenden Sie für den Pfostenstecker jeweils unterschiedliche Farben, die wiederum mit den Steckverbindern auf der Steuerplatine korrespondieren. Die Gehäuse der Buchsen an den Anschlusskabeln markieren Sie ebenfalls mit einem entsprechenden Lackstift. Dies vereinfacht die Anschlussarbeiten.

Die Ansteuerung der LEDs erfolgt über die beiden Steuerleitungen C1 und C2. C1 steht für die Vorwärtsfahrt, C2 für die Rückwärtsfahrt. Da die Steuerleitungen ein pulsbreitenmoduliertes Rechtecksignal liefern, würden die LEDs bei verschiedenen Motordrehzahlen unterschiedliche Leuchtstärke abgeben. Damit dies nicht passiert, muss der Drehrichtungszustand gespeichert werden. Dies kann mithilfe von zwei Flip-Flop-Bausteinen erfolgen. Damit dies bei 9-V-Spannung funktioniert, müssen wir einen Baustein der Standard-CMOS-Bauform verwenden, der eine maximale Spannungsversorgung von bis zu 15 V erlaubt und somit direkt mit LEGO Power Functions angesteuert werden kann. Der Typ 4013 beinhaltet zwei D-Flip-Flops, die für die Aufgabe passen. Jedes Flip-Flop ist für das jeweilige Ende der Lok und jeweils zwei Dual-Color-LEDs zuständig.

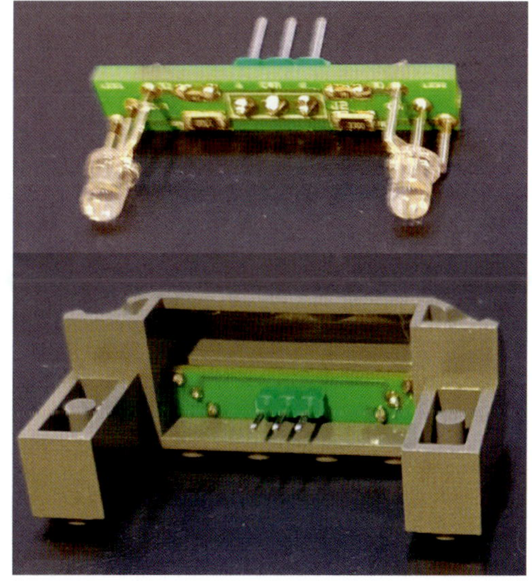

Abb. 10-102 Bestückte Platine für den Stein 87619

Abb. 10-103 Schaltung für Lok-Beleuchtung mit zweifarbigen LEDs

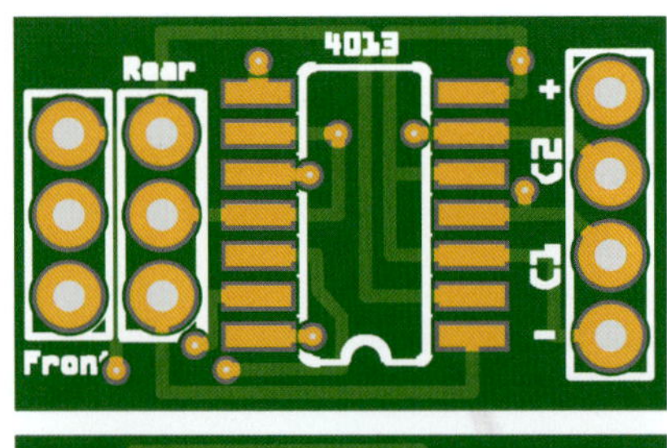

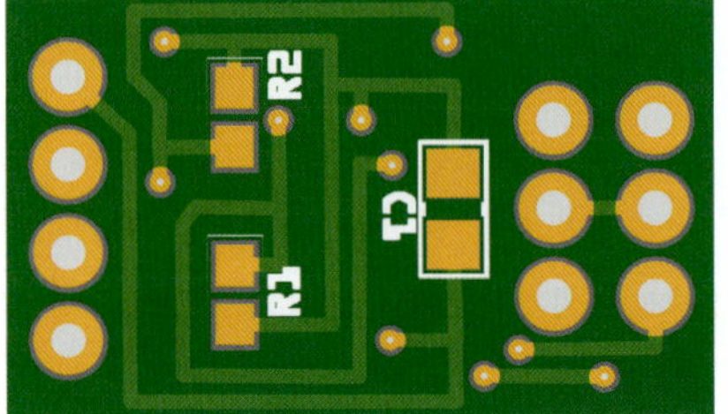

Die Platinenkonstruktion sieht auf der rechten Seite einen 4-poligen Pfostenstecker zum Anschluss des Power-Functions-Adapters (Abschnitt 8.4) vor. Auf der linken Seite befinden sich zwei 3-polige Pfostenstecker zum Anschluss von jeweils zwei zweifarbigen LEDs für die jeweiligen Stirnseiten der Lok. Der mittlere Anschluss der beiden Pfostenstecker führt 0 V zum Anschluss der gemeinsamen Kathoden. Der 4013 ist auf der Oberseite und die beiden Pull-Down-Widerstände und ein Kondensator für die Versorgungsspannung sind auf der Unterseite platziert. Bitte beachten Sie: Beim Löten zuerst mit dem IC beginnen, dann die Elemente auf der Unterseite und zuletzt die Pfostenstecker verlöten.

Abb. 10-104 Platinen-Layout für Zweifarben-LED-Ansteuerung über Power Functions

Die Platine kann für Power Functions und eine Ansteuerung über den PFx Brick, SBrick oder Buwizz verwendet werden. Bei Power Functions müssen je zwei 3-mm-Dual-LEDs mit gemeinsamer Kathode mit roter und weißer Farbe eingesetzt werden.

Der Einbau in die Lok des Schwerlastzug-Sets (60098) ist recht einfach. Zunächst die LED-Platine in die beiden Elemente an den Stirnseiten einstecken. Das 3-polige Verbindungskabel an die Pfostenstecker anbringen und in Richtung Lokmitte führen.

Abb. 10-105 Eingebauter 87619 Stein mit LED-Platine und angeschlossenem Kabel

Die Kabel können einfach durch die Bögen-Steine geführt werden.

Abb. 10-106 Kabel unter Bogensteinen geführt

Bringen Sie die Steuerelektronik auf der 2×3-Platte an eine Seitenwand an und führen Sie die beiden Kabel für die LEDs sowie den Adapter (Power Functions auf 4-poligen Pfostenstecker) ein. Das LEGO-Stecker-Teil des Adapters einfach an den Stecker des Motors (oder umgekehrt) anschließen. An beiden muss derselbe Kanal des IR-Empfängers geschaltet sein. Batteriebox/Akkubox einsetzen und mit dem IR-Empfänger verbinden.

Abb. 10-107 Eingesetzte und angeschlossene Steuerplatine

Die Kabel vorsichtig verstauen und das zweite Seitenteil sowie das Dach-Segment anbringen.

Abb. 10-108 Verstaute Kabel

Aufgrund der gestapelten Stecker auf dem IR-Empfänger muss die Originalkonstruktion geändert werden. Der Laternen-Stein auf der Seite der Stecker entfällt. Die Konstruktion ist jedoch nach wie vor stabil genug.

10.4.2 Lok-Beleuchtung mit zweifarbigen LEDs (PFx-Baustein)

Zur Ansteuerung von zweifarbigen LEDs über den PFx-Baustein habe ich in Zusammenarbeit mit Michael Gale, Co-Founder von Fx Bricks, eine spezielle Anschlussplatine entwickelt. Die Platine ermöglicht den direkten Anschluss der Dual-Color-LEDs vom Typ gemeinsame Anode an die Pfostenstecker. Die entsprechenden Vorwiderstände sind bereits auf der Platine integriert. Die Anschlüsse können auch mit der LED-Platine für den Stein 87619 verbunden werden. In diesem Fall werden auf der Platine für die Widerstände 0-Ohm-Brücken aufgelötet.

Alternativ können auch zwei 3-mm-LEDs an eine 3-polige 2,54-mm-Buchse angeschlossen werden, wobei die beiden LEDs parallel geschaltet werden. Dies entspricht dem Anschlussschema der Anschlussplatine.

Die beiden LEDs werden in den 87619-Stein eingesetzt und mit je einem eingesteckten Halter (48729b) gegen Herausziehen fixiert.

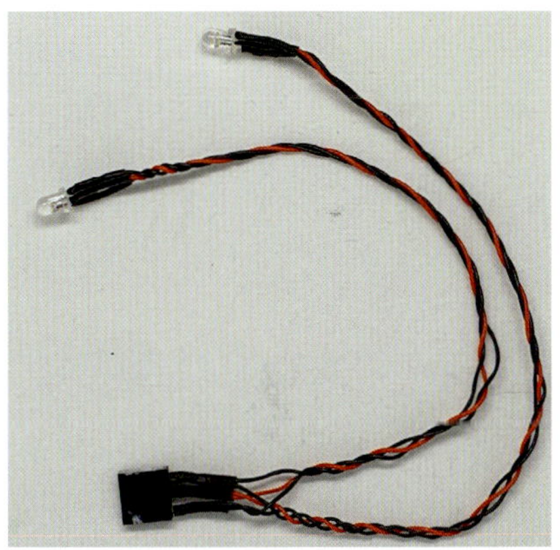

Abb. 10-109 Leuchtmittel mit zwei zweifarbigen 3-mm-LEDs an 3-poliger Buchse

Abb. 10-110 Eingesetzte LEDs mit Fixierung durch Halter

Der 87619 wird an die vorgesehene Stelle gesteckt, und die Kabel werden mittig nach hinten zur Mitte der Lok geführt. Die beiden sandfarbenen Bogensteine werden eingebaut, wobei die Kabel unter dem Bogen verlegt werden.

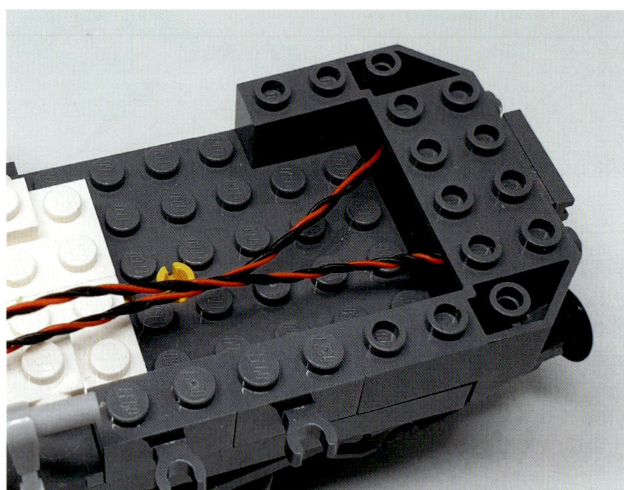

Abb. 10-111 Eingebauter 87619-Stein

Abb. 10-112 Kabelführung unter den Bogensteinen

Die Power-Functions-Kabel werden durch den inneren Bogenstein in Richtung Führerstand gelegt, die LED-Anschlusskabel weiter Richtung Lok-Mitte. Den Aufbau weiter gemäß der LEGO-Bauanleitung durchführen.

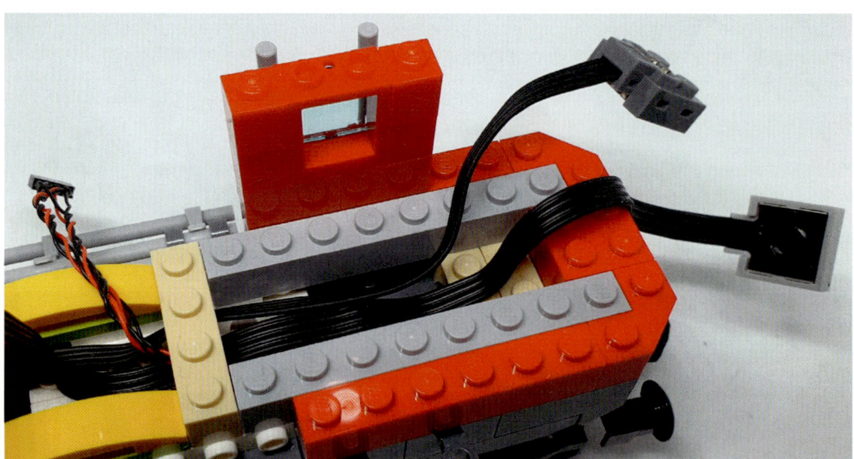

Abb. 10-113 Verlegen der Power-Functions-Kabel

Das Power-Functions-Kabel von der Batteriebox wird in den Anschuss an der Unterseite des PFx-Bausteins eingesteckt (Abb. 10-114).

Der PFx-Baustein wird bündig mit dem inneren Bogenstein an die Stelle des LEGO-IR-Empfängers eingebaut. An Anschluss A der Oberseite wird das zweite, vom Motor kommende Power-Functions-Kabel eingesteckt (Abb. 10-115).

Abb. 10-114 Anschluss des PFx-Bausteins an die Batteriebox

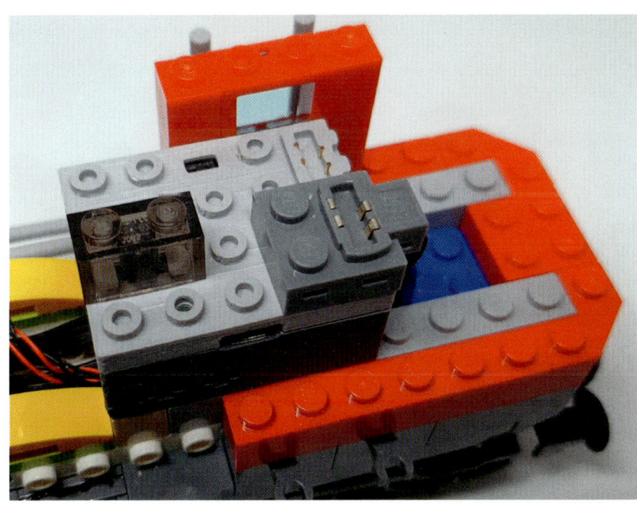

Abb. 10-115 Eingesetzter PFx-Baustein

An der 2×6-Platte, an der der Führerstand befestigt ist, wird ein LED-Leuchtmittel (1×2-Platte) angebracht und an der vorgesehenen Stelle aufgesteckt. Das Kabel wird in Richtung Lok-Mitte geführt und mit LEGO-Elementen überbaut. Die beiden blauen Konvertersteine werden auf 1×2-Platten aufgesteckt und an der Oberseite des PFx-Bausteins eingebaut.

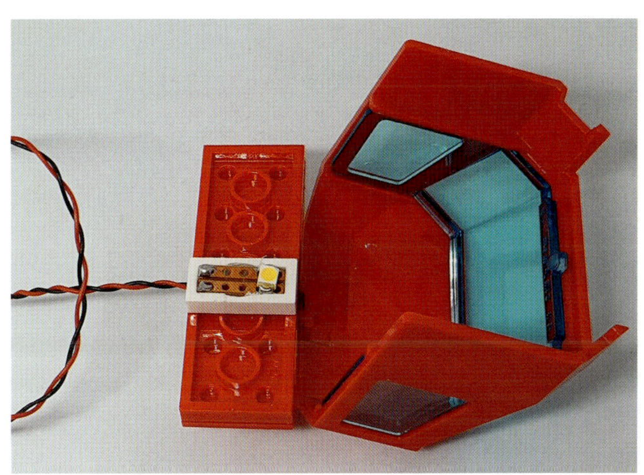

Abb. 10-116 Führerstand mit Beleuchtungsmittel

An der Stelle, an der sich ursprünglich der schwarze IR-Sensor befand, ist nun eine leere Stelle. Diese kann mit einem schwarzen modifizierten 2 × 2-Stein (30165) wie in Abbildung 10-117 geschlossen werden.

Abb. 10-117 Eingebauter Führerstand und Kabelführung der Beleuchtung

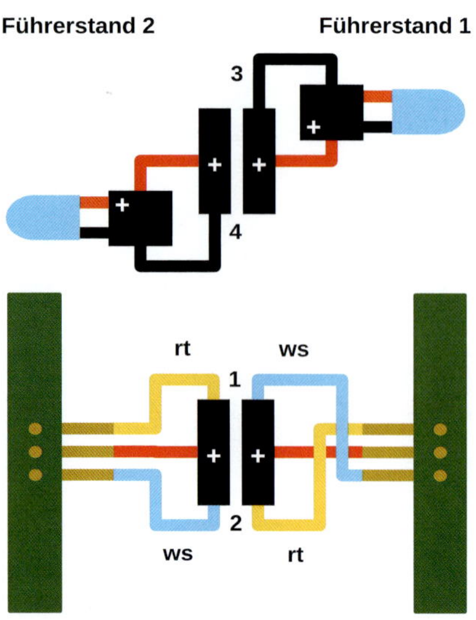

Nun werden die Buchsen der LEDs in die LAB-2c-Anschlussplatine gesteckt. Wichtig ist hier die korrekte Verbindung der weißen und roten Kathoden. Die jeweiligen Kanäle 1, 3, 5 und 7 gehen immer an den linken Pin der Steckerkontakte, wobei in jeder der vier Kontaktgruppen die Kanäle an beiden Steckplätzen verbunden sind. An der Gruppe 1 werden die Anschlüsse der jeweiligen Seiten vertauscht, damit bei aktivem Kanal 1 die LEDs an Stirnseite 1 weiß und an Stirnseite 2 rot leuchten und umgekehrt.

Abb. 10-118 Detail-Anschlussschema der Stecker und Buchsen

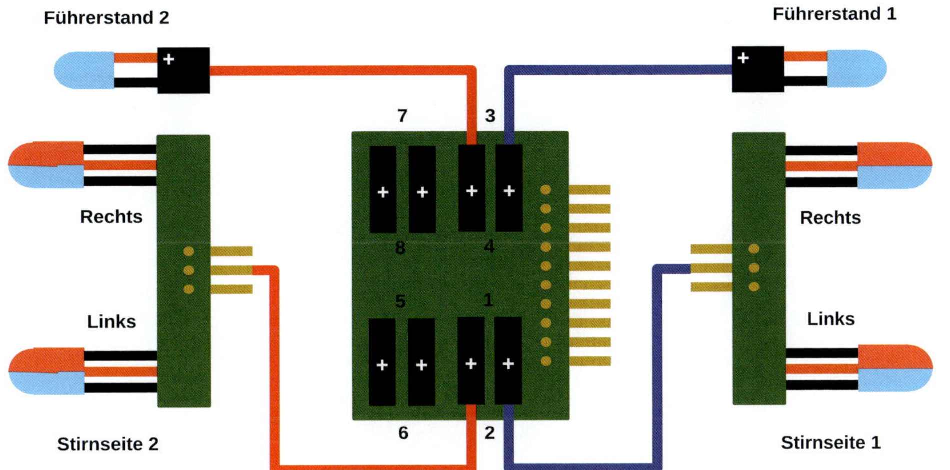

Abb. 10-119 Anschlussschema mit Dual-Color-Platinen für 87619

Werden einzelne LEDs pro Steckplatz verbunden, wird an den jeweiligen Gruppen eine LED für Stirnseite 1 und eine für Stirnseite 2 eingesteckt.

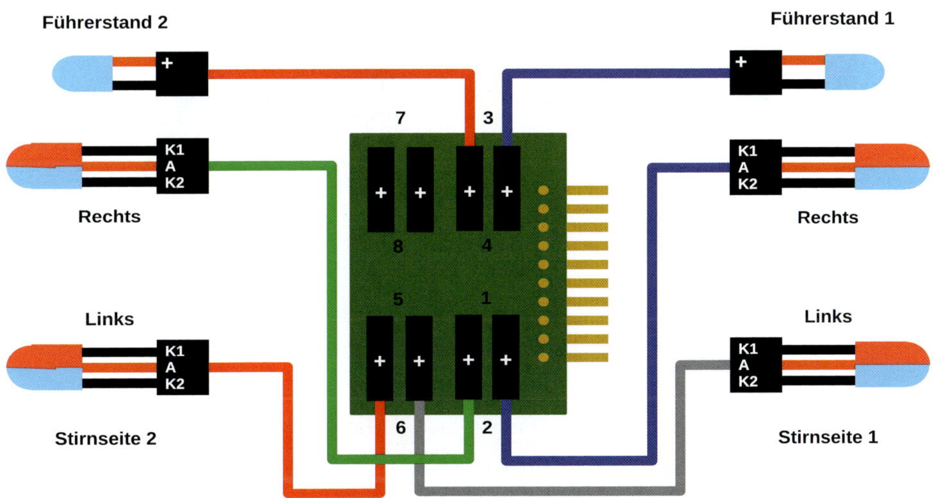

Abb. 10-120 Anschlussschema mit einzelnen LEDs

Abb. 10-121 Angeschlossene LEDs an der LAB-2c-Anschlussplatine

Abb. 10-122 Anschlussplatine in PFx-Baustein

Die Ansteuerung der LEDs erfolgt über die Definition von zwei Start-Konfigurationen. Hier als Beispiel in Verbindung mit den Dual-Color-Platinen für den 87619.

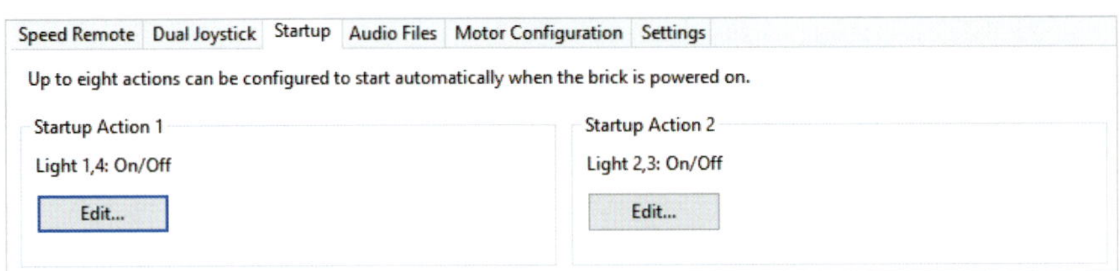

Abb. 10-123 Übersicht der Start-Konfigurationen

Die Start-Aktion 1 schaltet bei Vorwärtsfahrt von Motor A die Ausgänge 1 und 4 ein. Gleichzeitig werden alle anderen Kanäle deaktiviert.

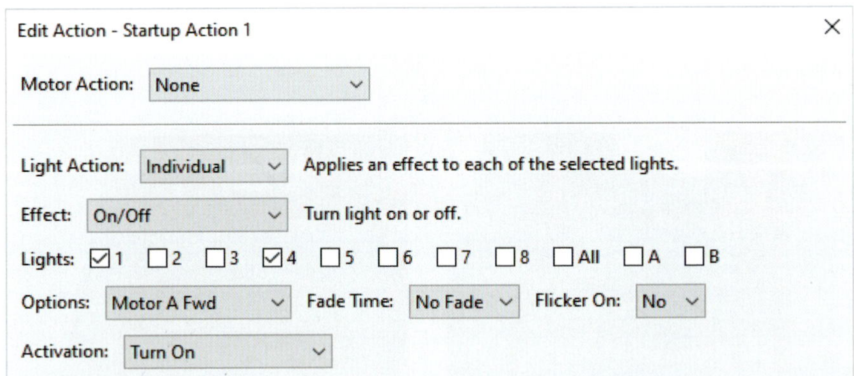

Abb. 10-124 Konfiguration für Vorwärtsfahrt

Start-Aktion 2 wird für die Rückwärtsfahrt von Motor A konfiguriert und schaltet die Ausgänge 2 und 3 ein.

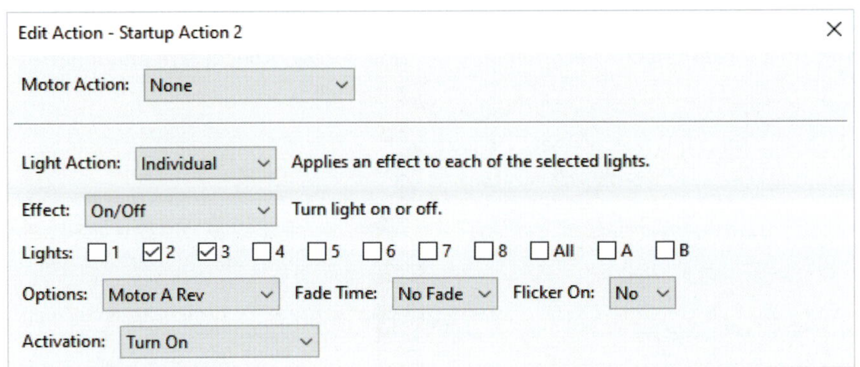

Abb. 10-125 Konfiguration für Rückwärtsfahrt

10.4.3 Kompakte Stromversorgungen für Waggons

Für die Beleuchtung eines Waggons jeweils eine LEGO-Batteriebox einzubauen, erhöht nicht nur das Gesamtgewicht, sondern verdrängt auch das Innenleben eines Waggons. Eine Stromversorgung, die beginnend bei der Lok von Wagen zu Wagen verläuft, verhindert mit ihren Verbindungsleitungen das Abkoppeln von Waggons. Daher wenden wir uns wieder dem Ansatz einer Stromversorgung pro Waggon zu.

Für Waggons kann die Spannungsversorgung der LEDs über Batterieboxen für Knopfzellen erfolgen, die es in kompakten Bauformen mit Schalter gibt. Diese sind in sehr flacher Ausführung verfügbar und können im Innenraum (Boden) eingebaut werden. Idealerweise wird die Seite mit dem Schalter so angeordnet, dass dieser durch den Waggon-Übergang von außen betätigt werden kann (Abb. 10-126 und 10-127).

Mit Platten abgedeckt wird die Batteriebox fixiert und gleichzeitig kaschiert (Abb. 10-128).

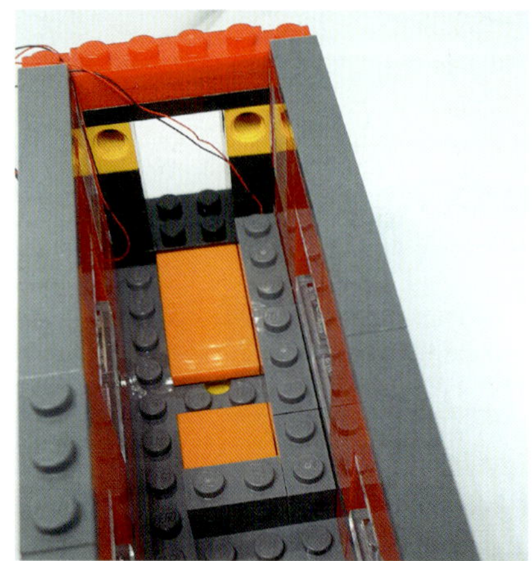

Abb. 10-126 Basis für Einbau einer flachen Batteriebox

Abb. 10-127 Eingesetzte Batteriebox

Abb. 10-128 Abgedeckte und fixierte Batteriebox

Eine weitere Möglichkeit bietet der Boden der Waggon-Basisplatte. Eine Konstruktion mit Konvertersteinen (SNOT-Technik) und Platten bildet einen Rahmen für die Batteriebox.

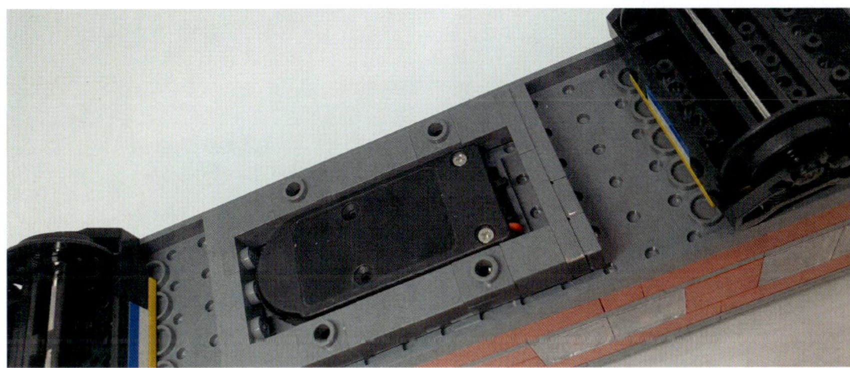

Abb. 10-129 Rahmenkonstruktion für Unterboden-Einbau einer Batteriebox

Abb. 10-130 Abdeckung über dem Rahmen und der Batteriebox

Eine passende Abdeckung verdeckt die Batteriebox und ermöglicht eine einfache Entfernung, um den Schalter an der Batteriebox zu betätigen.

Um die Stromversorgung weiter zu verkleinern, wurde eine kleine Platine entworfen, die einen Batteriehalter für eine CR2032-Knopfzelle (20 mm) oder für einen Batteriehalter für zwei Knopfzellen trägt. Die Platine hat zwei Reihen mit jeweils vier 4,8-mm-Löchern zum Befestigen an LEGO-Noppen oder an Technic-Steinen. Je nach Bestückung werden 3-V- oder 6-V-Ausgangspannung geliefert. Die 3-V-Variante entspricht der Lichterketten-Anforderung der Beleuchtungs-Variante 1 und kann mit diesen LEDs auch eingesetzt werden. Mit selektierten LEDs mit einer Durchlassspannung von 3,0 V bis 3,2 V kann auch ohne Vorwiderstand gearbeitet werden. Zwei Pfostenstecker auf der Platine ermöglichen zudem zwei getrennte Linien für LEDs.

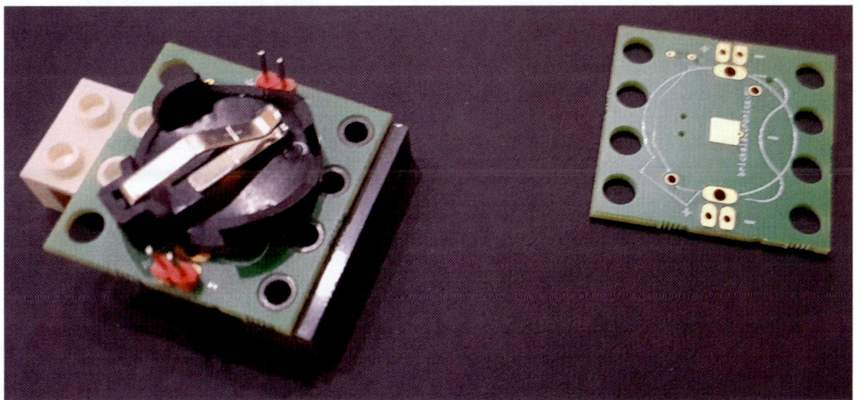

Abb. 10-131 Batteriehalterplatine mit LEGO-kompatiblen Bohrungen und Doppel-Zellenhalter (6 V, 2 × CR2032)

Auf der Platinenrückseite wird ein SMD-Miniaturschalter aufgelötet, mit dem wir die Spannung ein- und ausschalten können.

Abb. 10-132 Alternative Bestückung für 3 V (1 × CR2032)

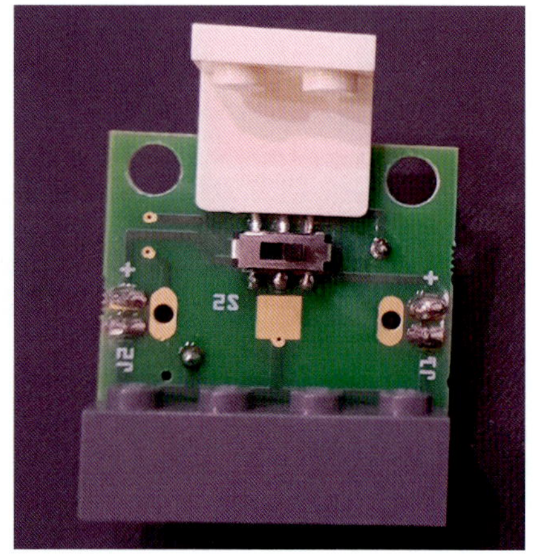

Abb. 10-133 Platinenrückseite mit SMD-Schalter

Jumper J3 ist für den Anschluss eines externen Schalters vorgesehen, um die positive Spannung an die Ausgänge J1 und J2 weiterzuleiten.

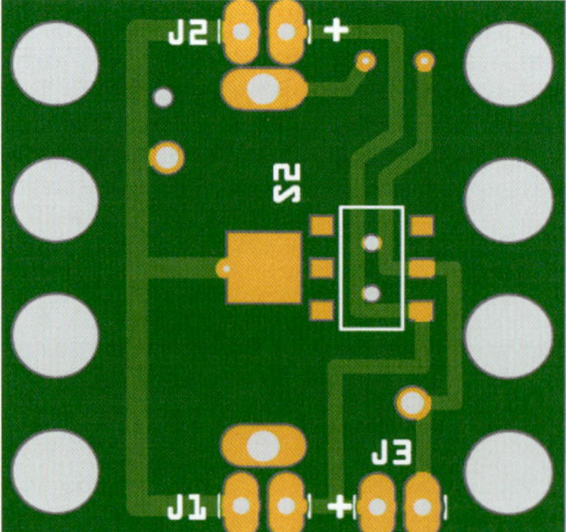

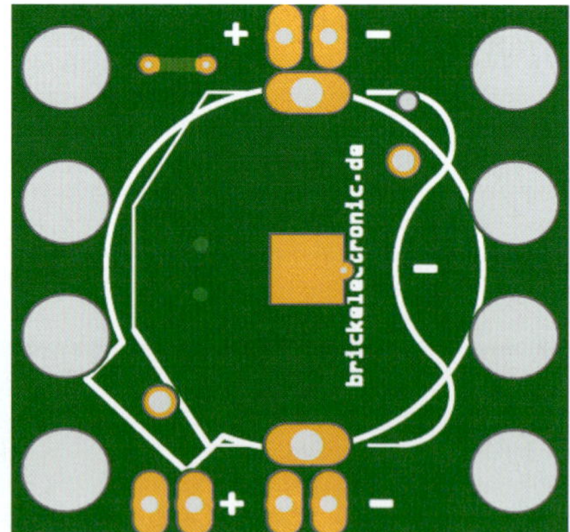

Abb. 10-134 Platinen-Layout für 4 × 4-Stromversorgung (Vorderseite/Rückseite)

Die zweite – noch kleinere – Variante auf 4 × 2-LEGO-Größe kann mithilfe eines SMD-Knopfzellenhalters für zwei AG13/LR44-Zellen realisiert werden. Diese Knopfzellen liefern zusammen 3 V Spannung. Auch hier wurde auf der Rückseite ein SMD-Schalter vorgesehen, um die Spannung ein- und auszuschalten, sowie zwei Anschlüsse für Leitungen zu LEDs. Die Platine kann auf der Bodenplatte über den Aussparungen an den Innenwänden (seitlich) oder an den Stirnseiten an den Waggon-Übergängen eingebaut werden.

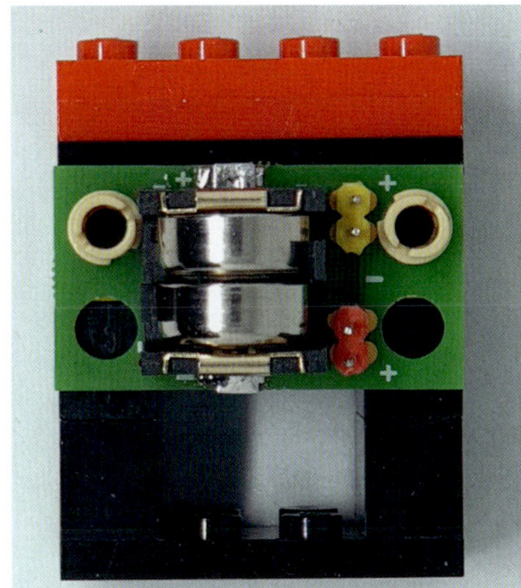

Abb. 10-135 Beispiel für Befestigung der Platine an 1×1-Technic-Steinen mit Fixierung durch Technic-Pin (32002)

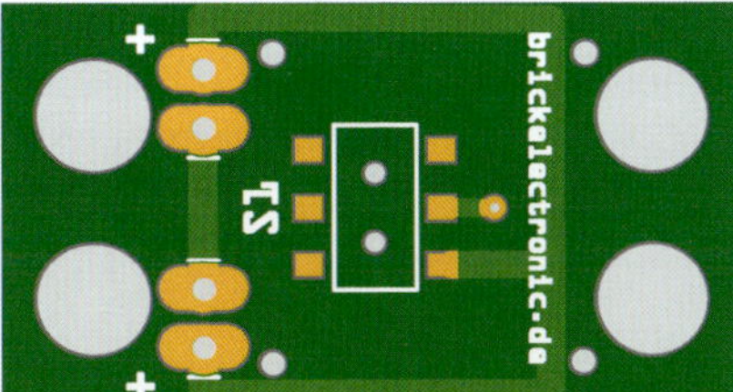

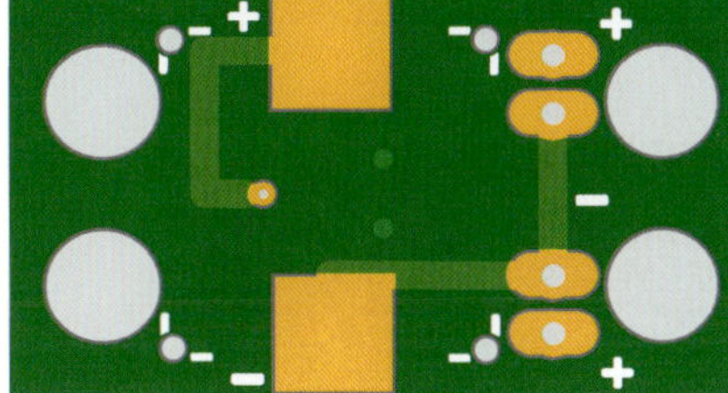

Abb. 10-136 Platinen-Layout für 2×4-Stromversorgung

10.4.4 Waggonbeleuchtung (Variante 1)

Holger Matthes (LEGO-Eisenbahn. Konzepte und Techniken für realistische Modelle, 2. überarbeitete Auflage 2019, ISBN 9783864906411) hat diese Lösung in seinem TEE-Modell verwendet. Die auf zwei Meter Verbindungsleitung verteilten 20 LEDs machten es zunächst notwendig, überschüssige Kabel zusammenzufassen. Daraus hat sich die Idee der Modifikation wie in Abschnitt 8.11 beschrieben ergeben. Die einzelnen LED-Segmente werden in entsprechender Anzahl einfach miteinander verbunden und an der Innenseite der Dachkonstruktion mit einer LEGO-Platte fixiert. Die Drähte sollten dabei zwischen den Noppen der Halteplatten durchgeführt werden, ohne dass die Drähte abgequetscht bzw. geknickt werden.

Abb. 10-137 Modifizierte Lichterkettenelemente an Dachinnenseite fixiert

Über ein kurzes Verlängerungskabel wird eine der LEDs mit der Stromversorgung verbunden (Abb. 10-138).

Die Stromversorgung wurde am Waggon-Übergang an zwei Konvertersteinen befestigt und mit jeweils einem Clip-Stab (48729b) fixiert (Abb. 10-139).

Abb. 10-138 Stromversorgung am Waggon-Übergang befestigt und mit LEDs verbunden

Abb. 10-139 Eingebaute 2 × 4-Batteriebox-Lösung

Abb. 10-140 Komplett beleuchteter Waggon

10.4.5 Waggonbeleuchtung (Variante 2)

Die zweite Variante verwendet die Deckenbeleuchtung, wie sie bei den Gebäuden zum Einsatz kommt und in den Waggons idealerweise an der Unterseite der Dachkonstruktion befestigt wird. Hierfür sind die 1×4-Platten mit zwei LEDs oder auch 1×2-Plättchen mit einer LED gut verwendbar. Eine kleine Modifikation ermöglicht die Kettung mehrerer Elemente. Hierfür wird einfach an den schmalen Stirnseiten je eine Bohrung erstellt. Durch diese wird jeweils ein rotes und schwarzes Kabel geführt. Die inneren Enden werden je Farbe miteinander verdrillt und in den Anschlüssen der Platine verlötet. Ein Paar erhält eine Buchse und das andere Paar einen Stecker. Bei zwei 1×4-Elementen als Innenbeleuchtung sollten die Kabel maximal 3,5 cm lang sein. Das gibt einen Abstand von ca. 6 cm von Leuchtmittel zu Leuchtmittel. Wenn die Abstände etwas kürzer sind, können die überschüssigen Kabel mit den 1×2-Platten am Dach fixiert werden, damit diese nicht herunterhängen.

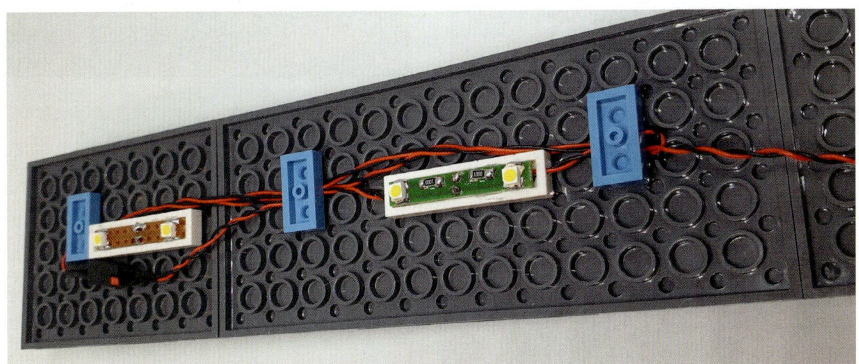

Abb. 10-141 1×4-Platten-Leuchtmittel am inneren des Waggon-Dachs

10.4.6 Schlusslichter am Waggon

Waggons können neben der Innenbeleuchtung auch Schlusslichter besitzen. Hierfür werden an den Stirnseiten rechts und links entweder 1×1-Technic-Steine (6541) mit einem 3-mm-Pin (4211483) oder Konvertersteine (87087) eingesetzt. In diese können 3-mm-LEDs ohne Kragen und flachem Kopf perfekt eingesteckt werden.

Abb. 10-142 1×1-Technic-Stein mit Pin zum Einsetzten einer 3-mm-LED

Abb. 10-143 In Technic-Pin eingesetzte LED

Abb. 10-144 Einbau des 1×1-Technic-Steins als Waggon-Schlusslicht

Damit der Einbau kompakt bleibt, wurden zwei 3-mm-LEDs parallel an die Anschlussbuchse angelötet. Somit können beide LEDs an den zweiten Anschluss der Batteriebox angeschlossen werden. Das funktioniert nur, wenn die LEDs identische Werte für UF/IF besitzen.

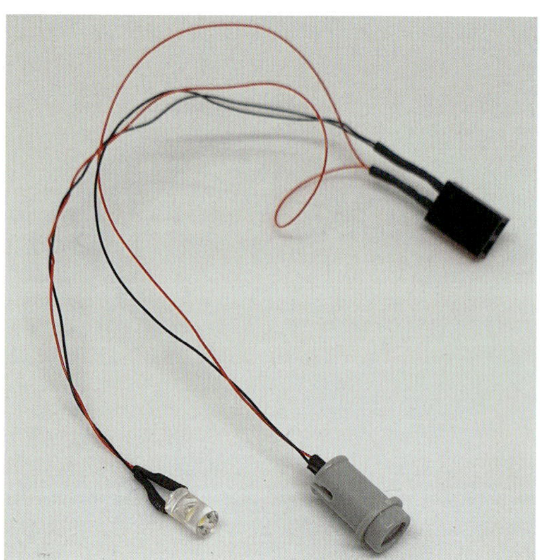

Abb. 10-145 Zwei LEDs parallel an einer Buchse für beide Waggon-Schlusslichter

Auf die Konverter-Pins bzw. Technic-Pins werden dann einfach 1×1 runde transparente Platten in rot aufgesteckt.

Abb. 10-146 Eingebaute Schlusslichter mit roten transparenten runden Fliesen

10.5 Beleuchtung von Creator- und City-Fahrzeugen

Die Beleuchtung von Creator- und City-Fahrzeugen unterscheidet sich von den Technic-Varianten in der Größe und einer kompakten Bauform, die weniger Platz für Stromversorgung und Elektronik bietet. Grundlage für die Beleuchtung ist jedoch das Schema wie bei den Technic-Fahrzeugen. Das heißt, Scheinwerfer, Blinker etc. sind auch hier relevant.

10.5.1 VW Bully (10220)

Bully-Scheinwerfer sind runde 2×2-Platten als Träger, auf denen eine transparente 2×2-Gleitfliese als Scheinwerferglas aufgesetzt wird. Im Mittelpunkt der Konstruktion existiert ein Hohlraum zur Aufnahme einer LED.

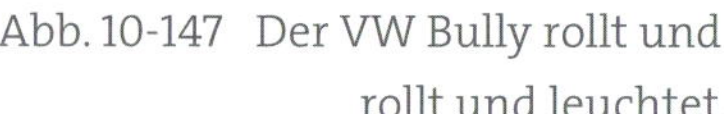

Abb. 10-147 Der VW Bully rollt und rollt und leuchtet.

Hier sind die PicoLEDs (Brickstuff) oder BitLights (Light My Bricks) recht einfach einzusetzen, da die LEDs in den Hohlraum der 2 × 2-Platte passen und die Kabel durch das Achsenloch nach hinten geführt werden können.

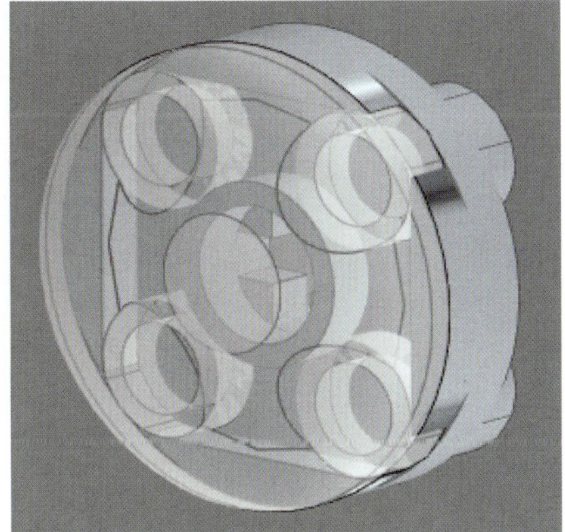

Abb. 10-148 Scheinwerferkonstruktion des VW Bully 10220

Abb. 10-149 PicoLED von Brickstuff in Scheinwerferkonstruktion

Die Alternative ist der Einsatz einer SMD-LED (PLCC-2) in das Loch. Damit dies eine etwas stabilere Konstruktion wird, ist auch der feste Einbau der LED möglich. Dabei werden rechts und links Bohrungen (zwischen den Noppenrückseiten) in der Platte hergestellt, um die Kabel nach hinten zu führen und um das Achsenloch für ein mögliches Aufstecken auf eine Achse frei zu halten. Die LED wird mit jeweils einem Silberdraht (10 mm) entlang der Lötfahnen versehen. Diese werden dann in zwei Kerben am inneren Kunststoffring eingesetzt und mit etwas UV-Kleber fixiert (Abb. 10-150 und 10-151).

Durch die Bohrungen werden die beiden Anschlusskabel geführt und an den Silberdraht angelötet (Abb. 10-152).

Abb. 10-150 Bohrungen und durchgeführte Kabel

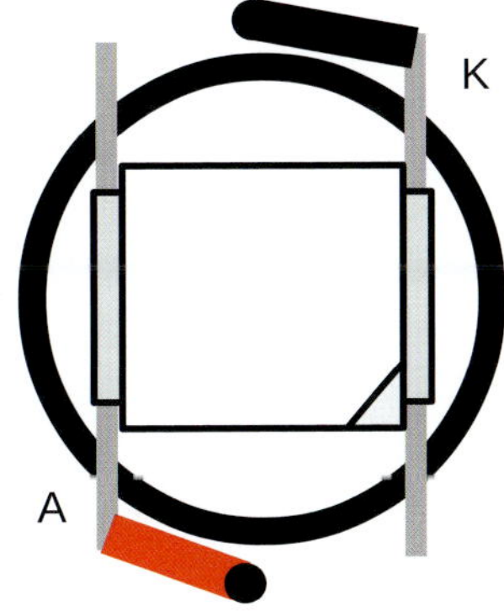

Abb. 10-151 LED-Konstruktion und Einbau in Platte

Abb. 10-152 Eingefügte PLCC-2-LED

Der Scheinwerfer wird auf die 2 × 3-Platte gesetzt und das Kabel seitlich durch die Halterkonstruktion nach hinten durchgeführt (Abb. 10-153).

Die Konstruktion wird in die Front des Bully eingesetzt und kann dann komplett eingebaut werden. Die Kabel werden dann weiter in den Innenraum geführt.

Abb. 10-153 Montage des Scheinwerfers und der Kabelführung

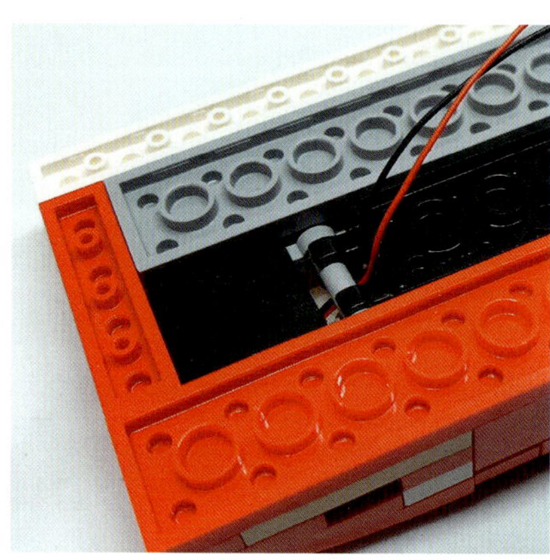

Abb. 10-154 Einbau der Scheinwerferkonstruktion in den Frontaufbau

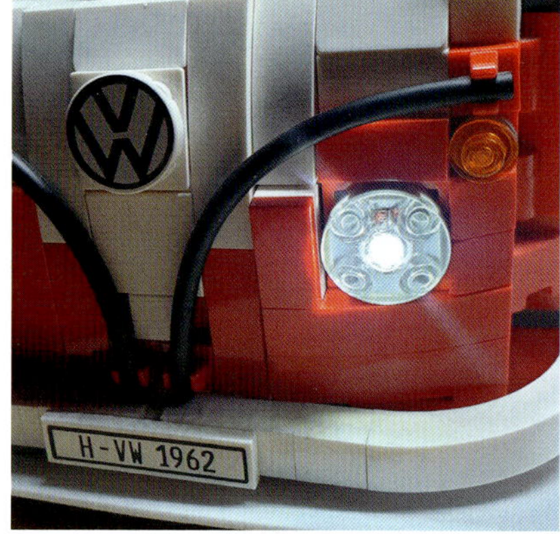

Abb. 10-155 Scheinwerfer in Aktion

Abb. 10-156 PicoLED von Brickstuff unter Fliese am Rücklicht des Bully

Die Rücklichter des Bully werden mit einem 1 × 2-Stein mit aufgesetzter transparenter 1 × 2-Fliese realisiert. Zwischen die zwei Noppen des Steins kann eine Brickstuff-LED eingelegt werden. Alternativ ist auch ein modifizierter 1 × 2-Stein vom Typ 3065, in dem in der Mitte eine LED eingesetzt wurde, verwendbar. Hierzu wird eine 3-mm-Bohrung zwischen den Noppen eingefügt, eine 3-mm-LED mit flachem Kopf eingebaut und mit UV-Kleber fixiert. Dieses Prinzip wird in Abschnitt 7.1.7 beschrieben (Abb. 10-156).

Ist für den Bully eine eigenständige Stromversorgung vorgesehen, gibt es an der Unterseite mehrere Möglichkeiten und Hohlräume, um Batterieboxen oder Stromversorgungsplatinen mit Knopfzellen einzubauen (Abb. 10-157).

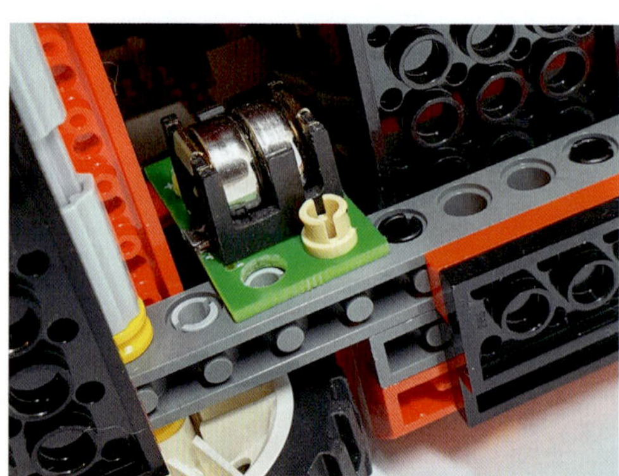

Abb. 10-157 Stromversorgung des Bully

10.5.2 Wechselblinker für Polizei, Feuerwehr & Co.

Für Polizei-, Feuerwehr- und Krankenwagen kommen noch die Signalleuchten dazu. Hier wird es aufgrund des kompakten Aufbaus spannend, da der im Fahrzeug integrierte Einsatz von Lösungen wie der PFx-Baustein selten möglich ist. Vor allem, wenn die Fahrzeuge beweglich bleiben sollen. Interessant wäre hier die i-Brix-Lösung mit kabelloser Stromübertragung, doch diese ist nur bedingt verwendbar, da es nur 1×1×1-Steine mit LEDs gibt. Mit dem LEGO-Light-&-Sound-System, das seit 2019 neu aufgelegt wurde, steht eine Möglichkeit zur Verfügung, die jedoch ebenfalls für die Batteriebox zumindest größere Fahrzeuge benötigt. Also kommen wir wieder zurück zu SMD-LEDs und entsprechenden Konstruktionen.

Für die Signalvariante mit einfachen Wechselblinkern arbeiten wir mit herkömmlichen elektronischen Schaltungen, die dank SMD-Technologie auch kompakt und klein gebaut werden können.

Variante 1 zeigt eine klassische astabile Kippstufe mit zwei NPN-Transistoren, zwei Kondensatoren, vier Widerständen und einem Trimmer zur Einstellung der Geschwindigkeit. Soll die Blinkfrequenz fest sein, müssen nur der Trimmer (R3) entfernt und die beiden oberen Anschlüsse der Widerstände (R4, R5) direkt mit der Versorgungsspannung (UB) verbunden werden. Die beiden Transistoren können auch als SMD-Variante in einem 6-poligen Gehäuse verwendet werden, um den Aufbau noch kompakter zu bekommen.

$$f = 1/T = 1/0{,}693 \times (R4 \times C1 + R5 \times C2)$$

bzw.

$$f = 1/0{,}693 \times (R3 + R4 \times C1 + R3 + R5 \times C2)$$

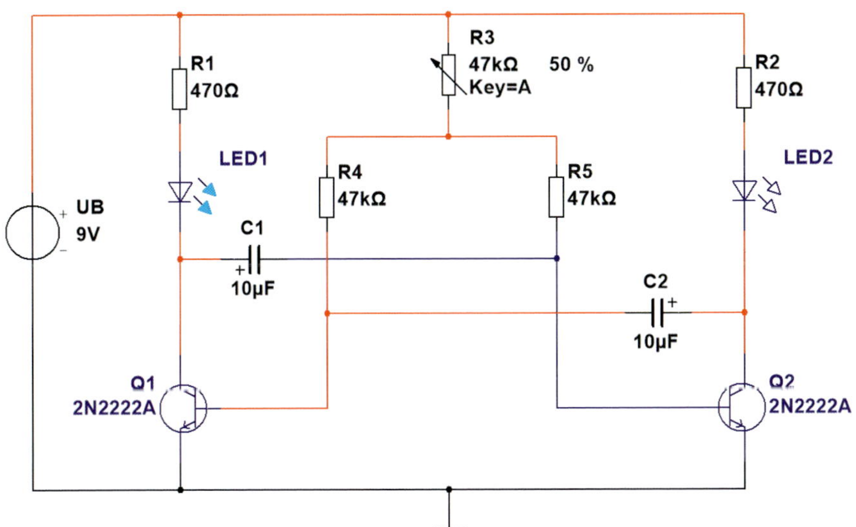

Abb. 10-158 Wechselblinker mit astabiler Kippstufe in Transistorschaltung

Die zweite Variante verwendet einen Zeitgeber-Baustein vom Typ 555. Der externe Bauteilaufwand ist identisch mit der astabilen Kippstufe. Den Trimmer R2 können wir auch gegen einen Festwiderstand austauschen, wenn Geschwindigkeit und Spannungsversorgung nicht variabel sind.

$$f = 1{,}44 / C1 \times (R1 + R2 \times 2)$$

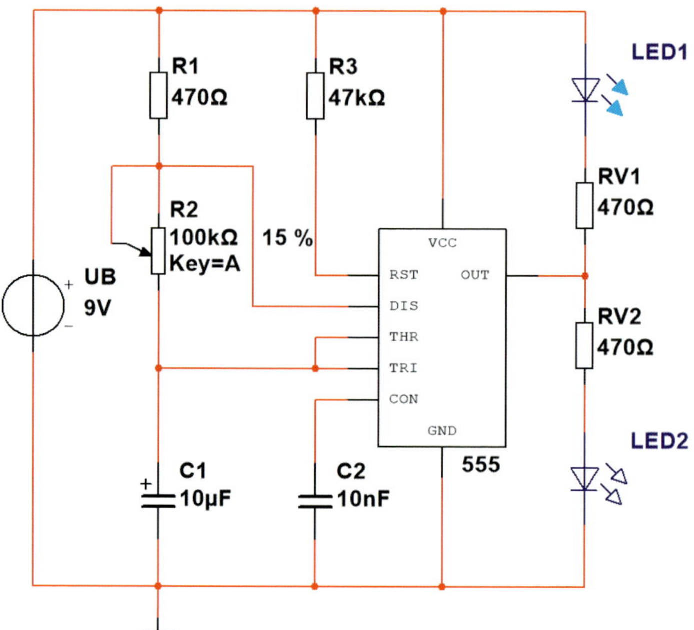

Abb. 10-159 Astabile Kippstufe mit Timerbaustein 555

Die dritte Variante verwendet zwei Inverter mit Schmitt-Trigger, wobei der erste Inverter zusammen mit dem Widerstand und dem Kondensator einen Rechteck-Generator realisiert. Der zweite Inverter dient als Treiberstufe. Die Inverter gibt es im klassischen 6er-Verbund in einem SOT-Gehäuse und in SMD-Form einzeln oder im Doppelpack im 6-poligen Gehäuse. Da wir nur zwei benötigen und der Aufbau kompakt bleiben soll, sind die SMD-Varianten im SOT-Gehäuse ideal.

Die Frequenz des Wechselblinkers berechnet sich über den Kondensator und den Widerstand wie folgt:

$$f = 1/T = 1/KK \times (R \times C)$$

bzw.

$$f = 1/R \times C \times \ln 4$$

KK ist die Korrekturkonstante und abhängig von der verwendeten Technologie der Inverter:

Tab. 10-2 Schmitt-Inverter-Bausteine verschiedener Technologien

Technologie	Versorgungsspannung	KK
74HCT14	5 V	0,67
74HC14	2–6 V	0,8
74LVC2G14 (1–5 V)	5 V	0.75
74LVC2G14 (1–5 V)	3 V	0,9
40XXX (3–18 V)		ln(4)
BU4S584G2-TL (3–16 V)		ln(4)

Grob kann die Aussage getroffen werden, dass mit Widerstandswerten zwischen 1 kΩ und 100 kΩ sowie Kondensatorwerten zwischen 1 pF und 100 µF ein Frequenzbereich von 0,1 Hz (10 s) bis 100 kHz (10 µs) eingestellt werden kann.

Für eine Spannungsversorgung von 9 V können generell die CMOS-Bausteine CD40106, MC14106, 4106, 4504, 40014 verwendet werden. Als kleinste Variante steht der BU4S584G2-TL der Firma Rohm in einem SSOP-5-Gehäuse zur Verfügung. Dieser auf Standard-CMOS-Basis realisierte Baustein ermöglicht einen Betrieb von 3 V bis 16 V.

Leider ist hier nur ein Inverter verbaut. Der zweite Inverter, der als Treiber dient, kann durch einen zweiten Baustein hinzugefügt werden, was jedoch mehr Platz benötigt. Denkbar wäre dies auf 2 × 2-Größe, wenn der Trimmer entfällt und nur eine feste Blinkgeschwindigkeit möglich ist.

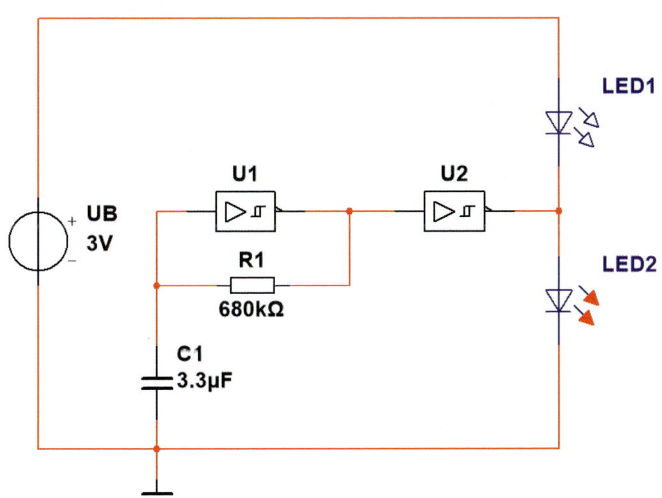

Abb. 10-160 Astabile Kippstufe mit Schmitt-Trigger-Invertern

Bevor Sie eine Platine mit einer festen Blinkfrequenz bestücken, sollte das optische Ergebnis auf einem Prototypen-Steckbrett mit den entsprechenden Bauteilwerten überprüft werden. Auch wenn wir Trimmer einsetzen, ist die Einstellmöglichkeit aufgrund der kleinen Größe begrenzt.

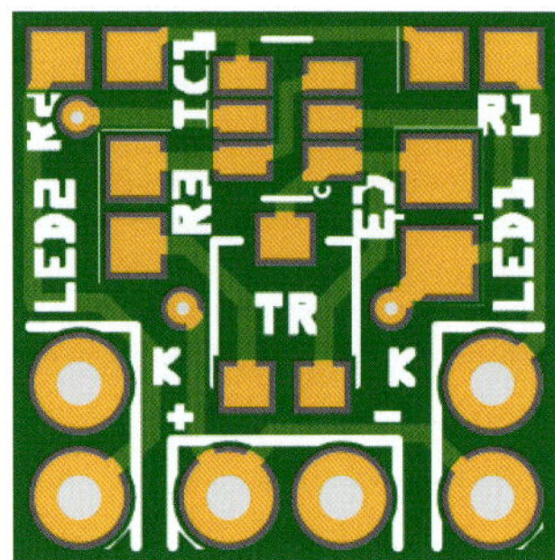

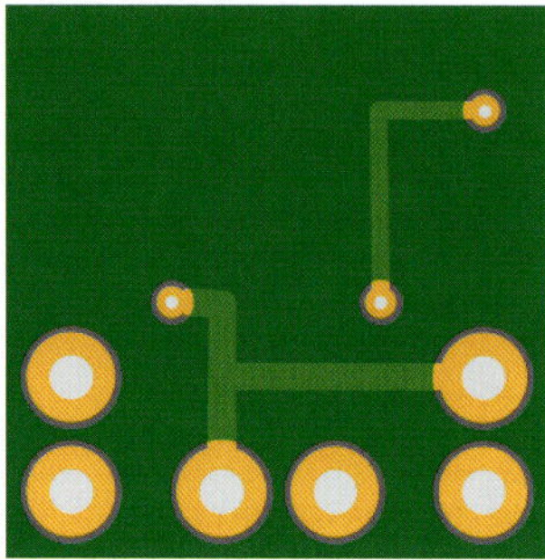

Abb. 10-161 Wechselblinker mit Trimmer und 74LVC2G14 (3–5 V)

Um zum Beispiel das Feuerwehrauto aus dem Creator-Expert-Feuerwehrhaus (10197) mit der Signalleuchte auszustatten, wird in eine Fliese mit Halter eine kleine Bohrung in der Mitte eingefügt und anschließend eine SMD-LED eingebaut. Auf das Element wird wieder der transparent-rote 1×1-Rundstein gesetzt.

Abb. 10-162 Leuchtmittel-Basis mit SMD-LED für die Signalleuchte

Im hinteren Teil des Feuerwehrautos ist Platz für eine 2×4-Stromversorgung mit Knopfzellen (3 V) und die Wechselblinker-Schaltung auf einer 2×2-Platte, wobei hier nur ein Ausgang verwendet wird, um die eine Leuchte blinken zu lassen.

Abb. 10-163 Einbau der Stromversorgung, Steuerelektronik und Anschluss an das Leuchtmittel

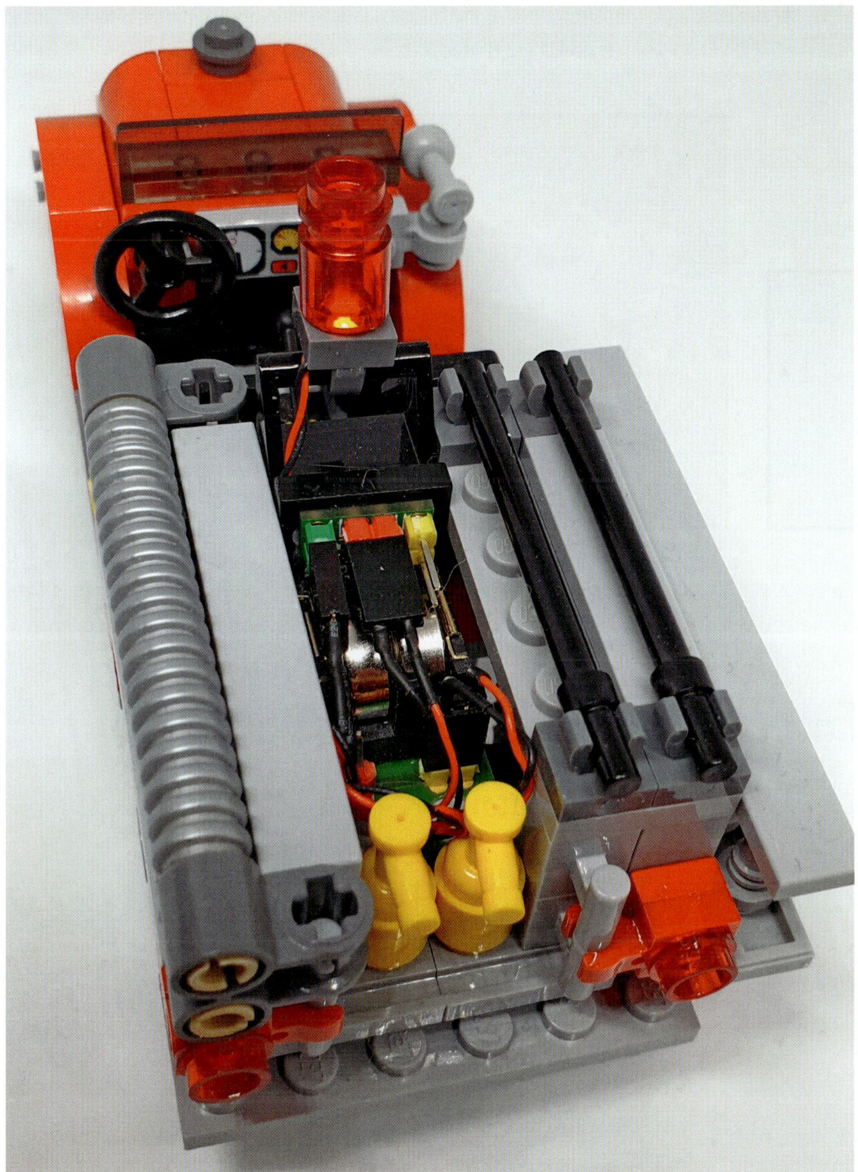

Abb. 10-164 Feuerwehrauto

Modifiziertes Lauflicht von Kemo

Eine interessante Fertiglösung stellt der Bausatz M079N von Kemo dar. Eine kleine Platine, die einen Wechselblinker mit 2 LEDs (4 LEDs) oder ein Lauflicht mit 3 LEDs (6 LEDs) ermöglicht. Die Platine passt in eine 2×3-LEGO-Platte. Die beigefügten Standard-Komponenten bestehend aus einem Widerstand, einem Keramik-Kondensator und einem Elektrolyt-Kondensator vergrößern jedoch die Konstruktion.

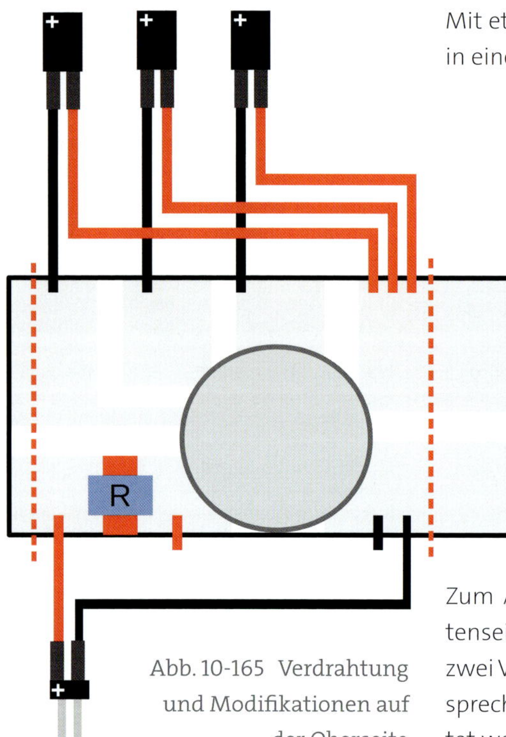

Abb. 10-165 Verdrahtung und Modifikationen auf der Oberseite

Mit etwas Geschick können wir die Platine rechts und links so kürzen, dass diese in eine 2 × 2-LEGO-Platte passt (12,8 mm).

Abb. 10-166 Modifizierte Platine mit Anschlussleitungen und SMD-Widerstand

Zum Anschluss der LEDs werden Anschlussleitungen angelötet, über die Plattenseiten herausgeführt und mit Steckerkontakten verbunden. Die Platine ist für zwei Versorgungsspannungen vorbereitet, wobei je nach Spannungshöhe ein entsprechender Vorwiderstand zwischen Spannungsversorgung und Platine geschaltet werden muss:

3 V = 120 Ω
6 V = 200 Ω

Abb. 10-167 Gekürzte Platine und Trennkerbe für SMD-Widerstand

Bei Anschluss an 9-V-Power-Functions muss in Reihe zur Versorgungsspannung und dem 200-Ω-Widerstand eine Zener-Diode mit 3,3 V geschaltet werden, damit die maximale Betriebsspannung von 6 V eingehalten wird.

Fügen Sie in die Lötfläche eine Trennung ein, kann ein SMD-Widerstand anstatt des bedrahteten Widerstands eingebaut werden.

Der Elektrolyt-Kondensator (C1 = 100 µF/16 V) kann durch einen kleineren Tantal-Kondensator ausgetauscht werden. Alternativ können auf der Platinenunterseite SMD-Kondensatoren (C2 = 100 nF) aufklebt und die angelöteten Drähte an die Oberseite geführt werden. Ein SMD-Tantal-Elektrolyt-Kondensator ist leider nicht sehr flach, doch nach dem Einbau in die LEGO-Platte trägt die Konstruktion dank des vergossenen Chips auf der Oberseite nicht sehr auf.

Abb. 10-168 Position und Anschluss der SMD-Kondensatoren (C1 = Tantal)

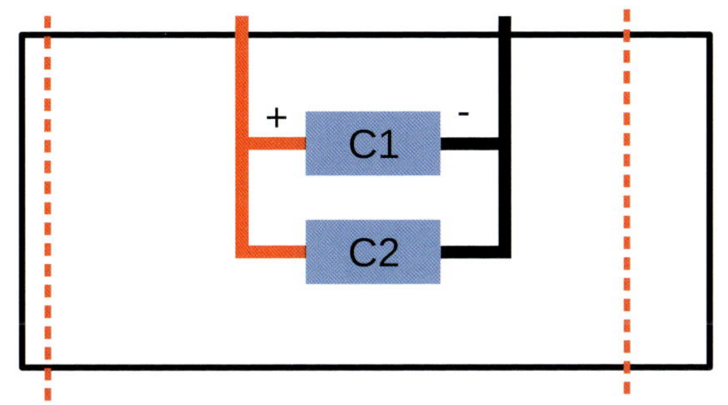

Abb. 10-169 Rückseitig verklebte und verbundene SMD-Kondensatoren

Abb. 10-170 Bohrungen an der 2 × 2-Platte für die Anschlusskabel

Nun werden in den Rand einer 2 × 3-Platte Bohrungen für die Kabel der Stromversorgung und der LED-Anschlussleitungen gebohrt und der Noppenhalter im Inneren der Platte entfernt.

Die Kabel hindurchführen und die Platine mit etwas Heißkleber in der Platte fixieren.

Zum Schluss werden an die herausgeführten Kabel die Buchsen und Stecker angelötet. Damit es keine Kurzschlüsse bei den Anschlüssen geben kann, wurden entgegen der üblichen Methode Buchsen verwendet, d. h., die angeschlossenen LEDs müssen Steckerkontakte besitzen.

Abb. 10-171 Komplette Einheit des Wechselblinkers/3-Kanal-Lauflichts

Die Konstruktion lässt sich hervorragend in etwas größere City-Fahrzeuge wie z. B. den Rettungswagen aus dem Set 60204 einbauen. Zusammen mit der 3-V-2×4-Stromversorgung aus Abschnitt 10.4.3 haben wir einen blinkenden und mobilen Rettungswagen, der frei bewegt werden kann.

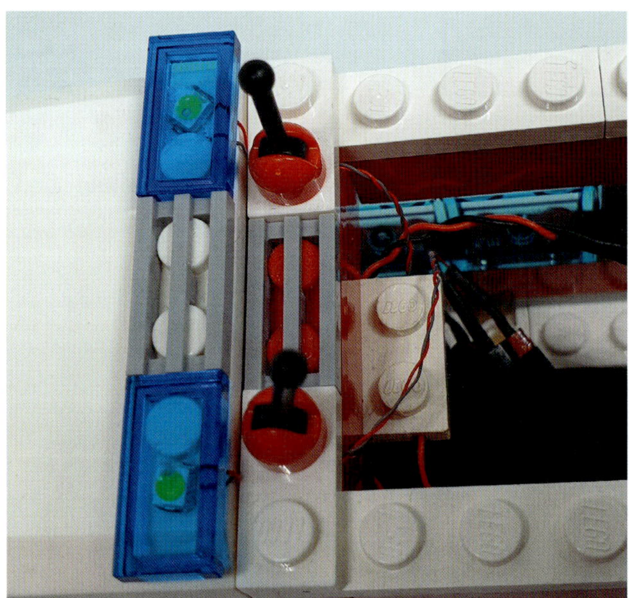

Abb. 10-172 Steuerelektronik und Batterieplatine im Rettungswagen

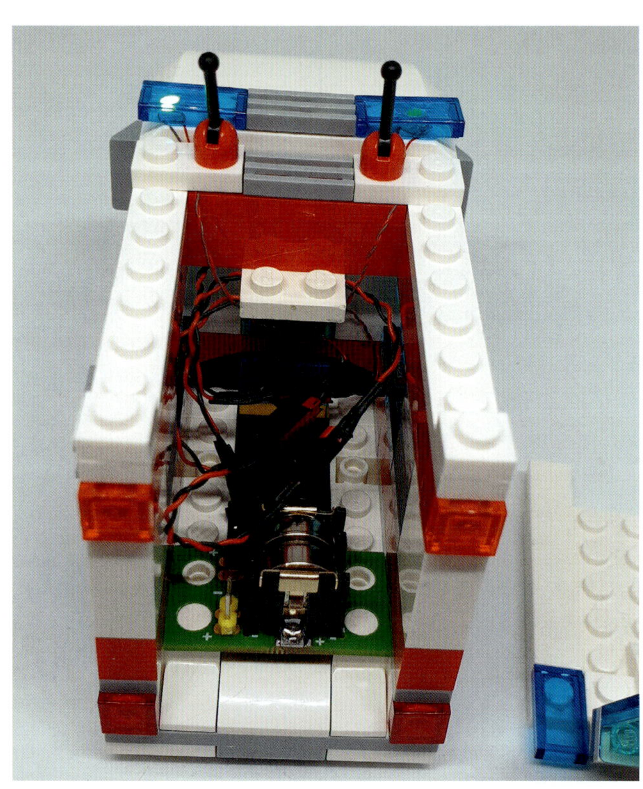

Abb. 10-173 Einbau der PLCC-LEDs unter den Fliesen

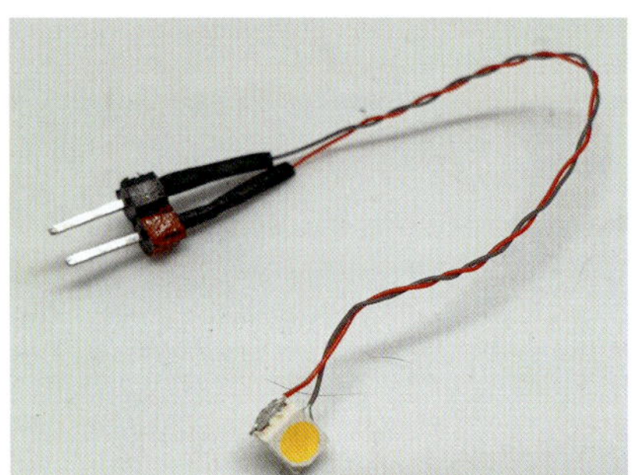

Abb. 10-174 PLCC-2-LED direkt an 0,28-mm-Kabel mit Pfostenstecker-Anschluss

Hier wurde ein spezielles Leuchtmittel erstellt und 0,28-mm-Litzen direkt mit den Lötanschlüssen einer PLCC-2-LED verlötet. Die anderen Enden wurden mit einem 2,54-mm-Pfostenstecker verlötet und mit Schrumpfschlauch isoliert. Die LEDs können einfach unter die blau-transparenten Fliesen positioniert und die Kabel nach unten in den Innenraum geführt werden.

Die Konstruktion kommt der Lösung von Brickstuff am nächsten und ist für einen 3-V-Betrieb ohne Vorwiderstand einsetzbar.

10.6 Hulkbuster Ultron Edition

Der *Hulkbuster* ist eher ein »Standmodell«, das jedoch mit vielen LEDs ausgestattet werden kann (vgl. Abb. 10-176, 10-182 und 10-187).

In den Handflächen (10) sind Pulsoren integriert. Im Brustpanzer befindet sich der zentrale Generator (9), der im Originalmodell mit einem Leuchtstein beleuchtet wird. Die Pulsoren in Knie (7, 8) und Wadenbereich (5, 6) sowie zwei seitliche (1, 2) und vier an den Schulterblättern (3, 4) vorhandene Pulsoren dienen der Steuerung und Stabilisierung bei Flugmanövern. Für alle LEDs im Oberkörperbereich sollten Kabellängen von 500 mm verwendet werden. Beim Verlegen der Kabel merken Sie, wie lang die Strecke sein kann – und am Ende möchten Sie die Kabel noch von den Füßen weg verlegen. Bei den Knie- und Waden-LEDs sind 250 mm ausreichend.

Abb. 10-175 Leuchtstein-Ersatzkonstruktion mit 5-mm-LED

Der Leuchtstein wird durch ein simples Konstrukt, bestehend aus zwei 1×2-Technic-Steinen, einer 1×3-Platte und einer 1×3-Fliese ersetzt. In einen der Technic-Steine wird eine weiße 4,8-mm- bzw. 5-mm-LED eingesteckt und das Kabel über den zweiten Technic-Pin nach hinten herausgeführt. Der Leuchtstein wird entnommen und die spezielle Konstruktion wird an dessen Stelle eingeschoben. Konstruktionsbedingt ist kein Umbau (auseinanderbauen) notwendig.

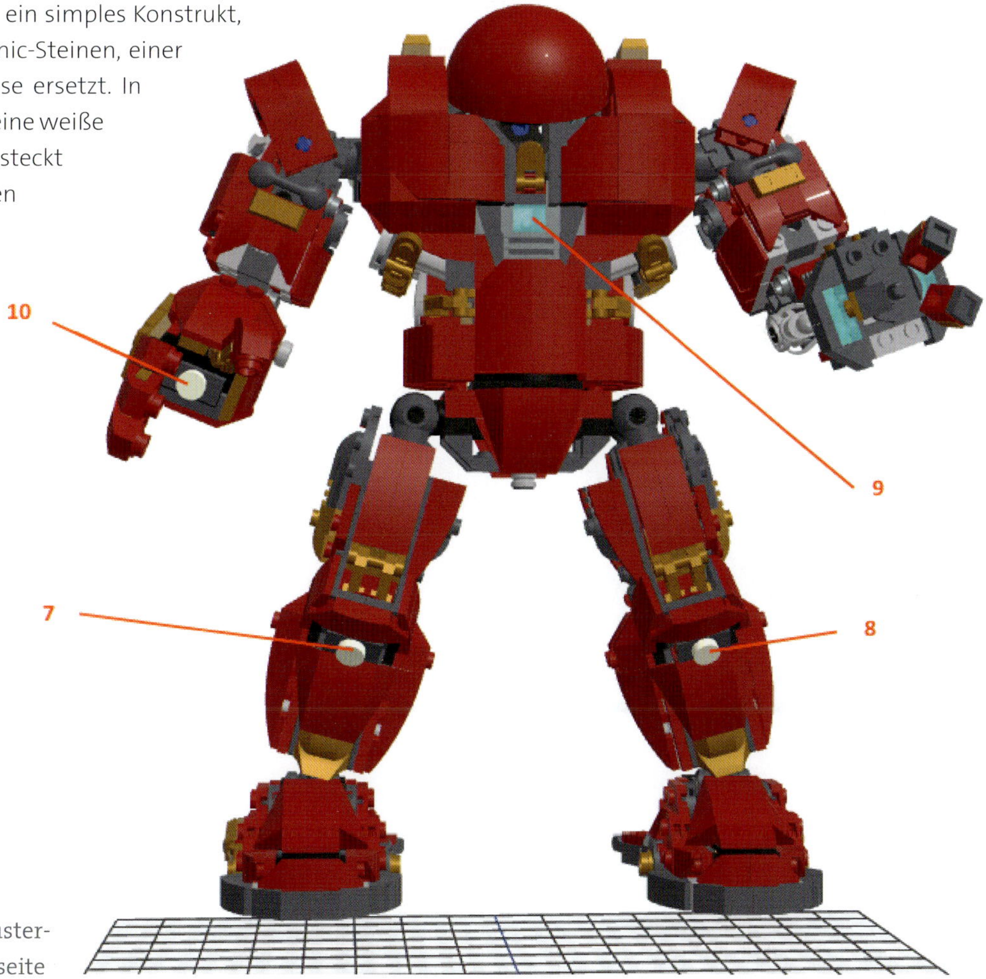

Abb. 10-176 Hulkbuster-Vorderseite

Für die Positionen 1, 2, 7, 8 und 10 werden jeweils 1×2-Platten 15573 mit SMD-LED im holen Pin eingebaut (Abschnitt 7.1.3). Für die Waden können 1×1 runde Pins mit jeweils einer LED, die in Richtung der Unterseite abstrahlen, verwendet werden (Abschnitt 7.1.2).

Im Handsegment wird eine der 1×2-Platten mit SMD-LEDs eingebaut und die vorhandene 1×1 fluoreszierende Fliese aufgesteckt.

Die Kabel werden unter den Konvertersteinen nach hinten zum Gelenk geführt.

Abb. 10-177 1×2-LED-Platte in der Hand

Abb. 10-178 1×1 fluoreszierende Fliese auf LED-Element

Abb. 10-179 Kabelführung im Unterarm

Abb. 10-180 Kabelaustritt am Unterarm-/Handelement zum Gelenk

Am angefügten Oberarm-Element wird das Kabel weiter unter den Platten der Innenseite und den Abdeckungen bis zum Armgelenk geführt.

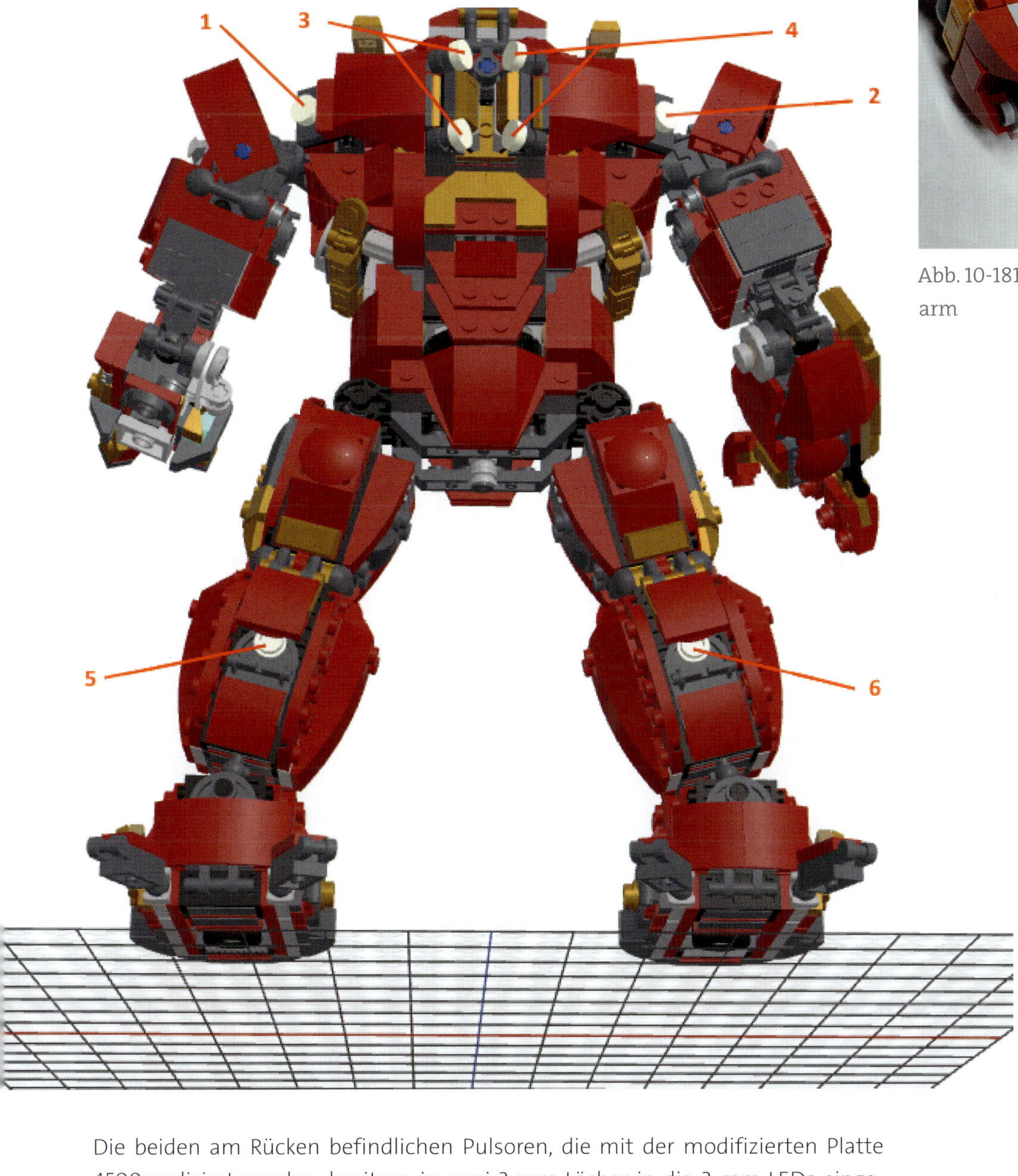

Abb. 10-181 Kabelführung im Oberarm

Abb. 10-182 Hulkbuster-Rückseite

Die beiden am Rücken befindlichen Pulsoren, die mit der modifizierten Platte 4590 realisiert werden, besitzen je zwei 3-mm-Löcher in die 3-mm-LEDs eingesteckt werden können. Bei identischen LEDs (UF/IF) können diese parallel geschaltet werden, um beide mit einem Kabelpaar anzusteuern.

Am Oberarmgelenk werden die Kabel zur Mitte des oberen Rückens geführt. Darüber erfolgt der Aufbau mit einer weiteren 1×2-Fliese mit LED, deren Kabel ebenfalls zur Mitte geleitet werden.

Abb. 10-183 Doppel-LED-Element für die innen liegenden Schulter-Pulsoren

Abb. 10-184 Kabel vom Arm zur Schulter

Abb. 10-185 Kabel von Arm und Schulter-Pulsor zur Rückenmitte

Abb. 10-186 Kabelführung am Rücken unter den Abdeckungen

Nun werden die inneren Rücken-Pulsorelemente eingebaut, deren Kabel nach hinten und dann zusammen mit den anderen Kabeln nach unten geführt werden. Hier ist auch die Leuchtstein-Ersatzkonstruktion eingesteckt, deren Anschlusskabel sich noch dazugesellen.

Im Cockpit befinden sich noch zwei transparent hellblaue 1×2-Fliesen rechts und links der Sitzposition, die beleuchtet werden können. Hier wird auf jeder Seite eine runde 1×1-Platte mit SMD-LED in Richtung Noppe auf die Trägerplatte gesteckt und eine zweite 1×1-Platte ohne LED auf die zweite Noppe – darauf dann die transparente Fliese. Auch hier wurde die rechte und linke LED zusammengeschaltet, um Leitungen einzusparen. Auch deren Anschlussleitungen werden über den Rücken nach unten geführt.

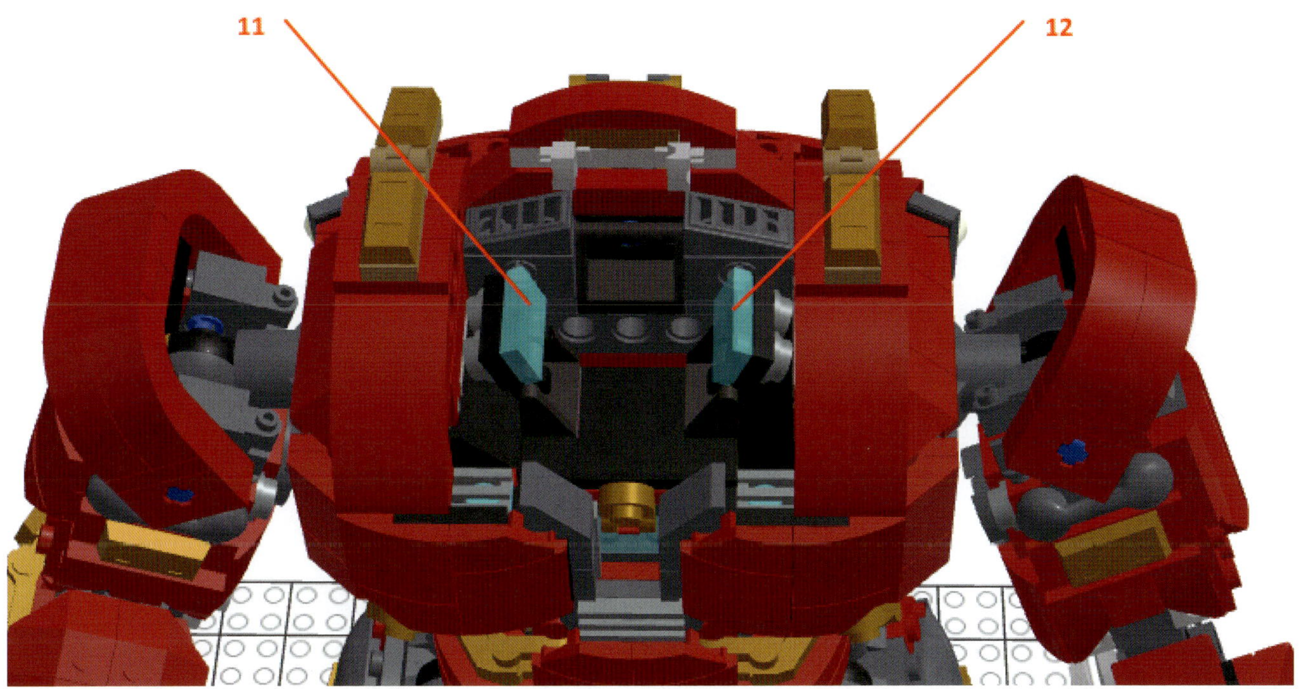

Abb. 10-187 Hulkbuster-Cockpit

Die Augenschlitze im Helm leuchten im Film ebenfalls. Zwar wäre das Einsetzen von LEDs denkbar, doch aus lizenzrechtlichen Gründen werden derartige Elemente nicht als Einzelteile angeboten. Hier würde ich vorsichtig die Augen mit einem passenden Bohrer ausbohren und mit einer flachen Feile behutsam nachfeilen. Auf der Innenseite dann etwas Diffusionsfolie über die Schlitze kleben. Die Augenschlitze sollten bereits durch die Konsolenbeleuchtungen im Inneren strahlen.

Die Rückenplatten und -elemente verdecken die Kabel nahezu perfekt und werden unten zur Mitte geführt.

Abb. 10-188 Kabel zur Mitte der Hüfte geführt

Abb. 10-189 Kabelführung von unten in den Oberschenkel

Hier teilen wir die Kabel und führen jeweils die Hälfte über die Innenseite der Oberschenkel unter den Verkleidungen weiter nach unten.

Am Unterschenkel kommen die Kabel der Waden und Knie-Pulsoren dazu und werden zusammen unter der Verkleidung zum Fuß geführt.

Abb. 10-190 Kabel am Unterschenkel nach unten führen

Abb. 10-191 Abgedeckte Kabel am Unterschenkel

Unter der Verleidung des Fußelements bekommen wir nun die Kabel bis zur Mitte der Unterseite des Fußes, wo der kleine Gummireifen montiert ist.

Die Kabel können nun nach hinten geführt und dort an den PFx-Baustein angeschlossen werden. Alternativ können wir auch die Bodenplatte umbauen, damit an den Fußelementen jeweils ein Loch entsteht, durch das wir die Kabel führen können.

Die LEDs wurden an einen PFx-Baustein angeschlossen, um die LEDs pulsieren zu lassen.

Abb. 10-192 Kabel unter Abdeckplatten des Fußes nach unten führen

Abb. 10-193 Kabelenden an der Unterseite eines Fußes

Abb. 10-194 Komplett beleuchteter Hulkbuster

10.7 Blitzlicht für Achterbahnen (10261/31084)

Im Promotion-Video von LEGO für die Creator Expert Achterbahn (10261) wurde gezeigt, dass es einen Bereich gibt, in dem die Personen bei der ersten Sturzfahrt fotografiert werden. Das Blitzlicht wird durch den Wagen ausgelöst. Zwei Möglichkeiten kommen einem in den Sinn: eine Lichtschranke oder ein Magnetschalter. Letzteres ist eine praktische Lösung, da am Wagen nur ein kleiner Magnet platziert werden muss, der beim Vorbeifahren den Magnetschalter auslöst.

Als Schalter wird der Hall-Sensor OH-137 verwendet, der mit dem Ausgang eine weiße LED ansteuert. Der kurze Kontakt reicht aus, um die LED aufleuchten zu lassen. Das heißt, es bedarf keiner Blink- oder Blitz-Elektronik. Der OH 137 kann mit einer Versorgungspannung 4,5V bis 24V betrieben und mit seinem Ausgang (Open-Kollektor) 25mA gesteuert werden. Der Vorwiderstand muss an die Betriebsspannung und die verwendete LED angepasst werden.

$RV = UB - UF/IF$

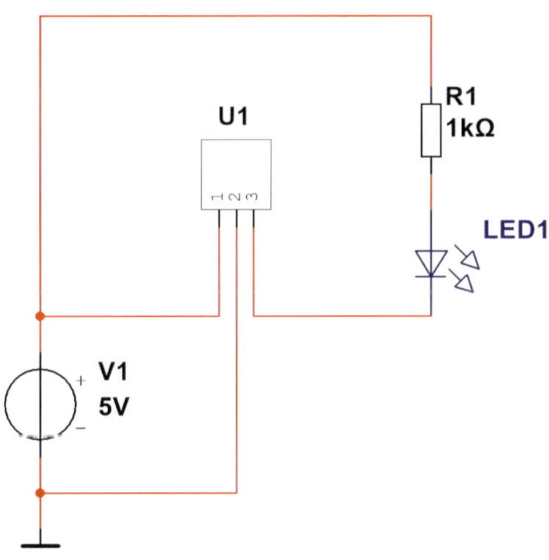

Abb. 10-195 Schaltung mit Hall-Sensor zur Ansteuerung einer LED

Abb. 10-196 Magnet an Wagen und montiertes Hall-Sensorelement

Das selbstklebende Magnetplättchen wird auf den seitlichen Führungsflügel des Wagens angebracht. In Testszenario wurde ein selbstklebender 10 × 5 × 1-mm-Neodym-Quadermagnet N35 der Firma maqna eingesetzt.

Um den Hall-Sensor zu positionieren, gibt es vielerlei Möglichkeiten. Ein Lösungsansatz ist es, den Hall-Sensor mitsamt Vorwiderstand auf eine kleine Lochstreifenplatine zu löten und diese in ein 2 × 2-Plättchen vom Typ 92582 zu befestigen.

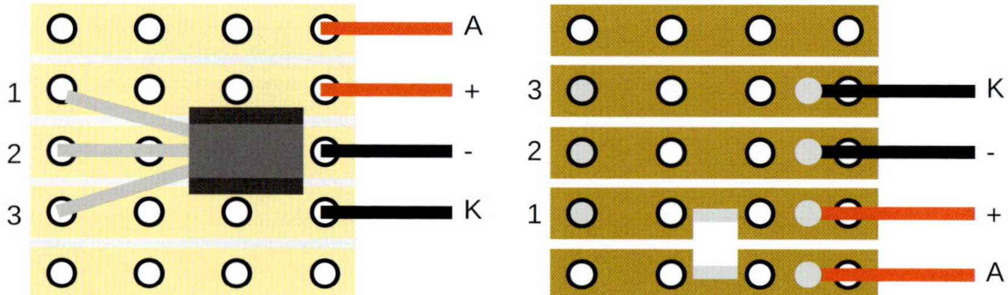

Etwas perfekter ist die Verwendung einer speziell hergestellten Platine.

Der Einbau des Hall-Sensor-Systems in die Piratenachterbahn (31084) kann durch eine kleine Modifikation erfolgen.

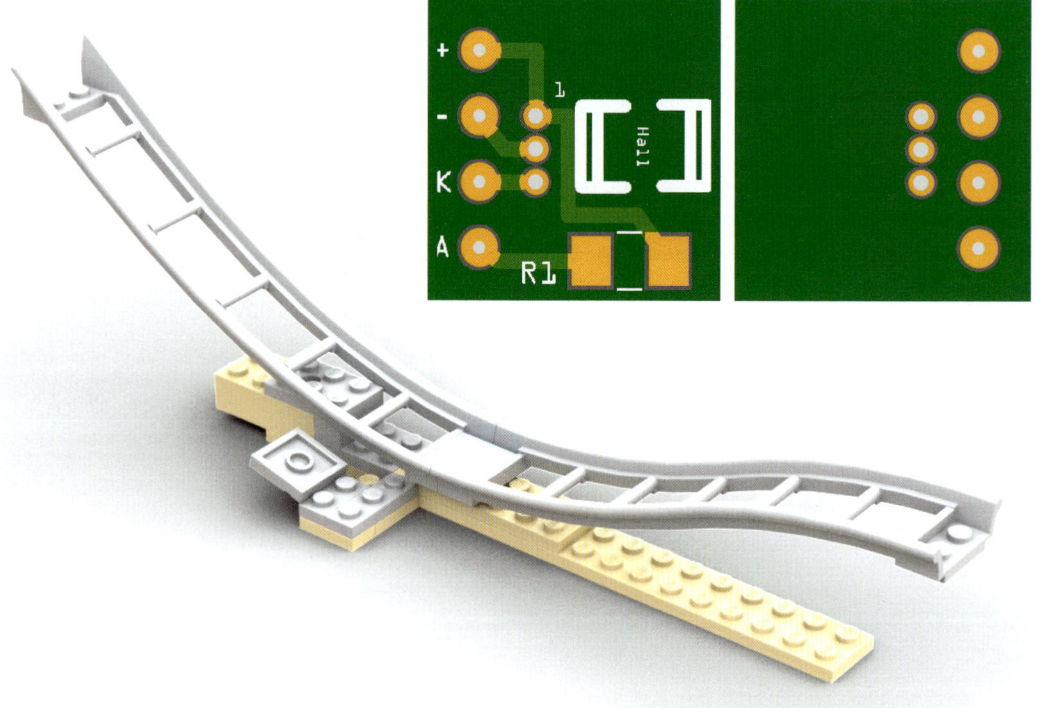

Abb. 10-197 Hall-Sensor-Adapter/ LED-Schalter auf 2 × 2-Plattengröße

Abb. 10-198 Möglicher Einbau der Hall-Sensor-Platte in die Piratenachterbahn

Bei der Creator-Expert-Achterbahn (10261) kann die 92582-Platte über zwei Gelenkelemente so positioniert werden, dass der Wagen mit dem Magnet möglichst nahe am Hall-Sensor vorbeifährt und den Sensor auslöst. Hierzu muss lediglich der 2 × 2-Rundstein gegen einen 2 × 2-Gelenkhalter (40902) ausgetauscht werden.

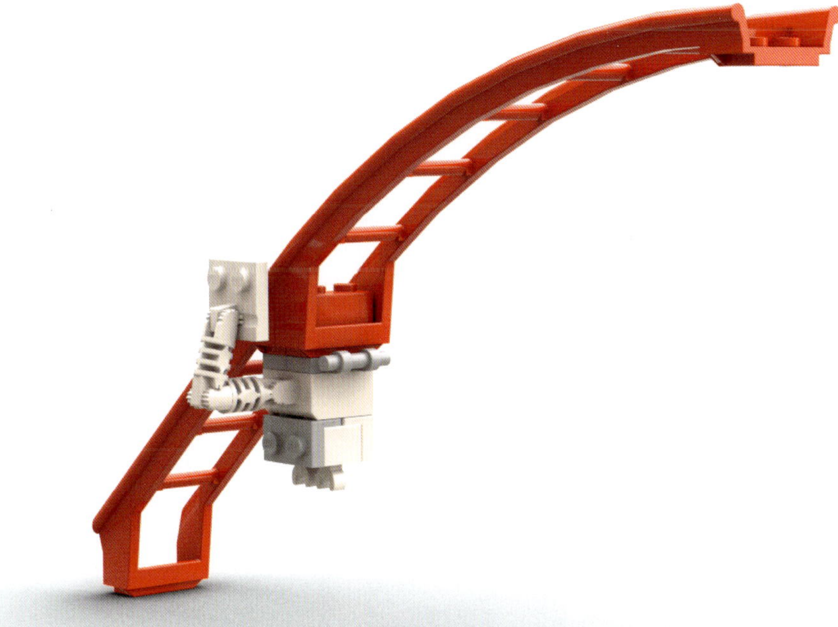

Abb. 10-199 Modifikation zur Positionierung der Hall-Sensor-Platine an der Achterbahn

Falls es noch etwas kompakter im Modell sein sollte, hier noch ein alternatives Platinendesign für 1 × 2-Plattengröße.

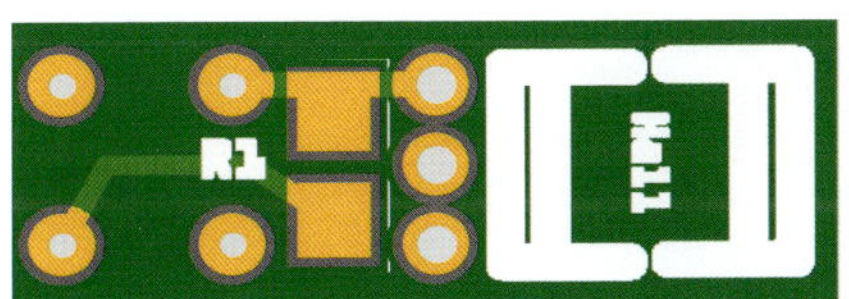

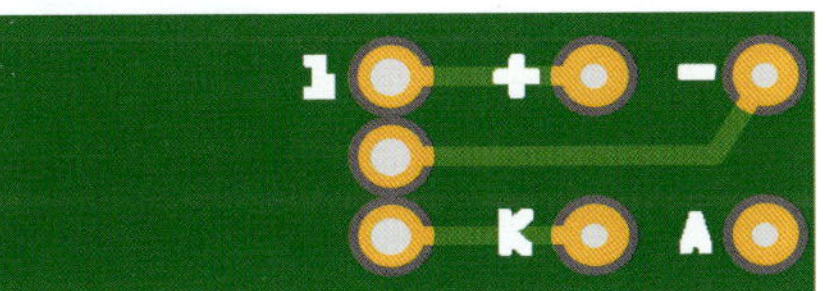

Abb. 10-200 Hall-Sensor-Adapter/LED-Schalter auf 1 × 2-Plattengröße

10.8 Leuchtturm (31051)

Der Leuchtturm ist ein schönes kleines Beispiel für die Beleuchtung eines Gebäudes inklusive der Rundumleuchte.

Hier kann die Rundumleuchtenkonstruktion mit einem 2×2×1-Rundstein aus Abschnitt 8.6 integriert werden. Das Modell selbst bietet auch Platz für eine flache Batteriebox. Der vorhandene Leuchtstein wird entfernt und ein neuer Unterbau für den Rundstein benötigt. Zudem müssen die Kabel der Rundumleuchte in das Turminnere zur Batteriebox geführt werden.

Anstatt des Leuchtsteins werden ein 2×2-Rundstein, zwei runde 2×2-Platten in schwarz sowie drei 2×4-Technic-Platten übereinandergestapelt. Der transparente Rundstein enthält dann die Rundumleuchtenplatine. Über das Achsenloch des schwarzen Rundsteins und die mittleren Löcher der Technic-Platten werden die Kabel nach unten in den Turm geführt.

Abb. 10-201 Konstruktion zum Einbau einer Rundumleuchte anstatt eines Leuchtsteins

Für die Stromversorgung des Leuchtturms wird eine flache Batteriebox für zwei 3-V-Knopfzellen (CR2032) verwendet. Die bestehenden Kabel werden entfernt und durch dünnere Varianten ersetzt. Damit wir den Leuchtturm und das Haus separat versorgen können, sind gleich zwei Paar Anschlussleitungen verbaut und mit jeweils 1-poligen 2,54-mm-Anschlussbuchsen versehen worden.

Die Batteriebox lässt sich hervorragend zwischen den blauen Grundplatten und dem Hausboden verstauen.

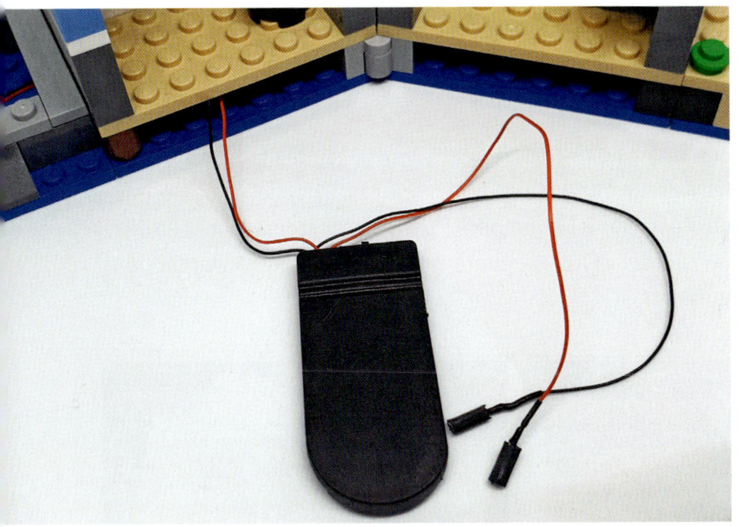

Abb. 10-202 Batteriebox mit zwei Anschlusspaaren

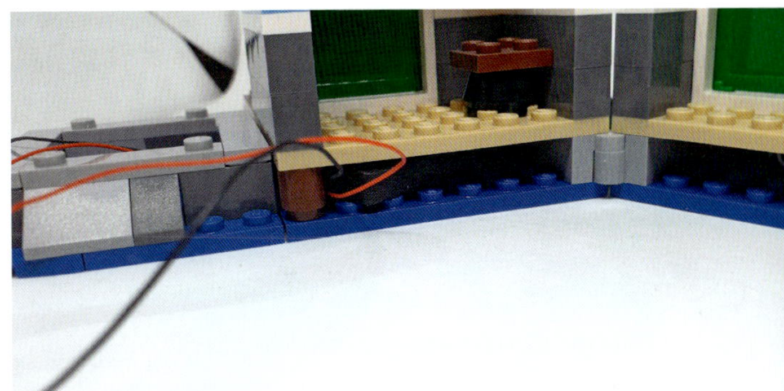

Abb. 10-203 Verstecken der Batteriebox zwischen Boden und Grundplatte

Ein Leitungspaar wird durch den Technic-Stein, der am Fundament zwischen Haus und Turm bereits vorhanden ist, geführt (Abb. 10-204).

Damit die Kabel einfacher durch die Böden des Leuchtturms geführt werden können, ist der Tausch der vier abgerundeten 3 × 3-Platten durch eine 2 × 6-Technic-Platte (32001) und je zwei 2 × 6-Platten mit zwei abgerundeten Seiten des Typs 18980 möglich (Abb. 10-205).

Die Anschlussleitungen werden über das Fundament durch das Technic-Loch geführt (Abb. 10-206).

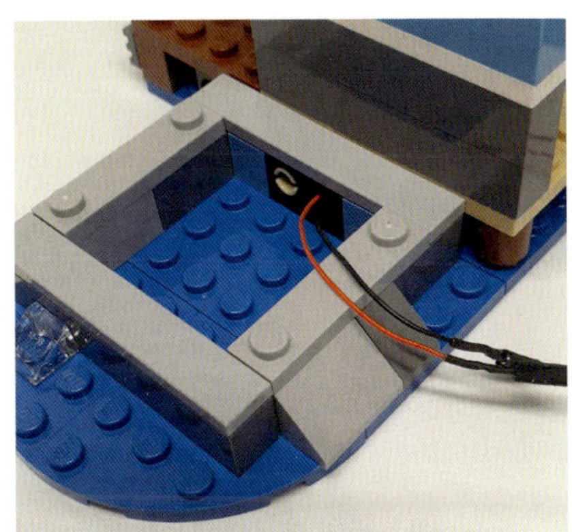

Abb. 10-204 Anschlusskabel durch Technic-Stein in Turmboden geführt

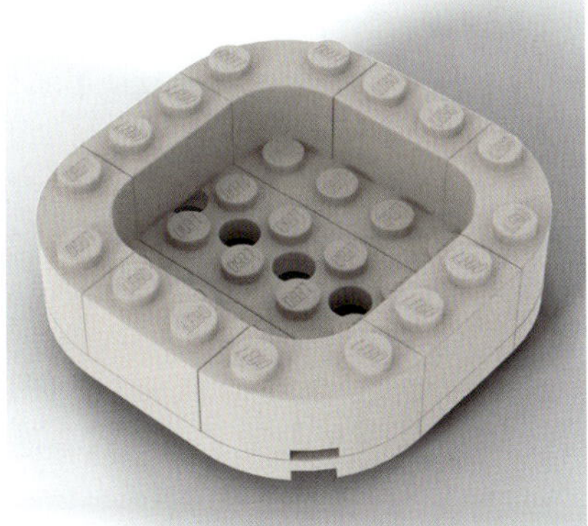

Abb. 10-205 Modifizierter Boden für die Leuchtturmstockwerke

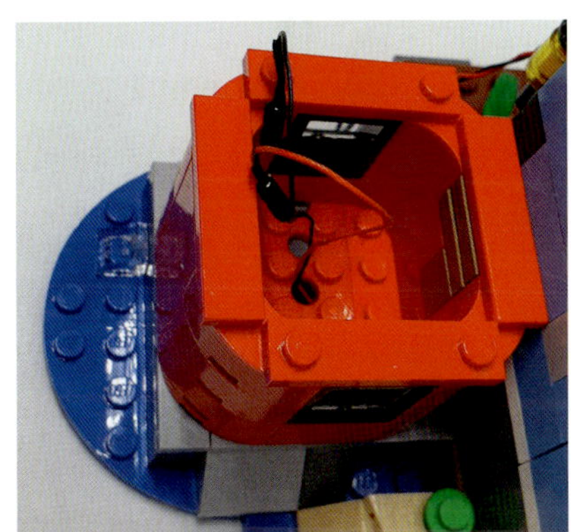

Abb. 10-206 Durch Stockwerkboden geführte Anschlusskabel

Soll im Turm jedes Stockwerk beleuchtet sein, sollte jeweils eine LED mit einer Weiterleitung realisiert werden. Auch der Einsatz der 2 × 2-Verteilerplatten ist möglich. Für dieses Beispiel wurden 1 × 2-Platten mit LED, Vorwiderstand und zwei Anschlusspaaren gebaut. Damit ein Anschlusspaar wieder einfach durch

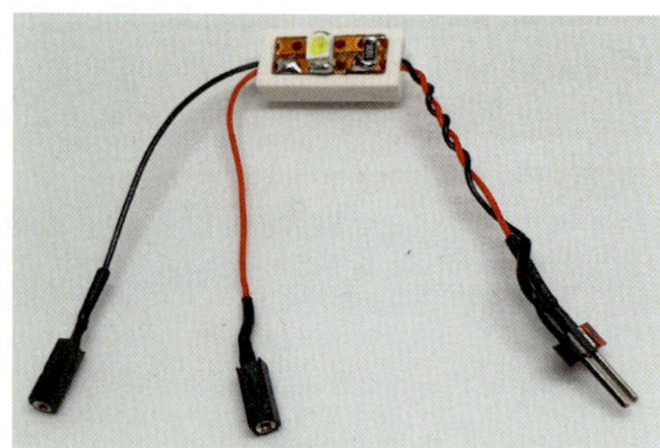

Abb. 10-207 LED in 2 × 2-Platte mit zwei Anschlusspaaren

Technic-Löcher geführt werden kann, sind die Enden mit 1-poligen Buchsen versehen. Das zweite Anschlusspaar ist auf einen 2-poligen Pfostenstecker geführt.

Das Leuchtmittel wird einfach auf der unteren Seite eines Stockwerkbodens (runde 4 × 4-Platte) befestigt.

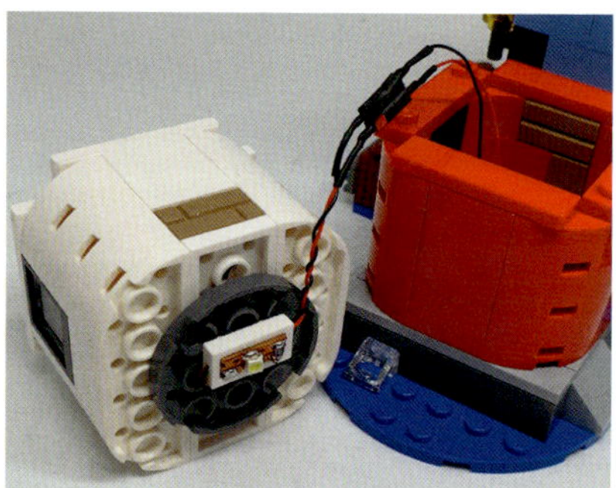

Abb. 10-208 Leuchtmittel am Stockwerkboden und angeschlossene Zuleitung

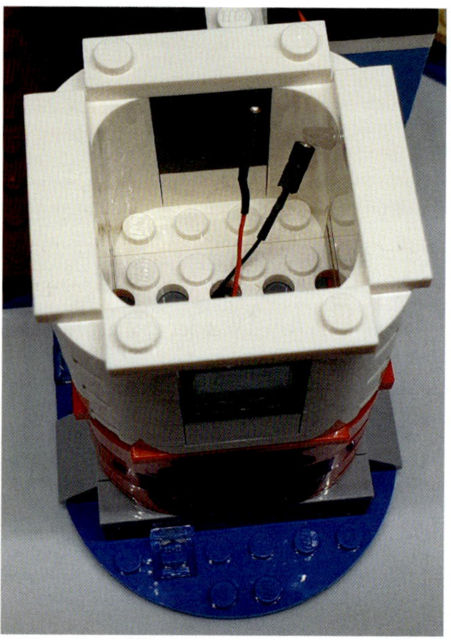

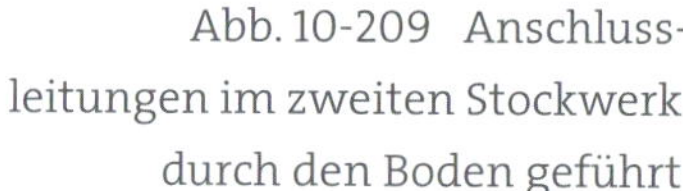

Abb. 10-209 Anschlussleitungen im zweiten Stockwerk durch den Boden geführt

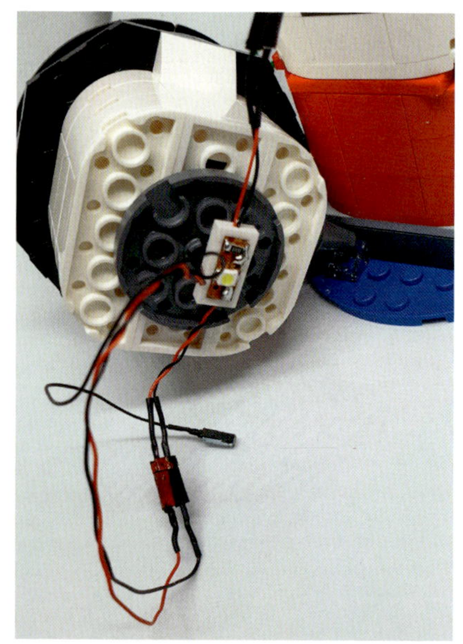

Abb. 10-210 Rundumleuchtenanschlüsse am letzten Leuchtmittel

Damit das Ganz etwas Pepp bekommt, können wir z. B. im untersten Turmstockwerk eine blau flackernde LED (der Leuchtturmwärter schaut dort gerade TV) oder eine RGB-LED mit automatischem Wechsel der Farbe (der Leuchtturmwärter feiert eine Party) einbauen. Im zweiten Stockwerk leuchtet ein rotes Licht, und im dritten Stock muss je auch mal kein Licht brennen. Am Ende wird die Rundumleuchte angeschlossen.

Je nach Steinfarbe werden wir feststellen, dass die eingebaute Beleuchtung die Steine durchleuchtet. Insbesondere helle Farben sind davon betroffen, aber auch rote Steine, wie im Foto zu sehen, sind davon betroffen. Nun werden wir natürlich die Steine von innen nicht mit schwarzer Farbe bepinseln, und es besteht nicht immer die Möglichkeit, aus z. B. schwarzen Steinen eine Abschottung an den Wänden hinzuzubauen. Eine einfache Möglichkeit besteht darin, mit schwarzem Fotokarton (300g/m²) entsprechende Elemente auszuschneiden und in das Modell einzufügen. Im Leuchtturm ist das zudem gut möglich, da es kein Innenleben in den Stockwerken gibt.

Abb. 10-211 Einlage zur Verhinderung des Durchleuchtens von Wänden

Im Haus bietet sich eine Deckenleuchte im Inneren an. Die beiden Außenlampen können wiederum mit flackernden weißen LEDs bestückt werden, da die »Petroleumlampen« bei einer steifen Brise an der Küste flackern. Da das Haus – eher eine Hütte – sehr klein ist, gibt es nahezu keinen Spielraum, die Kabel zu den LEDs versteckt zu führen.

Zunächst besteht die Herausforderung darin, vom Zwischenboden in den Innenraum zu kommen, um die Deckenbeleuchtung zu realisieren. Leider gibt es keine Technic-Platten in Sandfarbe, um die Kabel am Boden durchzuführen. Um eine Lösung zu finden, müssen wir ein Modell genau analysieren, um mögliche Wege für die Kabel zu finden. Der Unterbau bietet hier ein paar Stellen, wo es Spalten gibt, durch die Kabel weitergeführt werden können. An der breiteren Außenwand wurde unten ein dunkelgrauer 2 × 2-Stein verbaut. Diesen können wir durch einen 1 × 1-Technic-Stein in dunkelgrau (im Foto blau) und einen 1 × 1-Standard-Stein ersetzen. Nun kann das zweite Paar Stromversorgungsleitungen durch die Lücke nach oben durch den Technic-Stein in das Gebäude geführt werden. Verdeckt wird das Ganze durch das angesteckte Modul.

Abb. 10-212 Mögliche Kabelführung vom Fundament in das Gebäude

Abb. 10-213 Aufgestecktes Seitenteil versteckt die Kabel

Die nächste Herausforderung besteht darin, die Außenlampen zu beleuchten. Hier wurde der Halterstein (2921) noch einmal besorgt und modifiziert, um die Kabel von der LED in den Stein und dann durch die Schlitze der Steinverbindungen ins Innere zu bringen. Unterhalb des Auslegers wurde eine Kerbe angefertigt, durch die wir die Kabel führen können. Eine Bohrung wäre ebenfalls möglich, doch dann wäre das gesamte Konstrukt mit der LED fest verbaut (bei einem Dauer-Ausstellungsstück eine mögliche Variante). Bei Verwendung von Kabeln mit kleinem Durchmesser können wir diese auch ohne Modifikation zwischen den Steinen durchführen.

Abb. 10-214 Halterstein (2921) mit eingefügter Nut für Kabel

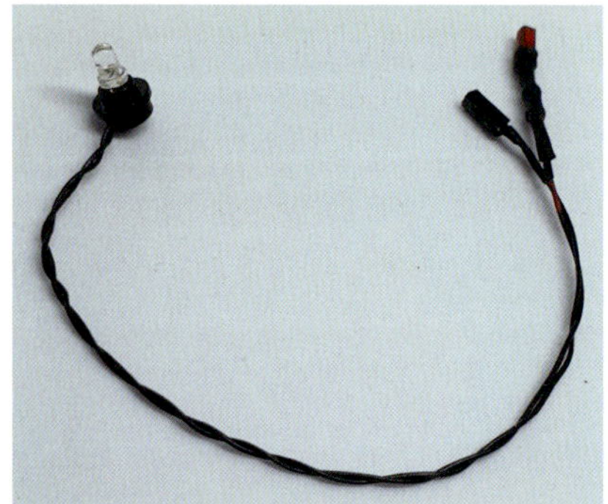

Abb. 10-215 3-mm-LED (flackernd) auf 1×1-Platte

Die Lösung aus Abschnitt 7.1.4 kann hier leicht abgewandelt verwendet werden. Die runde schwarze 1×1-Platte auf den runden gelb-transparenten Steinen der Außenlampen wird mit einer 3-mm-LED bestückt, und die Kabel werden an einer Seite herausgeführt. Damit die Kabel nicht so auffallen, wurden beide in schwarz gehalten. Wichtig hierbei ist die Markierung der Kabelenden, damit man später Anode und Kathode unterscheiden kann. Damit die Lötstellen von oben kaum zu sehen sind, wurde die Stelle mit einem schwarzen Lackstift kaschiert.

In den runden Stein wurde ein 5 mm breiter Streifen Diffusionsfolie eingelegt, um das LED-Licht weicher zu machen (Abb. 10-216).

Nun wird einfach die LED mit der 1×1-Platte aufgesteckt und der Rundstein wie vorgesehen auf den Halter (2921) aufgesteckt. Die Kabel hinten Richtung Stein nach unten in die Nut führen.

Abb. 10-216 Diffusionsfolieneinlage in Rundstein

Abb. 10-217 Komplette Außenlampe

Abb. 10-218 Einbau der Außenlampe

Die Kabel im Inneren des Gebäudes können wir mit doppelseitigen Klebepads fixieren, damit diese nicht herumhängen. An der Deckenplatte wird ein 1×4-Leuchtmittel sowie ein kleiner Verteiler (1×2-Platte) montiert, und die Kabel werden fixiert bzw. nach oben über die Platte im Dach verstaut.

Abb. 10-219 Deckenbeleuchtung und Verteilerelement

Ein Anschlusskabel des 1×2-Leuchtmittels geht in der rechten Raumecke nach unten und wird dort mit den Anschlüssen der Batteriebox verbunden.

Eine Alternative zur Rundumleuchte aus Abschnitt 8.6 ist der Einsatz einer entsprechend konstruierten Platine und einer Steuerelektronik. Der Vorteil bei dieser Variante ist, dass am Rundstein keinerlei Modifikation erfolgen muss. Die runde Platine lässt sich einfach von unten in den Rundstein einsetzen und auch wieder entfernen.

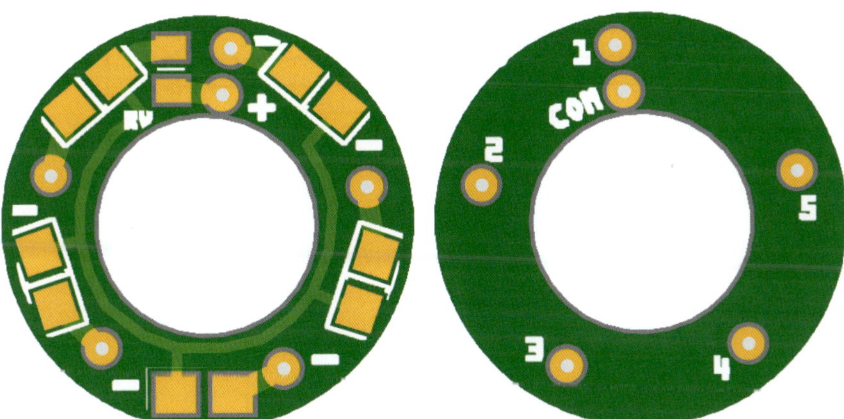

Abb. 10-220 Platine für Einsatz in einen transparenten 2×2-Rundstein

Die Platine wird mit fünf SMD LEDs bestückt und über einen gemeinsamen Anschluss mit einem Vorwiderstand betrieben. Da im Prinzip immer nur eine LED zur selben Zeit aktiv ist, reicht ein Vorwiderstand. Die Bestückung geht von einer gemeinsamen Anode und der Ansteuerung der jeweiligen Kathode aus. Allerdings kann durch Vertauschen der LED-Polarität bei der Bestückung auch eine gemeinsame Kathode mit Vorwiderstand und eine Ansteuerung über die jeweilige Anode realisiert werden. Die gemeinsame Anoden-Variante ist in Verbindung mit dem PFx-Baustein verwendbar. Die Platine sollte dahingehend gekennzeichnet und ein A oder K auf die Unterseite geschrieben werden.

Alternativ können die LEDs mit einer eigenen Ansteuerelektronik auf Basis eines Mikrocontrollers oder eines Zählerbausteins betrieben werden. Die folgende

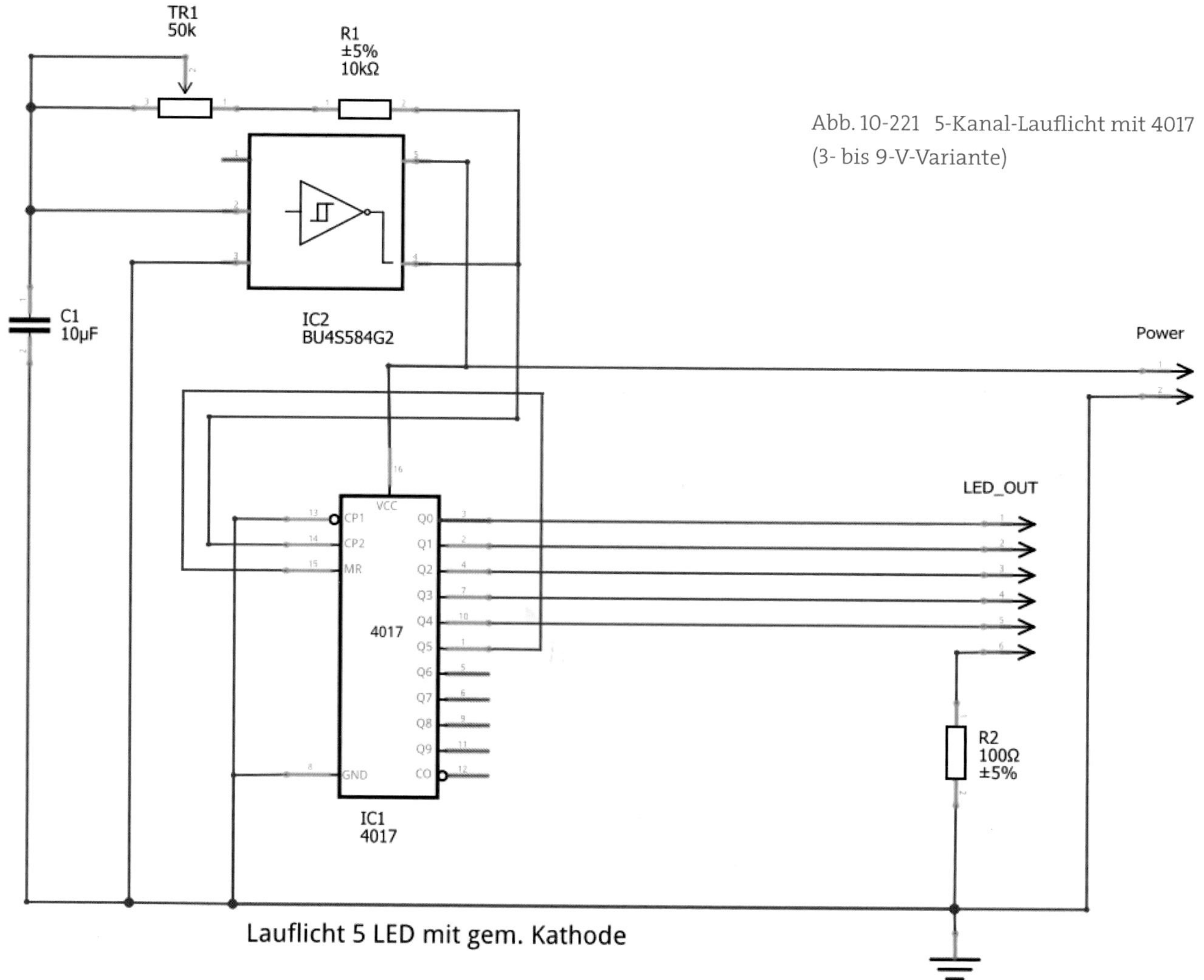

Abb. 10-221 5-Kanal-Lauflicht mit 4017 (3- bis 9-V-Variante)

Variante verwendet einen CMOS-Zählerbaustein 4017 und zwei Schmitt-Trigger-Inverter in einem SOT-Gehäuse, um einen kompakten Taktgenerator für das Lauflicht zu realisieren. Um die Geschwindigkeit einstellbar zu bekommen, wurde ein SMD-Trimmer vorgesehen. Der sechste Zählerausgang steuert den Reset an, um den Zähler zurückzusetzen.

Leider beträgt die maximale Versorgungsspannung des Bausteins 74LVC2G14 nur max. 6 V, ist also für einen Einsatz an 9 V nicht direkt verwendbar. Von 3 V bis 6 V sind jedoch Knopfzellen- und USB-Versorgungen möglich.

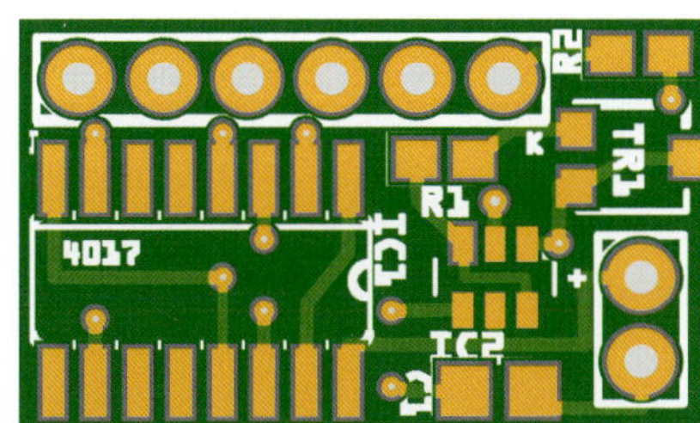

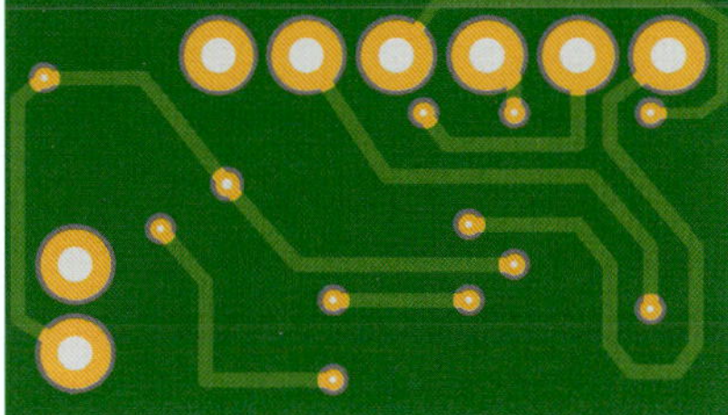

Abb. 10-222 Platine für ein 5-Kanal-Lauflicht auf 2 × 4-Plattengröße

> Durch Erhöhung des Festwiderstands R1 kann die Grundgeschwindigkeit verringert werden. Der Trimmer mit 50 kΩ bietet bei langsamen Betriebsarten wie Rundumleuchten oder Leuchttürmen in der Regel genügend Spielraum.

Mit dem Baustein BU4S584G2-TL (SSOP-5) von Vishay können zusammen mit einem CMOS-Zählerbaustein 4017 auch 9 V verwendet werden. Dies wäre jedoch nur für Technic-Modelle mit Power-Functions-Batteriebox interessant. Im Leuchtturm bekommen wir keine gängige LEGO-Stromversorgung unter. Eine alternative Platine für 9 V ist unter *brickelectronic.de* abrufbar.

Abb. 10-223 Rundumleuchtenplatine und Steuerelektronik in Aktion

11 Teilereferenz für LED-Einbau

Für den Einbau von Leuchtmitteln kommen einige LEGO-Elemente infrage. Je nach Beschaffenheit können verschiedene LED-Typen eingesetzt werden. Die Daten und Hinweise geben wichtige Informationen, wie Maße und welche LEDs eingebaut werden können.

11.1 Modifizierte Steine

Bild	Nr.	Bezeichnung	Daten und Hinweise
	4070	Lampenstein	5-mm-/4,8-mm-LED rückseitig eingesteckt. 3-mm-LED rückseitig in die Pin-Öffnung eingesteckt. 3-mm-Glasfaser in Pin-Öffnung eingesteckt Transparente Laserschwerter (Rundstab) können als Lichtleiter in den Pin eingesteckt und über eine 5-mm-/4,8-mm-LED mit Licht beliefert werde
	26604	Stein mit Noppe an zwei benachbarten Seiten	3-mm-LEDs
	4733	Hydrantenstein	5-mm-LED von unten eingesteckt
	30414	Stein mit 4 hohlen Noppen an einer Seite, 1×4	(3-mm-LED) Nach Durchbohren der seitlichen Noppen können 3-mm-LEDs eingesetzt werden.
	11211	Stein mit 2 hohlen Noppen an einer Seite, 1×2	(3-mm-LED) Nach Durchbohren der seitlichen Noppen können 3-mm-LEDs eingesetzt werden. Alternativ Einsetzen einer SMD-LED in die Noppe und Durchführung der Anschlusskabel durch zwei Bohrungen in der Noppe.

→

Bild	Nr.	Bezeichnung	Daten und Hinweise
	22885	Stein mit 4 hohlen Noppen an einer Seite, 1×2×2	(3-mm-LED) Nach Durchbohren der seitlichen Noppen können 3-mm-LEDs eingesetzt werden. Alternativ Einsetzen einer SMD-LED in die Noppe und Durchführung der Anschlusskabel durch zwei Bohrungen in der Noppe.
	32952	Stein mit 2 hohlen Noppen an einer Seite, 1×1×2	(3-mm-LED) Nach Durchbohren der seitlichen Noppen können 3-mm-LEDs eingesetzt werden. Alternativ Einsetzen einer SMD-LED in die Noppe und Durchführung der Anschlusskabel durch zwei Bohrungen in der Noppe.
	4595	Hohle Noppen an allen Seiten	(3-mm-LED)

11.2 Platten und Fliesen

Bild	Nr.	Bezeichnung	Daten und Hinweise
	4081b	Platte, modifiziert mit Öse, 1×1	
	3794/ 15573	Platte mit mittlerer Noppe, 1×2	SMD-LED in Noppen-Hohlraum. 2 Bohrungen, um Kabel nach hinten zu führen.
	87580	Platte mit mittlerer Noppe, 2×2	SMD-LED in Noppen-Hohlraum. 2 Bohrungen, um Kabel nach hinten zu führen.

→

Bild	Nr.	Bezeichnung	Daten und Hinweise
	35480	Platte mit abgerundeten Enden und 2 hohlen Noppen, 1 × 2	3-mm-LEDs
	18674	Runde Fliese mit hohler Noppe, 2 × 2	3-mm-LED
	15535	Runde Fliese mit 4,8-mm-Loch, 2 × 2	4,8-mm-LED

11.3 Technic-Bauteile

Die Löcher der LEGO-Technic-Elemente können zum Einstecken von LEDs und Lichtleitern genutzt werden.

Bild	Nr.	Bezeichnung	Daten und Hinweise
	3700 u. a.	Technic-Steine mit 4,8-mm-Löchern	Einstecken von 5-mm- bzw. 4,8-mm-LEDs
	43857 u. a.	Technic-Liftarme mit 4,8-mm-Löchern	Einstecken von 5-mm- bzw. 4,8-mm-LEDs

→

Bild	Nr.	Bezeichnung	Daten und Hinweise
	32002	Technic-Pin 3/4, dunkelgrau oder sandfarben	3-mm-LED oder Lichtleiter Durchsteckbar, da keine Begrenzung oder Verengung.
	4274	Technic-Pin 1/2, blau oder hellgrau	Leichte Verengung der Bohrung zum Pin. Daher kein Durchstecken von 3-mm-Lichtleiter oder LED möglich (max. 1,6 mm zum Pin-Rand). Reduzierung von 4,8 mm auf 3 mm plus Aufstecken von transparenten Fliesen.
	4459	Technic-Pin, 2L, schwarz	3-mm-LED oder 3-mm-Lichtleiter Durchsteckbar, da keine Begrenzung im Inneren des Pins.
	3673	Technic-Pin, 2L, hellgrau	3-mm-Innendurchmesser. Innen in der Mitte eine Begrenzung, daher ein Durchstecken nicht möglich.
	6558, x202	Technic-Pin, 3L schwarz, weiß, blau	Innerer Lochquerschnitt nicht rund! 2-mm-Lichtleiter
	15461	Lego Technic, Pin-Verbinder 3L mit 2 Pins und zentriertem Loch	4,8-mm- oder 5-mm-LED Kann als Lichtfaser-Adapter verwendet werden (siehe Abschnitt 7.1.8)
	98585	Hero-Factory-Waffenrad mit 2 Pin-Löchern und 3 Achsen-Löchern	2 × 4,8-mm-Loch Außen-∅: 23 mm

11.4 Transparente Teile für Beleuchtungen

Alle transparenten Teile hier aufzuführen, würde den Rahmen sprengen. Daher konzentriert sich die Auflistung auf Teile, die gut für Beleuchtungselemente oder als Lichtleiter verwendbar sind.

Bild	Nr.	Bezeichnung	Daten und Hinweise
	20482	Platte 1×1 mit 3.2-Schaft und 1.5-Loch	Auch nicht-transparent als Trägerelement für SMD-LEDs geeignet!
	30374 87994	Stäbe	Können als Lichtleiter verwendet werden.
	3957	Antenne	Kann als Lichtleiter verwendet werden.
	78cXX	Gewelltes Rohr (verschiedene Längen), transparent	Einlegen von LED-Streifen oder Side-Glow-Lichtleitern
	30359	Stab mit Halter	3-mm-LED, Stabverbindung kann als Lichtleiter dienen
	30151	Hohe Kuppel mit 2×2-Basis und einer Noppe an der Kuppeloberseite	Innen-Ø: 12 mm

→

Bild	Nr.	Bezeichnung	Daten und Hinweise
	30106	Kristallkugel mit 2 × 2-Basis	Durchmesser:10 mm
	553	Kuppel mit 2 × 2-Basis	3-mm-LED in Röhre
	3941	2 × 2 × 1 runder Stein	Zum Beispiel für Rundumleuchten
	3626	Minifiguren-Kopf, unbedruckt, transparent	Häufig als Laternen-Glaskörper, 3-mm-LED in Hohlraum.
	3062b	runder Stein, 1 × 1	Klassiker für Laternen in Verbindung mit 2 × 2-Schüsseln. 4,8-mm- oder 3-mm-LEDs passen in den Hohlraum.
	2343 33061	Pokale	Wird gerne als Basis für Tischlampen verwendet. In der Regel nicht-transparent als Fuß für eine Lampe
	30602	Gekrümmter Dachstein 2 × 2	Als Scheinwerfer verwendbar. 4,8-mm-LED oder SMD-LED in die Röhre

→

Bild	Nr.	Bezeichnung	Daten und Hinweise
	18986	Minifiguren-Rucksack-halterung	Kann als Träger für SMD-LEDs verwendet werden (auch nicht-transparent).
	18591	Konische Windschutz-scheibe 4×4×5 mit 2 Pins	Innenabstand (schmale Stelle): 16 mm Innen-∅: 28 mm Tiefe: 38 mm
	30208	Sphäre 4×4 Transparent grün, neon-grün, neon-orange	Innen-∅: 27 mm
	95198	Runde Windschutz-scheibe 8×8×3 mit zwei Haltern	Innen-∅: 44 mm
	3005	Stein, 1×1-	Klassiker für Laternen in Verbindung mit 2×2-Schüsseln. 4,8-mm- oder 3-mm-LEDs passen in den Hohlraum.

11.5 Felgen und Räder

Felgen und Plastikräder werden, wie in Kapitel 10 erwähnt, häufig zur Konstruktion von Raumschifftriebwerken verwendet. Daher gilt diesen Teilen ein spezielles Interesse. In der Regel werden transparente Satellitenschüsseln über bzw. in die Felgen/Räder eingesetzt. In die Löcher der Felgen um das Achsenloch herum können direkt LEDs eingesetzt werden. Eine weitere Möglichkeit ist das Einlegen von speziell entwickelten runden Platinen mit SMD-LEDs. Dies ermöglicht einen schnellen Ein- und Ausbau. Die nachfolgende Tabelle fasst mehrere Felgen- und Radgrößen zusammen, um eine kleinere Auswahl an Platinen zu definieren, die in verschiedene Elemente eingesetzt werden können.

Tab. 11-1 Platinenvarianten für verschiedene LEGO-Felgen und -Räder

Nr.	Platine	Anzahl LEDs	Lego-Teile
1	27 mm	1×4, 2×3, 1×6	64951, 2593, 60208, 64712, 2745
2	36 mm	2×6, 1×6	41896
3	40 mm	2×6	[48092], [24599], 56908, 2998
4	45 mm	2×6, 1×12	64712, 55817, 64711, 22969, [30562]
5	49 mm	2×4, 1×8	22969, 55817, 64712, 64711, 2903
6	60 mm	4×3, 2×6, 1×12, 2×12	2573, [30562]

Bild	Nr.	Bezeichnung	Daten und Hinweise
	57519	Ketten-Antriebsrad	6×4,8-mm-Löcher, LEDs in Technic-Löcher
	86652	Felge	Innen-∅: 32 mm 6×4,8-mm-Löcher
	2903	Felge	Innen-∅: 52 mm auf Achsenhöhe 6×4,8 mm

→

Bild	Nr.	Bezeichnung	Daten und Hinweise
	60208	Felge	Innen-∅: 27 mm 6 × 4,8-mm-Löcher um das Achsenloch
	56908	Felge 43.2 D. × 26 mm	Außen-∅: 43,2 mm
	56145	Felge 20 mm	Außen-∅: 30,4 mm Innen-∅: 24 mm 6 × 3-mm-LED
	6582	Felge 37 mm	Außen-∅: 37 mm Innen-∅: 25 mm 6 × 4,8-mm-LED
	44772	Felge 56 D. × 34 mm	Außen-∅: 56 mm Innen-∅: 48 mm 3 × 5-mm-/4.8-mm-LEDs in Technic-Löcher
	41896	Felge 43.2 D. × 26	Außen-∅: 43,2 mm Innen-∅: 37 mm
	4266	Felge 20 × 30	Außen-∅: 30 mm Innen-∅: 27,5 mm

→

Bild	Nr.	Bezeichnung	Daten und Hinweise
	15038	Felge 56 D. × 34 mm	Außen-Ø: 56 mm Innen- Ø: 48 mm
	22969	Felge 62 mm	Außen-Ø: 62 mm Innen-Ø: 49 mm 3 × 4,8-mm-Loch in Achsennähe
	2998	Felge 81.6 D. × 34	Außen-Ø: 81,6 mm Innen-Ø: 40 mm (auf Felgenhöhe) 6 × 4,8-mm-LED
	30324	Plastikrad, bis 2006 produziert!	Außen-Ø: 42 mm Innen-Ø: 36 mm
	2593	Plastikrad 35 mm	Außen-Ø: 35 mm Innen-Ø: 29 mm
	2515	Plastikrad 54 mm	Außen-Ø: 54 mm Innen-Ø: 46 mm
	2573	Riesiges Plastikrad 71 mm	Außen-Ø: 71 mm Innen-Ø: 66 mm Nabe Innen-Ø: 18 mm Achsenloch: 4,8 mm

→

Bild	Nr.	Bezeichnung	Daten und Hinweise
	22410	Hartplastikrad 37 mm D. × 22 mm	Außen-Ø: 37 mm Innen-Ø: 26 mm 6 × 4,8-mm-Löcher um Achsenloch 4,8 mm
	55817	Hartplastikrad	Außen-Ø: 55 mm Innen-Ø: 52,5 mm 8 × 3-mm-Löcher am Radkranz 4 × 3-mm-Löcher um Achsenloch 4,8-mm-Achsenloch
	64711	Power-Miners-Rad	Außen-Ø: 56 mm Außen-Ø: 62 mm (an den Stollen) Innen-Ø: 50 mm (hinten) Innen-Ø: 31 mm (vorne) 12 Löcher 4,8 mm um 4,8-mm-Achsenloch
	64712	Hartplastikrad mit schmalen Stollen und Flanschen	Außen-Ø: 56 mm Außen-Ø: 62 mm (an den Stollen) Innen-Ø (vorne): 31 mm Innen-Ø (hinten): 50 mm (über dem Zahnkranz) Innen-Ø: 45 mm (unterhalb des Zahnkranzes) 6 Löcher 4,5 mm um Achsenloch
	4185	Riemenscheibenrad	6 × 5-mm-/4.8-mm-LEDs in Technic-Löcher

11.6 Satellitenschüsseln (Radar/Dish)

Eine besondere Bedeutung kommt den transparenten Satellitenschüsseln zu. Sie werden häufig als Scheinwerfer oder in Raketen-/Raumschiffantrieben verwendet. In der Regel sind die Elemente in verschiedenen transparenten Farben verfügbar. Je größer das Element, desto weniger Farbauswahl gibt es. Zur Einlage von Diffusionsfolien sind der Innendurchmesser am äußeren Rand sowie der Durchmesser des Mittelteils (für Bohrung/Ausschnitt) relevant. Schnittmuster für Folien können unter *www.brickelectronics.de* heruntergeladen werden.

Bild	Nr.	Bezeichnung	Daten und Hinweise
	4740	2 × 2	Außen-Ø: 16 mm Innen-Ø:14 mm Noppen-Ø innen: 6,5 mm 3-mm-Loch in Noppe
	43898	3 × 3	Außen-Ø: 24 mm Innen-Ø: 20,5 mm Noppen-Ø innen: 6,5 mm 3-mm-Loch in Noppe
	3960	4 × 4	Außen-Ø: 31,7 mm Innen-Ø: 30 mm Noppen-Ø Innen: 7,7 mm Pin mit innerem Achsenloch
	6942	5 × 5	Außen-Ø: 40 mm Innen-Ø auf Pinhöhe: 17 mm Noppen-Ø innen: 5 mm 3-mm-Loch Nur in klarer transparenter und grün-transparenter Ausführung
	44375a 44375	6 × 6	Außen-Ø: 48 mm Innen-Ø: 45,5 mm Quadratischer Mittelteil: 11 mm 4,8-mm-Loch

→

Bild	Nr.	Bezeichnung	Daten und Hinweise
	3961	8 × 8	Außen-∅: 63 mm Innen-∅: 61 mm Naben-∅: 18 mm 4,8-mm-Loch Nicht in transparenter Ausführung!
	18859	8 × 8 mit hohlen Noppen	Außen-∅: 63 mm Innen-∅: 61 mm Quadratischer Mittelteil: 11 mm Nur in klarer transparenter Ausführung 4,8-mm-Loch
	50990b 50990a	10 × 10	Außen-∅: 79,6 mm Innen-∅: 73,7 mm Quadratischer Mittelteil: 11 mm Nur in klarer transparenter Ausführung 4,8-mm-Loch
	2654	2 × 2 Gleitfliese	Außen-∅: 16 mm

11.7 Platinenhalter

Für die Befestigung von Adapterplatinen ist eine Reihe von LEGO-Elementen interessant. Vor allem modifizierte Elemente mit 2 × 2-Dimension sind neben einreihigen und zweireihigen Platten hierfür einsetzbar. Alle Scharnierplatten in 1 × 2-Größe sind zudem als Leuchtmittelträger interessant.

Bild	Nr.	Bezeichnung	Daten und Hinweise
	33909	Modifizierte Fliese 2 × 2 mit 2 Noppen	12,5 × 12,5-mm-Platinen
	2460	Modifizierte Fliese 2 × 2 mit Technic-Pin	12,5 × 12,5-mm-Platinen
	30350	Modifizierte Fliese 2 × 3 mit 2 Halte-Clips	12,5 × 20,8-mm-Platine
	92582	Scharnier-Platte 2 × 2 mit Halte-Finger	12,5 × 12,5-mm-Platinen
	41682	T-Klammerplatte 2 × 2 mit 1 × 2-Ansatzplatte	12,5 × 12,5-mm Platinen
	3023	Platte, 1 × 2	4,8 × 12-mm-Platinen

→

Bild	Nr.	Bezeichnung	Daten und Hinweise
	3710	Platte, 1×4	4,8×28,5-mm-Platinen
	3666	Platte, 1×6	4.8×44,4-mm-Platinen
	3022	Platte, 2×2	12,5×12,5-mm-Platinen
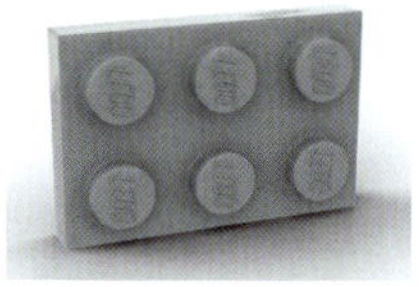	3021	Platte, 2×3	12,5×20,8-mm-Platinen
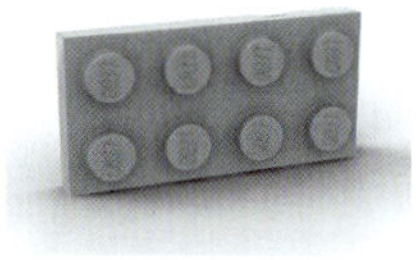	3020	Platte, 2×4	12,5×28,5-mm Platinen

11.8 Sonstige Teile

Bild	Nr.	Bezeichnung	Daten und Hinweise
	4590	Modifizierte Platte 1×4 mit Halter	PicoLED von vorne oder 3-mm-LED eingesteckt.
	4735	Roboter-Arm	PicoLED von vorne oder 3-mm-LED eingesteckt.
	43121	Turbine	Innen-Ø (vorne): 24 mm Innen-Ø (hinten): 18 mm
	93168	Zylinder 3×6×2 2/3	Außen-Ø: 23,5 mm Innen-Ø: 20 mm
	41531	Zylinder 4×4×1 2/3	Innen-Ø: 28 mm
	2745	Zylinder 4×4×1 2/3	Außen-Ø: 32 mm Innen-Ø: 28 mm
	64951	Waschzuber mit Achsenloch	Innen-Ø auf Bodenniveau: 25 mm, Innen-Ø (Öffnung): 30 mm

→

11.9 Konstruktionen

Bild	Nr.	Bezeichnung	Daten und Hinweise
	48092	Konstruktion aus 4 × 48092	Innen-Ø: 42 mm
	24599	Konstruktion aus 4 × 24599	Innen-Ø: 42 mm
	30562	Konstruktion aus 4 × 30562	Innen-Ø Rand: 48 mm Innen-Ø Wand: 60 mm

MAKE
LEGO
MODEL

Anhang

Index

Ziffern

A

B

C

D

E

F

G

H

I

K

L

M

Bildnachweis

Abb. 1-5, 1-9: LEGO;

Abb. 1-13, 1-14: Brickstuff;

Abb. 1-15, 1-16, 1-17: Light my Bricks;

Abb. 1-18, 1-19, 1-20: LifeLites;

Abb. 1-21, 1-22, 1-23, 1-24: LightStax

Abb. 1-25: i-Brix;

Abb. 1-26: PFx Brick;

Abb. 1-27: Elektor;

Abb. 2-1, 2-3, 2-4, 2-5, 2-6, 2-8: Knipex;

Abb. 2-2: Jokari;

Abb. 2-9, 2-10: Ersa;

Abb. 2-12, 2-13, 2-14, 2-16: Donau Elektronik;

Abb. 2-15: Revell

Abb. 2-17: Jakob Maul GmbH;

Abb. 3-3: HellermannTyton

Tab. 3-4, Zeile 1, 3, 5: highlight.de

Tab. 3-4, Zeile 2: pur-led.de

Tab. 3-4, Zeile 4, 7-11: modellbau-schoenwitz.de

Tab. 3-4, Zeile 6: bs-elektronik-service.de

Abb. 3-5: Harwin Plc

Abb. 3 17. Magna

Abb. 3-19: Bolton Adhesives

Abb. 3-20: Heyda

Abb. 3-21, 3-23: Stannol

Abb. 3-22: MG Chemicals

Abb. 3-27, 3-30: Mentor

Abb. 3-29: Signal Construct

Tab. 4-1, Zeile 1-4 u. 6-7: LEGO

Tab. 4-1, Zeile 5: Brickset/Promobricks

Abb. 4-2, 4-6, 4-7: Wentronic GmbH

Abb. 9-3, 9-9, 9-10, 9-11, 9-14, 9-15: PFx Brick

Abb. 9-12, 9-13: Brickstuff

Abb. 9-16: Thorsten Schwafferts

Abb. 9-24: Les Pitcher/Phantasrail Galleries

Abb. 9-26: *https://commons.wikimedia.org/wiki/File:KITT_(Knight_Industries_Two_Thousand)_02.png*

Abb. 9-27: *https://commons.wikimedia.org/wiki/File:Pyrkon_2017_Cylon_BSG_Cosplay.jpg*

Abb.9-30: Dieter Kraus, *http://www.blaulicht-twin-sonic.de*

Abb. 9-31: Whelen, *http://www.whelen.com/auto*

Abb 9-32: *https://www.flickr.com/photos/ethereumclassic/37721974195*, CCO

Abb. 9-33: *https://commons.wikimedia.org/wiki/File:Pink.noise.png*, Magnus Manske

Abb. 9-34: *https://pixabay.com/de/milchstraße-sternenhimmel-2695569*, CCO

Abb. 10-76, 10-77: Jason Alleman

Abb. 10-99, 10-100: B-Command GmbH

Alice Finch

Das LEGO®-Architektur-Ideenbuch

1001 außergewöhnliche Bautechniken für Mauerwerk, Fenster, Säulen, Dächer und vieles mehr

Mit vielen Tipps und Fotos zum Thema Bauen bietet das Buch unzählige Anregungen, mit denen du deine Bauwerke in deinem ganz persönlichen Stil gestalten kannst. Verwende architektonische Elemente wie Fachwerk, Bögen, Giebel, Schindeldächer und Schindelabdeckungen, um jedem Modell Realismus zu verleihen.

2019, 232 Seiten
Broschur, € 24,90 (D)
ISBN 978-3-86490-642-8

Tom Alphin

Der LEGO®-Architekt

Baustile mit LEGO kennenlernen und nachbauen

Werde LEGO-Architekt! Dieses Buch führt den Leser durch die Architekturgeschichte und stellt berühmte Baustile vom Neoklassizismus bis hin zu High-Tech-Lösungen vor. Anleitungen für 12 Modelle in verschiedensten Architekturstilen laden zum Nachbau ein und inspirieren zu eigenen Bauwerken.

2017, 192 Seiten
Festeinband, € 22,90 (D)
ISBN 978-3-86490-501-8

Stefan Aumüller

LEGO® Hacks

Mit Arduino und LEGO eigene Bots bauen

LEGO und der Arduino sind die ideale Basis für faszinierende Modelle und spannende Experimente. Das Buch eröffnet dem Leser Grundlagen der Elektronik und zeigt ihm schrittweise die Verbindung von Sensoren und Aktoren, wie es sie in jedem Elektronikversand gibt, mit LEGO-Elementen.

2020, 320 Seiten
Broschur, € 29,90 (D)
ISBN 978-3-86490-643-5

Holger Matthes

LEGO®-Eisenbahn

Konzepte und Techniken für realistische Modelle

In der 2. Auflage des fundierten Nachschlagewerks rund um LEGO-Züge, -Gleise und -Bautechniken geht Holger Matthes u.a. auf die neue Motorengeneration »Powered Up!« ein und gibt dem Leser Einblicke in die Konstruktion eines TEE-Modells. Abgerundet wird das Buch durch Bauanleitungen zum Selberbauen.

2., überarbeitete Auflage 2019, 320 Seiten
Broschur, € 26,90 (D)
ISBN 978-3-86490-641-1

Henry Krasemann · Hilke Krasemann · Michael Friedrichs

LEGO®-Boost-Roboter

Bau und programmiere deine eigenen Bots

Dieses Buch ist die ideale Ergänzung zum Boost-Roboterbausatz 17101 von LEGO. Es bietet eine ausführliche Anleitung in Buchform, die dem Bausatz fehlt. Wertvolle Tipps zur Programmierung und Anleitungen zu fünf neuen Boost-Bots regen zu Experimenten an. Alle für die Modelle benötigten Teile sind im LEGO-Boost-Set enthalten. Set und Buch sind für Kinder ab 7 Jahren und Erwachsene geeignet.

2018, 184 Seiten
Broschur, € 24,90 (D)
ISBN 978-3-86490-536-0

Yoshihito Isogawa

Das LEGO®-Boost-Ideenbuch

95 einfache Roboter und Tipps für eigene Konstruktionen

Das LEGO-Boost-Ideenbuch erkundet mit dem Leser 95 kreative Wege, einfache Roboter mit dem LEGO-Boost-Set zu bauen. Zu den Modellen liefert das Buch Teilelisten, ein paar Sätze mit wichtigen Tipps und Bildschirmaufnahmen der Programme. Die Konstruktionskniffe aus dem Buch sind ideal, um damit eigene Bots zu bauen. Farbenfrohe Fotos, die aus verschiedenen Blickrichtungen aufgenommen sind, ermöglichen den Nachbau ohne buchdicke Schritt-für-Schritt-Anleitungen.

2019, 264 Seiten
Broschur, € 24,90 (D)
ISBN 978-3-86490-637-4

Daniele Benedettelli

Die LEGO®-Boost-Werkstatt

Eigene Roboter erfinden und programmieren

Diese ausführliche Anleitung zum LEGO-Boost-Set 17101 tritt an die Stelle des im Baukasten fehlenden gedruckten Handbuchs. Das Buch zeigt mit den Teilen des Sets die Möglichkeiten der Roboterkonstruktion, erklärt ihre Programmierung und enthält Anleitungen zu drei neuen Modellen. Empfohlen für Erfinder und Entwickler ab 9 Jahren.

2020, 272 Seiten
Broschur, € 26,90 (D)
ISBN 978-3-86490-644-2

Pawel »Sariel« Kmiec

Das »inoffizielle« LEGO®-Technic-Buch

Kreative Bautechniken für realistische Modelle

LEGO-Guru »Sariel« Kmiec erklärt die Grundlagen der LEGO-Technic-Konstruktion – von einfachen Maschinen bis zu fortgeschrittenen Mechanismen – und zeigt, wie maßstabsgetreue Modelle gebaut werden. Der Autor bietet einen einzigartigen Einblick in mechanische Konstruktionsprinzipien.

2., erweiterte und aktualisierte Auflage 2017, 428 Seiten
Broschur, € 29,90 (D)
ISBN 978-3-86490-433-2

Rezensieren
Sie dieses Buch

Senden
Sie uns Ihre Rezension
unter **www.dpunkt.de/rez**

Erhalten
Sie Ihr Wunschbuch aus
unserem Verlagsangebot